石油石化职业技能培训教程

免费提供网络学习增值服务
手机登录方式见封底

井下特种装备操作工

（下册）

中国石油天然气集团有限公司人事部　编

石油工業出版社

内容提要

本书是由中国石油天然气集团有限公司人事部统一组织编写的《石油石化职业技能培训教程》中的一本。本书包括井下特种装备操作工应掌握的中级工、高级工和技师操作技能及相关知识，并配套了相应等级的理论知识练习题，以便于员工对知识点的理解和掌握。

本书既可用于职业技能鉴定前培训，也可用于员工岗位技术培训和自学提高。

图书在版编目(CIP)数据

井下特种装备操作工.下册／中国石油天然气集团有限公司人事部编.—北京：石油工业出版社，2020.6
石油石化职业技能培训教程
ISBN 978-7-5183-3826-9

Ⅰ.①井… Ⅱ.①中… Ⅲ.①井下设备-技术培训-教材 Ⅳ.①TE931

中国版本图书馆CIP数据核字(2020)第017110号

出版发行：石油工业出版社
(北京安定门外安华里2区1号 100011)
网 址：www.petropub.com
编辑部：(010)64251613
图书营销中心：(010)64523633
经 销：全国新华书店
印 刷：北京晨旭印刷厂

2020年6月第1版 2023年3月第3次印刷
787×1092毫米 开本：1/16 印张：28.75
字数：710千字

定价：90.00元
(如出现印装质量问题，我社图书营销中心负责调换)

《石油石化职业技能培训教程》

编 委 会

《井下特种装备操作工》编审组

主　　编：杨世云

副 主 编：宋永伟　张　磊

参编人员（按姓氏笔画排序）：

马雪艳　宋生发　张明波　唐　君

唐宏宇　吴忠满

参审人员（按姓氏笔画排序）：

仉学宇　卢　宏　刘　勇　李雪冬

严文清　范　禹　宜松安　赵善详

侯婧雪

PREFACE 前言

随着企业产业升级、装备技术更新改造步伐不断加快，对从业人员的素质和技能提出了新的更高要求。为适应经济发展方式转变和“四新”技术变化要求，提高石油石化企业员工队伍素质，满足职工鉴定、培训、学习需要，中国石油天然气集团有限公司人事部根据《中华人民共和国职业分类大典(2015年版)》对工种目录的调整情况，修订了石油石化职业技能等级标准。在新标准的指导下，组织对“十五”“十一五”“十二五”期间编写的职业技能鉴定试题库和职业技能培训教程进行了全面修订，并新开发了炼油、化工专业部分工种的试题库和教程。

教程的开发修订坚持以职业活动为导向，以职业技能提升为核心，以统一规范、充实完善为原则，注重内容的先进性与通用性。教程编写紧扣职业技能等级标准和鉴定要素细目表，采取理实一体化编写模式，基础知识统一编写，操作技能及相关知识按等级编写，内容范围与鉴定试题库基本保持一致。特别需要说明的是，本套教程在相应内容处标注了理论知识鉴定点的代码和名称，同时配套了相应等级的理论知识练习题，以便于员工对知识点的理解和掌握，加强了学习的针对性。**此外，为了提高学习效率，检验学习成果，本套教程为员工免费提供学习增值服务，员工通过手机登录注册后即可进行移动练习。**本套教程既可用于职业技能鉴定前培训，也可用于员工岗位技术培训和自学提高。

井下特种装备操作工教程分上、下两册，上册为基础知识、初级工操作技能及相关知识，下册为中级工操作技能及相关知识、高级工操作技能及相关知识、技师操作技能及相关知识。

本工种教程由长城钻探工程公司任主编单位，参与审核的单位有大庆油田有限责任公司、长城钻探工程公司、大港油田分公司等。在此表示衷心感谢。

由于编者水平有限，书中错误、疏漏之处请广大读者提出宝贵意见。

编者

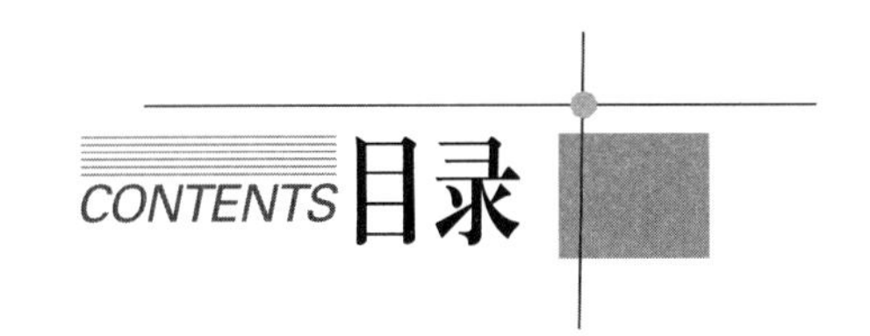

目录

第一部分　中级工操作技能及相关知识

第二部分　高级工操作技能及相关知识

第三部分　技师操作技能及相关知识

理论知识练习题

附录

第一部分

中级工操作技能及相关知识

模块一　维护保养井下特种装备

项目一　相关知识

一、机械传动机构

一台完整的机器一般由动力部分、执行部分和传动部分组成。

动力部分为机器提供动力源，其中应用最多的是交流电动机，其转速分为3000r/min、1500r/min、1000r/min、750r/min等几种。而各种机器工作需要的转速是多种多样的，其运动形式也有旋转式、往复式等多种。

执行部分是直接完成生产所需的工艺动作的部分，它的结构形式完全取决于机械本身的用途（例如压片机中的转盘及冲模）。一部机器可能有一个执行部分或多个执行部分。

ZBB001 传动装置的基本知识

传动部分是将动力部分的功率和运动传递到执行部分的中间环节。例如，把旋转运动变为直线运动，把连续运动变为间歇运动，把高转速变为低转速，把小转矩变为大转矩等。

按传动的工作原理不同可分为机械传动、液力传动、电力传动和磁力传动等。其中，机械传动最为常见。机械传动又可分为摩擦传动、啮合传动和推动系统三大类。

摩擦传动是依靠构件接触面的摩擦力来传递动力和运动的，如带传动、摩擦轮传动。

啮合传动是依靠构件间的相互啮合来传递动力和运动的，如链传动、齿轮传动、蜗杆传动等。

推动系统主要包括螺旋推动机构、连杆机构、凸轮机构及组合机构（齿轮-连杆、齿轮-凸轮、液压连杆机构等）。

（一）带传动

ZBB005 传动带的结构与分类

1. 组成

带传动由主动轮、从动轮、传动带组成，如图1-1-1所示。

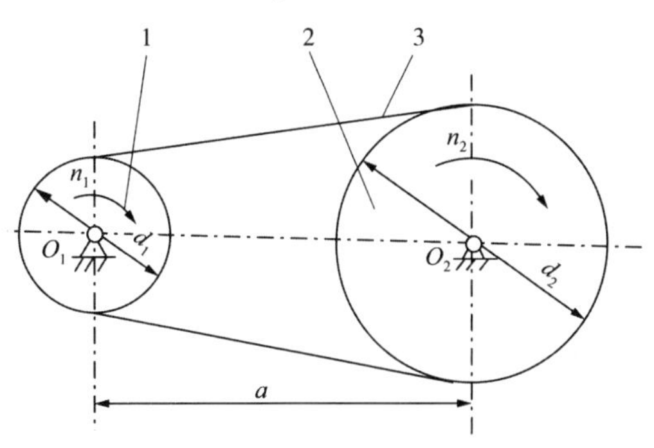

图1-1-1　带传动组成

1—主动轮；2—从动轮；3—传动带

ZBB006 带传动特点及其应用

带传动有以下特点：

(1)由于传动带具有弹性与挠性,故可缓和冲击与振动,运转平稳,噪声小。

(2)带传动可用于两轴中心距较大的传动。

(3)由于带传动是靠摩擦力来传递运动的,当机器过载时,传动带在带轮上打滑,故能防止机器其他零件的破坏。

(4)结构简单,便于维修。

(5)带传动在正常工作时有滑动现象,不能保证准确的传动比。另外,由于传动带摩擦起电,不宜用在有爆炸危险的地方。

(6)带传动的效率较低(与齿轮传动比较),约为87%~98%。

2. 带传动的失效形式

(1)打滑:由于过载,传动带在带轮上打滑而不能正常转动。

(2)传动带的疲劳破坏:传动带在变应力状态下工作,当应力循环次数达到一定值时,传动带将发生疲劳破坏,如脱层、撕裂和拉断。

ZBB007 摩擦轮传动的特点及应用

(二)摩擦轮传动

摩擦轮传动是利用两轮直接接触所产生的摩擦力来传递运动和动力的一种机械传动。

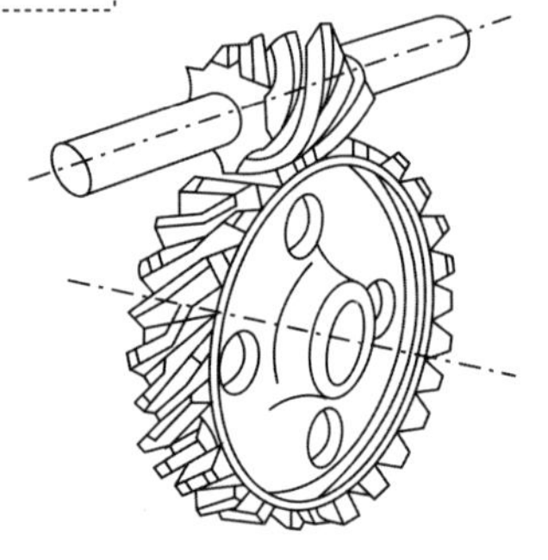
图1-1-2 蜗杆传动

最简单的两轴平行的摩擦轮传动,它是由两个相互压紧的圆柱形摩擦轮组成。在正常传动时,主动轮依靠摩擦力的作用带动从动轮转动,并应保证两轮面的接触处有足够大的摩擦力,使主动轮产生的摩擦力矩足以克服从动轮上的阻力矩。

1. 应用

直接接触的摩擦轮传动原理被应用于摩擦压力机、摩擦离合器、制动器、机械无级变速器以及仪器的传动机构等场合。

2. 传动特点

(1)结构简单,适用于两轴中心距不大的传动。

(2)传动噪声小,在运动中可变速、变向。

(3)过载打滑,能防止零件损坏。

(4)不能保持恒定的传动比。

(5)传动效率较低。

(6)需要有调节压紧力的加压装置。

ZBB008 链传动的特点及应用

(三)链传动

1. 链传动的组成

链传动由主动链轮、从动链轮、链条组成,如图1-1-3所示。

链传动的特点如下：

(1)链传动与带传动相比,摩擦损耗小,效率高,结构紧凑,承载能力大,且能保持准确的平均传动比。

(2)因有链条作中间挠性构件,与齿轮传动相比,具有能吸振缓冲并能适用于较大中心距的传动。

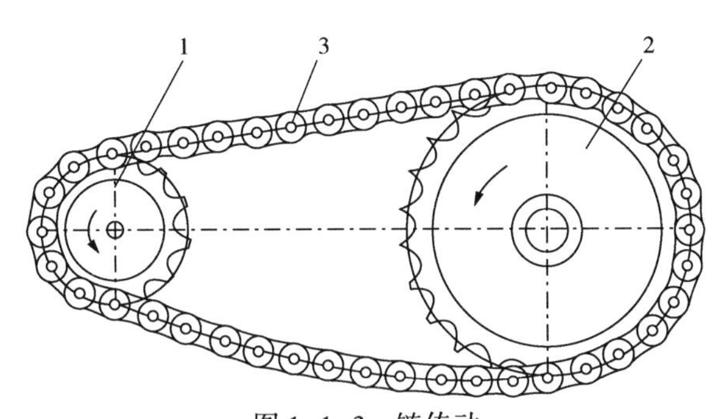

图 1-1-3　链传动

1—主动链轮;2—从动链轮;3—链条

(3)链传动的速度不宜过高,只能在中、低速下工作,瞬时传动比不均匀,有冲击噪声。

2. 链传动的失效形式

链轮比链条的强度高、工作寿命长,故设计时主要应考虑链条的失效。链传动的主要失效形式有以下几种:

(1)链条疲劳损坏。

(2)链条铰链磨损。

(3)多次冲击破坏。

(4)胶合。

(5)静力拉断。

ZBB003 齿轮传动的特点及应用

(四)齿轮传动

齿轮传动是应用极为广泛的传动形式之一。

齿轮传动的特点:能够传递任意两轴间的运动和动力,传动平稳、可靠,效率高,寿命长,结构紧凑,传动速度和功率范围广。但需要专门制造设备,加工精度和安装精度较高,且不适宜远距离传动。齿轮传动要求准确平稳,即要求在传动过程中,瞬时传动比保持不变,以免产生冲击、振动和噪声。不论齿廓在任何点接触,过接触点所作两齿廓的公法线必须与连心线交于一固定点,这就是齿廓啮合基本定律。

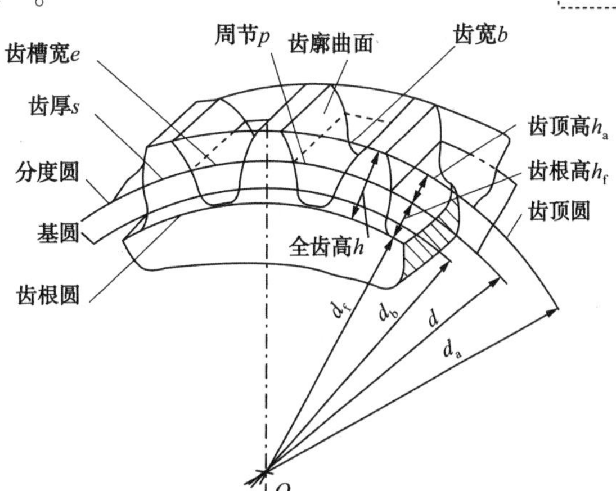

图 1-1-4　齿轮各部分名称及符号

1. 直齿圆柱齿轮

(1)直齿圆柱齿轮各部分的名称及符号如图 1-1-4 所示。

(2)直齿圆柱齿轮的模数。

分度圆上的周节 p 对 π 的比值称为模数,用 m 表示(单位:mm),即:

$$m=\frac{p}{\pi} \tag{1-1-1}$$

ZBB002 齿轮的结构与参数

模数是齿轮几何尺寸计算的基础。显然,m 越大,则 p 越大,轮齿就越大,轮齿的抗弯曲能力也越高,所以模数又是轮齿抗弯能力的重要标志。

2. 齿轮轮齿的失效形式

齿轮最重要的部分为轮齿,它的失效形式主要有以下几种:

(1)轮齿折断。

(2)齿面磨损。

(3)齿面点蚀。

(4)齿面胶合。

ZBB004 蜗杆传动的特点及应用

(五)蜗杆传动

1. 组成

蜗杆传动是由蜗杆和蜗轮组成的(图 1-1-4),用于传递交错轴之间的运动和动力,通常两轴交错角为 90°。在一般蜗杆传动中,都是以蜗杆为主动件。

2. 特点

(1)传动比大,准确。

(2)传动平稳、无噪声。因蜗杆与蜗轮齿的啮合是连续的,同时啮合的齿对较多。

(3)可以实现自锁。

(4)传动效率比较低。

(5)因啮合处有较大的滑动速度,会产生较严重的摩擦磨损,引起发热,使润滑情况恶化,所以蜗轮一般常用青铜等贵重金属制造。

ZBB009 运动形式转换机构

(六)平面连杆机构

1. 概述

机构都是由构件组合而成的,其中每个构件都以一定的方式至少与另一个构件相连接,这种连接既使两个构件直接接触,又使两构件能产生一定的相对运动。

每两个构件间的直接接触所形成的可动连接称为运动副。

构成运动副的两构件之间的相对运动,若为平面运动则称为平面运动副,若为空间运动则称为空间运动副。两构件之间只做相对转动的运动副称为转动副或回转副,两构件之间只做相对移动的运动副,则称为移动副。

连杆机构是由若干刚性构件用低副连接所组成。在连杆机构中,若各运动构件均在相互平行的平面内运动,则称为平面连杆机构;若各运动构件不都在相互平行的平面内运动,则称为空间连杆机构。由于平面连杆机构较空间连杆机构应用更为广泛,故着重介绍平面连杆机构。

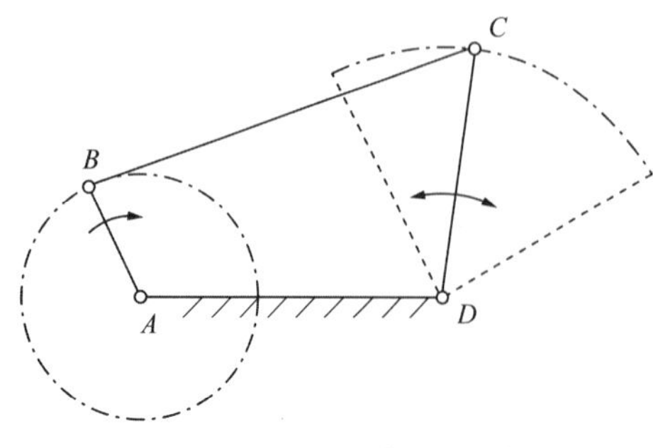

图 1-1-5 铰接四杆机构

2. 平面四杆机构的基本形式

所有运动副均为转动副的四杆机构称为铰链四杆机构,如图 1-1-5 所示。

在铰链四杆机构中,按连架杆能否做整周转动,可将四杆机构分为三种基本型式。

(1)曲柄摇杆机构。

(2)双曲柄机构。

(3)双摇杆机构。

3. 平面四杆机构的演化

除了上述三种铰链四杆机构外,在工程实际中还广泛应用着其他类型的四杆机构。这些四杆机构都可以看作是由铰链四杆机构通过下述不同方法演化而来的。

(1)转动副转化成移动副。

(2)选取不同构件为机架。

(3)变换构件形态。

(4)扩大转动副的尺寸。

4. 平面连杆机构的特点

(1)连杆机构中构件间以低副相连,低副两元素为面接触,在承受同样载荷的条件下压强较低,因而可用来传递较大的动力。又由于低副元素的几何形状比较简单(如平面、圆柱面),故容易加工。

(2)构件运动形式具有多样性。

(3)在主动件运动规律不变的情况下,要改变连杆机构各构件的相对尺寸,就可以使从动件实现不同的运动规律和运动要求。

(4)连杆曲线具有多样性。

(5)在连杆机构的运动过程中,一些构件(如连杆的质心在做变速运动,由此产生的惯性力不好平衡,因而会增加机构的动载荷,使机构产生强迫振动。所以连杆机构一般不适于用在高速场合。

(6)连杆机构中运动的传递要经过中间构件,而各构件的尺寸不可能做得绝对准确,再加上运动副间的间隙,故运动传递的累积误差比较大。

二、液压传动

ZBC001 液压传动的基本知识

(一)液压传动的概述

液压传动是以液体作为传动介质来实现能量传递和控制的一种传动形式。

液压传动过程是利用液压泵将原动机的机械能转换为液体的压力能,通过液体压力能的变化来传递能量,经过各种控制阀和管路的传递与控制,借助于液压执行元件(缸或电动机)把液体压力能转换为机械能,从而驱动工作机构,实现直线往复运动和回转运动。掌握液压传动的结构、原理、特点、组成、符号及控制方式,是进行液压传动系统使用、安装、调试、维修的基础。

(二)液压传动的原理

液压传动的基本原理:液压系统利用液压泵将原动机的机械能转换为液体的压力能,通过液体压力能的变化来传递能量,经过各种控制阀和管路的传递,借助于液压执行元件(液压缸或电动机)把液体压力能转换为机械能,从而驱动工作机构,实现直线往复运动和回转运动。其中的液体称为工作介质,一般为矿物油,它的作用和机械传动中的皮带、链条和齿轮等传动元件相类似。

在液压传动中,液压油缸就是一个最简单而又比较完整的液压传动系统,分析它的工作过程,可以清楚地了解液压传动的基本原理。

ZBC002 液压传动的基本构造和工作原理

(三)液压传动的组成

液压泵、液压马达和液压缸、控制阀及管道、油箱、集流分配器等,统称为液压元件。由若干个液压元件组合起来以完成规定工作的回路总和,称为液压系统。液压系统按控制方式不同分为液压传动系统和液压伺服系统。根据液压元件在液压系统中所起的作用,一个完整的液压系统可分为五个部分。

1. 动力元件与执行元件

动力元件如液压泵,包括齿轮泵、叶片泵、柱塞泵、螺杆泵。

执行元件如液压马达或液压缸,其中,液压马达包括齿轮式液压马达、叶片式液压马达、柱塞式液压马达;液压缸包括活塞式液压缸、柱塞式液压缸、摆动式液压缸、组合式液压缸。

ZBC008 液压泵和液压马达的结构特点

1)液压泵和液压马达

液压马达一般是指输出旋转运动的,将液压泵提供的液压能转变为机械能的能量转换装置。

从能量转换的观点来看,液压泵与液压马达是可逆工作的液压元件,向任何一种液压泵输入工作液体,都可使其变成液压马达工况;反之,当液压马达的主轴由外力矩驱动旋转时,也可变为液压泵工况。因为它们具有同样的基本结构要素,密闭而又可以周期变化的容积和相应的配油机构。

但是,由于液压马达和液压泵的工作条件不同,对它们的性能要求也不一样,所以同类型的液压马达和液压泵之间,仍存在许多差别。首先,液压马达应能够正、反转,因而要求其内部结构对称;液压马达的转速范围需要足够大,特别是对它的最低稳定转速有一定的要求。因此,它通常都采用滚动轴承或静压滑动轴承;其次,液压马达由于在输入压力油条件下工作,因而不必具备自吸能力,但需要一定的初始密封性,才能提供必要的起动转矩。由于存在着这些差别,使得液压马达和液压泵在结构上比较相似,但不能可逆工作。

(1)液压马达。

液压马达按其结构类型可以分为齿轮式、叶片式、柱塞式和其他型式。按液压马达的额定转速分为高速和低速两大类。

(2)液压泵。

液压泵是液压系统的动力元件,其作用是将原动机的机械能转换成液体的压力能,是指液压系统中的油泵,它向整个液压系统提供动力。液压泵的结构形式一般有齿轮泵、叶片泵和柱塞泵。

(3)液压泵的分类及图形符号。

液压泵按其输出流量是否可以调节分为定量泵和变量泵两类;按结构形式可以分为齿轮式、叶片式和柱塞式三种;按其一个工作周期密闭容积的变化次数可以分为单作用泵、双作用泵和多作用泵等。液压泵的一般图形符号如图 1-1-6 所示。

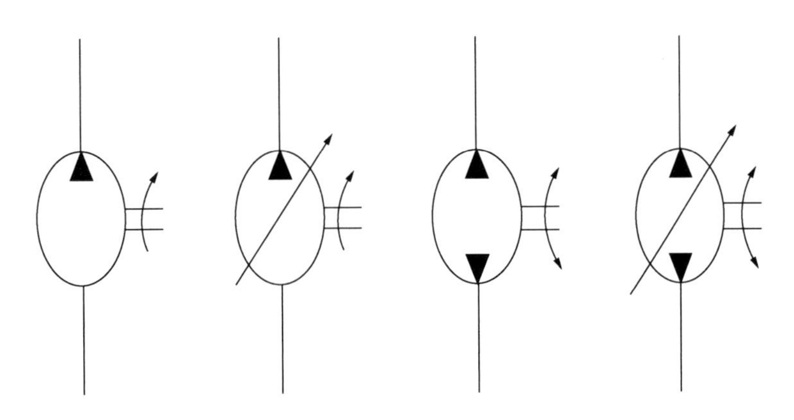

（a）单向定量液压泵　（b）单向变量液压泵　（c）双向定量液压泵　（d）双向变量液压泵

图 1-1-6　液压泵的一般图形符号

2)液压缸

ZBC009 液压缸的结构、类型、密封

液压缸是液压系统的执行元件,它是将液体的压力能转换成工作机构的机械能,用来实现直线往复运动或小于 360°的摆动。液压缸结构简单,配制灵活,设计、制造比较容易,使用维护方便,所以得到了广泛的应用。

(1)液压缸的结构。

①缸筒组件。包括缸筒和前后端盖。

工作压力小:铸铁缸体,法兰连接。

工作压力大:无缝钢管缸体,半环连接、螺纹连接、焊接结构。

②活塞组件。包括活塞和活塞杆。

负载小:螺纹连接;负载大:非螺纹连接。

活塞:铸铁;活塞杆:钢。

③密封装置。活塞与缸筒、活塞杆与端盖、端盖与缸体之间必须采用密封装置,防止油液泄漏,泄漏包括内泄和外泄。

密封类型:间隙密封、活塞环密封、橡胶圈密封(O 形、Y 形、V 形)。

④缓冲装置。作用:吸收高速运动的油缸停止时的惯性力,以防活塞和缸底相撞。

原理:利用对油液的节流原理来实现对运动部件的制动。当活塞行走到行程末端,将排油腔的油封闭起来,迫使其通过节流装置流走,以增加排油阻力,降低活塞速度。

型式:间隙缓冲装置(缓冲压力不可调,缓冲行程较长,适用于惯性力不大,速度低的场合);可调节流缓冲(节流口可调,缓冲压力可调,适用范围大);可变节流缓冲(实现缓冲过程中自动改变节流口的大小,即随着活塞运动速度的降低而相应关小节流口,缓冲作用均匀,冲击压力小,制动精度高)。

⑤排气装置。型式:排气孔、排气塞。

(2)液压缸的类型。

液压缸的类型见表 1-1-1。

表 1-1-1 液压缸类型

名称			图型	说明
活塞式液压缸	单杆	单作用	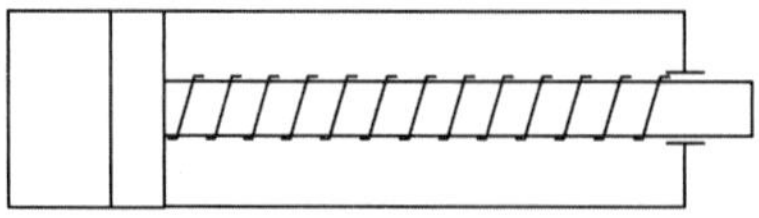	活塞单向作用,依靠弹簧使活塞复位
		双作用	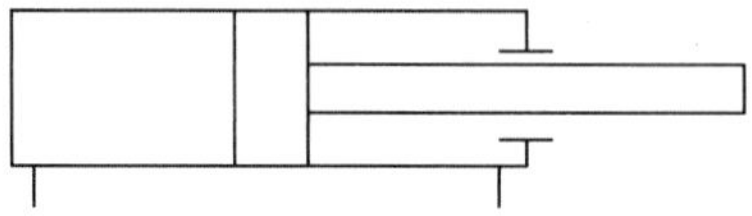	活塞双向作用,左、右移动速度不等,差动连接时,可提高运动速度
	双杆		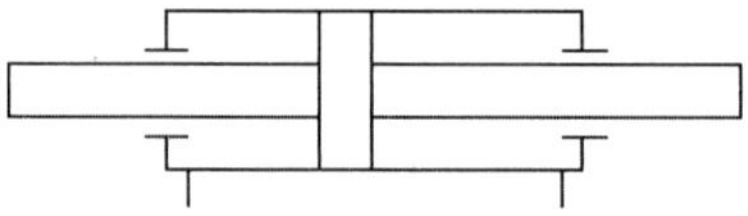	活塞左、右运动速度相等
柱塞式液压缸	单柱塞		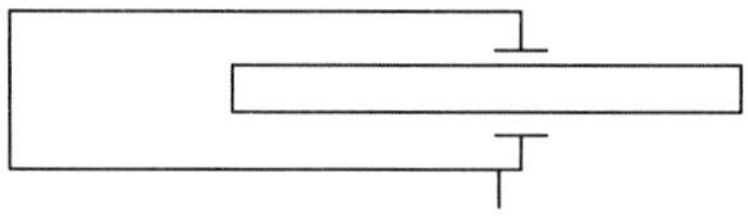	柱塞单向作用,依靠外力使柱塞复位
	双柱塞		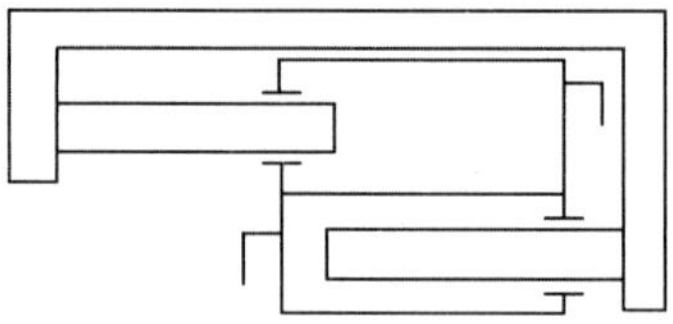	双柱塞双向作用
摆动式液压缸	单叶片		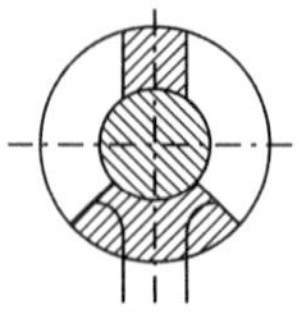	输出转轴摆动角度小于 300°
	双叶片		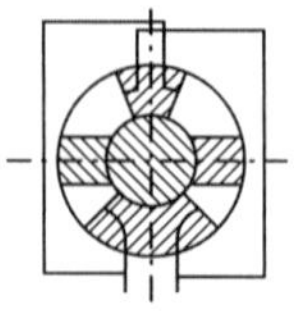	输出转轴摆动角度小于 150°

续表

名称		图型	说明
其他液压缸	增力液压缸		当液压缸直径受到限制而长度不受限制时,可获得大的推力
	增压液压缸	A B	由两种不同直径的液压缸组成,可提高B腔中的液压力
	伸缩液压缸		由两层或多层液压缸组成,可增加活塞行程
	多位液压缸		活塞A有三个确定的位置
	齿条液压缸		活塞经齿条带动小齿轮,使它产生旋转运动

2. 控制元件

如各种液压控制阀,其中方向控制阀包括单向阀、换向阀等;压力控制阀包括溢流阀、减压阀、顺序阀、压力继电器等;流量控制阀包括节流阀、调速阀、分流阀等。

3. 辅助元件

如油管、管接头、油箱、滤油器、换热器、蓄能器、过滤器、冷却器、加热器、集流分配器、油路服务器、压力计、流量计、密封件等。

4. 工作介质

如液压油和液压液。

ZBC003 液压传动中所用油液的主要性能及其作用

1)主要性能

统计表明,液压系统发生的故障有90%是由于使用管理不善所致。液压油过滤与处理是液压系统使用管理中的重点项目之一,不仅是减少系统故障的重要途径,也是提高使用管理水平的一个标志。

在液压系统中,液压油液是传递动力和信号的工作介质。同时,它还起着润滑、冷却和防锈的作用。液压系统能否可靠、有效地工作,在很大程度上取决于系统中所用的液压油液(如油液污染,堵塞阀口)。

(1)密度。是指单位体积液体的质量。密度随着温度或压力的变化而变化,但变化不大,通常忽略。

(2)闪火点。是指油温升高时,部分油会蒸发而与空气混合成油气,此油气所能点火的最低温度称为闪火点,如继续加热,则会连续燃烧,此温度称为燃烧点。

(3)黏度。流体流动时,沿其边界面会产生一种阻止其运动的流体摩擦作用,这种产生内摩擦力的性质称为黏性。液压油黏性对机械效率、磨损、压力损失、容积效率、漏油及泵的吸入性影响很大。

油的黏性易受温度影响,温度上升,黏度降低,造成泄漏、磨损增加、效率降低等问题;温度下降,黏度增加,造成流动困难及泵转动不易等问题。如运转时油液温度超过60℃,就必须加装冷却器,因油温在60℃以上,每超过10℃,油的劣化速度就会加倍。

(4)压缩性。液压油在低、中压时可视为非压缩性液体,但在高压时压缩性就不可忽视了,纯油的可压缩性是钢的100~150倍。压缩性会降低运动的精度,增大压力损失而使油温上升,压力信号传递时,会有时间延迟、响应不良的现象。

(5)其他性质。包括稳定性、抗泡沫性、抗乳化性、防锈性、润滑性以及相容性等。

2)液压油的用途

(1)传递运动与动力。将泵的机械能转换成液体的压力能并传至各处,由于油本身具有黏性,因此,在传递过程中会产生一定的动力损失。

(2)润滑。液压元件内各移动部位都可受到液压油充分润滑,从而降低元件磨损。

(3)密封。油本身的黏性对细小的间隙有密封的作用。

(4)冷却。系统损失的能量会变成热,被油带出。

ZBC007 液压轴件

(四)液压轴件

油封有时也叫轴封,广义上它们同属于旋转轴动密封的不同称呼,狭义上的区别,轴封多指泵轴端汽封,旋转的泵轴与固定的泵壳之间的密封,防止高压液体从泵内沿轴漏出,或者外界空气沿轴渗入。油封多指润滑油的密封,常用于各种机械的轴承处,特别是滚动轴承部位。其功能在于把油腔和外界隔离,对内封油,对外封尘。

油封一般用耐油的橡胶模压而成,丁腈橡胶为目前油封及O形圈最常用的橡胶之一。可以说是目前用途最广、成本最低的橡胶密封件。制造油封最常用的还有聚丙酸酯橡胶、硅橡胶、氟橡胶和聚四氟乙烯。

1. 油封的种类

油封按密封作用、特点、结构类型、工作状态和密封机理等可以分成多种形式,有不同叫法。油封按轴的旋转线速度高低分类,可分为低速油封和高速油封。按油封所能承受的压力高低分类,可分为常压型油封和耐压型油封。按油封的结构及密封原理分类,可分为标准型油封和动力回流型油封。另外,按构成油封组件材质分类,又可分为有骨架型油封和无骨架型油封;还有弹簧型油封和无弹簧型油封。

2. 对油封的主要要求

(1)密封性好。

(2)可靠性高。

(3)易于装配。

(4)与被密封介质相容。

(5)低摩擦。

3. 油封的选择与装配

(1)油封的选择。与其他密封件的选择原则类似,选择油封也要根据密封介质和工作条件选择油封类型和材料。工作条件主要考虑使用压力、工作线速度、工作温度范围。选择油封的材料时,必须考虑材料对工作介质的相容性、对工作温度范围的适应性和唇缘对旋转轴高速旋转时的跟随能力。

(2)装配前,做好油封检查,量好油封各部位尺寸是否与轴及腔体尺寸相符。油封在安装前,先将轴径的尺寸与油封的内径尺寸对照清楚,要相符。腔体内尺寸要与油封的外径宽度相适合。检查油封的唇口有没有损伤、变形,弹簧有没有脱落、生锈。防止油封在运输过程当中无平放,受外力挤压和撞击等影响,而破坏其真圆度。

装配前做好机加工检查程序。量好腔体与轴各部分尺寸是否正确,尤其是内倒角,不能有坡度。轴与腔体的端面加工要光洁,倒角没有损伤和毛刺,清洁装配部位,在轴的装入处(倒角)部分不能有毛刺、沙子、铁屑等杂物,否则会产生油封唇口不规则的损伤,建议倒角部位采用 r 角。车削工具由于工艺、刀具强度或其他要求,往往不是一个点,而是一段圆弧,故称为 r 角。

(3)在操作技巧上,可以用手感觉是否光滑、真圆。

(4)油封在安装前不要太早将包装纸撕开,防止杂物附着在油封表面而带入工作中。

(5)装机前,油封应在唇口之间适量涂抹上添加有二硫化钼的锂基酯,防止轴在瞬间启动时,对唇口造成干磨现象,影响唇口的过盈量,并应尽快装配。装好油封的油封座,如果不是马上装机,则建议在上面用布覆盖防止异物附着油封。涂锂基脂的手或工具一定要干净。

(6)油封要平装,不能有倾斜的现象。建议采用油压设备或套筒工具安装。压力不要太大,速度要均匀、缓慢。

O 形圈的良好密封效果很大程度上取决于安装槽尺寸的正确性。Y 形密封圈依靠张开的唇边贴于密封面而保持密封。

(五)液力传动

液力传动是指以液体为工作介质,利用液体动能来传递能量的流体传动。叶轮将动力机(内燃机、电动机、涡轮机等)输入的转速、力矩加以转换,经输出轴带动机器的工作部分。液体与装在输入轴、输出轴、壳体上的各叶轮相互作用,产生动量矩的变化,从而达到传递能量的目的。液力传动与靠液体压力能来传递能量的液压传动在原理、结构和性能上都有很大差别。液力传动的输入轴与输出轴之间只靠液体为工作介质联系,构件间不直接接触,是一种非刚性传动。液力传动的优点是:能吸收冲击和振动,过载保护性好,甚至在输出轴卡住时动力机仍能运转而不受损伤,带载荷启动容易,能实现自动变速和无级调速等。因此它能提高整体传动装置的动力性能。

液力传动是液体传动的一个分支,它是由几个叶轮组成的一种非刚性连接的传动装置。这种装置把机械能转换为液体的动能,再将液体的动能转换为机械能,起着能量传递的作用。

ZBC004 液力传动的基本知识

值得注意的是,液力传动与液压传动是不同的,液力传动是依靠液体的动能来传递能量的,而液压传动则是依靠液体的压力能传递能量的。

液力传动装置。液力传动装置是以液体为工作介质以液体的动能来实现能量传递的装置,常见的有液力耦合器、液力变矩器和液力机械元件。

液力传动装置主要由三个关键部件组成,即泵轮、涡轮、导轮。

泵轮:能量输入部件,它能接受原动机传来的机械能并将其转换为液体的动能。

涡轮:能量输出部分,它将液体的动能转换为机械能而输出。

导轮:液体导流部件,它对流动的液体导向,使其根据一定的要求,按照一定的方向冲击泵轮的叶片。

ZBC005 液力耦合器的类型、性能和特点

1. 液力耦合器

液力耦合器是利用液体的动能而进行能量传递的一种液力传动装置,它以液体油作为工作介质,通过泵轮和涡轮将机械能和液体的动能相互转化,从而连接原动机与工作机械实现动力的传递。液力耦合器按其应用特性可分为三种基本类型,即普通型、限矩型、调速型及两个派生类型:液力耦合器传动装置与液力减速器。液力耦合器的传动效率等于输出轴转速与输入轴转速之比。液力耦合器是一种柔性的传动装置,与普通的机械传动装置相比,具有很多独特之处:能消除冲击和振动;输出转速低于输入转速,两轴的转速差随载荷的增大而增加;过载保护性能和启动性能好,载荷过大而停转时输入轴仍可转动,不致造成动力机的损坏;当载荷减小时,输出轴转速增加直到接近于输入轴的转速,使传递扭矩趋于零。液力耦合器的特性因工作腔与泵轮、涡轮的形状不同而有差异。

液力耦合器是一种柔性的传动装置,与普通的机械传动装置相比,具有很多独特之处:能消除冲击和振动;输出转速低于输入转速,两轴的转速差随载荷的增大而增加;过载保护性能和启动性能好,载荷过大而停转时输入轴仍可转动,不致造成动力机的损坏;当载荷减小时,输出轴转速增加直到接近于输入轴的转速,使传递扭矩趋于零。液力耦合器的传动效率等于输出轴转速与输入轴转速之比。一般液力耦合器正常工况的转速比在 0.95 以上时可获得较高的效率。液力耦合器的特性因工作腔与泵轮、涡轮的形状不同而有差异。它一般靠壳体自然散热,不需要外部冷却的供油系统。如将液力耦合器的油放空,耦合器就处于脱开状态,能起离合器的作用。但是液力耦合器也存在效率较低、高效范围较窄等缺点。

ZBC006 液力变矩器的分类、结构

2. 液力变矩器

1)液力变矩器的分类

(1)把装在泵轮与导轮或导轮与导轮之间刚性连接在同一根输出轴上的涡轮数目称为“级”。按级数多少来分,有单级、多级的液力变矩器。

(2)把液力变矩器中利用单向离合器或者其他机构的作用来改变参与工作的各工作轮的工作状态的数目,称为“相”。液力变矩器有单相及多相之分。

(3)按液流在循环圆中流动时流过涡轮的方向分:离心式、向心式及轴流式涡轮液力变矩器。

(4)按在牵引工况时,涡轮轴与泵轮转向相同与否,分为正转和反转液力变矩器。

(5)根据液力变矩器能容系统是否可调,分为可调与不可调液力变矩器。

(6)把液力变矩器与机械传动组合而成的变矩器叫作液力机械变矩器。根据功率分流不同,又分为内分流和外分流的液力机械变矩器。

2)液力变矩器的结构

(1)单级单相液力变矩器如图 1-1-7 所示。

罩轮通过弹性连接板与发动机飞轮连接起来,这样发动机就可带动泵轮转动。涡轮通过涡轮套与空心轴相连,涡轮的动力由空心轴对外输出。导轮通过导轮座与机座固定在一起不能转动。油泵轴活动地装在涡轮空心轴内,轴的左端用花键、油泵驱动盘、罩轮 4 等与发动机飞轮相连,右端有齿轮用来驱动液压泵工作。

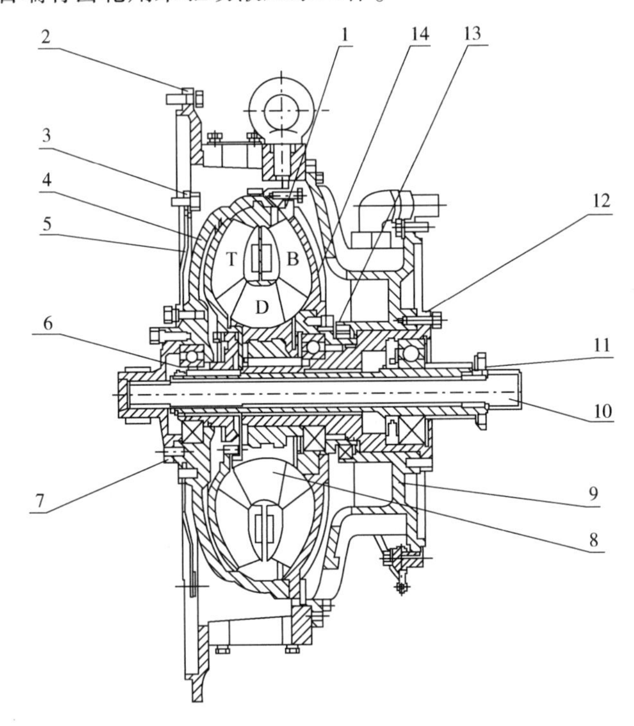

图 1-1-7　YB355-2 型向心涡轮液力变矩器

1—泵轮;2—外罩;3—弹性连接板;4—罩轮;5—涡轮;6—涡轮套;7—油泵驱盘;8—导轮; 9—机座;10—油泵轴;11—涡轮空心轴;12—导轮座;13—油封;14—泵轮套

(2)单级双相综合式液力变矩器。

单级双相综合式液力变矩器的结构和单级单相液力变矩器结构大体相同,不同点是单级双相综合式液力变矩器的导轮是通过单向离合器与机架连接,不是直接与机架固定为一体。

(3)单级三相综合式液力变矩器。

(4)多级液力变矩器。

(5)闭锁液力变矩器。

(6)液力机械变矩器。

如果把液力变矩器和机械传动元件以不同的方式组合起来,就成了一种新的液力传动元件,这种液力传动元件就叫作液力机械变矩器。利用机械元件和功率分流原理,可以改变液力变矩器的传动特性,扩大应用范围。

ZBC011 液力传动阀的结构及性能特点

3. 液力传动阀

液力传动是液体传动的一个分支,这是由几个叶轮组成的一种非刚性连接的传动装置。这种装置把机械能转换为液体的动能,再将液体的动能转换为机械能,起着能量传递的作用。

1)溢流阀

(1)溢流阀的主要用途。

调压和稳压。如用在由定量泵构成的液压源中,用以调节泵的出口压力,保持该压力恒定。

限压。如用作安全阀,当系统正常工作时,溢流阀处于关闭状态,仅在系统压力大于其调定压力时才开启溢流,对系统起过载保护作用。

溢流阀的特征:阀与负载相并联,溢流口接回油箱,采用进口压力负反馈。

根据结构不同,溢流阀可分为直动型和先导型两类。

(2)直动式溢流阀。

直动式溢流阀是作用在阀芯上的主油路液压力与调压弹簧力直接相平衡的溢流阀。

直动型溢流阀结构简单,灵敏度高,但因压力直接与调压弹簧力平衡,不适于在高压、大流量下工作。在高压、大流量条件下,直动型溢流阀的阀芯摩擦力和液动力很大,不能忽略,故定压精度低,恒压特性不好。

(3)先导式溢流阀。

先导型溢流阀有多种结构。广泛用于高压、大流量场合。

(4)电磁溢流阀。

电磁溢流阀是电磁换向阀与先导式溢流阀的组合,用于系统的多级压力控制或卸荷。为减小卸荷时的液压冲击,可在电磁阀和溢流阀之间加装缓冲器。

对电磁溢流阀的主要性能要求是升压时间短,具有通电卸载和继电卸载的功能;卸载时无明显冲击;具有内腔加载和多控多级加载功能。

(5)卸荷溢流阀。

卸荷溢流阀是先导式溢流阀和单向阀的组合,主要用于蓄能器液压系统和高低压泵供油系统中。在蓄能器液压系统中,它能实现泵的自动卸荷和自动减压;在高低压大流量泵供油系统中,则可实现低压大流量泵的自动卸荷。

2)顺序阀

顺序阀是当控制压力达到调定值时,阀芯开启,使流体通过,以控制执行元件动作的控制阀。通过改变控制方式、泄油方式和二次油路的接法,顺序阀还可以构成多种功能,作为背压阀、卸荷阀和平衡阀使用。

3)减压阀

减压阀用于降低系统中某一回路的压力。使其出口压力降低且恒定的减压阀称为定值输出减压阀,简称减压阀。使其出口压力与某一负载压力之差恒定的减压阀称为定差减压阀;使其入口压力与出口压力比值一定的减压阀称为定比减压阀。

4)流量控制阀及其他液压阀

流量控制阀简称流量阀,它通过改变节流口通流面积或通流通道的长短来改变局部阻力的大小，从而实现对流量的控制，进而改变执行机构的运动速度。流量控制阀是节流调速系统中的基本调节元件。在定量泵供油的节流调速系统中，必须将流量控制阀与溢流阀配合使用，以便将多余的流量排回油箱。

流量控制阀包括节流阀、调速阀和分流集流阀等。

5）方向控制阀

（1）单向阀。

单向阀分为普通单向阀与液控单向阀两种。

（2）液控单向阀。

液控单向阀是允许液流向一个方向流动，反向开启则必须通过液压控制来实现的单向阀。液控单向阀可用作二通开关阀，也可用作保压阀，用两个液控单向阀还可以组成“液压锁”。

（3）换向阀。

换向阀是利用阀芯和阀体间相对位置的不同来变换不同管路间的通断关系，实现接通、切断，或改变液流的方向的阀类。它的用途很广，种类也很多。

ZBC012 液力传动的一般故障原因及排除方法

4. 液力传动的一般故障原因及排除方法

1）液力耦合器常见故障与分析处理

液力耦合器常见故障与分析处理见表1-1-2。

表1-1-2 液力耦合器一般故障的分析处理

序号	故障现象	原因		故障部位	排除方法
1	耦合器 过热	冷却水量不足		冷却水源	加大水量
		冷却水温度过高		冷却水源	降低水温
		箱体存油过多或过少		油箱	调节油位至规定值
		油泵转子损坏		油泵	更换内外转子
		油泵吸油滤芯堵塞		吸油滤芯	更换或清洗吸油滤芯
		安全阀溢流过多	弹簧太松	安全阀	上紧弹簧
			密封损坏		更换密封件
		油路堵塞		油管路	检查清理油管路
		耦合器超载		选型匹配	计算功率匹配
2	输出轴不转	工作腔不进油		—	—
		安全阀开启压力低		安全阀	调进弹簧
		油路堵塞		油管路	清理油管路
		油泵损坏		油泵	更换转子
		油泵转向错误		泵转子	按标牌调整方向
		油泵吸油管路透气		吸油管	加强密封
		工作机机械卡死		工作机	检查工作机卡塞点
		输出轴机械卡死		输出轴	检查轴承密、封卡塞点

续表

序号	故障现象	原因	故障部位	排除方法
3	机组振动大	电动机振动大	电动机	检查电动机轴承及基础
		耦合器振动大	—	—
		耦合器转子不平衡	旋转组件	重新做平衡
		电动机与耦合器安装不同心	耦合器	重新找正
		耦合器中心高留量误差大	耦合器	调整中心高
		轴承损坏	旋转组件	更换轴承
		连接件松动	紧固件	上紧紧固件
		基础刚性不够	安装基础	加强基础安装底座
3	机组振动大	基础平面度、平行度误差大	基础	重新调重
		电动机端联轴器不够平衡	联轴器	更换联轴器
		工作机振动大	工作机	检查工作机转子轴承
		工作机端联轴器不平衡	联轴器	更换联轴器
		电动机与耦合器不同心	耦合器	重新找正
4	轴端漏油	联轴器旋转时真空效应抽吸漏漏油	联轴器	用护罩屏蔽联轴器
		机械密封槽间隙误差或损坏	机械密封	检查修复机械密封槽
		骨架油封损坏	油封	更换油封
		密封轴面划伤	密封周面处	修磨密封处轴面

2)液力变矩器常见故障及处理

液力变矩器常见的故障主要有:油温过高、供油压力过低、漏油、机器行驶速度过低或行驶无力,以及工作时内部发出异常响声等。

(1)发动机无负载时变矩器输出压力低于0.172MPa。

原因:密封件和O形圈损坏;油泵损坏;安全阀卡死,进油管或滤油网堵塞,油管泄漏或堵塞。

如果出现供油压力过低,应首先检查油位:若油位低于最低刻度,应补充油液;若油位正常,应检查进、出油管有无泄漏,若有漏油,应予以排除。若进、出管密封良好,应检查进、出口压力阀的工作情况,若进、出口压力阀不能关闭,应将其拆下,检查其上零件有无裂纹或伤痕,油路和油孔是否畅通,以及弹簧刚度是否变小,发现问题应及时解决。如果压力阀正常,应拆下油管或滤网进行检查。如有堵塞,应进行清洗并清除沉积物;如油管畅通,则需检查液压泵,必要时更换液压泵。如果液压油起泡沫,应检查回油管的安装情况,如回油管的油位低于油池的油位,应重新安装回油管。

(2)发动机无负载时变矩器输出压力高于0.492MPa。

原因:油冷却器油管堵塞;油质密度大;油温低。

(3)变矩器过热。

原因:变速器油位过低;冷却系统中水位过低;油管及冷却器堵塞或太脏;变矩器在低效率范围内工作时间太长;工作轮的紧固螺钉松动;轴承配合松旷或损坏;综合式液力变矩器

因自由轮卡死而闭锁；导轮装配时自由轮机构缺少零件。

液力变矩器过热故障的诊断和排除方法如下：出现变矩器过热时，首先应立即停车，让发动机怠速运转，查看冷却系统有无泄漏，若冷却系统正常，则应检查变矩器油位是否位于油尺两标记之间。若油位太低，应补充同一牌号的油液；若油位太高，则必须排油至适当油位。如果油位符合要求，应调整机器，使变矩器在高效区范围内工作，尽量避免在低效区长时间工作。如果调整机器工作状况后油温仍过高，应检查油管和冷却器的温度，若用手触摸时温度低，说明泄油管或冷却器堵塞或太脏，应将泄油管拆下，检查是否有沉积物堵塞，若有沉积物应予以清除，再装上接头和密封泄油管。若触摸冷却器时感到温度很高，应从变矩器壳体内放出少量油液进行检查。若油液内有金属末，说明轴承松旷或损坏，导致工作轮磨损，应对其进行分解，更换轴承，并检查泵轮与泵轮毂紧固螺栓是否松动，若松动应予以紧固。

(4)变矩器漏油。

变矩器漏油主要是由于变矩器后盖与泵轮摩擦面、泵轮与轮毂接触处连接螺栓松动或密封件老化或损坏造成的。发现漏油应启动发动机，检查漏油部位。如果从变矩器与发动机的连接处漏油，说明泵轮与泵轮罩连接螺栓松动或密封圈老化，应紧固连接螺栓或更换O形密封圈；如果从变矩器与变速器连接处甩油，说明泵轮与泵轮毂连接螺栓松动或密封圈损坏，应紧固螺栓或检查密封圈；如果漏油部位在加油口或放油口位置，应检查螺栓连接的松紧度以及是否有裂纹等。

(5)机器行驶速度不定期低或行驶无力。

这种故障主要是由以下几种原因引起的：液力变矩器内部密封件损坏，使工作腔液流冲击下降；自由轮机构卡死，造成导轮闭锁；自由轮磨损失效；工作轮叶片损坏；进、出口压力阀损坏；液压泵磨损，供油不足；液压油油位太低；变速器的摩擦式主离合器有故障。

机器挂挡起步后，如果行驶无力或行驶缓慢，应首先检查挂挡压力表的指示压力是否在正常范围内，如果压力过低应予以排除；如果压力正常，则可能是自由轮磨损失效或工作轮叶片损坏；还可能是变速器摩擦式离合器存在故障，应进行具体分析并予以排除。

(6)液力变矩器工作时有异常响声。

这种故障主要是由于轴承损坏，工作轮连接松动或与发动机连接松动等原因造成的。出现这种情况，应首先检查各连接产部位是否松动，然后检查各轴承，如有松旷应进行调整或更换新轴承。此外，还应检查液压油的油量和质量，必要时添加或更换新油。

变矩器正常工作压力为240~280psi(145psi=1MPa)。

(六)艾里逊DP8962传动箱的特点及维护

ZBC010 艾里逊DP8962传动箱的特点及维护

手动变速箱是通过离合器摩擦片的机械式接合将发动机的动力传递到传动轴上，并通过啮合不同传动比的滑动齿轮，提供不同的速比，从而驱动车辆并达到所需的运行速度。

艾里逊自动变速箱DP8962的结构略比手动变速箱复杂，但其功能却有大幅提高。所有型号的自动变速箱都采用高效率、高可靠性的液力变扭器/行星齿轮设计，这一设计经受了世界各地的重载工况的考验，并仍在不断改进。

1. 工作原理

发动机的动力首先传递到液力变扭器,在这个三元机械机构中,动力(扭矩)以油液作为介质,从泵轮通过导轮传递到涡轮,再传递到变速箱的主轴。在涡轮与泵轮之间有转速差时,油液通过变扭器内部结构的引导,可将泵轮传递来的能量更充分地传送到涡轮上,使涡轮的扭矩增大,这就是液力变扭器的增扭作用。泵轮与涡轮的转速差越大,这个作用就越显著。因此,当车辆刚起步或车辆负载增加时,艾里逊自动变速箱可提供增加扭矩的功能。

在艾里逊自动变速箱的一些型号中,液力变扭器中可设有闭锁离合器,即泵轮与涡轮的转速差接近零时,闭锁离合器接合使用其成为直接机械连接,达到最大传动效率。

动力从变扭器通过主轴进入行星齿轮变速机构,在这个机构中,多套行星齿轮副一起工作,产生不同速比以满足车辆不同的负载和行驶速度要求。和手动变速箱的滑动齿轮机构不同,行星齿轮副是处于常啮合状态。每套行星齿轮由太阳轮、行星轮和外齿圈组成,如果使它们之中其中一个固定,转动另一个,可使第三个以不同的转速或不同的转向转动,多个行星齿轮副的不同组合,便可得到多个不同的传动比和转向。

2. 特点

国内井下特种装备上使用的综合式液力变矩器有阿里逊传动箱 DP8962、CLT9884 等多种液力机械传动箱。这些传动箱集变矩器和变速器于一体,一些变矩器还带有闭锁离合器。

(1)电子控制。

(2)换挡更精确。

(3)应用更灵活。

(4)提高燃油经济性。

(5)提高车辆性能。

(6)提高生产率。

(7)降低保养费用。

(8)微电脑智能控制系统。

(9)防飞挡逻辑控制。

(10)ABS 兼容。

(11)液力减速器。

(12)输出减速器。

(13)液力减速器的优越性。

(14)分动力输出(PTO)。

(15)变扭器驱动。

(16)发动机驱动。

3. 维护

(1)注意变速箱油面高度(热车的情况下检查),查看有无漏油,变速箱油既不能过多也不能亏损,亏损有可能造成烧箱,过多则会引起变速箱过热。

(2)注意保养换油,每家汽车生产企业生产的轿车品牌不同,换油周期也不相同,注意自己品牌的使用说明书,到期必须更换,而且有些车必须加本公司规定的油,否则会进入应急模式，出现锁三挡的情况。

(3)随时检查变速箱油的颜色，正常的变速箱油应该是无味、半透明，红或黄色，如果发现变速箱油发黑或有焦糊味，必须马上更换。

三、井下特种装备结构与400型泵的技术性能

(一)井下特种装备结构

油田上井下特种装备一般采用柱塞式往复泵，通常都是卧式三柱塞泵和卧式五柱塞泵，三柱塞泵与五柱塞泵只是工作缸数不同，结构与工作原理相同。

柱塞泵主要由动力端和液力端两大部分组成，并附有电动机和皮带轮（或柴油机与减速机）、安全阀、稳压器、润滑系统、底架等。下面以三缸柱塞泵为例进行介绍。

ZBD001 动力端曲轴

1. 动力端

1)曲轴

曲轴是泵中关键部件之一，是把原动机的旋转运动转化为柱塞往复运动的重要部件。

主轴颈：安装轴承的部位。

曲柄销：与连杆大头连接的部位。

曲柄：连接主轴颈和曲柄销或两相邻曲柄销的部位。

曲拐：曲柄与曲柄销的组合体。

曲轴材料：常用45.40Cr、35CrMo等材料锻制，曲柄销表面淬火或氮化等硬化处理，提高其耐磨性能。合金钢强度高，对应力集中敏感，成本高。球墨铸铁吸振性能好、对应力集中不敏感。

考虑到惯性力和惯性力矩的平衡，各曲柄销与中心互成120°，从大皮带轮方向看，曲轴逆时针方向旋转，如图1-1-8所示。

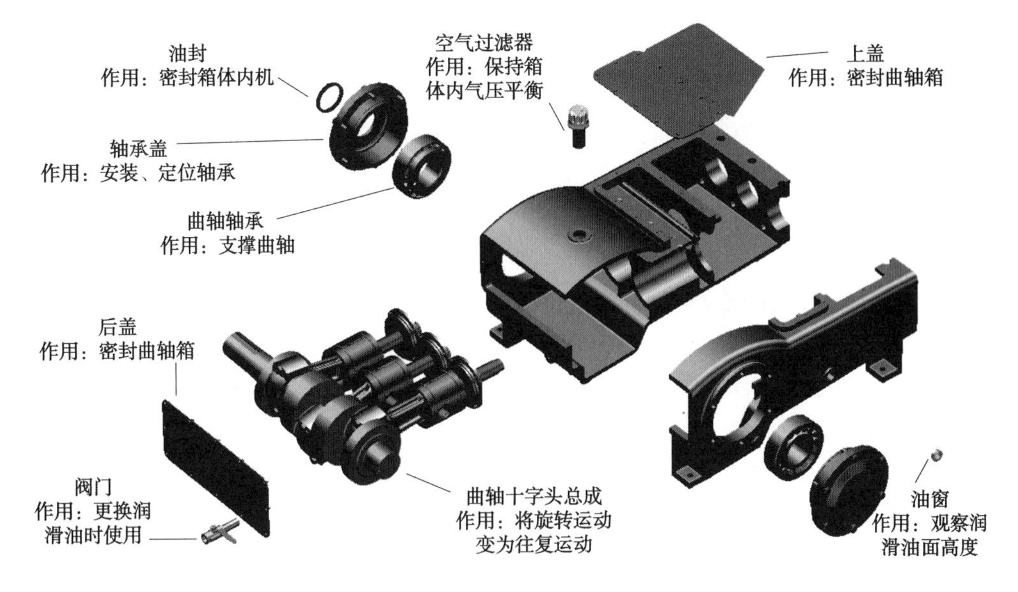

图1-1-8　曲轴结构示意图

ZBD002 动力端连杆

2)连杆

连杆是动力端曲柄连杆机构中连接曲轴和十字头的部件。连杆的运动是一种平面运动,可以把连杆运动看成是沿液缸中心线移动和绕十字头销摆动的两种简单运动的合成。它将柱塞上的推力传递给曲轴,又将曲轴的旋转运动转化为柱塞的往复运动,如图 1-1-9 所示。

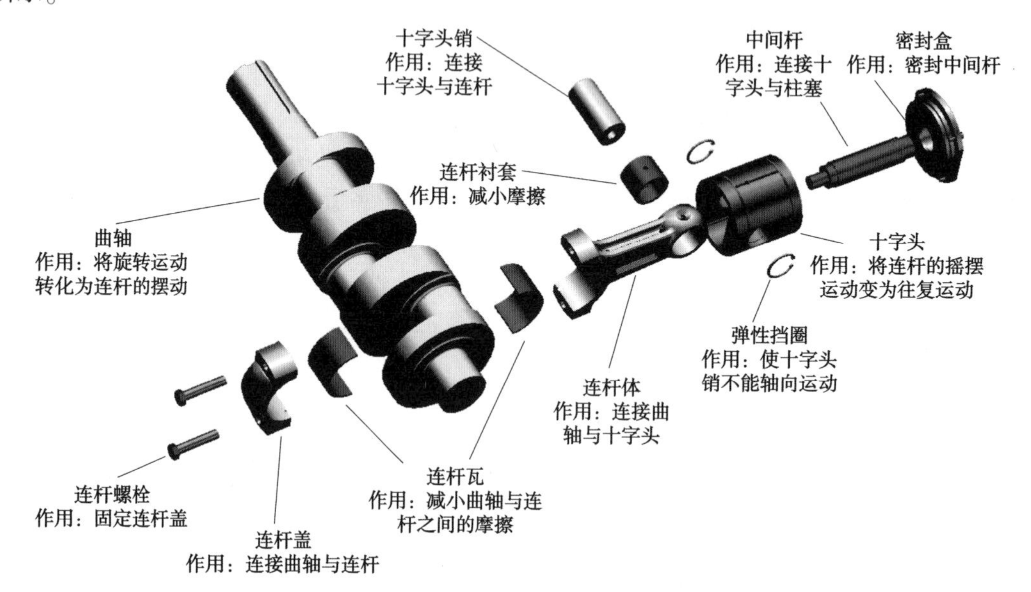

图 1-1-9 连杆结构示意图

连杆与曲轴相连的一头称为大头,与十字头相连的一头称为小头。

连杆大头通常为剖分式,连杆一般由连杆体、连杆盖、大头轴瓦、小头衬套以及连杆螺栓等组成。

连杆体截面形状有工字形、矩形等。采用强制润滑时,杆体沿杆中心线钻有油孔,把由曲轴油孔进入连杆瓦的润滑油引入小头衬套。若采用飞溅润滑时,则杆体上不钻油孔而在连杆大头和小头分别钻有相应的进油孔。连杆材料一般为 35.45 钢铸造或锻造。

连杆螺栓通常应有防松装置。为保证连杆盖与杆体装配位置固定不变,通常在杆体与盖之间有定位。连杆螺栓材料通常采用 45.40Cr、35CrMo 等。

连杆定位是用来限制连杆在工作时垂直于连杆体中心线方向的窜动的,定位分为大头定位和小头定位两种。采用厚壁瓦时,适合于大头定位;采用薄壁瓦时,多用小头定位。

根据连杆大头轴瓦的壁厚,可分为薄壁瓦和厚薄瓦两种:当壁厚 t 与轴瓦内径 D 之比 $t/D\geqslant0.05$ 时,称为厚壁瓦;当 $t/D<0.05$ 时,称为薄壁瓦。为防止大头内轴瓦在孔内相对转动,需要轴瓦上有定位凸台,连杆盖与杆身上分别制有定位凹台。轴瓦材料一般采用锡基合金、铝基合金、铜基合金。

连杆小头均制成整体式,小头内孔一般压配有整体衬套,衬套材料常采用 ZQSn6-6-3,ZQSn10-1 铸造锡青铜或 QAl9-4 铸造青铜。修配时要注意:衬套与小头内孔为过盈配合。

ZBD003 动力端十字头

3)十字头

十字头在其滑道内做直线往复运动,具有导向作用。通过十字头把做摇摆运动的连杆和做往复运动的柱塞连接起来并起着力的传递作用。

十字头与中间杆(联接杆)可采用刚性连接或浮式连接。

十字头材料一般为球墨铸铁。

十字头销是连接十字头与连杆小头的连接件。它与小头衬套接触并承受交变载荷,因此必须有足够的强度和刚度,工作表面要具备较高的硬度,使其工作时变形小而耐磨性好。常用材料有45.40Cr、35CrMo等,表面淬火处理。

十字头销有两种安装方式,一种是销两端在十字头销孔座内固定,在连杆小头衬套内滑动。这种安装方式可相应地减小小头衬套与销的接触长度,减小比压,提高承载能力。另一种是销在销孔座内均能相对滑动,即所谓浮式安装结构。为防止销轴向窜出,故在销孔座两端装有弹性挡圈。这种安装方式的特点是:销处于“浮动”状态,相对滑动速度小,销表面磨损均匀,磨损小,结构简单,拆装方便,并可避免卡销的危险,故在中小型泵中应用较为广泛。

4)机座及其他

ZBD004 动力端机座及其他

机座是动力端主要部件之一,是安装动力端、承受或传递泵的作用力和力矩的受力构件。

机座按其毛坯形式可分为铸造机座和焊接机座。

柱塞泵的主轴承通常采用圆锥滚子轴承、圆柱滚子轴承或调心滚子轴承。

中间杆(连接杆)用来连接十字头与柱塞,一般与十字头之间有止口圆来定位。其表面镀铬或采取其他硬化处理。

密封盒用来密封中间杆,内装有油封,这样中间杆往复运动时,机座内的润滑油就不会被带出来。

机座油池内一般还设有磁性棒,以清理润滑油内的金属杂质。

润滑油一般采用CD15W型柴油机油。

2. *液力端*

原理:依靠柱塞的往复运动并依次开启进、排阀,从而吸入或排出液体。如图1-1-10所示。

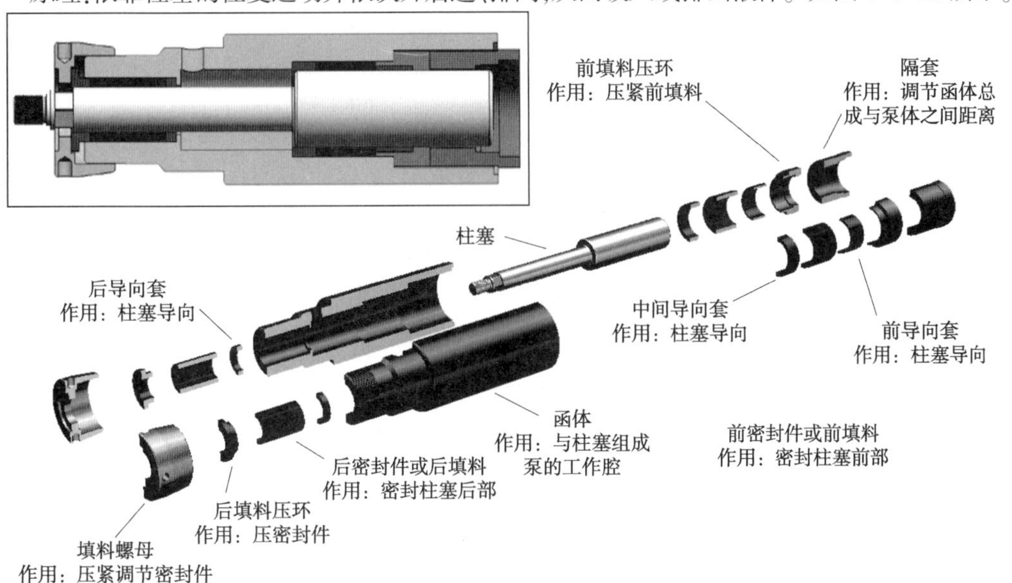

图1-1-10　液力端结构示意图

ZBD005 液力端泵头

1)泵头

泵头结构如图 1-1-11 所示。

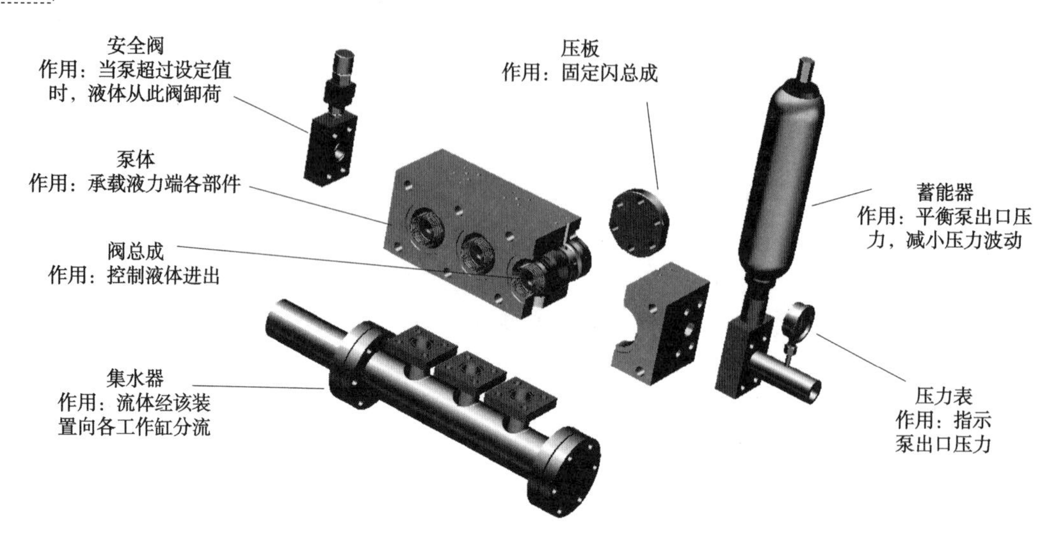

图 1-1-11　泵头结构示意图

液力端按进排液阀的布置型式不同,分为卧式、立式等。

立式泵头存在十字交叉孔,两垂直孔相交处应力集中很大,常由此而导致泵头疲劳破裂。卧式泵头阀处于水平布置,运动导向必须良好,否则会使阀片运动受阻或关闭不良。

泵头材料一般为 2Cr13. 304. 316 等。

ZBD006 液力端填料函(密封函)及填料

2)填料函(密封函)及填料

填料函与泵头连接方式有:用泵头压紧、与泵头以法兰及螺栓连接、与泵头螺纹连接。

填料函的密封型式包括:金属密封(间隙密封)、填料密封(压紧式密封)、自封式密封(V 形、U 形、Y 形)。其中最常见的是填料密封。

填料密封中,填料函主要由填料函体、填料和填料压盖组成。用于柱塞密封时,还应有柱塞和导向套。

填料密封是靠压紧填料使其与柱塞表面和函体内表在紧密接触而密封的。其泄漏量和摩擦力均与压紧力密切相关:泄漏量与压紧力平方成反比,摩擦力与压紧力成正比。填料接触的柱塞和函体表面必须光洁,还应尽可能提高表面硬度。

在压紧力的作用下,填料与柱塞和函体表面产生接触应力,该力从填料安装入口(与压盖接触处)向里逐渐减小而在入口处为最大,此处磨损较快,填料失效也常从这里开始,因此,当填料较多时,可加隔环,尽可能使接触应力均匀。

填料(密封填料)一般为方形或矩形,有成形的可直接用的填料或未成形的带状填料,有碳素纤维填料、芳纶填料、四氟已烯填料、石墨填料。带形填料接口要切成 30°或 45°。

安装填料时,各环切口位置要错开 120°,将填料逐个压紧压平,不应采取全部填入,用填料压盖一次性压紧的方式。开车初始,应将填料压盖放松并依据泄漏情况慢慢压紧,一次旋转螺纹约 1/6~1/2 圈,观察 10~20min,逐渐压紧,直到获得满意的泄漏量为止。一次过紧,就会摩擦发热甚至烧毁。尤其是入口处填料更可能出现这种情况,故在使用过程中必须严格控制压紧力。

3）柱塞和导向套

ZBD007 液力端柱塞和导向套

柱塞和填料函组成一对动密封副。

对柱塞的基本要求是：有足够的刚度和强度；表面光洁、硬度高、耐磨性好；当输送腐蚀性介质时，柱塞有良好的耐蚀性。

柱塞分实心柱塞与空心柱塞两种：直径小、重量轻的采用实心；直径大及较重者采用空心。后者可减轻重量，从而可减小对密封的偏磨，延长密封的使用寿命。

柱塞与中间杆多采用螺纹连接、平面（卡箍）连接。

柱塞材料多采用45号钢喷焊Ni60或碳化钨、316或陶瓷等。表面应光洁，不允许有凹痕、毛刺和划痕。

导向套除了导向外，还有支撑柱塞重量、减小对填料侧压力的作用，可以提高密封的效果。

导向套与柱塞配合尺寸应依据匹配材料和被输送介质温度来选择。当材料膨胀系数大、介质温度高时，应取大间隙，反之取小些。

导向套材料一般采用ZQAl9-4、ZQSn10-1、填充四氟等。

4）泵阀

ZBD008 液力端泵阀

（1）泵阀的类型。

泵阀分为吸入阀和排出阀。靠作用在阀的上下压差自动启闭。

泵阀的形式有盘阀（平板阀、阀锥）、环阀、锥阀、球阀等。

盘阀和环阀。适用于常温清水、低黏度油或其他黏度不大的介质。易于加工而且耐磨，应用广泛。环阀的阀隙过流周长较大，较适合于大流量的场合。但刚性较差，不宜在高压下使用。

锥阀。刚性好，阀阻力小，适于输送黏度较大的液体及压强较高的场合。

球阀。自身能够旋转，磨损均匀，有自洁功能。密封面很窄，对固态杂质不太敏感，密封性能较好。同时流道圆滑，阻力较小，适于输送黏度较高的液体。

阀的结构如图1-1-12所示。

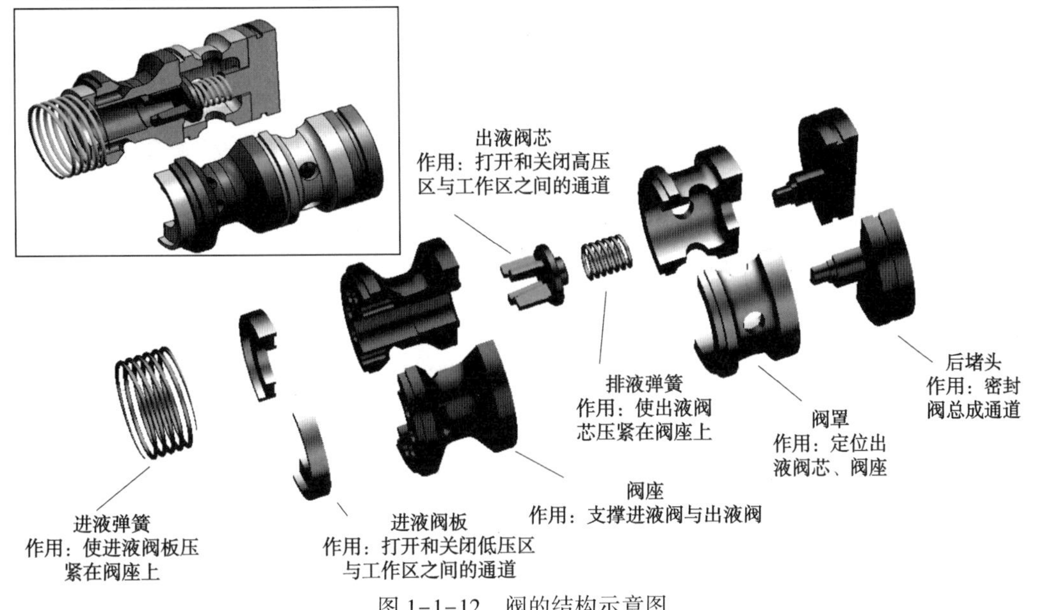

图1-1-12　阀的结构示意图

(2)对泵阀的要求。

①关闭要严密。

②流动阻力要小。

③关闭时撞击要轻,工作平稳无声,使用寿命长。

④启闭要迅速及时。

油田用柱塞泵大多采用平板阀和锥阀,阀升程为 4~8mm,阀体材料大多采用 2Cr13.3Cr13.17-4PH、Cr17Ni2.1Cr18Ni9Ti、陶瓷等,表面有足够的硬度,耐冲击、耐腐蚀。阀板与阀座密封面通常要进行对研。

ZBD009 液力端附属配套装置

5)附属配套装置

(1)稳压器。

泵头排出的高压脉动液体,经稳压器后,变为较平稳的高压液体。

(2)止回阀。

防止高压管道反向流动。

(3)润滑系统。

齿轮泵从机座中抽油,给曲轴、十字头、连杆等运动部位润滑。

(4)压力表。

压力表有普通压力表和电接点压力表两种。电接点压力表属仪表系统,能够达到自动控制的目的。

(5)安全阀。

安全阀装在排出管路上,保证泵在额定工作压力下工作,超压时自行开启,起泄压保护作用。

(6)柱塞泵保护系统。

①泵出口超压保护:安全阀、出口电接点压力表。

②泵进口低压保护:进口电接点压力表。

③润滑系统保护:控制泵的油温、油压和液面高度。

ZBD010 活塞泵的液力端结构

(二)活塞泵的液力端结构

活塞泵的液力端大多采用双缸双作用的形式。双缸双作用活塞泵又可分成卧式和立式两种。卧式双缸双作用活塞泵的液力端,根据吸入阀和排出阀的位置有叠式和侧式两种。

立式双缸双作用泵的液力端通常布置在泵的下部,吸入阀和排出阀可为阶梯式布置,也可以是直通式布置,而阀室可以在活塞工作腔的一侧或两侧对称布置。图 1-1-12 中阀为直通式布置,阀室布置在活塞工作腔的一侧,其特点是吸入阀和排出阀装拆方便,但结构相当复杂。

ZBD011 柱塞泵的总成(400 型泵)

(三)400 型泵的技术性能

1. 柱塞泵总成

柱塞泵为三缸单作用卧式泵,它由动力端、液力端、润滑系统、安全管系和壳体组成。如图 1-1-13 所示。

其基本参数如下:

型号:3PC-270。

图 1-1-13　柱塞泵的外形(400 型泵)

输入最大功率:222kW。

输入最大扭矩:9045N · m。

柱塞直径: 90mm、100mm、115mm(选一)。

柱塞行程:200mm。

润滑方式:压力润滑。

润滑动力端油箱容积:60L。

润滑柱塞油箱容积:20L。

阀盘直径:118mm。

吸入管内径:100mm(4in)。

排出管内径:50mm(2in)。

外形尺寸(长×宽×高):2420mm×1510mm×1383mm。

质量:3749kg。

ZBD012 工作特性(发动机转速 1800r/min)

2. 工作特性(发动机转速 1800r/min)

400 型泵的工作特性见表 1-1-3。

表 1-1-3　400 型泵的工作特性

挡位	冲次,冲/min	柱塞直径,mm					
		90		100		115	
		排量 Q L/min	压力 p MPa	排量 Q L/min	压力 p MPa	排量 Q L/min	压力 p MPa
Ⅰ	62	236	40.5	292	32.8	386	24.8
Ⅱ	117	447	21.4	551	17.44	729	13.1
Ⅲ	192	733	13	904	10.6	1196	7.9

ZBD013 水泵总成

3. 水泵总成

水泵基本参数如下:

型号:PR-51。

最大驱动功率:29kW。

最大输入转速:1800r/min。

最大工作压力:1.47MPa。

吸入管内径:ϕ100mm(4in)。

排出管内径:ϕ50mm(2in)。

外形尺寸(长×宽×高): 1425mm × 300mm ×330mm。

质量:105kg。

水泵总成外观如图 1-1-14 所示。

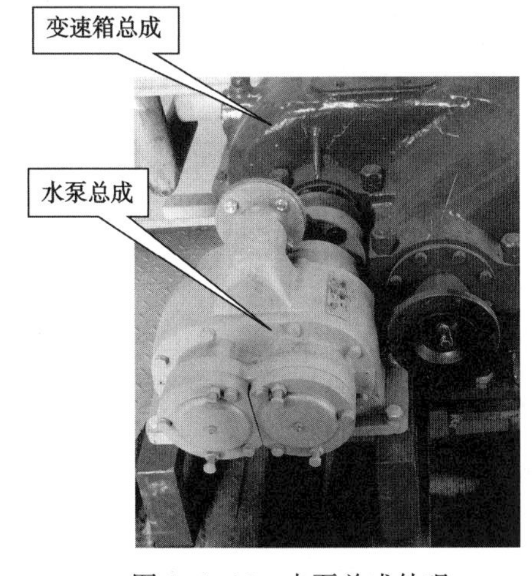

图 1-1-14　水泵总成外观

ZBD014 整车主要结构和特点

4. 整车主要结构和特点

车台上所有部件均安装在金属构架上,并用螺栓将构架连接到载运车大梁上。

车台设备的布置情况从汽车驾驶室后依次安装备胎装置、电瓶箱装置、柴油机装置、离合器、刹车制动系统、传动轴、变速箱(图1-1-15)、柱塞泵总成、仪表操纵系统及计量罐。车台两侧设置入井高压管、吸入软管等,车台前下部安放燃油箱,车台后下部安放活动弯头等部件。

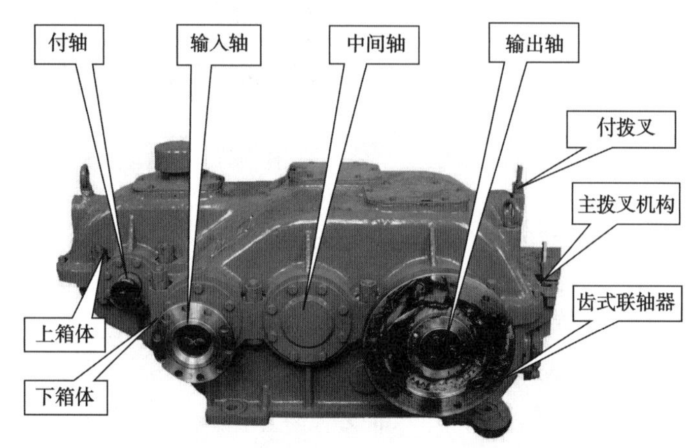

图1-1-15 变速箱结构示意图

车台右侧安放了活动翻转踏板,位于柱塞泵液力端一侧,方便检修和操作。

车台前部放置燃油加热器及护罩,方便冬季预热发动机。

离合器操纵采用脚踏板控制,百叶窗采用气动控制。

控制系统灵敏可靠,操纵方便灵活。

ZBD015 CV5-340-1 变速箱

1)CV5-340-1 变速箱

变速箱主要由输入轴、中间轴、输出轴、付轴、变挡机构和上下箱体等组成。

输入轴上装有两个斜齿圆柱齿轮,分别和中间轴的被动齿轮啮合。输出轴有三个速度可供输出,因而输出轴和中间轴上设有三对啮合齿轮副。为传递较大扭矩而采用斜齿轮传动,为减少斜齿轮的轴向分力,取中间轴四个斜齿轮旋向一致,付轴输出可变两个速度。轴上装两个斜齿圆柱被动齿轮,为能承受轴向载荷,四轴的轴端均安装双列向心球面滚子轴承。

变速箱的箱体为对开式,材料采用合金铸铁,变速箱的变挡采用杠杆圆球定位式变挡机构。

变速箱设有油尺,用以度量润滑油的加入量。

ZBD016 动力端

2)动力端

动力端主要由传动轴、曲轴、连杆和十字头等组成。它是将传动轴的旋转运动转变成为柱塞往复运动的传动机构。传动轴、曲轴及滑套分别装于壳体相应支撑部位。而十字头衬套通过其内螺纹和液力端的拉杆相连。

传动轴和曲轴均为合金钢锻件,两轴间通过人字齿轮传动。曲轴上均匀地分布着互成120°的三个曲柄轴颈,曲柄轴颈与主轴的偏心距为100mm。

连杆材料为优质碳素钢,其大端装有铜铝合金瓦片,小端装有铜铝锌合金的球面组合座，两端均设有润滑油孔。

十字头由滑套及衬套组成。衬套为圆筒形状，用储油性能好的合金铸铁制造。衬套外圆柱面上开有半圆油槽，用以构成润滑通道。衬套内孔套装连杆球座后，用压帽压紧，并用螺钉固定，以防松脱。

3）液力端

ZBD017 液力端

液力端主要由泵头体、阀门总成、阀座、柱塞、缸套、拉杆及密封组件等组成。

泵头体为合金钢锻件，通过双头螺栓和壳体连接。

阀门总成分为吸入阀和排出阀，吸入和排出阀门总成的材料、结构和尺寸完全一致，阀门总成由阀体，阀门压盖及螺母等组成。阀体的材料为合金钢，表面渗碳淬火，阀体盘直径为 118mm，锥角为 30°。阀门为高强度橡胶皮碗，通过压盖和螺母将其紧压于阀体上。

阀座的材料和阀体相同，它和阀门的配合锥度为 30°，和泵头体的配合锥度为 1∶6。阀座的通孔直径为 ϕ80mm。

柱塞和拉杆均为合金钢制造，其表面喷涂耐磨合金粉，使其具有良好的耐磨及抗腐蚀性能。柱塞和拉杆间通过螺纹连接，并用圆螺母拧紧以防松动，柱塞规格为 ϕ90mm、ϕ100mm、ϕ115mm 三种，并在其大端做规格标记。

缸套由 42CrMo 钢锻造，经正火以消除内应力，它是靠压套和压盖固紧于泵头体上。

柱塞和缸套间套装 V 形自封式密封组件，材料采用耐低温夹布丁腈橡胶，具有高压密封可靠和抗酸碱腐蚀及耐磨损的性能。

4）安全阀

ZBD018 安全阀

系统中采用活塞剪销式安全阀，当柱塞泵排出压力超过剪销额定值时，作用于安全阀活塞上的力大于剪销的许用载荷而剪断销钉，使排出液体放空，泵压下降，对设备起过载保护作用。

剪销有 10MPa、15MPa、20MPa、25MPa、30MPa、35MPa 和 40MPa 七种承压规格并在销端做有标记，用户可以根据需要选用。

5）柱塞泵润滑系统

ZBD019 柱塞泵润滑系统

包括动力端润滑系统和液力端润滑系统，分别独立。两者均为连续压力油式强制润滑。分别采用 3/8in 齿轮油泵和 1in 齿轮油泵。

柱塞泵泵壳就是动力端的润滑油池，液力端配备有单独的润滑油箱，位于柱塞泵泵壳下部，如图 1-1-16 所示。

通过机械传动，齿轮油泵将润滑油从油箱中抽出，通过滤清器，经润滑管路送到需要润滑的部位，润滑后的油液自然流回油箱，形成闭式循环，如图 1-1-17 所示。

此方式优点是节约润滑油，但若不能及时发现油液的污染状况而更换时，会严重影响柱塞及密封件的使用寿命。

6）离合器总成及控制系统

ZBD020 离合器总成及控制系统

离合器选用美国双环公司的 SP-314 工程离合器，操作时应慢合快离，该车采用气控方式，操作方便可靠。具体操作要求应严格按照《双环离合器操作手册》的规定执行，如图 1-1-18所示。

离合器操纵采用气控方式，通过操纵控制面板上的离合器控制阀，给离合器气缸供气，从而带动离合器曲柄动作，脱开离合器摩擦片，在曲柄运动时，通过离合器制动装置上的汽缸及连杆机构的联动作用,使制动装置上的摩擦带抱紧离合器输出法兰,将传动轴抱死,实现刹车制动。整个系统操作灵活,调整维护方便。在正常情况下能够满足使用要求。整个操纵系统出厂前已经调整到最佳状态,不得随意改变,如图 1-1-19 所示。

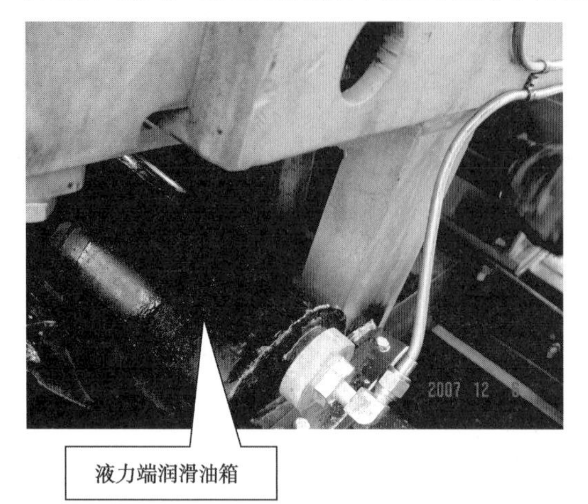

图 1-1-16　液力端润滑油箱

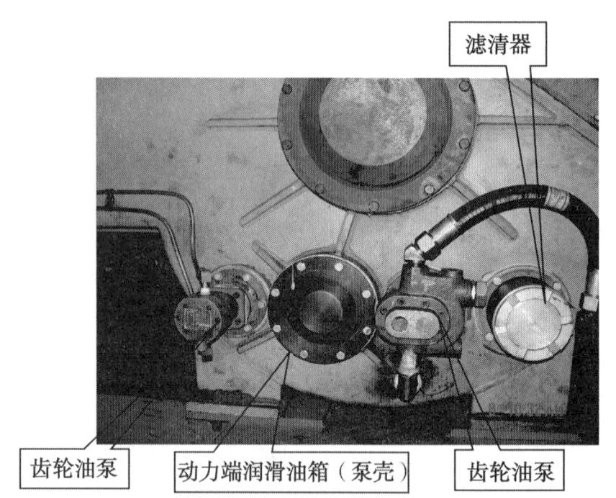

图 1-1-17　动力端润滑油箱

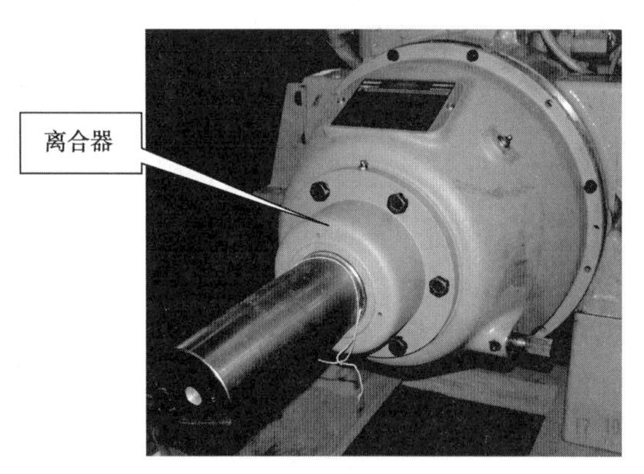

图 1-1-18　离合器总成

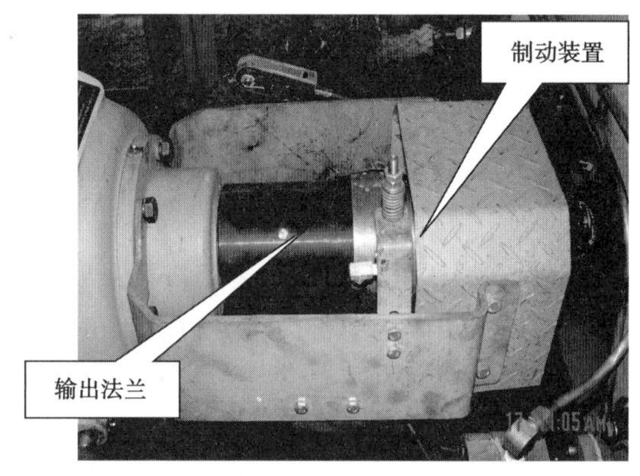

图 1-1-19　离合器操纵系统

ZBD021 气路系统

7)气路系统

气路系统的压力不低于 0.85MPa,气路系统需要每天保养,各储气筒必须定期从排放口处放水,以避免湿气进入系统而阻碍空气流至各个气动元件使元件锈蚀,控制台上的分水滤气器、油雾器应经常排水和加油,润滑油变质应更换,以保证气路元件正常工作。

ZBD022 电路系统

8)电路系统

该车台上柴油机的启动和停机均由独立蓄电池供给电源,台上发电机在发动后给全车供电,电路系统的电压为 24V。对蓄电池应定期加以保养,以确保蓄电池工作正常。

电器仪表系统由蓄电池、启动电动机、硅整流无刷发电机、仪表、连接导线及照明灯等组成。是为着车台柴油机起动、停机和设备照明而设置的。

ZBD023 仪表控制台

9)仪表控制台

泵车进行操作时使用的操纵机构均位于车台上的仪表控制台上,仪表控制台结构如图 1-1-20 所示。仪表板右侧是一块卡特柴油机自带的控制箱,上面有紧急停机开关、工作小时计、柴油机升降开关、电钥匙和报警灯。各部件的操作及作用说明如下：

(1)故障指示灯：控制箱上设置有故障指示灯，该灯闪烁表示柴油机出现故障，应立即停机进行检查。

(2)仪表：安装有气压表、油量表、柱塞泵油压表、电流表、参数显示器(转速、温度、压力)等，用以监控柴油机的运行状态和柱塞泵的润滑情况。

(3)离合器操纵阀：为气控操纵阀，手柄向上为离合器结合状态，手柄向下为离合器分离状态。

图 1-1-20　仪表控制台结构

(4)灯开关：控制仪表台和计量罐上方所设照明灯光和仪表灯，方便设备夜间工作。

(5)油门手柄：为电喷式柴油机的操作手柄。

(6)燃油加热器开关：用于冬季预热柴油机。

项目二　柴油机机油滤清器的清洗

一、准备工作

(1)24mm、36mm、14mm 随车工具各 1 套。

(2)200mm 螺丝刀 1 把。

(3)油盆 1 个。

(4)毛巾 1 条。

(5)柴油 2kg。

(6)CC-15W/40 机油 2L。

二、操作步骤

(1)劳保必须穿戴齐全。

(2)工具、用具准备齐全，使用后要做好维护保养。

(3)铺好防渗布。

(4)用 24mm 扳手卸松滤清器盖螺纹，然后用手拧下滤清器盖螺纹，取下滤清器盖。

(5)将转子滤芯从转子轴上取出来。

(6)用 36mm 扳手拆下转子滤芯上扁螺母，打开转子壳。

(7)先将转子壳内壁上的沉积物刮掉，然后进行内壁清洗。

(8)把两喷嘴及网清洗干净。

(9)滤芯用压缩空气吹干净，滤清器清洁后倒入新机油。

(10)复装滤清器，要求检查密封圈是否完好，各螺栓紧固情况。

(11)正确使用工具、用具。

(12)严禁违反操作规程进行操作。

项目三　把四只12V电瓶连接成24V

一、准备工作

(1)M8×40螺栓、螺母8套。

(2)14mm、12mm开口扳手各1件。

(3)1号砂布1张。

(4)电瓶连接线5根。

(5)启动机连接线1根。

(6)搭铁线1根。

(7)12V电瓶4块。

(8)24V启动机1台。

二、操作步骤

(1)劳保必须穿戴齐全。

(2)工具、用具选择齐全,使用后要做好维护保养。

(3)清洁电瓶。

(4)用砂纸将电瓶桩头及连接接头打磨干净。

(5)分清电瓶正负极,把第一只电瓶的正极与第二只电瓶的正极用一根导线连接。

(6)把第三只电瓶的正极与第四只电瓶的正极用一根导线连接接。

(7)把第一只电瓶的负极与第二只电瓶的负极用一根导线连接,把第三只电瓶和第四只电瓶的负极用导线连接。

(8)将第二只电瓶的负极与第三只电瓶的正极用一根导线连接。

(9)将启动机电源线的正极连接在第一只电瓶的正极上。

(10)将搭铁线连接在第四只电瓶的负极上。

(11)检查无误后将所用接头的螺栓用扳手拧紧,并在电瓶桩头和连线的接头上涂上少许黄油。

(12)正确使用工具、用具。

(13)严禁违反操作规程进行操作。

项目四　检查传动轴使用状况

一、准备工作

(1)加满黄油的黄油枪1把。

(2)棉纱0.1kg。

(3)1.5kg手锤1把。

(4)200mm 手钳 1 把。
(5)150mm 螺丝刀 1 把。
(6)200mm 活动扳手 1 把。
(7)开口扳手 1 套。
(8)梅花扳手 1 套。

二、操作步骤

(1)劳保用品必须穿戴齐全。
(2)工具、用具准备齐全,使用后要做好维护保养。
(3)检查轴管体是否有裂纹。
(4)检查平衡块是否脱落。
(5)检查伸缩套是否松旷。
(6)检查黄油嘴润滑状况。
(7)检查万向节是否松旷。
(8)检查十字轴磨损状况。
(9)检查十字轴承与凸缘叉间是否松旷。
(10)十字轴承润滑状况。
(11)检查各固定螺栓是否松动,是否存在断裂、缺失情况。
(12)清理现场。
(13)正确使用工具、用具。
(14)严禁违反操作规程进行操作。

项目五　更换 12V-150 柴油机启动机

一、准备工作

(1)14 mm 开口扳手 1 把。
(2)19mm 开口扳手 1 把。
(3)250mm 螺丝刀 1 把。
(4)1000mm 撬杠 1 根。
(5)启动机 1 台。
(6)砂布 1 张。

二、操作步骤

(1)劳保必须穿戴齐全。
(2)工具、用具选择齐全,使用后要做好维护保养。
(3)切断电源,拆下电源线,将搭铁开关处于断开位置。
(4)用 19mm 扳手把启动机上的电源线拆下来,用绝缘材料包好接头。
(5)用 14mm 扳手拆下两个卡子螺栓。
(6)用撬杠将启动机撬松,并取下起动机。

(7)把要换上去的启动机的缺口对准起动机座上的稳钉,装在座上。

(8)用螺丝刀将启动机抬平,用撬杠把启动机撬到位。

(9)穿上卡子,带上螺栓,并检查启动机装好后,用扳手拧紧卡子螺栓。

(10)连接启动机电源线,连接导线应用砂布打磨干净并连接牢固,并用扳手上紧。

(11)接通电源,使启动机运转一下,看启动机工作是否正常。

(12)正确使用工具、用具。

(13)严禁违反操作规程进行操作。

项目六　清洗大泵曲轴箱(以 ACF-700B 型为例)

一、准备工作

(1)12~22mm 套筒扳手 1 套。

(2)500mm 尖撬杠 1 根。

(3)180kg 油桶 2 个。

(4)大号油盆 1 个。

(5)棉纱 0.2kg。

(6)柴油 70kg。

二、操作步骤

(1)劳保必须穿戴齐全。

(2)工具、用具选择齐全。

(3)铺好防渗布。

(4)用撬杠卸掉泵的吸入阀压帽,撬出阀压盖。

(5)盘泵,使柱塞离大泵曲轴中心至最远位置,然后用专用套筒将柱塞端堵旋出。

(6)用柱塞拉拔器将柱塞拉出。

(7)用活动扳手卸掉弹性拉杆。

(8)用 12mm 套筒扳手卸掉滑板室盖。

(9)盘泵,让十字头来回活动,擦净十字头滑板与导板间的油。

(10)用大于 0.26mm、小于 0.38mm 的塞尺,从液力端方向插进十字头滑板与导板之间(手感不松不紧),此时塞尺的厚度即为它们之间的间隙。

(11)如十字头滑板与导板之间的间隙超过 0.38mm,需调整。

(12)油底脏物清洗干净。

(13)加机油要用油尺检查。

(14)泵运转机油压力不应低于 0.2MPa。

(15)回收废油,场地清洁。

(16)正确使用工具、用具。

(17)严禁违反操作规程进行操作。

项目七　检查启动前井下特种装备发动机

一、准备工作

(1)轻柴油 2L。
(2)机油 5L。
(3)黄油 1L。
(4)1.5kg 手锤 1 把。
(5)200mm 手钳 1 把。
(6)150mm 螺丝刀 1 把。
(7)200mm 活动扳手 1 把。
(8)开口扳手 1 套。
(9)梅花扳手 1 套。

二、操作步骤

(1)劳保用品必须穿戴齐全。
(2)把检查用的材料、工具、用具准备齐全,工具、用具使用后要做好维护保养。
(3)车辆制动,怠速运转状态。
(4)检查发动机燃油量。
(5)检查发动机机油液位和油质。
(6)检查发动机冷却液液位和油质。
(7)检查发动机风扇皮带磨损及张紧度情况和是否有异物。
(8)打开所有离心泵控制阀。
(9)接通操作台供气阀。
(10)接通主电源开关。
(11)置变速箱档位于空挡。
(12)接合液压系统取力器,运行液压系统。
(13)启动车台发动机。
(14)检查发动机机油压力。
(15)检查发动机温度。
(16)检查发动机壳体密封、仪表、运行情况。
(17)发动机熄火,关闭气源开关、断开主电源。
(18)正确使用工具、用具。
(19)严禁违反操作规程进行操作。

项目八　清洗注水泥浆施工后的水泥车

一、准备工作

(1)棉纱 0.1kg。

(2)1.5kg 手锤 1 把。
(3)200mm 手钳 1 把。
(4)150mm 螺丝刀 1 把。
(5)200mm 活动扳手 1 把。
(6)撬棍 1 根。

二、操作步骤

(1)劳保用品必须穿戴齐全。
(2)工具、用具准备齐全,使用后要做好维护保养。
(3)外围铺好防渗布。
(4)循环冲洗管路、混合器、扩散槽、混浆罐、柱塞泵、密度计、循环泵、灌注泵内的水泥浆,直到排出清水。
(5)关闭混合器配水阀,打开过滤器阀门,冲洗过滤器,清除异物。
(6)利用循环泵和喷射泵正反向反复清洗密度计,直到密度计仪表电流值为 4.0mA 左右。
(7)清洗设备外表。
(8)打开所有管路阀门以及柱塞泵吸入管路堵头、离心泵放水阀,排放残留液体。
(9)清理现场。
(10)正确使用工具、用具。
(11)严禁违反操作规程进行操作。

项目九　检修 FMC-2in 高压活动弯头

一、准备工作

(1)450mm 管钳 1 把。
(2)100mm 台虎钳 1 台。
(3)125mm 孔用卡簧钳 1 把。
(4)120MPa 手压试压泵 1 台。
(5)充满黄油的黄油枪 1 支。
(6)测厚仪 1 台。
(7)棉纱 0.1kg(可用毛巾替代)。
(8)2in 活动弯头修理包 1 个。
(9)0~1 号纱布 2 块。

二、操作步骤

(1)劳保必须穿戴齐全。
(2)准备好工具、用具和高压活动弯头修理包一个。
(3)铺好防渗布。
(4)将高压活动弯头置于台虎钳之上,夹紧固定位。

(5)使用卡簧钳将滚珠塞簧取出(共 3 只)。

(6)用 450mm 管钳夹住弯头一端转动,使滚球从轨道内一个一个滚出,三道共有 60 只滚珠。

(7)所有滚珠全部滚出后,将公母端分离。

(8)检查并更换密封填料。

(9)检查并更换 O 形圈。

(10)检查并更换挡油环。

(11)检查并更换所有点蚀钢珠。

(12)检查弯头内、外圈轨道,必要时用 0~1 号砂布打磨。

(13)请检验员用"测厚仪"进行测厚,应达到标准厚度以内方可使用。

(14)安装过程,先将密封填料置于母套内并靠紧止口,铜环面向外。

(15)将 O 形圈置于公环止口上,挡油环末端。

(16)将公母套结合,压紧弯头一端,使轨道露出滚珠口,将 60 只钢珠分别装入 3 个口内。

(17)装好滚珠塞口并夹好卡簧。

(18)装上黄油嘴,用黄油枪加注黄油若干。

(19)用试压泵试压,试验压力最大为 120MPa,保持 5min 不刺不漏为合格。

(20)正确使用工具、用具。

(21)严禁违反操作规程进行操作。

项目十 进行大泵修复后的试泵(以 AC-400C 型为例)

一、准备工作

(1)3.65kg 手锤 1 把。

(2)300mm 螺丝刀 1 把。

(3)钢丝刷 1 把。

(4)棉纱 0.2kg。

(5)记录本 32 开的 1 本。

(6)钢笔 1 支。

二、操作步骤

(1)劳保必须穿戴齐全。

(2)准备好工具和用具。

(3)检查安全阀及保险销应达到标准,检查蜗轮箱内的润滑油量应达到标准线以上,并连接好进出口管线及附件。

(4)对泵的连接、固定、传动及管线和进、出口阀门等部位再认真检查一次。

(5)按规定挂上挡位后,慢慢加大油门,使发动机在中速运转。

(6)运转中认真做好挡位箱、泵压、发动机转速的记录。

(7)操作手可通过观察、听、摸、闻来了解泵的运转情况。

(8)经过 5~10min 的运转后,各部位运转正常,可提高发动机到最高额定转速,使泵在额定最高压力下运转不少于 15min,通过看、摸、听,泵无不正常异响,运转正常,方可熄火停泵。

(9)试泵期间注意观察及时发现异响和渗漏,判断准确及时排除。

(10)正确使用工具、用具。

(11)严禁违反操作规程进行操作。

项目十一　压裂(固井)泵及传动系一级保养周期及作业内容

一、准备工作

(1)轻柴油 2L。

(2)机油 5L。

(3)黄油 1L。

(4)600mm 管钳 1 把。

(5)1. 5kg 手锤 1 把。

(6)200mm 手钳 1 把。

(7)150mm 螺丝刀 1 把。

(8)冲子 1 把。

(9)200mm 活动扳手 1 把。

(10)S14~17 开口扳手 1 把。

(11)S12~14 梅花扳手 1 把。

(12)油盆 2 个。

二、操作步骤

(1)劳保必须穿戴齐全。

(2)把检查用的材料、工具、用具准备齐全。

(3)铺好防渗布。

(4)检查曲轴箱、变速箱(传动箱)、减速箱等油箱的油量及油质。

(5)检查扭紧变速箱(传动箱)和柱塞泵固定螺栓。

(6)检查联轴节磨损情况,必要时加注润滑脂。

(7)检查扭紧变速箱(传动箱)和柱塞泵固定螺栓。检查联轴节磨损情况,必要时加注润滑脂。

(8)清洗润滑油滤清器。

(9)检查高低压阀门是否关闭严密和灵活好用。

(10)检查出口管壁磨损情况及进、出口管内畅通情况,清除沉积物。

(11)检查排挡控制系统(气控、电控、液控)的灵敏度和完善情况,必要时应清洗。

(12)检查安全阀是否灵敏可靠。
(13)正确使用工具、用具。
(14)严禁违反操作规程进行操作。

项目十二　闸阀的检修及注意事项

一、准备工作

(1)450mm 管钳 1 把。
(2)100mm 台虎钳 1 台。
(3)125mm 孔用卡簧钳 1 把。
(4)ϕ30mm×1000mm 紫铜棒 1 根。
(5)油盆 1 个。
(6)充满黄油的黄油枪 1 把。
(7)棉纱 0.1kg(可毛巾代)。
(8)纱布 0~1 号 2 块。
(9)闸阀 1 个。

二、操作步骤

(1)劳保必须穿戴齐全。
(2)工具、用具齐全,使用后做好维护保养,应在干净的环境中进行。
(3)铺好防渗布。
(4)先清洗闸阀外表,记清铭牌及其他标志,必要时用金钢字头在闸阀的相关连接处打出标记。
(5)按照先外后内依次拆掉手轮或手柄。
(6)拆掉阀体与阀盖连接螺栓(或螺盖)。
(7)从阀体内抽出阀杆及闸板(注意闸板密封面装配方向和不要擦伤密封面),而后拆卸阀杆与闸板的连接。
(8)检查阀杆应无弯曲(弯曲时,用紫铜棒在台具上校正),螺纹部分无严重磨损。
(9)闸板与阀座相互配合的密封面应光滑平整,否则应用磨料研磨。
(10)填料函的填料应无老化,否则更换新的。
(11)正确使用工具、用具。
(12)严禁违反操作规程进行操作。

模块二　操作与维修井下特种装备

项目一　相关知识

一、井下特种装备的一般故障判断

目前油田使用的水泥车主要是为固井施工和井下作业服务,具有整车结构设计合理,机动性、操作性、维护保养方便等优点。但是,随着外部市场的拓展,对操作手的培训没有及时跟上,致使操作手的操作技能和维护保养知识参差不齐,在使用过程中经常会出现一些故障,造成施工中断或影响施工质量。针对施工中出现的一些常见问题、故障进行了分析,找出应对措施。

机械设备使用的前提和基础是设备的日常维护和保养。设备在长期、不同环境中使用的过程中,机械的部件磨损、间隙增大、配合改变直接影响到设备原有的平衡。设备的稳定性、可靠性、使用效益均会有相当程度的降低,甚至会导致机械设备丧失其固有的基本性能,无法正常运行。只有在日常的检查维护中寻找问题、发现问题,通过维护保养等手段使其各种性能指标保持完好,提高设备利用率,延长使用寿命并谋求最经济的设备寿命周期费用,追求无事故、高效益,最终为井上施工提供可靠的保障。

ZBE001 故障的外表特征

(一)井下特种装备常见故障特点

井下特种装备由于使用条件复杂,转速、温度、载荷、润滑等条件都在工作中不断发生变化,这样不可避免地会出现各种各样的故障。从外表观察,常见故障表现出以下几个特征。

1. 工作反常

启动困难;转速异常;运转振动过大;自动停机。

2. 外观反常

有漏油、滴漏液、冒烟、刺漏液等。

3. 响声反常

特车泵动力端或液力端及附属机构有金属敲击声、刺漏声、喘啸声等。

4. 气味反常

有臭味、焦味、烟味等。

5. 温度反常

动力端机体过热;润滑油温度过高;散热器温度过高等。

ZBE003 吸入压力低的故障判断及排除方法

(二)液力端和动力端的常见故障

1. 吸入压力低

1)原因

(1)吸入水头过低。

(2)供液泵容量过小。

(3)液体流阻过大。

(4)仪表失准。

2)措施

(1)适当提高供液面。

(2)提高供液泵的速度。

(3)从吸入管线移去节流装置。

(4)校对好仪表或更换新仪表。

2. 排出压力低

ZBE002 排出压力低的故障判断及排除方法

1)原因

发动机转速达到要求且动力端正常的情况下,若发现泵的排出压力过低时:

(1)首先应排除地面管路、井口管道及井下管路故障。

(2)用六角扳手卸下吸入盖止动螺母,用带螺纹的锤击式拉力器卸下吸入盖,检查泵弹簧是否断裂,泵阀是否卡住。

(3)取出泵阀,检查泵阀及阀座是否磨损,其阀密封胶皮是否被刺坏。

(4)柱塞密封是否磨损。

(5)压力表是否不准。

2)措施

(1)排除地面管理、井口管道及井下管路故障。

(2)及时更换阀体及阀座总成。

(3)更换阀弹簧,扶正阀体及除去支持物。

(4)从吸入管线移去节流装置,增加供给液面。

(5)增加供液泵速度及提高供液泵压。

(6)降低特车泵速度即冲次。

(7)更换柱塞或密封填料。

(8)及时校对或更换压力指示表。

3. 液体敲击、排出管线振动

ZBE004 液体敲击排出管线震动的故障判断及排除方法

1)原因

(1)液体敲击即走空泵,说明空气进入吸入管线或供液泵。

(2)吸入稳压器的液体中含有气体。

(3)排出液体脉动节流排出管线时无支撑,造成悬空。

2)措施

(1)修理吸入管线。

(2)修理或更换节流装置。

(3)增加支架,防止管线悬空,拧紧或更换柱塞密封填料压帽或密封,修理或重新平衡吸入稳定器,排出吸入稳压器中的空气。

ZBE005 泵头刺漏的故障判断及排除方法

4. 泵头刺漏

1)原因

(1)阀盖或缸头松动。

(2)垫片磨损。

(3)缸头压体密封圈损坏或缸头压体安装不正。

(4)密封表面磨损。

2)措施

(1)上紧阀盖及压体。

(2)更换垫片。

(3)重新安装缸头压体或更换阀盖及缸头。

(4)修复液力端密封表面。

ZBE006 阀件寿命短的故障判断及排除方法

5. 阀件寿命短

1)原因

(1)高压含砂液的冲刷。

(2)泵阀密封不严,泵不能充满。

(3)液体中有空气,走空泵。

(4)脉动节流严重。

(5)泵送介质腐蚀性大,施工完后没有及时冲洗泵腔,阀密封胶体损坏。

(6)阀胶皮低于阀体接触面。

2)措施

(1)过滤液体中的杂物。

(2)更换断裂的阀弹簧。

(3)更换磨损的阀体导向装置。

(4)更换磨损的阀体、阀座。

(5)排除节流装置的故障。

(6)施工完毕应及时冲洗泵腔,防止过早被腐蚀。

(7)选用合适的密封胶皮。

ZBE007 液力端有周期性敲击声的故障判断及排除方法

6. 液力端有周期性敲击声

1)原因

(1)柱塞弹性杆没有上紧。

(2)弹性杆端面与十字头伸出杆端面和柱塞两端面留有间隙,在柱塞往复运动中,因周期性的碰撞而产生敲击声。

2)措施

(1)检查柱塞弹性固紧情况,上紧弹性杆。

(2)停泵,转动泵曲轴,使柱塞移到前端死点,再转动曲轴,能发现柱塞与十字头伸出杆端面有间隙出现,找出原因后上紧弹性杆,若无法上紧,应调整弹性杆长度。

工作时,发现柱塞与十字头伸出端面渗出液体,可以确定也是弹性杆没有上紧所致。

ZBE008 动力端异常响声的故障判断及处理方法

7. 动力端的常见故障

动力端异常主要是出现异常响声。

1)原因

(1)泵的旋转方向相反。

(2)活塞、连杆、柱塞、十字头、连杆盖、轴承盖或壳松动。

(3)十字头销、十字头销衬套、曲轴销、轴承、曲轴本身、十字头本身、主轴承或支撑轴承磨损。

2)措施

(1)检查安装方向及修正转向。

(2)调整好所有松动的部件。

(3)磨损超过极限的零部件应及时更换或采取相应的修复方法。

ZBE009 离合器一般故障的故障判断及排除方法

(三)离合器故障

1. 打滑烧片

1)现象

(1)挂低速挡,离合器接合后,发动机空转不走车或起步缓慢。

(2)施工过程加大油门时,转速未能随发动机转速升高而迅速增加。

2)原因

(1)分离轴承与分离指间无自由间隙。

(2)轴承油封漏油。

(3)过多使用半联动,操纵系统发生故障,分离套筒卡滞,助力器漏油。

(4)从动盘磨损贻尽,摩擦片铆钉头外露。

(5)飞轮或压盘面由于使用过热造成严重变形或开裂。

(6)盖与分离指支撑部位有异物进入,造成无法压紧和分离指高低不平。

(7)由于超载过大或操作不当造成从动盘摩擦片烧损。

(8)紧固螺栓未上紧,打开观察窗口,踩下离合器踏板,压盘总成有晃动。

(9)安装从动盘时造成变形。

3)排除方法

(1)调整拨叉推杆,使分离轴承与分离指端间隙达到规定值。

(2)更换新油封,更换从动盘,同时清理干净飞轮及压盘面。

(3)改善操作习惯。

(4)更换助力器或总泵。

(5)更换从动盘。

(6)不要超负荷使用和减少半联动使用。

(7)清除异物,恢复原状。

(8)烧损不严重的,可用粗砂布打磨摩擦片表面,严重的更换从动盘总成,并定额装载,正确操作。

(9)在对角交替重新拧紧离合器紧固螺栓。

(10)正确安装离合器。

2. 分离不彻底

1)现象

踩下离合器换挡时,挂挡困难,发出声响。

2)原因

(1)分离轴承与分离指间的自由间隙调整不当,空行程过大。

(2)有效分离行程不够。

(3)轴承座卡滞或从动盘花键与一轴卡滞,花键孔或一轴有磕碰。

(4)从动盘变形或装变速器时,造成从动盘扭曲。

(5)从动盘装反方向。

(6)离合器安装螺栓松动。

(7)曲轴止推片磨损、脱落,曲轴轴向间隙过大。

(8)离合器踏板与大梁固定处松动。

(9)操纵系统出现泄漏或气压不足等故障或操纵系统连接螺栓松动。

3)排除方法

(1)调整总泵或助力器的空行程,使分离轴承与分离指间的距离为3~5mm(工程车调整到4~6mm)。

(2)调整操纵机构,保证有较分离行程。

(3)在轴套或花键轴上涂抹少许润滑油,修整轴或从动盘花键或更换相关件。

(4)校正从动盘,正确安装离合器总成和变速器总成。

(5)更新正确安装从动盘。

(6)更新安装离合器螺栓。

(7)更换止推片。

(8)将离合器踏板与大梁固定处螺栓紧固。

(9)更换相应泄漏零件,保证正常气压,紧固松动的螺栓。

3. 发抖发闯异常

1)现象

(1)低挡运转时,转速突然升高。

(2)离合器工作过程出现不正常。

2)原因

(1)离合器盖与膜片弹簧之间有杂物堆积。

(2)离合器紧固螺栓未上紧,打开观察窗口,踩下离合器踏板,压盘总成有晃动。

(3)压盘或飞轮工作表面黏附有胶质或树脂。

(4)压盘或飞轮工作平面度磨损起槽,曲变形过大。

(5)从动盘曲变形过大。

(6)相关零件固定不良,有松动。

(7)操纵系统各零件回位不自由。

(8)从动盘滑动不畅。

(9)分离轴承转动不畅。

(10)踏板回位不畅。

(11)零件过度磨损或断裂。

3)排除方法

(1)压下分离指,排除盖与膜片间的杂物。

(2)在对角交替拧紧离合器紧固螺栓。

(3)用粗砂布打磨清除黏附物。

(4)及时更换磨损过度的零件。

(5)正确安装离合器,特别是装变速器时,应避免撞击,使从动盘变形;较正或更换从动盘。

(6)将松动的零部件紧固。

(7)操纵系统中的销、轴生锈卡滞,将卡滞部位上油,恢复自由。

(8)一轴花键部位磨损为台阶状,应更换一轴。

(9)将分离轴承缺油或损坏,上油或更换分离轴承。

(10)如踏板回位弹簧过软或折断应更换回位弹簧。

(11)更换磨损或断裂的零件。

(四)综合故障分析及排除方法

ZBE010 综合故障分析及排除方法

判断故障(包括故障的类型、原因、部位等)一般采用看、听、摸、闻及必要的拆卸检查等方法,综合观察和思索,做出准确的判断。

实践经验证明,了解设备性能、结构及工作原理,对判断故障极为重要。

排除故障的关键是准确判断故障的根源,继而通过拧紧、调整、润滑、清洗、添加油和水以及修复或更换已损坏的零部件来解决问题。

二、钳工作业及零件的修复

(一)钳工作业

钳工作业主要包括錾削、锉削、锯切、划线、钻削、铰削、攻丝和套丝、刮削、研磨、矫正、弯曲和铆接等。钳工是机械制造中最古老的金属加工技术。

1. 钳工的划线作业

ZBF001 钳工的划线作业

1)划线的基本方法

(1)什么是划线:根据图样和工艺要求,在毛坯或工件上,用划线工具划出待加工部位的轮廓线或作为基准的点、线的操作称为划线。

(2)划线的种类:划线分为平面划线和立体划线两种。只需要在工件的一个表面的划线后,即能够明确表示加工界限的称为平面划线。在工件上几个互成不同角度的表面上都划线,才能明确表示加工界限的称为立体划线。

2)划线的作用

(1)根据工艺要求,确定工件的加工余量。

(2)便于复杂工件在加工中的装夹、定位。

(3)及时发现不合格毛坯,减小损失。

(4)合理安排毛坯的加工余量,减少废品产生。

(5)利于正确排料,使材料合理使用。

3)划线工具及使用方法

(1)划线平台:平台由铸铁制成,平台工作表面经过精刨或刮削加工,为划线的基准面。

(2)划针:划针是在工件上直接划出加工线条的工具,常用钢尺、角尺或样板作导向来划线。

(3)划线盘:立体划线的主要工具,按需要调节划针高度,并在平台上拖动划线盘,划针即可在工件上划出与平台平行的线,弯头端可用来找正工件的位置。

(4)圆规:圆规可以在工件上划圆和圆弧、等分线段、等分角度以及量取尺寸等。

(5)高度尺:高度尺是为划线盘量取尺寸用的。

(6)角尺(宽座角尺):角尺是钳工常用的测量垂直度的工具,划线时常用作划垂直线或平行线时的导向工具,也可用来调整工件基准在平台上的垂直度。

(7)V形铁(V形架):通常是用一个或两个V形铁安放圆柱形工件,使圆柱形工件便于定位,划出中心线或找出中心。

(8)方箱:方箱是用于装夹工件,在方箱上制有V形槽,并附有装夹装置,在V形槽上可装夹一定直径范围的圆柱形工件。

4)划线前的准备

将毛坯上的氧化铁皮、飞边毛刺、泥沙等清理干净。

5)划线基准的选择

在划线时,每一个方向都要有划线基准,一般平面划线有两个方向的基准,立体划线有三个方向的基准,这些基准往往体现为一组相互垂直的平面,或具有一定相互位置精度的平面与中心线和中心线与中心线的组合。

6)划线的步骤

(1)看清楚图样,根据工艺要求弄清划线部位,选定划线基准。

(2)正确安放工件,选用划线工具。

(3)检查毛坯加工余量。

(4)划线。

(5)检查划线部位的划线是否划全。

(6)在已划的线条上,用样冲冲眼,以显示明确的界限。

ZBF002 钳工的锉削作业

2. 钳工的锉削作业

1)锉削的定义

用锉刀对工件进行切削加工,使工件达到所要求的尺寸、形状和表面粗糙度,这种加工方法称为锉削。

2)锉削方法

(1)大锉刀。

①右手握着锉刀柄,将柄的外端顶在拇指根部的手掌上,大拇指放在手柄上,其余手指由上而下握住手柄。

②左手掌斜放在锉刀上方,拇指根部肌肉轻压在锉刀的刀尖上,中指和无名指抵住梢部右下方;或左手掌斜放在锉刀梢部,大拇指自然伸出,其余各指自然蜷曲,小指、无名指、中指抵住锉刀的前下方;或左手掌斜放在锉刀梢上,其余各指自然平放。

(2)中型锉。

①右手同按大锉刀的方法相同。

②左手的大拇指和食指轻轻持扶锉梢。

(3)小型锉。

①右手食指平直扶在手柄的外侧面。

②左手手指压在锉刀的中部以防止锉刀弯曲。

(4)整形锉。

单手持手柄,食指放在锉身上方。

(5)异形锉。

①右手与握小型锉的方法相同。

②左手轻压在右手手掌外侧以压住锉刀,小指勾住锉刀,其余指抱住右手。

3)工件的装夹

工件的装夹是否正确,直接影响到锉削质量的高低。

4)平面的锉削

(1)锉刀的运动。为了使整个加工加工面的锉削均匀,无论采用顺向锉还是交叉锉,一般应在每次抽回锉刀时向旁边略做移动。

(2)锉削平面的检验方法。在平面的锉削过程当中或完工后,常用钢直尺或刀口形直尺,以透光法来检验其平面度。

注意:在检查的过程中,当需要改变检验位置时,应将尺子提起,再轻轻放到新的检验处。而不应在平面上移动,以防止磨损直尺的测量面。

5)球面的锉法

锉削球面的方法是:锉刀一边沿凸圆弧面做顺向滚锉动作,一边绕球面的球心和同周向做摆动。

3. 金属的矫正与弯曲

ZBF003 金属的矫正与弯曲

1)矫正

(1)矫正的概念。消除金属板材、型材的不平、不直或翘曲等缺陷的操作称为矫正。

手工矫正是在平台、铁砧或台钳等上用手锤等工具进行矫正。它包括采用扭转、弯曲、延展和伸张等方法,使工件恢复到原来的形状。

金属材料的变形有两种情况,一种是在外力作用下,材料发生变形,当外力去除后,仍能恢复原状,这种变形称为弹性变形;另一种是当外力去除后,不能恢复原状,这种变形称为塑性变形。

矫正是对塑性变形而言,所以,只有塑性好的材料,才能进行矫正。而塑性差、脆性大的材料,如铸铁、淬硬钢等就不能矫正,否则工件会断裂。

矫正过程中,材料由于受到锤打,金属组织变得紧密,所以矫正后,金属材料表面硬度增加,性质变脆。这种在冷加工塑性变形过程中产生的材料变硬的现象,叫作冷硬现象(即冷作硬化)。冷硬后的材料给进一步的矫正或其他冷加工带来困难,必要时可进行退火处理,使材料恢复到原来的机械性能。

(2)矫正的工具。

①平板和铁砧。

②锤子。

③抽条和拍板。

④螺旋压力工具。

⑤检验工具。

(3)矫正方法。

①条料和角钢的矫正。

②棒类、轴类零件的矫直。

③板料的矫平。

2)弯曲

(1)弯曲的概念。

将原来平直的板材或型材弯成所要求的曲线形状或角度的操作叫弯曲。

弯曲工作是使材料产生塑性变形,因此只有塑性好的材料才能进行弯曲。材料弯曲部分的断面,虽然由于发生拉伸和压缩,但其断面面积保持不变。工件的弯曲有冷弯和热弯两种。

(2)弯曲的一般方法。

①板料的弯曲。弯直角工件,弯圆弧形工件,弯圆弧和角度结合的工件。

②管子的弯曲。直径在 12mm 以下的管子,一般可用冷弯方法进行。直径在 12mm 以上的管子,则用热弯。最小弯曲半径,必须大于管子直径的 4 倍。

③盘弹簧。直径在 12mm 以下的管子,一般可用冷弯方法进行。直径在 12mm 以上的管子,则用热弯。最小弯曲半径,必须大于管子直径的 4 倍。盘弹簧前应先做好一根盘弹簧用的心棒,心棒一端开槽或钻小孔,另一端弯成摇手柄式的直角弯头。

ZBF004 其他钳工作业

4. 其他钳工作业

1)锯割及其注意事项

(1)锯割的作用。

利用锯条锯断金属材料(或工件)或在工件上进行切槽的操作称为锯割。

虽然当前各种自动化、机械化的切割设备已广泛地使用,但毛锯切割还是常见的,它具有方便、简单和灵活的特点,在单件小批生产、在临时工地以及切割异形工件、开槽、修整等场合应用较广。因此,手工锯割是钳工需要掌握的基本操作之一。

(2)锯割的工具,手锯。

手锯由锯弓和锯条两部分组成。

(3)锯割的操作。

①工件的夹持。

②起锯。

③正常锯割。

(4)锯割操作注意事项。

①锯割前要检查锯条的装夹方向和松紧程度。

②锯割时压力不可过大,速度不宜过快,以免锯条折断伤人。

③锯割将完成时,用力不可太大,并需用左手扶住被锯下的部分,以免该部分落下时砸脚。

2)攻螺纹、套螺纹及其注意事项

常用的在角螺纹工件,其螺纹除采用机械加工外,还可以用钳加工方法中的攻螺纹和套螺纹来获得。攻螺纹(亦称攻丝)是用丝锥在工件内圆柱面上加工出内螺纹;套螺纹(或称套丝、套扣)是用板牙在圆柱杆上加工外螺纹。

(1)攻螺纹。

①丝锥及铰扛。

②攻螺纹前钻底孔直径和深度的确定以及孔口的倒角。

③攻螺纹的操作要点及注意事项。

根据工件上螺纹孔的规格,正确选择丝锥,先头锥后二锥,不可颠倒使用。

工件装夹时,要使孔中心垂直于钳口,防止螺纹攻歪。

用头锥攻螺纹时,先旋入1~2圈后,要检查丝锥是否与孔端面垂直(可目测或直角尺在互相垂直的两个方向检查)。当切削部分已切入工件后,每转1~2圈应反转1/4圈,以便切屑断落;同时不能再施加压力(即只转动不加压),以免丝锥崩牙或攻出的螺纹齿较瘦。

攻钢件上的内螺纹,要加机油润滑,可使螺纹光洁、省力和延长丝锥使用寿命;攻铸铁上的内螺纹可不加润滑剂,或者加煤油;攻铝及铝合金、紫铜上的内螺纹,可加乳化液。

不要用嘴直接吹切屑,以防切屑飞入眼内。

(2)套螺纹。

①板牙和板牙架。

②套螺纹前圆杆直径的确定和倒角。

③套螺纹的操作要点和注意事项。

每次套螺纹前应将板牙排屑槽内及螺纹内的切屑清除干净。

套螺纹前要检查圆杆直径大小和端部倒角。

套螺纹时切削扭矩很大,易损坏圆杆的已加工面,所以应使用硬木制的V形槽衬垫或用厚铜板作保护片来夹持工件。工件伸出钳口的长度,在不影响螺纹要求长度的前提下,应尽量短。

套螺纹时,板牙端面应与圆杆垂直,操作时用力要均匀。开始转动板牙时,要稍加压力,套入3~4牙后,可只转动而不加压,并经常反转,以便断屑。

在钢制圆杆上套螺纹时要加机油润滑。

3)钻孔(扩孔与铰孔)

各种零件的孔加工,除去一部分由车、镗、铣等机床完成外,很大一部分是由钳工利用钻床和钻孔工具(钻头、扩孔钻、铰刀等)完成的。钳工加工孔的方法一般指钻孔、扩孔和铰孔。

用钻头在实体材料上加工孔叫钻孔。

(1)钻床。

常用的钻床有台式钻床、立式钻床和摇臂钻床三种,手电钻也是常用的钻孔工具。

(2)钻头。

钻头是钻孔用的刀削工具,常用高速钢制造,工作部分经热处理淬硬至62~65HRC。一般钻头由柄部、颈部及工作部分组成。

(3)钻孔用的夹具。

钻孔用的夹具主要包括钻头夹具和工件夹具两种。

(4)钻孔操作。

①钻孔前一般先划线,确定孔的中心,在孔中心先用冲头打出较大中心眼。

②钻孔时应先钻一个浅坑,以判断是否对中。

③在钻削过程中,特别钻深孔时,要经常退出钻头以排出切屑和进行冷却,否则可能使切屑堵塞或钻头过热磨损甚至折断,并影响加工质量。

④钻通孔时,当孔将被钻透时,进刀量要减小,避免钻头在钻穿时的瞬间抖动,出现"啃刀"现象,影响加工质量,损伤钻头,甚至发生事故。

⑤钻削大于 ϕ30mm 的孔应分两次钻,第一次先钻第一个直径较小的孔(为加工孔径的 0.5~0.7);第二次用钻头将孔扩大到所要求的直径。

⑥钻削时的冷却润滑:钻削钢件时常用机油或乳化液;钻削铝件时常用乳化液或煤油;钻削铸铁时则用煤油。

(5)扩孔与铰孔。

4)錾削、刮削与研磨

(1)錾削。

用手锤打击錾子对金属进行切削加工的操作方法称为錾削。錾削的作用就是錾掉或錾断金属,使其达到要求的形状和尺寸。

錾削主要用于不便于机械加工的场合,如去除凸缘、毛刺、分割薄板料、凿油槽等。这种方法目前应用较少。

(2)刮削。

用刮刀在工件已加工表面上刮去一层很薄金属的操作称为刮削。刮削时刮刀对工件既有切削作用,又有压光作用。刮削是精加工的一种方法。

通过刮削后的工件表面,不仅能获得很高的形位精度、尺寸精度,而且能使工件的表面组织紧密和提高表面精度,还能形成比较均匀的微浅坑,创造良好的存油条件,减少摩擦阻力。所以刮削常用于零件上互相配合的重要滑动面,如机床异轨面、滑动轴承等,并且在机械制造、工具、量具制造或修理中占有重要地位。但刮削的缺点是生产率低,劳动强度大。

(3)研磨。

用研磨工具和研磨剂,从工件上研去一层极薄表面层的精加工方法称为研磨。

5)装配

(1)装配的概念。

任何一台机器设备都是有许多零件所组成,将若干合格的零件按规定的技术要求组合成部件,或将若干个零件和部件组合成机器设备,并经过调整、试验等成为合格产品的工艺过程称为装配。例如一辆自行车有几十个零件组成,前轮和后轮就是部件。

装配是机器制造中的最后一道工序,因此它是保证机器达到各项技术要求的关键。装配工作的好坏,对产品的质量起着重要的作用。

(2)装配的工艺过程。

①装配前的准备工作。

研究和熟悉装配图的技术条件,了解产品的结构和零件作用,以及连接关系。确定装配的方法、程序和所需的工具。领取和清洗零件。

②装配。

装配又有组件装配、部件装配和总装配之分，整个装配过程要按次序进行。

(3)典型组件装配方法。

①螺钉、螺母的装配。

螺钉、螺母的装配是用螺纹的连接装配，它在机器制造中广泛使用。装拆、更换方便，易于多次装拆等优点。螺钉、螺母装配中的注意事项如下：

a. 螺纹配合应做到用手能自由旋入，过紧会咬坏螺纹，过松则受力后螺纹会断裂。

b. 螺母端面应与螺纹轴线垂直，以使受力均匀。

c. 装配成组螺钉、螺母时，为保证零件贴合面受力均匀，应按一定要求旋紧，并且不要一次完全旋紧，应按次序分两次或三次旋紧。

d. 对于在变载荷和振动载荷下工作的螺纹连接，必须采用防松保险装置。

②滚动轴承的装配。

滚动轴承的装配多数为较小的过盈配合，装配时常用手锤或压力机压装。轴承装配到轴上时，应通过垫套施力于内圈端面上；轴承装配到机体孔内时，则应施力于外圈端面上；若同时压到轴上和机体孔中时，则内外圈端面应同时加压。

如果没有专用垫套时，也可用手锤、铜棒沿着轴承端面四周对称均匀地敲入，用力不能太大。

如果轴承与轴是较大过盈配合时，可将轴承吊放到80～90℃的热油中加热，然后趁热装配。

(4)拆卸工作的要求。

①机器拆卸工作，应按其结构的不同，预先考虑操作顺序，以免先后倒置，或贪图省事猛拆猛敲，造成零件的损伤或变形。

②拆卸的顺序，应与装配的顺序相反。

③拆卸时，使用的工具必须保证对合格零件不会发生损伤，严禁用手锤直接在零件的工作表面上敲击。

④拆卸时，零件的旋松方向必须辨别清楚。

⑤拆下的零部件必须有次序、有规则地放好，并按原来结构套在一起，配合件上做记号，以免搞乱。对丝杠、长轴类零件必须将其吊起，防止变形。

(二)零件的修复

ZBF005 一般零件修复方法

机电一体化、高速化、微电子化等特点一方面使设备更容易操作，另一方面却使得设备的维修与诊断更加困难。

机械零件的修复技术，目的在于给大家介绍一些生产维修中常用的修理技术。在实际修复中可在经济允许，条件具备，尽可能满足零件尺寸及性能的情况下，合理选用修复方法及工艺。

目前常用的零件修复方法有：

(1)钳工修复法。

钳工修复包括绞孔、研磨、刮研、钳工修补。绞孔是为了能提高零件的尺寸精度和减少表面粗糙度值,主要用来修复各种配合的孔,修复后其公差等级可达 IT7~IT9,表面粗糙度值可达 Ra3.2~0.8。

在工件上研掉一层极薄表面层的精加工方法叫研磨。可得到较高的尺寸精度和形位精度。用刮刀从工件表面刮去较高点,再用标准检具涂色检验的反复加工过程称为刮研。

(2)机械修复法。

配合零件磨损后,在结构和强度允许的条件下,增加一个零件来补偿由于磨损及修复而去掉的部分,以恢复原有零件精度,这样的方法称为镶加零件修复法。常用的有扩孔镶套、加垫等方法。

有些零件在使用过程中,往往各部位的磨损量不均匀,有时只有某个部位磨损严重,而其余部位尚好或磨损轻微。在这种情况下,如果零件结构允许,可将磨损严重的部位切除,将这部分重制新件,用机械连接、焊接或胶黏的方法固定在原来的零件上,使零件得以修复,这种方法为局部修换法。

有些零件局部磨损可采用掉头转向的方法,如长丝杠局部磨损后可掉头使用;单向传力齿轮翻转 180°,可将它换一个方向安装后利用未磨损面继续使用。但必须结构对称或稍微加工即可实现时才能进行调头转向。

(3)热喷涂修复法。

热喷涂就是利用某种热源,如电弧、等离子弧、燃烧火焰等将粉末状或丝状的金属和非金属涂层材料加热到熔融或半熔融状态,然后借助焰流本身的动力或外加的高速气流雾化并以一定的速度喷射到经过预处理的基体材料表面,与基体材料结合而形成具有各种功能的表面覆盖涂层的一种技术。

油田常用的有电镀修复法,喷镀和刷镀法及研磨法。

ZBF006 电镀修复法

1. 电镀修复法

1)镀铬层的特点

(1)硬度高(800~1000HV,高于渗碳钢、渗氮钢)。

(2)摩擦因数小(为钢和铸铁的 50%)。

(3)耐磨性高(高于无镀铬层得 2~50 倍)。

(4)导热率比钢和铸铁约高 40%。

(5)具有较高的化学稳定性,能长时间保持光泽,抗腐蚀性强。

(6)镀铝层与基体金属有很高的结合强度。

2)镀铬层主要缺点

(1)性脆,它只能承受均匀分布的载荷,受冲击易破裂。

(2)随着镀铬层厚度增加,镀层强度、疲劳强度也随之降低。

镀铬分为两种,一种是装饰铬,另一种是硬铬。

镀硬铬是比较好的一种增加表面硬度的方法,但是它的优缺点很多,所以多数情况下都没采用。

3)优点

(1)表面光洁度好。

(2)不会生锈,一点锈斑都不会有。

(3)镀的过程中原零件变形小。

(4)如果零件尺寸不到位,可以通过加几丝铬来达到尺寸(如修补,这是优点,也是个缺点,所以要镀铬的零件都要放余量)。

(5)表面比较美观。

4)缺点

(1)价格高,不光镀的费用高,而且镀后还要再加工。

(2)不适合表面比较复杂的零件。

(3)厚度太薄,一般只有 0.05~0.15mm 左右。

(4)对零件表面的光洁度要求比较高。镀硬铬一般采用比较多的是常在高温条件下使用的机械,如模具等。

镀装饰铬顾名思义,主要目的就是为了表面光亮、外形美观、防锈等。

2. 喷镀和刷镀法

ZBF007 刷镀和喷镀

1)喷镀

喷镀又称热喷涂,就是利用某种热源,如电弧、等离子弧、燃烧火焰等将粉末状或丝状的金属和非金 属涂层材料加热到熔融或半熔融状态,然后借助焰流本身的动力或外加的高速气流雾化并以一定的速度喷射到经过预处理的基体材料表面,与基体材料结合而形成具有各种功能的表面覆盖涂层的一种技术。

2)刷镀

由于刷镀维修技术生产效率高、在常温下就能实现修复层与基体之间的冶金结合,因此,在众多的现代维修方法中,电刷镀修复技术已逐渐成为修复磨损件、局部缺陷件的主要维修方法。

(1)刷镀技术原理及基本特性。

刷镀是一种不需要镀槽的常温快速电镀方法,依靠镀笔提供电沉积金属镀层所需要的镀液,镀笔所到之处就能快速沉积金属镀层。改变镀液种类或操作参数,就可沉积出满足不同性能要求的金属镀层。由于镀层是在基体金属上以金属原子为基本单元规则堆积而成,所以镀层致密,与基体结合牢固。刷镀的电流越大、时间越长,镀层越厚(镀层厚度大于 3~5mm)。正是因为用刷镀方法可以在修复部位获得结合力好、厚度大、微观结构致密、硬度范围宽的金属镀层,刷镀维修技术在设备维修中的应用越来越广泛。

(2)刷镀维修技术的突出特点。

从事热喷涂修复服务工作者常认为热喷涂技术具有生产效率高、涂层厚度大、工件的升温少(一般不会超过 300℃)、不易产生裂纹、变形等特点,但是,当快速、超厚、环保型刷镀技术出现后,用刷镀法修复零部件表现出更大的综合优势。

3. 研磨

ZBF008 研磨

研磨利用涂敷或压嵌在研具上的磨料颗粒,通过研具与工件在一定压力下的相对运动对加工表面进行的精整加工(如切削加工)。研磨可用于加工各种金属和非金属材料,加工的表面形状有平面,内、外圆柱面和圆锥面,凸、凹球面,螺纹,齿面及其他型面。

1)分类

研磨方法一般可分为湿研、干研和半干研三类。

研具是使工件研磨成形的工具,同时又是研磨剂的载体,硬度应低于工件的硬度,又有一定的耐磨性,常用灰铸铁制成。湿研研具的金相组织以铁素体为主;干研研具则以均匀细小的珠光体为基体。研磨 M5 以下的螺纹和形状复杂的小型工件时,常用软钢研具。研磨小孔和软金属材料时,大多采用黄铜、紫铜研具。研具应有足够的刚度,其工作表面要有较高的几何精度。研具在研磨过程中也受到切削和磨损,如操作得当,它的精度也可得到提高,使工件的加工精度能高于研具的原始精度。

2)方法

(1)研磨外圆。

(2)研磨内圆。

(3)研磨平面。

3)工艺特点及应用

(1)设备简单,精度要求不高。

(2)加工质量可靠。可获得很高的精度和很低的 Ra 值。但一般不能提高加工面与其他表面之间的位置精度。

(3)可加工各种钢、淬硬钢、铸铁、铜铝及其合金、硬质合金、陶瓷、玻璃及某些塑料制品等。

(4)研磨广泛用于单件小批生产中加工各种高精度型面,并可用于大批大量生产中。

4)耗材

配合研磨设备使用的耗材主要有砂轮、砂带等产品。

研磨砂带是借助于高压静电场力,将微细的磨粒植于高强度薄膜上,令磨粒可以定向均匀分布,能提供更高的磨削效率与光亮细致的磨光效果。磨粒包括有氧化铝、碳化硅等。适合研磨抛光不同硬度的物料。

ZBF009 机加工常识

4. 机加工常识

修理尺寸法是将配合件中较重要的零件或较难加工的零件进行机械加工,消除其工作表面的损伤和几何形状误差,使之具有正确的几何形状和新的基本尺寸即修理尺寸。是将轴或孔机械加工至小于(或大于)名义尺寸的尺寸,以消除椭圆形或圆锥形。

附加零件法是用一个特别的零件装配到零件磨损的部位上,以补偿零件的磨损,恢复它原有的配合关系。当附加零件在工作中再次磨损超限后,在修理时还可以重新制作新的附加零件,用来代替更换前者。

附加零件法(镶套法)的优点是不需考虑结构,可高质量地修复磨损严重的零件。

镶加零件修复法。配合零件磨损后,在结构和强度允许的条件下,增加一个零件来补偿由于磨损及修复而去掉的部分,以恢复原有零件精度,这样的方法称为镶加零件修复法。常用的有扩孔镶套、加垫等方法。镶套修复法。对损坏的孔,可镗孔镶套,孔尺寸应镗大,保证套有足够强度,套的外径应保证与孔有适当过盈量,套的内径可事先按照轴径配合要求加工好,也可留有加工余量,镶入后再加工至要求的尺寸。

对损坏的螺纹孔可将旧螺纹扩大,再切削螺纹,然后加工一个内外均有螺纹的螺纹套拧入螺孔中,螺纹套内螺纹即可恢复原尺寸。对损坏的轴径也可用镶套修复法修复。

在车床上,丝杠、光杠、操纵杠与支架配合的孔磨损后,可将支架上的孔镗大,然后压入轴套。轴套磨损后可再进行更换。

汽车发动机的整体式气缸，磨损到极限尺寸后，一般都采用镶加零件修复法修理。

箱体零件的轴承座孔，磨损超过极限尺寸时，也可以将孔镗大，用镶加一个铸铁或低碳钢套的方法进行修理。

5. 零件的互换和代替

ZBF010 零件的互换和代替

（1）有些零件在使用过程中，往往各部位的磨损量不均匀，有时只有某个部位磨损严重，而其余部位尚好或磨损轻微。在这种情况下，如果零件结构允许，可将磨损严重的部位切除，将这部分重制新件，用机械连接、焊接或胶黏的方法固定在原来的零件上，使零件得以修复，这种方法为局部修换法。

（2）金属扣合法：是指利用金属扣件（波形键）的塑性变形达到修复铸铁机件裂纹或断裂的方法，也称为冷铆修复法。

（3）常用的金属扣合法有强固扣合法、强密扣合法、加强扣合法和热扣合法。

三、液力变速箱及液压系统和自动系统管理

ZBG001 液力变速箱

（一）液力自动变速器

液力自动变速器的基本结构是由液力变矩器与动力换挡的辅助变速装置组成。液力变矩器安装在发动机和变速器之间，以液压油为工作介质，起传递转矩、变矩、变速及离合的作用。液力变矩器可在一定范围内自动无级地改变转矩比和传动比，以适应行驶阻力的变化。但是由于液力变矩器变矩系数小，不能完全满足汽车使用的要求，所以，它必须与齿轮变速器组合使用，扩大传动比的变化范围。

目前，绝大多数液力自动变速器都采用行星齿轮系统作为辅助变速器。行星齿轮系统主要由行星齿轮机构和执行机构组成，通过改变动力传递路线得到不同的传动比。由此可见，液力自动变速器实际上是能实现局部无级变速的有级变速器。液力自动变速器是目前使用最多的自动变速器。采用此种类型的自动变速器，免除了手动变速器繁杂的操作，使开车变得省力。同时，电子控制也使自动切换过程柔和、平顺，因此汽车具有良好的乘坐舒适性和安全性、优越的动力性和方便的操纵性。但这种变速器效率低，结构复杂，成本也较高。

1. 液力自动变速器的组成及原理

自动变速器由四大部分组成：液力变矩器；齿轮变速机构；控制系统；冷却、润滑系统。

1）液力变矩器的组成

ZBG002 液力变矩器的组成

带锁止离合器的液力变矩器由泵轮、涡轮、导轮、锁止离合器压盘和变矩器壳等组成。泵轮与变矩器壳体连成一体，其内部径向装有许多扭曲的叶片，叶片内缘则装有让变速器油液平滑流过的导环。变矩器壳体与曲轴后端的驱动盘相连接。涡轮上也装有许多叶片。但涡轮叶片的扭曲方向与泵轮叶片的扭曲的方向相反。涡轮中心花键孔与变速器输入轴相联。这是变速器输入轴，涡轮通过花键装在输入轴上，泵轮叶片与涡轮叶片相对安置，中间有 3~4mm 的间隙。导轮位于泵轮与涡轮之间，通过单向自由轮安装在与变速器壳体连接的导管轴上。它也是由许多扭曲叶片组成。

2）齿轮变速机构

ZBG003 齿轮变速机构

（1）行星齿轮机构的组成及工作原理。

行星齿轮为轴转式齿轮系统，与定轴式齿轮系统一样，也可以变速、变矩。它由太阳轮

(或称为中心轮)、行星齿轮、行星齿轮架(通常简称为行星架)、齿圈等组成,是通过固定其中的一个或多个构件来实现不同的传动比的。

(2)离合器的组成及工作原理。

离合器由卡环、输出转鼓、钢片、摩擦片、弹簧座卡环组成。卡环:它安装在输入轴转鼓的卡环槽内,限制活塞的行程。

输出转鼓:其中心有齿形花键与输出轴相连,边缘有键槽。

钢片:是光板,外缘有矩形花键与输入轴转鼓内键槽相连。

摩擦片:内圆有花键,与行星齿轮某一元件相连接,其表面有铜基粉末冶金层或合成纤维层,以增大摩擦力。钢片与摩擦片相间排列,可轴向移动。

弹簧座卡环:安装在输入轴卡环槽内。许多个回位弹簧沿圆周方向均匀分布。当离合器结合时,控制油压通过输入轴中心孔进入活塞,克服回位弹簧力将钢片和摩擦片压紧,产生摩擦力,这时动力从输入轴经过离合器传到输出轴。当需要离合器分离时,控制油压通过原来的管路排出,由于回位弹簧的作用,活塞回到初始的位置,摩擦片和钢片分离,动力不能传递。

ZBG004 制动器的组成及工作原理

(3)制动器的组成及工作原理。

制动器分为带式制动器和片式制动器两种。

①带式制动器组成及原理。

制动鼓:它与行星齿轮的某一元件相连接。

制动带:围在转鼓的外圆上,它的外表面是钢带,内表面有摩擦材料,制动带的一端用锁销固定在自动变速器壳体上,另一端与液压油缸的推杆相接触。

油缸:它固定在自动变速器壳体上,其内部有活塞和推杆相连接。

带式制动器的工作原理:当液压缸无油压时,制动带与鼓之间要有一定的间隙,制动鼓可随与它相连的行星排元件一同转动。液压缸通油压时,作用在活塞上由压力推动活塞,使之克服回位弹簧的弹力而移动,活塞上的推杆随之向外伸出,将制动带压紧在制动鼓上,于是制动鼓被固定而不能转动,此时,制动器处于制动状态。

②片式制动器组成。

固定架有许多槽,它通过螺钉与变速器壳体相连接,固定架上有控制油道孔。钢片外缘上有花键,与固定架上的槽或与变速器壳体上的花键槽相连接,不动件摩擦片内圆上有花键,与行星齿轮的某元件相连接。活塞安装在活塞缸内,回位弹簧作用其上。当需要制动行星架时,控制油压进入活塞油缸,推动活塞压缩回位弹簧,将摩擦片、钢片压紧,由于钢片与自动变速器壳体相连接,所以行星架制动不转。制动器不起作用时,控制油液排出油缸,由于回位弹簧的作用,活塞回到原来位置。

ZBG005 控制系统

3)控制系统

节气门对应的节气门阀产生节气门油压,速控阀产生与车速相对应的速控油压,换挡阀控制换挡油路,控制系统的工作油压在换挡阀的控制下通过高挡油路进入变速机构,使自动变速器挂上高挡,通过低挡油路进入变速机构,使自动变速器挂上低挡。

当车辆负载大、节气门开度大,车速低时,节气门阀输出的节气门油压高,速控阀输出的速控油压低,换挡阀左侧大于右侧油压,阀芯右移,工作油压将通过换挡阀、低挡油路进入变速机构,使低挡离合器或制动器结合,自动变速器挂上低挡。

当车辆负栽小、车速高时，节气门阀输出的节气门油压低，速控阀输出的速控油压高，换挡阀中左侧油压低于右侧油压，阀芯左移，工作油压将通过换挡阀、高挡油路进入变速机构，使高挡离合器或制动器结合，自动变速器挂上高挡。

从上述分析可以看出，换挡阀的移动，主要取决于换挡阀左右侧节气门油压和速控油压的油压差，阀芯移动，将使不同的离合器、制动器接合，从而使变速机构输出不同的挡位。

2. 液力自动变速器的维护

ZBG006 液力自动变速器的维护

1）液力自动变速器的日常检测

(1)经常检查自动变速器油。

(2)检查手动选挡机构。

(3)制动带的调整。

(4)停车挡的制动性能检查。

2）正确使用自动变速器油延长自动变速器寿命

自动变速器油(ATF)是特殊的高级润滑油，不仅具有润滑、冷却作用，还具有传递扭矩和液压以控制自动变速器的离合器和制动器工作的性能。如果对自动变速器油不按规定使用，将影响自动变速器使用寿命。

(1)合理选用变速器油。

(2)正确加注变速器油。

(3)油质和油温检查。

(4)定期更换变速器油。

3. 变速器的主要功能

ZBG007 变速器的主要功能

(1)实现无级变速，增加发动机牵引力，改善发动机的工作特性，防止机械作业时发动机熄火，改善变速器的换挡品质，有利于动力换挡。

(2)通过变矩器，输出转速可无级变化，驱动扭矩能自动适应所需的负载扭矩，当涡轮转速达到泵轮转速的80%时，变矩比接近1，涡轮扭矩等于泵轮扭矩，此时，变矩器相当于一个偶合器。

(3)变矩器的这种自动适应性，使其特别适用于起步频繁、路面条件复杂或工作负荷变化较大的自卸车、工程机械和军用车辆，它能减轻驾驶员劳动强度，并有更多精力用于操作工作装置。

4. 液力变速箱常见故障处理

ZBG008 液力变矩器内支撑导轮的单向离合器打滑故障

1）液力变矩器内支撑导轮的单向离合器打滑

(1)故障现象。

当车辆出现在30~50km/h以下加速不良，车速上升缓慢，过了低速区后加速良好的故障时，很可能是液力变矩器内支撑导轮的单向离合器打滑。

(2)故障原因。

变矩器低速增扭，靠的是导轮改变液流方向，变矩器内支撑导轮的单向离合器打滑后，导轮没有了单向离合器的支撑，在增扭工况时无法改变液流的方向。这样经导轮返回的液流流向和泵轮旋转方向相反，发动机需克服反向液流带来的附加载荷，于是液力变矩器变成了液力偶合器，低速增扭变成了低速降扭，所以汽车在低速区(变矩器增加扭矩工况区域)

加速不良。

(3)故障诊断。

发动机热机后,将4个车轮用三角木或砖头塞住,拉紧驻车制动器,踩住脚制动踏板,用眼睛盯住发动机转速表,将油门完全踩到底,如发动机的失速转速明显低于规定值,说明液力变矩器内支撑导轮的单向离合器打滑。

ZBG009 自动变速器不能强制降挡故障

2)自动变速器不能强制降挡

(1)故障现象:当汽车以3挡或超速挡行驶时,突然将油门踏板踩到底,自动变速器不能立即降低一个挡位,致使汽车加速无力。

(2)故障原因。

①节气门拉索或节气门位置传感器调整不当。

②强制降挡开关损坏或安装不当。

③强制降挡电磁阀损坏或线路短路、断路。

④阀板中的强制降挡控制阀卡滞。

(3)故障诊断。

①检查节气门拉索或节气门位置传感器的安装情况。如有异常,应按标准重新调整。

②检查强制降挡开关。在油门踏板踩到底时,强制降挡开关的触点应闭合;松开油门踏板时,强制降挡开关的触点应断开。如果油门踏板踩到底时强制降挡开关触点没有闭合,可用手直接按动强制降挡开关。如果按下开关后触点闭合,说明开关安装不当,应重新调整;如果按下开关后触点仍不闭合,说明开关损坏,应予以更换。

③对照电路图,在自动变速器线束插头处测量强制降挡电磁阀。如有异常,则故障原因是线路短路、断路或电磁阀损坏。对此,应检查线路或更换电磁阀。

④打开自动变速器油底壳。拆下强制降挡电磁阀,检查电磁阀的工作情况。如有异常,应予以更换。

⑤拆卸阀板总成,分解、清洗、检查强制降挡控制阀。阀心如有卡滞,可进行抛光。若无法修复,则应更换阀板总成。

ZBG010 换挡杆变速器冲击故障

3)换挡杆变速器冲击

(1)故障现象。

在发动机正常工作温度、标准怠速工况时,换挡杆P→D及N→D时变速器冲击严重,其他工况良好。

(2)故障原因。

①节气门拉线调整不当。

②D位主油路油压过高。

③D位主要执行元件前进挡离合器C1的蓄压器不能执行缓冲控制。

④前进挡离合器C1本身问题。

⑤电子控制单元的N-D缓冲控制失效。

(3)故障诊断。

首先检查调整节气门拉线位置,并通过必要手段检查变速器外围电子控制(电子单元N-D缓冲控制)是否正常。在检查、调整节气门拉线后,测量变速器换挡杆在D位时的主油压,结果油压值基本处于标准范围内,而且能随着节气门开度的变化而变化,说明液压控制阀体存在问题的可能性不大。为了不扩大维修范围，先检查并清洗变速器液压控制阀体。但清洗阀体装车后试车，故障现象并没有明显改观，进一步检查其他部分。再按照常规维修程序更换了所有密封元件，更换前进挡离合器 C1 缓冲控制碟形片，并将 C1 离合器间隙调整至规定值 1.7mm 后，将变速器装复试车，故障排除。

ZBG011 变速器跳挡故障

4）变速器跳挡

（1）故障现象。

车辆在行驶中变速杆自动跳回空挡位置。这种现象多发生在中、高速，负荷突然变化或车辆受剧烈振动时，且大多数是在高速挡位跳挡。

（2）变速器跳挡故障产生的原因。

①由于变速齿轮、齿套或同步器锥盘轮齿磨损过量，沿齿长方向形成雏形，啮合时便产生一个轴向推力，在工作中又受振抖和转速变化的惯性影响，迫使啮合的齿轮沿轴向脱开。

②变速叉弯曲变形，磨损过甚、固定螺钉松动或变速杆变形等，使齿轮不能正常啮合。

③自锁装置磨损松旷，弹簧弹力不足或折断，造成锁止力量不足，使变速叉轴不能可靠地定位。

④齿轮或齿套磨损过甚，沿齿长方向磨成锥形。

⑤轴和轴承磨损严重，轴向间隙过大，或第一、二轴与中间轴不平行，使齿轮不能正常啮合而上下摆动引起跳挡。

⑥轴的花键齿与滑动齿轮花键槽磨损过甚。

⑦第二轴花键扭曲变形或键齿磨损过渡，锁紧螺母松脱引起轴或齿轮的前后窜传动。

⑧同步器锁销松动，同步器散架或接合齿长度方向已磨损严重。

⑨变速器固定不牢固。

（3）故障诊断。

①在发现某挡跳挡时，仍将变速杆换入该挡，然后拆下变速器盖看齿轮啮合情况，如啮合良好，应检查变速叉轴锁住机构。

②用手推动跳挡的变速叉试验定位装置，如定位不良，需拆下变速叉轴检验定位球及弹簧，如弹簧过软或折断应更换。若变速叉轴凹槽磨损过甚应修理或更换。

③检查齿轮的啮合情况，如齿轮未完全啮合，用手推动跳挡的齿轮或齿套能正确啮合，应检查变速叉是否弯曲或磨损过甚，以及变速叉固定螺钉是否松动，叉端与齿轮投槽间隙是否过大。若变速叉弯曲应校正；如因变速叉下端磨损与滑动齿轮槽过度松旷时应拆下修理。

④如变速机构良好，而齿轮或齿套又能正确啮合，则应检查齿轮是否磨损成锥形，如磨损严重应更换。

⑤检查轴承和轴的磨损情况，如轴磨损严重，轴承松旷或变速轴沿轴向窜动时，应拆下修理或更换。

⑥检查同步器工作情况，如有故障应修理或更换。

⑦检查变速器固定螺栓，如松动应紧固。

ZBG012 液力变速箱温度高的故障原因

5）液力变速箱温度高故障原因

（1）管路中有不畅部位：由于存在节流部位，造成局部损失过大，导致生热。

（2）散热系统故障：由于冷却器堵塞或通往冷却器的循环管路不畅等问题造成散热强度降低，从而导致散热不良。

(3)传动系统中有故障热源:如离合器摩擦片烧蚀挠曲变形,轴承损坏或变矩器叶片过度磨损等。以上方面的故障均可导致系统油液温度过高。

ZBG013 液力变速箱传动油液变质的原因

6)液力变速箱传动油液变质原因

变速箱用油如果选用不当,则可导致油液产生气泡外溢并乳化变质,造成系统内元件磨损加快,甚至工作失常。

由于变矩器内的工作油液在工作中要受到剧烈的搅拌,因而随意向系统中加入其他品牌的油液易造成油液乳化变质,导致系统内元件腐蚀和磨损。

由于该系统中用油既要作为液力传动油使用,同时工作中还要涉及液压传动以及齿轮、离合器片和轴承的润滑,因而对该系统中的工作用油提出了较特殊的要求,即要求工作油应具有良好的抗乳化能力和抗氧化稳定性,容重尽可能大,同时还应具有适当的黏度和良好的润滑性能,较高的黏度指数,且腐蚀性要尽可能小。

由于上述要求,使用中不可随意向系统中加入普通液压油或者补加不同牌号的工作用油,而是应严格遵照使用说明书中列出的推荐用油。通常液力变矩器—变速箱传动系统用油应选用以满足变矩器工作用油为主,且黏度适当的液力传动油或透平油。

ZBG014 液压系统结构

(二)液压控制系统

1. 液压系统结构

液压系统由信号控制和液压动力两部分组成,信号控制部分用于驱动液压动力部分中的控制阀动作。

液压动力部分采用回路图方式表示,以表明不同功能元件之间的相互关系。液压源含有液压泵、电动机和液压辅助元件;液压控制部分含有各种控制阀,用于控制工作油液的流量、压力和方向;执行部分含有液压缸或液压马达,其可按实际要求来选择。

2. 液压系统优缺点

1)液压系统优点

(1)体积小、重量轻。

(2)刚度大、精度高、响应快。

(3)驱动力大,适合重载直接驱动。

(4)调速范围宽,速度控制方式多样。

(5)自润滑、自冷却和长寿命。

(6)易于实现安全保护。

2)液压系统缺点

(1)抗工作液污染能力差。

(2)对温度变化敏感。

(3)存在泄漏隐患。

(4)制造难,成本高。

(5)不适于远距离传输且需液压能源。

ZBG015 压力损失

3. 常见故障

1)压力损失

由于液体具有黏性,在管路中流动时又不可避免地存在着摩擦力,所以液体在流动过程中必然要损耗一部分能量。这部分能量损耗主要表现为压力损失。

压力损失有沿程损失和局部损失两种。沿程损失是当液体在直径不变的直管中流过一段距离时,因摩擦而产生的压力损失。局部损失是由于管路截面形状突然变化、液流方向改变或其他形式的液流阻力而引起的压力损失。总的压力损失等于沿程损失和局部损失之和。由于压力损失的必然存在,所以泵的额定压力要略大于系统工作时所需的最大工作压力,一般可将系统工作所需的最大工作压力乘以 1.3~1.5 的系数来估算。

ZBG016 流量损失

2)流量损失

在液压系统中,各被压元件都有相对运动的表面,如液压缸内表面和活塞外表面,因为要有相对运动,所以它们之间都有一定的间隙。如果间隙的一边为高压油,另一边为低压油,则高压油就会经间隙流向低压区从而造成泄漏。同时,由于液压元件密封不完善,一部分油液也会向外部泄漏。这种泄漏造成的实际流量有所减少,就是我们所说的流量损失。

流量损失影响运动速度,而泄漏又难以绝对避免,所以,在液压系统中泵的额定流量要略大于系统工作时所需的最大流量。通常也可以用系统工作所需的最大流量乘以一个 1.1~1.3 的系数来估算。

ZBG017 液压冲击

3)液压冲击

(1)原因:执行元件换向及阀门关闭使流动的液体因惯性和某些液压元件反应动作不够灵敏而产生瞬时压力峰值,称液压冲击。其峰值可超过工作压力的几倍。

(2)危害:引起振动,产生噪声;使继电器、顺序阀等压力元件产生错误动作,甚至造成某些元件、密封装置和管路损坏。

(3)措施:找出冲击原因避免液流速度的急剧变化。延缓速度变化的时间,估算出压力峰值,采用相应措施。如将流动换向阀和电磁换向阀联用,可有效防止液压冲击。

ZBG018 空穴现象

4)空穴现象

(1)现象:如果液压系统中渗入空气,液体中的气泡随着液流运动到压力较高的区域时,气泡在较高压力作用下将迅速破裂,从而引起局部液压冲击,造成噪声和振动。另外,由于气泡破坏了液流的连续性,降低了油管的通油能力,造成流量和压力的波动,使液压元件承受冲击载荷,影响其使用寿命。

(2)原因:液压油中总含有一定量的空气,通常可溶解于油中,也可以气泡的形式混合于油中。当压力低于空气分离压力时,溶解于油中的空气分离出来,形成气泡;当压力降至油液的饱和蒸气压力以下时,油液会沸腾而产生大量气泡。这些气泡混杂于油液中形成不连续状态,这种现象称为空穴现象。

(3)部位:吸油口及吸油管中低于大气压处,易产生气穴;油液流经节流口等狭小缝隙处时,由于速度的增加,使压力下降,也会产生气穴。

(4)危害:气泡随油液运动到高压区,在高压作用下迅速破裂,造成体积突然减小、周围高压油高速流过来补充,引起局部瞬间冲击,压力和温度急剧升高并产生强烈的噪声和振动。

(5)措施:要正确设计液压泵的结构参数和泵的吸油管路,尽量避免油道狭窄和急弯,防止产生低压区;合理选用机件材料,增加机械强度、提高表面质量、提高抗腐蚀能力。

ZBG019 气蚀现象

5)气蚀现象

(1)原因:空穴伴随着气蚀发生,空穴中产生的气泡中的氧也会腐蚀金属元件的表面,这种因发生空穴现象而造成的腐蚀称为气蚀。

(2)部位:气蚀现象可能发生在油泵、管路以及其他具有节流装置的地方,特别是油泵装置,这种现象最为常见。气蚀现象是液压系统产生各种故障的原因之一,特别在高速、高压的液压设备中更应注意。

气蚀现象的危害和预防措施与空穴现象相同。

ZBG020 液压系统压力异常的原因及解决方法

6)液压系统压力异常的原因及解决方法

工作压力是液压系统最基本的参数之一,工作压力的正常与否会很大程度上影响液压系统的工作性能。液压系统的工作压力失常经常表现为对压力进行调解时出现调压阀失效、系统压力建立不起来、完全无压力、持续保持高压、压力上升后又掉下来及压力不稳定等情况。

一旦出现压力失常,液压系统的执行元件将难以执行正常的工作循环,可能出现始终处于原始位置不工作,动作速度显著降低,动作时相关控制阀组常发出刺耳的噪声等,导致机器处于非正常状态,影响整机的使用性能。

(1)压力异常产生的原因。

①液压泵、马达方面的原因。

液压泵、马达使用时间过长,内部磨损严重,泄漏较大,容积效率低导致液压泵输出流量不够,系统压力偏低。

发动机转速过低,功率不足,导致系统流量不足,液压系统偏低。

液压泵定向控制装置位置错误或装配不对,泵不工作,系统无压力。

②液压控制阀的原因。

工作过程中,若发现压力上不去或降不下来的情况,很可能是换向阀失灵,导致系统持续卸荷或持续高压。

溢流阀的阻尼孔堵塞、主阀芯上有毛刺、阀芯与阀孔和间隙内有污物等都有可能使主阀芯卡死在全开位置,液压泵输出的液压油通过溢流阀直接回油箱,即压力油路与回油路短接,造成系统无压力;若上述毛刺或污物将主阀芯卡死在关闭位置上,则可能出现系统压力持续很高降不下来的现象;当溢流阀或换向阀的阀芯出现卡滞时,阀芯动作不灵活,执行部件容易出现时有动作、时无动作的现象,检测系统压力时则表现为压力不稳定。

有单向阀的系统,若单向阀的方向装反,也可能导致压力上不去。

系统内外泄漏,例如阀芯与阀体孔之间泄漏严重,也会导致系统压力上不去。

③其他方面的原因。

液压油箱油位过低、吸油管太细、吸油过滤器被杂质污物堵塞会导致液压泵吸油阻力过大(液压泵吸空时,常伴有刺耳的噪声),导致系统流量不足,压力偏低。

另外,回油管在液面上(回油对油箱内油液冲击时产生泡沫,导致油箱油液大量混入空气),吸油管密封不好漏气等容易造成液压系统中混入空气,导致系统压力不稳定。

(2)压力异常排除方法。

①严格按照液压泵正确的装配方式进行装配,并检查其控制装置的线路是否正确。

②增加液压油箱相对液压泵的高度,适当加大吸油管直径,更换滤油器滤芯,疏通管道,可解决泵吸油困难及吸空的问题,避免系统压力偏低;另外,选用合适黏度的液压油,避免机器在较低环境温度时因油液黏度过高导致泵吸油困难。

③针对液压控制阀的处理方法主要是检查卸荷或方向阀的通、断电状态是否正确，清洗阀芯、疏通阻尼孔，检查单向阀的方向是否正确，更换清洁油液（重新加注液压油时建议用配有过滤装置的加油车来加油）等。

④油箱内的回油管没入液面以下，吸油管路接头处加强密封等，可有效防止系统内混入空气，避免系统压力不稳定。

4. 故障诊断

液压传动系统由于其独特的优点，即具有广泛的工艺适应性、优良的控制性能和较低廉的成本，在各个领域中获得愈来愈广泛的应用。但由于客观上元件、辅件质量不稳定和主观上使用、维护不当，且系统中各元件和工作液体都是在封闭油路内工作，不像机械设备那样直观，也不像电气设备那样可利用各种检测仪器方便地测量各种参数，液压设备中，仅靠有限几个压力表、流量计等来指示系统某些部位的工作参数，其他参数难以测量，而且一般故障根源有许多种可能，这给液压系统故障诊断带来一定困难。

在生产现场，由于受生产计划和技术条件的制约，要求故障诊断人员准确、简便和高效地诊断出液压设备的故障；要求维修人员利用现有的信息和现场的技术条件，尽可能减少拆装工作量，节省维修工时和费用，用最简便的技术手段，在尽可能短的时间内，准确地找出故障部位和发生故障的原因并加以修理，使系统恢复正常运行，并力求今后不再发生同样故障。

1）故障诊断的一般原则

ZBG021 故障诊断的一般原则

正确分析故障是排除故障的前提，系统故障大部分并非突然发生，发生前总有预兆，当预兆发展到一定程度即产生故障。引起故障的原因是多种多样的，并无固定规律可寻。统计表明，液压系统发生的故障约 90% 是由于使用管理不善所致，为了快速、准确、方便地诊断故障，必须充分认识液压故障的特征和规律，这是故障诊断的基础。

以下原则在故障诊断中值得遵循：

（1）首先判明液压系统的工作条件和外围环境是否正常，需首先搞清是设备机械部分或电器控制部分故障，还是液压系统本身的故障，同时查清液压系统的各种条件是否符合正常运行的要求。

（2）区域判断，根据故障现象和特征确定与该故障有关的区域，逐步缩小发生故障的范围，检测此区域内的元件情况，分析发生原因，最终找出故障的具体所在。

（3）掌握故障种类进行综合分析，根据故障最终的现象，逐步深入找出多种直接的或间接的可能原因，为避免盲目性，必须根据系统基本原理进行综合分析、逻辑判断，减少怀疑对象逐步逼近，最终找出故障部位。

（4）验证可能故障原因时，一般从最可能的故障原因或最易检验的地方开始，这样可减少装拆工作量，提高诊断速度。

（5）故障诊断是建立在运行记录及某些系统参数基础之上的。建立系统运行记录，是预防、发现和处理故障的科学依据；建立设备运行故障分析表，是使用经验的高度概括总结，有助于对故障现象迅速做出判断；具备一定检测手段，可对故障做出准确的定量分析。

ZBG022 故障诊断及排除方法

2)故障诊断及排除方法

(1)日常查找液压系统故障的传统方法是逻辑分析逐步判断。

基本思路是综合分析、条件判断。即维修人员通过观察、听、触摸和简单的测试以及对液压系统的理解,凭经验来判断故障发生的原因。当液压系统出现故障时,故障根源有许多种可能。采用逻辑代数方法,将可能故障原因列表,然后根据先易后难原则逐一进行逻辑判断,逐项逼近,最终找出故障原因和引起故障的具体条件。

(2)基于参数测量的故障诊断系统。

一个液压系统工作是否正常,关键取决于两个主要工作参数即压力和流量是否处于正常的工作状态,以及系统温度和执行器速度等参数的正常与否。液压系统的故障现象是各种各样的,故障原因也是多种因素的综合。同一因素可能造成不同的故障现象,而同一故障又可能对应着多种不同原因。例如,油液的污染可能造成液压系统压力、流量或方向等各方面的故障,这给液压系统故障诊断带来极大困难。

参数测量法诊断故障的思路:任何液压系统工作正常时,系统参数都工作在设计和设定值附近,工作中如果这些参数偏离了预定值,则系统就会出现故障或有可能出现故障。即液压系统产生故障的实质就是系统工作参数的异常变化。因此,当液压系统发生故障时,必然是系统中某个元件或某些元件有故障,进一步可断定回路中某一点或某几点的参数已偏离了预定值。这说明如果液压回路中某点的工作参数不正常,则系统已发生了故障或可能发生了故障,需维修人员马上进行处理。这样在参数测量的基础上,再结合逻辑分析法,即可快速、准确地找出故障所在。

参数测量法不仅可以诊断系统故障,而且还能预报可能发生的故障,并且这种预报和诊断都是定量的,大大提高了诊断的速度和准确性。这种检测为直接测量,检测速度快,误差小,检测设备简单,便于在生产现场推广使用,且适合于任何液压系统的检测。测量时,既不需停机,又不损坏液压系统,几乎可以对系统中任何部位进行检测,不但可诊断已有故障,而且可进行在线监测、预报潜在故障。

3)总结

参数测量法是一种实用、新型的液压系统故障诊断方法,它与逻辑分析法相结合,大大提高了故障诊断的快速性和准确性。首先这种测量是定量的,这就避免了个人诊断的盲目性和经验性,诊断结果符合实际。其次故障诊断速度快,经过几秒到几十秒即可测得系统的准确参数,再经维修人员简单的分析判断即得到诊断结果。再者此法较传统故障诊断法降低系统装拆工作量一半以上。

5. 维护保养

一个液压系统的好坏不仅取决于系统设计的合理性和系统元件性能的的优劣,还与系统的污染防护和处理有关。系统的污染直接影响液压系统工作的可靠性和元件的使用寿命,据统计,国内外的的液压系统故障大约有70%是由于污染引起的。

ZBG023 油液污染

1)油液污染

(1)油液污染对系统的危害主要如下:

①元件的污染磨损。

油液中各种污染物引起元件各种形式的磨损,固体颗粒进入运动副间隙中,对零件表面产生切削磨损或疲劳磨损。高速液流中的固体颗粒对元件的表面冲击引起冲蚀磨损。油液中的水和油液氧化变质的生成物对元件产生腐蚀作用。此外，系统油液中的空气引起气蚀，导致元件表面剥蚀和破坏。

②元件堵塞与卡紧故障。

固体颗粒堵塞液压阀的间隙和孔口，引起阀芯阻塞和卡紧，影响工作性能，甚至导致严重的事故。

③加速油液性能的劣化。

油液中的水和空气以其热能是油液氧化的主要条件，而油液中的金属微粒对油液的氧化起重要催化作用，此外，油液中的水和悬浮气泡显著降低了运动副间油膜的强度，使润滑性能降低。

2）污染物的种类

ZBG024 污染物的种类

污染物是液压系统油液中对系统起危害作用的的物质，它在油液中以不同的形态形式存在，根据其物理形态可分成：固态污染物、液态污染物、气态污染物。

（1）固态污染物可分成硬质污染物，有：金刚石、硅沙、灰尘、磨损金属和金属氧化物；软质污染物有：添加剂、水的凝聚物、油料的分解物与聚合物和维修时带入的棉丝、纤维。

（2）液态污染物通常是不符合系统要求的切槽油液、水、涂料和氯及其卤化物等，通常难以去掉，所以在选择液压油时要选择符合系统标准的液压油，避免一些不必要的故障。

（3）气态污染物主要是混入系统中的空气。

这些颗粒细小，以至于不能沉淀下来而悬浮于油液之中，最后被挤到各种阀的间隙之中，对一个可靠的液压系统来说，这些间隙对实现有限控制、重要性和准确性是极为重要的。

3）污染物的来源

ZBG025 污染物的来源

系统油液中污染物的来源途径主要有以下几个方面：

（1）外部侵入的污染物：外部侵入污染物主要是大气中的沙砾或尘埃，通常通过油箱气孔，油缸的封轴，泵和电动机等轴侵入系统的，主要是使用环境的影响。

（2）内部污染物：元件在加工、装配、调试、包装、储存、运输和安装等环节中残留的污染物，当然这些过程是无法避免的，但是可以降到最低，有些特种元件在装配和调试时需要在洁净室或洁净台环境中进行。

（3）液压系统产生的污染物：系统在运作过程当中，由于元件的磨损而产生的颗粒，铸件上脱落下来的砂粒，泵、阀和接头上脱落下来的金属颗粒，管道内锈蚀剥落物以及油液氧化和分解产生的颗粒与胶状物，更为严重的是系统管道在正式投入作业之前没有经过冲洗而有大量杂质。

4）系统维护

ZBG026 系统维护

一个系统在正式投入之前一般都要经过冲洗，冲洗的目的就是要清除残留在系统内的污染物、金属屑、纤维化合物、铁心等，在最初 2h 工作中，即使没有完全损坏系统，也会引起一系列故障。所以应该按下列步骤来清洗系统油路：

（1）用一种易干的清洁溶剂清洗油箱，再用经过过滤的空气清除溶剂残渣。

（2）清洗系统全部管路，某些情况下需要把管路和接头进行浸渍。

（3）在管路中装油滤，以保护阀的供油管路和压力管路。

（4）在集流器上装一块冲洗板以代替精密阀，如电液伺服阀等。

（5）检查所有管路尺寸是否合适，连接是否正确。

要是系统中使用到电液伺服阀,伺服阀得冲洗板要使油液能从供油管路流向集流器,并直接返回油箱,这样可以让油液反复流通,以冲洗系统,让油滤滤掉固体颗粒,冲洗过程中,每隔1~2h要检查一下油滤,以防油滤被污染物堵塞,此时旁路不要打开,若是发现油滤开始堵塞就马上换油滤。

冲洗的周期由系统的构造和系统污染程度来决定,若过滤介质的试样没有或是外来污染物很少,则装上新的油滤,卸下冲洗板,装上阀工作。

有计划的维护:建立系统定期维护制度。

ZBG027 气动系统结构

(三)气动系统

1. 气动系统结构

气动系统的基本构成:组成的气动回路是为了驱动用于各种不同目的的机械装置。其最重要的三个控制内容是:力的大小、力的方向和运动速度。与生产装置相连接的各种类型的气缸,靠压力控制阀、方向控制阀和流量控制阀分别实现对三个内容的控制。

(1)压力控制阀:控制气动输出力的大小。

(2)方向控制阀:控制气缸的运动方向。

(3)速度控制阀:控制气缸的运动速度。

一个气动系统通常包括:

(1)气源设备:包括空压机、气罐。

(2)气源处理元件:包括后冷却器、过滤器、干燥器和排水器。

(3)压力控制阀:包括增压阀、减压阀、安全服、顺序阀、压力比例阀、真空发生器。

(4)润滑元件:油雾器、集中润滑元件。

(5)方向控制阀:包括电磁换向阀、气控换向阀、人控换向阀、机控换向阀、单向阀、梭阀。

(6)各类传感器:包括磁性开关、限位开关、压力开关、气动传感器。

(7)流量控制阀:包括速度控制阀、缓冲阀、快速排气阀。

(8)气动执行元件:气缸、摆动气缸、气马达、气爪、真空吸盘。

(9)其他辅助元件:消声器、接头与气管、液压缓冲器、气液转换器

ZBG028 日常工作的主要任务

2. 气动系统运行操作

1)日常工作的主要任务

(1)气动系统各部分冷凝水的排放。

①空压机、气罐、管道系统、过滤器、干燥器等。

②解决此问题的最好办法是在需要排水处使用自动排水器,这样可以避免由于人为的疏忽造成冷凝水重新进入系统中,造成元件的损坏。

(2)检查油雾器的油量及滴油量是否符合要求。

(3)在选用气动元件时,尽可能所有元件选用无油润滑元件,这样既可以避免日常油雾器的维护,同时也节省了能源。

ZBG029 安装管路的注意事项

2)安装管路的注意事项

(1)供气管道应按现场实际情况布置,尽量与其他管线(如水罐、煤气罐、暖气管等)、电线等统一协调布置。

(2)压缩空气主干道应沿墙或柱子架空铺设,其高度不应妨碍运行,又便于排出冷凝水,顺气流方向,管道应向下倾斜,倾斜度为1/100~3/100。为防止长管道产生挠度,应在适当部位安装管道支撑。管道支撑不得与管道焊接。

(3)沿墙或柱子接出的分支管必须在主干管的上部采用大角度拐弯后再向下引出,以免冷凝水进入分支管。在主干管及支管的最低点。设置集水罐,集水罐下部设排水阀。

(4)在管路中装设后冷却器、主管路过滤器、干燥器等时,为便于测试、不停气维修、故障检查和更换元件,应设置必要的旁通管路和截止阀。

(5)管道装配前,管道、接头和元件内的流道必须充分吹洗干净,不得有毛刺、铁屑、氧化皮,密封材料碎片等异物混入管路系统中。安装完毕,应做不漏气检查。

(6)使用钢管时,应使用镀锌钢管或不锈钢管。

ZBG030 电磁阀使用注意事项

3)电磁阀使用注意事项

(1)接配管前,应充分吹净管内的碎屑、油污、灰尘等。接配管时,应防止管螺纹碎屑、密封材料碎片进入阀内。

(2)使用密封带,螺纹头部应留1.5~2个螺牙不绕密封带。应顺时针方向绕密封带。

(3)使用空气应洁净,一般应设置5um的空气过滤器。空压机产生的碳粉多时,附着在阀内将导致阀动作不良。除选用产生碳粉少的压缩机油外,管路中宜设置油雾分离器,以清除劣质油雾。

(4)对冷凝水要及时清除,管理不便处应使用自动排水过滤器。设置适当的干燥器,保证空气干燥,电磁阀可以用到-10℃的低温环境中。

(5)无给油元件因有预润滑,可以不给油。不给油元件也可给油工作。一旦给油,就不得再中止,否则,会导致阀动作不良。

(6)应避免将阀装在有腐蚀性气体,化学溶液、海水飞沫、雨水、水汽存在的场所及环境温度高于60℃的场所。有水滴、油滴的场所,应选防滴型阀。灰尘多的场所,应选防尘型阀,有火花飞溅的场所(如焊接工作),阀上应装防护罩。在易燃易爆的环境中,应使用防爆型阀。排气口应装消声器,其作用除消声外,还可防止灰尘侵入阀内。排出油雾时,在排气口应装排气洁净器,既可回收油雾,还可消声。

(7)电气接线应无接触不良现象。线圈长时间通电会造成发热,使绝缘恶化,并损失能量,可使用有记忆功能的电磁阀,以缩短通电时间。

(8)电磁阀不通电时,才可使用手动按钮对阀进行换向。若用手动按钮切换电磁阀后,不可再通电,否则会烧毁直动式电磁阀。

(9)电磁阀的电压要保证在允许电压范围内。

(10)若要求长期连续通电,应选用具有长期通电功能的电磁阀,但必须30d以内至少切换一次。

(11)电磁阀安装在控制柜内,通电时间长,要注意控制柜内的通风、散热。

(12)为防止双电控阀的两个线圈同时通电,应使用联锁电路。

(13)内部先导式电磁阀的入口不得节流。

(14)主阀内控制活塞处的呼吸孔及先导阀的排气孔不得阻塞或排气不畅。

(15)使用机械控制阀时,要防止过载。

ZBG031 气缸的使用注意事项

4)气缸的使用注意事项

(1)要使用清洁干燥空气。空气中不得含油泥,以防缸、阀动作不良。安装前,连接配管内应充分吹洗,不要将灰尘、切屑末等杂质带入缸、阀内。

(2)灰尘多的环境,杆侧应带伸缩防护套,不能使用伸缩防护套的场合,应选用带强力防尘圈的气缸。

(3)带磁性开关的气缸的工作环境温度,如超出-5~60℃的范围,应采取防冻或耐热的措施。

(4)安装耳环式或耳轴式气缸时,应保证气缸的摆动和负载的摆动在一个平面内。

(5)气缸超过最大标准行程时,活塞杆应有适当的支撑,支撑的导向轴线与气缸轴线的偏移量应小于1/500,以防止杆端下垂和活塞杆弯曲。

(6)通常活塞杆上只能承受轴向负载。安装时,负载与活塞杆的轴线要一致,避免在活塞杆上施加横向负载和偏心负载。有横向负载时,活塞杆应加导向装置。负载方向有变化时,活塞杆前端与负载最好使用浮动接头连接。

(7)给油润滑气缸,应配置流量适合的油雾器。不供油气缸也可给油使用,但一旦供油就不得再停止。

(8)活塞杆滑动部位不得受损伤,以防损坏活塞杆密封圈,造成泄漏。

(9)气缸若长期放置不用,应一个月动作一次,并涂油保护以防锈。

(10)气缸的运动能量不能完全被吸收时,应设计缓冲回路或外部增设缓冲机构。

(11)高速运动的气缸,除减小负载率,减小摩擦阻力,供应充足流量(必要时可设置中间气罐)和排气侧装快速排气阀外,可加大气缸的通口直径。高速气缸要有充分的缓冲能力及安全措施。高速气缸的密封圈寿命较低。

(12)要气缸做低速运动,因流量小,速度控制和油雾润滑都比较困难。宜采用气液转换器或使用气液阻尼缸。

ZBG032 接头及软管安装注意事项

5)接头及软管安装注意事项

(1)安装配管前,应充分吹净管道及接头内的灰尘、油污、切屑末等杂质。

(2)配管是螺纹连接时,可选用涂有密封膜的管接头,或者沿螺纹旋紧方向缠1.5~3圈密封带,但管口应空出1.5~2个螺距。装配时,要防止螺纹屑及密封材料碎片混入管内。

(3)管子切断时,应保证切口垂直,且不变形,管子外部无伤痕。

(4)使用其他非金属管,要注意外径的精度。尼龙管小于±0.1mm,聚氨酯管在-0.2~0.15mm。

(5)使用直插式管接头,必须保证把管子插到底。

ZBG033 气动系统维护的要点

3. 气动系统常见故障处理

1)气动系统维护的要点

(1)保证供给洁净的压缩空气。压缩空气中通常都含有水分、油分和粉尘等杂质。水分会使管道、阀和气缸腐蚀;油分会使橡胶、塑料和密封材料变质;粉尘造成阀体动作失灵。选用合适的过滤器,可以清除压缩空气中的杂质,使用过滤器时应及时排除积存的液体,否则当积存液体接近挡水板时,气流仍可将积存物卷起。

(2)保证空气中含有适量的润滑油。大多数气动执行元件和控制元件都要求适度的润滑。

(3)保持气动系统的密封性。漏气不仅增加了能量的消耗,也会导致供气压力的下降,甚至造成气动元件工作失常。严重的漏气在气动系统停止运行时,由漏气引起的响声很容易发现;轻微的漏气则利用仪表,或用涂抹肥皂水的办法进行检查。

(4)保证气动元件中运动零件的灵敏性。

(5)保证气动装置具有合适的工作压力和运动速度,调节工作压力时,压力表应当工作可靠,读数准确。减压阀与节流阀调节好后,必须紧固调压阀盖或锁紧螺母,防止松动。

2)气动系统的点检与定检

ZBG034 气动系统的点检与定检

(1)管路系统点检。主要内容是对冷凝水和润滑油的管理。冷凝水的排放,一般应当在气动装置运行之前进行。但是当夜间温度低于0℃时,为防止冷凝水冻结,气动装置运行结束后,应开启放水阀门排放冷凝水。补充润滑油时,要检查油雾器中油的质量和滴油量是否符合要求。此外,点检还应包括检查供气压力是否正常,有无漏气现象等。

(2)气动元件的定检。主要内容是彻底处理系统的漏气现象。例如,更换密封元件,处理管接头或连接螺钉松动等,定期检验测量仪表、安全阀和压力继电器等。

3)气源故障

ZBG035 气源故障

气源的常见故障:空压机故障、减压阀故障、管路故障、压缩空气处理组件故障等。

(1)空压机故障有:止逆阀损坏、活塞环磨损严重、进气阀片损坏和空气过滤器堵塞等。

若要判断止逆阀是否损坏,只需在空压机自动停机十几秒后,将电源关掉,用手盘动大胶带轮,如果能较轻松地转动一周,则表明止逆阀未损坏;反之,止逆阀已损坏;另外,也可从自动压力开关下面的排气口的排气情况来进行判断,一般在空压机自动停机后应在十几秒左右后就停止排气,如果一直在排气直至空压机再次启动时才停止,则说明止逆阀已损坏,须更换。

当空压机的压力上升缓慢并伴有串油现象时,表明空压机的活塞环已严重磨损,应及时更换。

当进气阀片损坏或空气过滤器堵塞时,也会使空压机的压力上升缓慢(但没有串油现象)。检查时,可将手掌放至空气过滤器的进气口上,如果有热气向外顶,则说明进气阀处已损坏,须更换;如果吸力较小,一般是空气过滤器较脏所致,应清洗或更换过滤器。

(2)减压阀的故障有:压力调不高或压力上升缓慢等。

压力调不高,往往是因调压弹簧断裂或膜片破裂而造成的,必须换新;压力上升缓慢,一般是因过滤网被堵塞引起的,应拆下清洗。

(3)管路故障有:管路接头处泄漏,软管破裂,冷凝水聚集等。

管路接头泄漏和软管破裂时可从声音上来判断漏气的部位,应及时修补或更换;若管路中聚积有冷凝水时,应及时排掉,特点是在北方的冬季冷凝水易结冰而堵塞气路。

(4)压缩空气处理组件(三联体)的故障有:油水分离器故障,调压阀和油雾器故障。

4)气动执行元件(气缸)故障

ZBG036 气动执行元件(气缸)故障

由于气缸装配不当和长期使用,气动执行元件(气缸)易发生内、外泄漏,输出力不足和动作不平稳,缓冲效果不良,活塞杆和缸盖损坏等故障现象。

(1)气缸出现内、外泄漏,一般是因活塞杆安装偏心,润滑油供应不足,密封圈和密封环磨损或损坏,气缸内有杂质及活塞杆有伤痕等造成的。所以,当气缸出现内、外泄漏时,应重新调整活塞杆的中心,以保证活塞杆与缸筒的同轴度;须经常检查油雾器工作是否可靠,以保证执行元件润滑良好;当密封圈和密封环出现磨损或损环时,须及时更换;若气缸内存在杂质,应及时清除;活塞杆上有伤痕时,应换新。

(2)气缸的输出力不足和动作不平稳,一般是因活塞或活塞杆被卡住、润滑不良、供气量不足,或缸内有冷凝水和杂质等原因造成的。对此,应调整活塞杆的中心;检查油雾器的工作是否可靠;供气管路是否被堵塞。当气缸内存有冷凝水和杂质时,应及时清除。

(3)气缸的缓冲效果不良,一般是因缓冲密封圈磨损或调节螺钉损坏所致。此时,应更换密封圈和调节螺钉。

(4)气缸的活塞杆和缸盖损坏,一般是因活塞杆安装偏心或缓冲机构不起作用而造成的。对此,应调整活塞杆的中心位置;更换缓冲密封圈或调节螺钉。

ZBG037 换向阀故障

(5)换向阀故障

换向阀的故障有:阀不能换向或换向动作缓慢,气体泄漏,电磁先导阀有故障等。

(1)换向阀不能换向或换向动作缓慢,一般是因润滑不良、弹簧被卡住或损坏、油污或杂质卡住滑动部分等原因引起的。对此,应先检查油雾器的工作是否正常;润滑油的黏度是否合适。必要时,应更换润滑油,清洗换向阀的滑动部分,或更换弹簧和换向阀。

(2)换向阀经长时间使用后易出现阀芯密封圈磨损、阀杆和阀座损伤的现象,导致阀内气体泄漏,阀的动作缓慢或不能正常换向等故障。此时,应更换密封圈、阀杆和阀座,或将换向阀换新。

(3)若电磁先导阀的进、排气孔被油泥等杂物堵塞,封闭不严,活动铁芯被卡死,电路有故障等,均可导致换向阀不能正常换向。对前 3 种情况应清洗先导阀及活动铁芯上的油泥和杂质。而电路故障一般又分为控制电路故障和电磁线圈故障两类。在检查电路故障前,应先将换向阀的手动旋钮转动几下,看换向阀在额定的气压下是否能正常换向,若能正常换向,则是电路有故障。检查时,可用仪表测量电磁线圈的电压,看是否达到了额定电压,如果电压过低,应进一步检查控制电路中的电源和相关联的行程开关电路。如果在额定电压下换向阀不能正常换向,则应检查电磁线圈的接头(插头)是否松动或接触不实。方法是,拔下插头,测量线圈的阻值(一般应在几百欧姆至几千欧姆之间),如果阻值太大或太小,说明电磁线圈已损坏,应更换。

ZBG038 气动辅助元件故障

(6)气动辅助元件故障

气动输助元件的故障主要有:油雾器故障,自动排污器故障,消声器故障等。

(1)油雾器的故障有:调节针的调节量太小油路堵塞,管路漏气等都会使液态油滴不能雾化。对此,应及时处理堵塞和漏气的地方,调整滴油量,使其达到 5 滴/min 左右。正常使用时,油杯内的油面要保持在上、下限范围之内。对油杯底部沉积的水分,应及时排除。

(2)自动排污器内的油污和水分有时不能自动排除,特别是在冬季温度较低的情况下尤为严重。此时,应将其拆下并进行检查和清洗。

(3)当换向阀上装的消声器太脏或被堵塞时,也会影响换向阀的灵敏度和换向时间,故要经常清洗消声器。

ZBG039 自动控制系统结构

(四)自动控制系统

1. 自动控制系统结构

自动控制系统是指在无人直接参与下可使生产过程或其他过程按期望规律或预定程序

进行的控制系统。自动控制系统是实现自动化的主要手段，其组建了整个系统的大脑及神经网络。自动控制系统的组成一般包括控制器、被控对象、执行机构和变送器四个环节。

1）自动控制系统的分类

（1）自动控制系统按控制原理主要分为开环控制系统和闭环控制系统。

（2）自动控制系统按给定信号分类，可分为恒值控制系统、随动控制系统和程序控制系统。

2）控制系统各部分的功能

（1）控制器。

（2）被控对象。

（3）执行机构。

（4）变送器。

2. 自动控制系统启动运行

ZBG040 自动控制系统启动运行

（1）主回路通电前的检查。

（2）二次回路通电前的检查。

（3）二次回路接线的检查。

（4）配电柜（箱）内的配线电流回路应采用电压不低于500V的铜芯绝缘导线，其截面不应小于2.5mm^2；其他回路截面不应小于1.5mm^2；对电子元件回路、弱电回路采用锡焊连接时，在满足载流量和电压降及有足够机械强度的情况下，可采用不小于0.5mm^{2}截面的绝缘导线。

（5）用于连接门上的电器、控制台板等可动部位导线的检查。

（6）绝缘及接地电阻的测试。

（7）系统检查、单体校检与模拟试验。

（8）二次仪表模拟试验。

（9）执行机构与调节机构试验。

（10）试运行。

3. 自动控制系统维护

ZBG041 自动控制系统维护

自动控制系统维护可分为：日常维护、预防性维护和故障维护。日常维护和预防性维护是在系统未发生故障前进行的维护。故障维护发生在故障产生之后，往往已造成系统部分功能失灵并对生产造成不良影响；相反，预防性维护是在系统正常运行时。对系统进行有计划的定期维护。及时掌握系统运行状态、消除系统故障隐患、保证系统长期稳定可靠地运行，形成定期维护的概念。实践证明，定期维护能够有效地防止自控系统突发故障的产生，形成可观的间接经济效益。

1）日常维护

系统的日常维护是自控系统稳定高效运行的基础。

2）预防性维护

有计划地进行主动性维护，保证系统及元件运行稳定可靠，运行环境良好，及时检测更换元器件，消除隐患。每年应利用大修进行一次预防性维护，以掌握系统运行状态，消除故障隐患。

3)故障维护

系统在发生故障后应进行被动性维护。

ZBG042 自动控制系统故障排除

4. 自动控制系统故障排除

1)电气控制系统常见故障及排除方法

(1)电动机不能启动。

①电气系统接线错误。核对接线图,加以校正。

②熔丝烧断。检查电气系统线路及保护装置情况。

③电压过低。检查电网电压,如过低应适当提高。

④定子绕组相间短路、接地或接线错误或定、转子绕组断路。检查找出断路、短路的部位进行修复,如果接线错误,经过检查后进行校正。

⑤负载过大。检查压缩机、消除负载过大原因。

(2)电动机有异常噪声或振动过大。

①机械摩擦(包括定、转子相擦)。检查转动部分与静止部分间隙,找出相擦原因,进行校正。

②二相运行、停机断电、再合闸,如不能起动,则可能有一相断电,检查电源或电动机并加以修复。

③滚动轴承缺油或损坏。清洗轴承,加新油。若轴承损坏则予以更新。

④电动机接线错误。查明原因,加以更正。

⑤轴伸弯曲。校直或更换轴。

⑥润滑剂太脏或混有杂质。更换润滑剂。

⑦转子不平衡。校平衡。

⑧联轴器松动。查清松动处,并加以修复。

⑨安装基础不平或有缺陷。检查基础和底板的固定情况,加以纠正。

(3)电动机温升过高或冒烟。

①过载。用钳形电流表测量电流,若发现过载,应查明原因排除之。

②单相运行。检查熔断丝、控制装置接触点,排除故障。

③电网电压过低或电动机接法错误。检查电网电压或检查电动机绕阻接法是否错误。

④定子绕组接地或匝间、相间短路。检查找出短路和通地的部分进行修复。

⑤电动机转子线圈接线头松脱。查出松脱处加以修复。

⑥定、转子相擦。检查轴承有无松动,定子和转子装配有无不良情况,加以修复。

⑦车棚内通风不畅。找出原因并解决。

2)交流接触器一般故障分析和排除方法

(1)电源接通后,触头未完全闭合。触头弹簧太软调整弹簧弹力,断电时,接触器衔铁不落下。

(2)接触器主触头发热。

(3)接触器触头接触不良。

(4)接触器合上后触头有火花。

(5)接触器有异常响声。

3)压力控制器一般故障分析和排除方法

(1)机组运行中规定值动作不规律。失效更换。

(2)差动范围无法调节或调节值很小。失效更换。

(3)微动开关触点不能自动闭合断开触头被烧断。查明原因后排除之。

(4)机械部分不能动作或动作迟缓,零件被卡死或锈蚀。查明原因后排除。

(5)波纹管不动作。波纹管损坏并进行更换。

四、水力压裂技术

水力压裂 是指利用液体传递压力在地层岩石中形成人工裂缝;液体连续注入使得人工裂缝变得更大;液体将高强度的固体颗粒(支撑剂)带入并充填裂缝;施工结束,液体返排出来,支撑剂留在裂缝中,形成高流通能力的油气通道,并扩大油气的渗流面积。

(一)水力压裂造缝及增产机理

ZBH001 水力压裂造缝及增产机理

1. 水力压裂施工概述

(1)压裂施工工艺流程。循环、试挤、压裂、加砂、顶替、压力扩散、施工结束。

(2)压裂施工时液体的流动过程。

(3)完成一口压裂井施工的几个基本要素如下:

①施工设备。

②施工管柱。

③下井原材料。

④施工设计。

⑤施工工艺。

⑥施工评价。

2. 水力压裂造缝机理及裂缝形态

作用在地层岩石上的应力分两部分:一部分被地层流体承担,另一部分真正作用在岩石的骨架上。作用在岩石骨架上的应力为有效应力。

(1)裂缝形态及方位。

人工裂缝的形态取决于油藏地应力的大小和方向。裂缝类型与地层中的垂向应力和水平应力的相对大小有关。一般认为,人工裂缝垂直于地层最小主应力,平行于地层最大主应力。但是裂缝形态也受断层、褶皱和天然裂缝等因素影响。

(2)裂缝方向总是垂直于最小主应力。

3. 水力压裂增产机理

降低井底附近地层渗流阻力,增加渗流面积;改变了流动形态,由径向流到双线性流(地层线性流向裂缝,裂缝内流体线性流入井筒)。

四种不同渗流阶段如下:

(1)进入井筒的流体大部分来源于裂缝中流体的弹性膨胀,流动基本上是线性的,该流动阶段时间很短,意义不大。

(2)裂缝线性流之后将出现双线性流,流体自地层线性流入裂缝,同时,裂缝中的流体再线性地流入井筒。

(3)地层线性流阶段只能在裂缝导流能力较高时才出现。

(4)拟径向流阶段,由于裂缝的存在,相当于扩大了井筒半径,增加了渗流面积,渗流阻力比压前大幅度降低,所以产量也要比压前有较大的提高。

裂缝失效的原因如下:

(1)缝内支撑剂长期导流能力下降。

(2)生产过程裂缝内结垢、结蜡,堵塞裂缝。

(3)在压实作用下支撑剂嵌入裂缝壁面,使得壁面渗透率下降,同时导致地层岩石破碎产生碎屑,堵塞裂缝孔隙。

ZBH002 水力压裂入井材料

(二)水力压裂入井材料

1. 压裂液

压裂液是压裂施工的工作液,其主要功能是传递能量,使油层张开裂缝,并沿裂缝输送支撑剂,从而在油层中条形成一高导流能力通道,以利油、气由地层远处流向井底,达到增产目的。

2. 压裂液的功能

(1)前置液:造缝、降温。

(2)携砂液:携带支撑剂进入裂缝,形成一定导流能力的填砂裂缝。

(3)顶替液:用来顶替井筒里的携砂液,将携砂液送到预定位置。

3. 压裂液类型

(1)水基压裂液。

(2)油基压裂液。

(3)乳化压裂液。

(4)泡沫压裂液。

(5)醇基压裂液。

(6)酸基压裂液。

4. 水基压裂液

水基压裂液是以水为分散介质,添加各种处理试剂,形成的具有压裂工艺所需的较强综合性能的工作液。

压裂液主剂包含以下两种物质:

(1)稠化剂:水溶性聚合物,提高水溶液黏度、降低液体滤失、悬浮和携带支撑剂。

(2)交联剂:能与聚合物线型大分子链形成新的化学键,使其联结成网状体型结构。

5. 支撑剂

1)产品要求

(1)粒径均匀。

(2)强度大,破碎率小。

(3)圆度和球度高。

(4)密度小。

(5)杂质少。

2) 支撑剂的类型及性能特点

(1) 天然砂：石英砂，如美国的 Ottwa 砂，我国的兰州砂。

特点：强度低。

适用条件：中浅层，深度小于 2000m。

优点：

①适用于低闭合压力的各类储层。

②圆球度较好的石英砂破碎后仍可保持一定的导流能力。

③相对密度低，便于施工泵送。

④价格便宜。

缺点：

①强度较低，不适于较高闭合压力的储层压裂。

②抗压强度低，破碎后将大大降低裂缝导流能力。

(2) 人造支撑剂：陶粒、核桃壳、铝球、玻璃球、包裹砂。

(三) 水力压裂裂缝扩展模型及几何参数计算

ZBH003 水力压裂裂缝扩展模型及几何参数计算

1. 水力压裂的物理过程

(1) 开始泵入压裂液，地层破裂。

(2) 裂缝延伸。

(3) 支撑剂随压裂液开始进入裂缝。

(4) 随着泵注的继续，支撑剂进入裂缝深处。

(5) 支撑剂继续进入裂缝到达裂缝端部，压裂液滤失。

(6) 携砂液泵注完成，压裂液继续滤失。

(7) 裂缝闭合，形成一定导流能力的支撑裂缝。

2. 裂缝几何参数计算模型

描述水力压裂施工过程中人工裂缝形成的动态过程及最终结果，对压裂施工具有重要的意义，为控制裂缝几何尺寸的大小、决定施工规模和施工步骤等提供理论依据。

3. 垂直缝压裂模拟技术

现在采用较普遍的裂缝扩展模型有二维的 PKN 模型、KGD 模型、RADIAL 模型，以及拟三维模型和全三维模型。

这些模型都是在一定简化条件的假设下建立起来的，与所描述的实际过程有不同程度的偏离，尽管如此，其模拟的结果完全可以用于指导压裂施工设计的制定及实施。

(四) 水力压裂井效果预测及方案优化设计

ZBH004 水力压裂井效果预测及方案优化设计

水力压裂后油气井的产量预测是压裂设计中的重要环节。它最终将评价压裂设计中裂缝的几何尺寸、导流能力等是否符合油气井压裂要求的效果。

压裂井产量预测的方法很多，归纳起来有增产倍数法、典型曲线法和数值模拟法。

1. 压裂井效果预测的经典方法

从二十世纪五六十年代起，人们就开始研究压裂井的产量与裂缝参数和地层物性间的关系，最初的研究方法主要是电模拟实验，实验结果以曲线形式给出，即增产倍数曲线。

七十年代后对压裂井的产量预测多采用数值计算方法,但是由于受当时计算机技术的限制,常把模拟结果以典型曲线表示。

1)电模拟实验

在电压作用下电流的流动规律与油层压差作用下的油层内流体的渗流规律相同,二者之间存在相似关系。因此,在全部相似条件满足后,就可以用稳定电流的流动来模拟不可压缩流体的稳定渗流。

2)增产倍数法。

(1)麦克奎-西克拉增产倍数曲线。

(2)污染井增产倍数计算方法。

(3)水平井缝压裂井增产倍数计算。

3)典型曲线法。

70年代中后期和80年代初,针对增产倍数确定压裂井动态的局限性,利用油藏模拟方法分别绘制了不同条件下的压裂井元因次产量(压力)与无因次时间和裂缝几何参数之间的典型曲线,从而可以确定不稳定生产阶段油气井压裂后的产量变化,更直接和准确地确定压裂井动态,根据预测的日产量或累积产量可以确定最佳的裂缝参数,同时也可以分析裂缝参数对压后初期产量和长期稳产的影响。

2. 水力压裂的数值模拟方法

随着计算机技术的发展,目前已广泛应用数值模拟方法在更接近油藏实际的条件下,通过建立不同条件下油层和裂缝关系物理模型和数学模型,利用数值计算求解的方法,进行有裂缝油井的生产动态的研究。包括单井、多井、不同边界条件和注采井网、油气水多相流等。

(1)水平缝压裂井产量预测。

(2)垂直缝压裂井产量预测。

(3)气井压裂井产量预测。

3. 水力压裂裂缝参数优化

在给定井、层的基础上,根据储层、流体特性和边界、井网条件,对措施井的压后生产动态与裂缝参数的关系进行模拟计算,分为以追求采收率最大化、采油速度(累积增油量)最大化为目标,优选最佳的裂缝长度(半径)和导流能力等裂缝参数过程,是压裂工艺方案优化中的核心内容。

有裂缝存在情况下的油井产量预测是裂缝参数优化的基础。把水力压裂后产生的人工支撑裂缝简化为:水平裂缝和垂直裂缝。

水平裂缝的产量预测。扩大井径法,相当于在地层中存在不连续的径向渗透率法,油藏数值模拟方法。

垂直裂缝的产量预测。曲线法,油藏数值模拟方法。在有裂缝井生产动态预测的基础上,对给定油藏和井网条件下的多组裂缝穿透比和导流能力进行计算,可得到不同方案下的油井生产动态变化规律,然后根据不同优化目标(采出程度、采油量或经济效益),通过优化评价模型,优选确定合理的裂缝参数。

如果将裂缝参数控制在有利范围内,水力压裂可以提高油藏的采收率。

但水力压裂更重要的作用是可以大幅度地提高采油速度,从而降低整个油田的开发成本,这一作用对于低渗油藏尤为突出。

4. 水力压裂方案优化设计

(1)压裂设计书是压裂施工的指导性文件,它能根据地层条件和设备能力优选出经济可行的增产方案。由于地下条件的复杂性以及受目前理论研究的水平所限,压裂设计结果(效果预测和参数优选)与实际情况还有一定的差别,随着压裂设计的理论水平的不断提高,对地层破裂机理和流体在裂缝中流动规律认识的进一步深入,压裂设计方案对压裂井施工的指导意义逐步得到改善。

(2)压裂设计的基础是正确认识压裂层,包括油藏压力、渗透性、水敏性、油藏流体物性以及岩石抗张强度等,并以它们为基础设计裂缝几何参数、确定压裂规模以及压裂液与支撑剂类型等。施工加砂方案设计及排量等受压裂设备能力的限制,特别是深井,其破裂压力高,要求有较高的施工压力,对设备的要求很高。

(3)压裂设计的原则是最大限度地发挥油层潜能和裂缝的作用,使压裂后的生产井和注入井达到最佳状态,同时还要求压裂井的有效期和稳产期长。

(4)压裂设计的方法是根据油层特性和设备能力,以获取最大产量(增产比)或经济效益为目标,在优选裂缝几何参数基础上,设计合适的加砂方案。

(5)压裂设计方案的内容:裂缝几何参数优选及设计;压裂液类型、配方选择及注液程序;支撑剂选择及加砂方案设计;压裂效果预测和经济分析等。对区块整体压裂设计还应包括采收率和开采动态分析等内容。

(6)压裂设计包括选井选层、裂缝参数优化和压裂施工过程模拟等部分。

(7)在方案设计过程中,这几个部分分别在压裂地质方案、压裂工艺方案和压裂施工设计中得以实现。要完成后两个部分的工作则必须依靠计算机软件来进行。

(五)水力压裂裂缝监测及参数识别

ZBH005 水力压裂裂缝监测及参数识别

1. 水力压裂裂缝监测与诊断技术

裂缝诊断技术的重要作用如下:

(1)更好地了解压裂作业行为。

(2)更好地了解压后生产动态。

(3)优化压裂方案及经济效益。

2. 水力压裂裂缝参数识别

随着计算机技术的高速发展,融合计算机技术、现代通信技术为一体的水力压裂现场监控,已越来越引起人们的重视。无论是对小型压裂还是对大型施工,都需要良好的质量控制和有效的监测,来确保施工顺利、优质进行,获得较好的压裂开发效果。

压裂压力是指压裂施工过程和停泵后井底或井口压力。

压裂压力曲线是指压裂压力随时间的变化关系。

压裂压力分析的基本原理是基于水力裂缝的起裂和在三维空间的延伸都与施工压力有关,停泵后井底(井口)压力的下降速度反映了地层的滤失性,因此,借助于压力变化能够确定裂缝的延伸规律和地层的滤失特性。

压裂压力的分析方法是应用压裂施工过程和停泵后裂缝内的流动方程和连续性方程,结合裂缝几何参数计算模型,由压裂压力变化,确定出裂缝几何参数和压裂液效率等。

在压裂压力分析中,一般都不直接使用实测的井底或井口压力,而是使用井底或裂缝内的净压力,净压力定义为井底或裂缝内的压力与闭合压力之差。闭合压力是使已存在裂缝张开最小时缝内流体作用在裂缝壁面上的平均压力。

ZBH006 重复压裂技术

(六)重复压裂技术

重复压裂的定义:油井或水井经过第一次压裂后,对已压裂过的层段,由于油藏或工艺等方面的原因而失效,产量递减到需要进行第二次或更多次的压裂,才能维持设计产量,这种对同井同层的压裂作业称为重复压裂。或者说同井同层再次压裂就是重复压裂。

另外,在限流法压裂或大段投球法压裂等压裂技术中,虽系一个压裂层段,常有的小层在作业中,虽然已经压开,但没有进砂,这些小层对油气井的生产没有做出贡献,也应该进行选择性的分层压裂,就出现了对大井段的压裂对象来说是重复压裂,对其中未进砂子的小层来说,可能是初次压裂。

1. 压裂施工中常见问题分析

压不开的原因分析。压窜的原因分析。砂堵的原因分析。压裂管柱活动困难的原因分析。沉砂的原因分析。

1)地层压不开的主要原因

(1)地质因素。地层物性较差,吸液困难,在地面设备及井下工具所承受的压力范围内无法把地层压开,形成裂缝。射开厚度小,中区高台子油层,外围扶杨油层。

处理措施:在不超压的基础上瞬间起停泵憋放挤液。

(2)管柱因素。

①喷砂器被砂埋。压裂施工中替挤量不足,上提管柱过程中地层吐砂。

②组配或下井压裂管柱有误。由于作业技术员疏忽或是工人下管柱时疏忽,将卡具卡在了未射井段上,造成压不开。压裂人员要熟知管柱结构,及时做出准确判断,提出合理的处理措施。

③压裂管柱不通。可根据泵入压裂液的数量大致推断出不通的位置。

(3)井身因素。

射孔炮眼污染严重、压前挤酸不到位、油套环形空间有泥浆或死油、射孔质量问题、油井结蜡严重。

2)压窜的原因分析

(1)压裂过程中地层窜槽引起的套喷。

(2)压裂过程中由于封隔器损坏引起的套喷。

(3)压裂过程中由于油管打洞、断裂引起的套喷。

(4)配错或下错管柱引起的套喷。

3)砂堵的原因分析

(1)压裂液性能。

①前置液滤失量过大,使裂缝几何尺寸达不到设计的规模。加砂过程中压裂液大量滤失,造成裂缝端部脱砂,砂比加大,脱砂量增加,泵压会逐渐升高至最高允许压力,而被迫停砂、停泵。从施工曲线上看,当压力曲线未直线上升以前是地层内发生脱砂,压力直线上升则是喷砂器和炮眼砂堵,施工中的防治措施是前置液要用交联压裂液,黏度要稍大于携

砂液。

②加砂过程中，压裂液黏度突然变低，导致携砂能力变差也是发生砂堵的主要原因。施工曲线的特征：排量曲线突然上升一个台阶，当这一阶段的携砂液到达井底后压力上升。黏度越低，性能越差，砂比越高，压力上升到最高允许压力的时间间隔也就越短，造成砂堵。因此在施工中，工程技术人员应细心观察排量曲线变化，负责加砂人员应密切注意交联液浓度变化，及时调整基胶比。

③压裂液稳定性差，抗剪切能力差，会造成携砂液进入地层以前已经破胶，支撑剂在近井筒附近的地层沉积形成砂桥而堵井。施工过程中的表现是：交联剂的用量比平时大许多，但是压裂液成胶不好，经压裂车大泵剪切后携砂能力降低。主要原因是压裂液配制过程中，黏度不够，或是配液的水中盐离子的作用，使交联剂不能正常发挥作用。

(2)地层因素。

①有断层的地层会造成砂堵。

②地层天然裂缝发育良好或者压裂时产生的微裂缝多，施工时易发生堵井，原因是压裂液的滤失量过大，工作效率降低。可采用适当增大胶联剂量，增加压裂液黏度的方法或是粉砂预处理的方法进行预防。

③油层砂体的非均质性如岩性尖灭等会导致裂缝的规模受限形成砂堵，在过渡带和油田边缘易发生此类砂堵。

④水井比油井产生堵井的可能性大，注水层具有较高的孔隙度和连通性，导致施工时滤失量大。处理措施：提高排量，降低砂比。

(3)施工操作不当。

①前置液少，动态缝宽不够，容易形成砂堵。

②加砂过程中，由于设备损坏、仪器故障停车更换或修理，会造成沉砂堵井。这些故障有多种情况：压裂车抽空、混砂车零部件故障、计算机系统失灵、井口设备破裂。预防措施就是保证高压部件在检定周期内使用。

③砂比提升过快，容易形成砂堵。

4)压裂管柱活动困难的原因分析

(1)封隔器质量不好在高压作用下胶筒不收缩，而导致封隔器不解封。

(2)封隔器的水嘴被堵死，导致封隔器不收。

(3)地层窜槽导致管柱活动不开。

(4)封隔器发生塑性变形，管柱活动不开。

(5)作业施工过程中，油套环形空间掉下落物卡住封隔器，导致管柱活动不开。

(6)套管变形，导致管柱活动不开。

5)沉砂的原因分析

(1)替挤过程中，由于替挤量不足，使管柱中压裂砂未全部替入地层，从而形成沉砂。

(2)加砂过程中因井口设备或地面管汇破裂停止施工，也可能造成沉砂。

(3)压裂过程中，由于设备原因而引起的沉砂。

(4)压后上提时喷砂器被打坏，返排时造成沉砂。

2. 压裂井失效的原因

失效的主要原因包括油藏和工艺技术两方面。

1)对油藏认识的原因

由于地层岩石本身的特性,使油水井的连通性变差,注水相对滞后,使注采关系和压力平衡协调不好,长期受不到注水的效果,油层压力得不到保持。

因此,大多数油井采用加大生产压差的方法来维持其正常生产,使井筒附近地层压力不断下降,这样地层的上覆压力与地层孔隙流体压力相差越来越大,使地层孔隙度和渗透率下降(压力敏感),含水饱和度上升。

2)工艺技术方面

(1)压裂规模的大小。

如果压裂的规模太小,所形成的裂缝太短,对地层的穿透率低,随开发时间的延长,裂缝的导流能力变小,油井的产量也会减小。

(2)压裂液性能的好坏。

压裂液性能的好坏是压裂施工成败的关键因素之一。压裂液的携砂能力较弱,黏度偏低,摩阻偏大,在施工过程中压裂液会大量滤失,造成早期脱砂,形成砂堵,影响进一步的施工。另外,压裂液本身也会造成地层析出蜡和沥青质,堵塞裂缝,对地层造成伤害。

(3)支撑剂的性能。

如果支撑剂的强度不够,随着时间的延长,在地层压力的作用下,其破碎率也越来越高,使裂缝的导流能力降低。

如果支撑剂的浓度太低,并且铺置也不合理,采用不同粒径、不同强度的支撑剂混合支撑,这些也会使有效支撑作用变差,导流能力下降。

(4)其他方面的原因。

套管损伤、固井质量差或者射孔孔眼的堵塞等原因都会对裂缝导流能力的降低有一定的影响。

3. 重复压裂的选井选层

1)主要内容

(1)开发有效、经济可靠的复压井的选井方法。

(2)对形成低产的不同原因进行识别与分类。

(3)开发非压裂增产技术。

2)重要法则

“85/15”,85%的复压潜存在于占总井数15%的井中。

3)分析方法

(1)比较生产动态法。

(2)构成认定法。

(3)生产样板曲线拟合法。

4. 复压井的增产机理

一种是在原有水力裂缝的基础上,进行缝长的延伸,增强导流能力等措施以扩大水力缝的泄油范围,这种方法可以称之为老缝新生。

另一种是由于初压填砂缝的存在,在其附近出现两个水平应力大小的换位及应力场的换向,新缝的倾角及方位角不同程度地偏离了老缝,新缝在未泄油区的扩展,增加了油气井的产量。

ZBH007 水平井开发技术

(七)水平井压裂技术

目前,水平井已经成为国内外油田开发的一项常规技术。水平井广泛应用于多种油藏类型,应用无禁区。

1. 水平井开发存在的主要问题及对策

(1)水平井设计、实钻轨迹或投产后工作制度不合理,造成投产不久甚至刚投产就见水,没有充分发挥水平井生产优势和潜力。

(2)缺乏成熟的水平井控水稳油配套技术对策。

(3)水平井见水后含水上升快,产量递减严重,见水后生产管理难度大,措施难度大(堵水等)。

(4)不同水平井开发特征和效果差异大。

(5)水平井之间、水平井与直井之间含水上升速度不同。

(6)产量递减差异不同。

(7)水平井水淹机理及水淹模式(3 种水淹模式)。

2. 水平井无水期技术对策

目的:保持高产同时延缓见水时间。

1)水平井地质优化设计

水平段长度及在油藏中的合理位置是水平井高效开发的基础和关键。

2)完井方式优化

科学合理的完井方式是水平井高效开发的重要环节。

3)合理工作制度(合理产能)

一旦水平井完钻完井,合理产能对无水期高效开发影响显著。

3. 水平井含水期技术对策

目的:延缓或控制含水上升速度。

(1)合理的工作制度(合理生产压差)。

(2)提液(可行性、时机、提液量)。

(3)注采关系和注水调整。

(4)酸化、压裂改善产液剖面。

4. 水平井高含水后期技术对策

目的:稳产潜力、改善开发效果。

(1)提液(可行性、时机、提液量)。

(2)封堵水平段补孔斜井段。

(3)改层。

(4)堵水(机械或化学)。

5. 水平井压裂技术现状

国内水平井改造技术研究始于 90 年代,国内目前应用的水平井压裂技术主要有以下三种:

(1)套管限流法压裂技术,主要在大庆、吉林、长庆油田采用。

(2)环空封隔器压裂技术,主要在吉林油田采用。

(3)液体胶塞分段压裂技术,主要在长庆油田采用。

6. 水平井限流法压裂

1)水平井限流法压裂的定义

水平井限流压裂是利用有限射孔孔眼产生的节流摩阻进行压裂,当注入排量超过射孔孔眼吸液量时,将产生过剩的压力,当过剩的压力大于射孔孔眼处地层破裂压力时,地层将产生破裂,当存在多射孔段时,将产生多条裂缝。

2)水平井限流压裂的特点

施工工艺简单、施工周期短、一次施工压开裂缝多、施工规模大、压后效果好。

3)水平井限流法压裂的技术原理

水平井限流法压裂的原理与直井限流法压裂是一样的,都是通过控制炮眼数量和直径,以尽可能大的排量施工,利用炮眼摩阻提高井底压力,迫使压裂液分流,使破裂压力相近的地层依次压开,填砂形成有效的支撑裂缝。如果地面能够提供足够大的注入排量,就能一次加砂同时处理更多目的层。

根据油层厚度分为两类:裂缝限制在油层内和裂缝穿透隔层贯穿多个薄油层。

4)水平井限流法压裂的独特之处

(1)施工控制井段长、规模大,施工井段为固液两相变质量流。因此,不能忽视长层段中沿程流体摩阻。

(2)水平段中根端的压力最高,趾部下降到最低。当确定最大排量时,水平井筒引起的摩阻通常是限制因素。

(3)携砂液引起的炮眼侵蚀对流量分配及裂缝形态影响很大。射孔侵蚀对水平井作业中流体的分布有很大影响,通常认为根部孔眼首先接触携砂液,所以根端孔眼受到的冲扩程度比趾部大得多。

ZBH008 水力压裂存在的问题及新技术

7. 水平井分段压裂技术

(1)双封单卡分段压裂技术。

①工艺管柱耐温100℃、耐压差80MPa。

②一趟管柱最多压裂15段,一天可实现8段压裂。

③单趟管柱最大加砂可达160m^3。

④管柱具有防卡、脱卡功能。

⑤工艺成功率97.8%。

(2)滑套封隔器分段压裂技术。

一次射孔多段,下入分压工艺管柱,油管打压完成所有封隔器坐封,并打开下压裂通道定压滑套,压下部层段;后续逐级投入球棒,打开喷砂器滑套,进行后续层段的压裂,压后起出压裂管柱。

(3)水力喷砂分段压裂技术。

多级裸眼封隔/滑套完井能够通过裸眼多级分离,实现压裂过程中对压裂液的按需分配,改善压裂效果。

水利喷砂压裂工艺基于伯努利方程，动能和压能相互转换，流速越高，动能越大，当能量足够大时，便产生高速流体穿透套管、岩石，并在地层中形成孔洞，压开地层。

(4)裸眼封隔器分段改造技术（引进为主，国内研发开始试验应用）。

(5)水平井复合桥塞分段压裂技术。

主要原理是每段压裂施工结束后，用液体将带射孔枪的桥塞泵入水平段指定封隔位置，射孔与桥塞封堵连作，逐级下入，逐级压裂，改造后用连续油管转磨桥塞，合理排液投产。

项目二　水泥车注灰的实际操作

一、准备工作

(1)刺枪 1 支。

(2)大锤 1 把。

(3)大泵专用扳手 1 把。

(4)四通专用扳手 1 把。

(5)水泥 1 袋。

(6)清水 $10m^3$。

(7)2in 高压管线 10m。

二、操作步骤

(1)劳保用品必须穿戴齐全。

(2)工具、用具选择齐全，使用后做好维护保养。

(3)铺好防渗布。

(4)连接高压管线，要求管线接头，连接坚固。

(5)检查各阀门及大泵上水情况，要求各阀门运转灵活。

(6)水泥车排空，检查大泵上水情况，大泵上水应良好。

(7)高压管线试压：关闭排空阀门，试压，应保证管线不刺不漏。

(8)在水泥车水柜中准备适量顶替液，待用。

(9)在水泥车 $10m^3$ 罐内打水合灰。

(10)合好灰后，用密度计测量灰液相对密度。

(11)检查水柜阀门是否关死。

(12)按设计量向井中注入隔离液，在确认井内畅通情况下，注入水泥浆。

(13)按设计要求注入规定水泥。

(14)拆卸管线，洗泵，清洁管线。

(15)正确使用工具、用具。

(16)严禁违反操作规程进行操作。

项目三　水力喷射地面施工的步骤及要求

一、准备工作

(1)按施工要求准备压裂车台数。

(2)按施工要求准备混砂车台数。

(3)堰木 10 根。

(4)按施工要求准备砂粒方数。

(5)按施工要求准备清水数量。

二、操作步骤

(1)劳保用品必须穿戴齐全。

(2)工具、用具选择齐全,使用后做好维护保养。

(3)做好喷射前的准备工作,对设备及管线检查其清洁程度,认真清除脏物。

(4)连接好地面管线,开泵将管线冲洗干净后与井口连接。

(5)先关闭井口阀门,待试压合格后,打开井口阀门,进行循环洗井,达到管柱畅通。

(6)当泵压与排量正常后,即进行加砂正式喷射。喷射的工作压力、混砂比、喷射时间等,必须达到施工设计要求。

(7)通常施工参数要求如下:

①喷射压力:20~25MPa(200~250kgf/cm^2)。若因喷嘴孔径磨损,泵压降到 15MPa(150kgf/cm^2),又再不能加大排量而提高泵压时,喷身效果已不大,应停喷采取措施。

②喷射排量:应根据喷嘴数量和喷嘴直径大小而定,如用 3 个直径 ϕ4mm 粉喷嘴喷射时,排量为 400~500L/min。

③砂径砂比:砂粒直径为 0.3~0.4mm,砂粒必须干净、大小均匀。混砂比为 4%~6%。

④喷射时间:加砂有效喷射为 20~25min。

(8)当正式喷射达到自由诗规定时,停止加砂,随即用清水把砂液替出。

(9)排空停泵,拆卸管线,放回原位。

(10)保证施工管道和施工液的绝对清洁,必要时对液体进行过滤,对砂子筛选是因为喷射器的喷嘴直径很小,若供液容器、泵、管线或砂子中,稍有石子和其他杂物,都会引起喷嘴堵塞,使施工失败。

(11)施工中必须集中精神操作,时刻监视旗子压力的变化,以防止偶尔因喷嘴遇堵,造成泵压瞬间突然升高而引起憋泵,使设备损坏或人身伤亡。

(12)正确使用工具、用具。

(13)严禁违反操作规程进行操作。

项目四　更换水泥泵十字头销子

一、准备工作

(1)紫铜棒 ϕ30mm×1000mm 的 1 根。

(2)油盆1个。

(3)17mm、19mm、36mm、42mm开口扳手各1把。

(4)3.6kg手锤1把。

(5)十字头销子2件。

(6)润滑脂2件。

(7)适量棉纱。

(8)柴油2kg。

二、操作步骤

(1)劳保用品必须穿戴齐全。

(2)用19mm扳手拆下泵体边盖。

(3)铺好防渗布。

(4)盘泵,使活塞到达最顶端,用42mm扳手拆松拉杆锁紧螺母,用36mm扳手拆掉拉杆与十字头的连接。

(5)盘泵,使两十字头不发生干涉,利于拆卸。

(6)用17mm扳手拆下十字头横销螺母,取下保险片和横销螺钉。

(7)从小端用紫铜棒敲打横销,取下横销及滚针轴承。

(8)将滚针轴承放入油盆内清洗干净。

(9)在滚针轴承内抹上黄油,将轴承、新十字头销装入十字头内,装上保险片、横销螺杆,拧紧十字头横销螺母。

(10)盘泵,将拉杆连接紧固,装上边盖。

(11)取装十字头横销必须用铜律敲打,严禁用过硬物敲打,以免损伤十字头。

(12)滚外轴承清洗后应加注黄油,损坏滚针要更换。

(13)盘泵必须用人力,严禁用柴油机盘泵。

(14)换完横销,盘泵应无异物阻碍,顺畅。

(15)正确使用工具、用具。

(16)严禁违反操作规程进行操作。

项目五　更换柱塞泵压力表

一、准备工作

(1)检校合格压力表(不同量程)各1块。

(2)生料带1卷。

(3)棉纱1块。

(4)活动扳手1套。

(5)铁钎1根。

(6)4kg手锤1把。

二、操作步骤

(1)劳保用品必须穿戴齐全。

(2)工具、用具准备齐全,用后保养。

(3)选择量程合适的压力表,查看压力表指针归零。

(4)用扳手卸松,取下压力表。

(5)清理通道内残留物。

(6)顺时针缠胶带。

(7)用扳手将所选新压力表安装好。

(8)清理现场。

(9)正确使用工具、用具。

(10)严禁违反操作规程进行操作。

项目六　更换柱塞泵泵阀阀座

一、准备工作

(1)300mm 活动扳手 1 把。

(2)200mm 手钳 1 把

(3)3.6kg 手锤 1 把。

(4)液力拔取器 1 套。

(5)撬杠 1 根。

(6)旧阀体 1 个。

(7)阀座 1 个。

(8)阀胶皮 1 个。

(9)黄油 0.5kg。

二、操作步骤

(1)劳保用品必须穿戴齐全。

(2)工具、用具准备齐全,使用后做好维护保养。

(3)用手锤敲松泵阀盖压帽,取下压帽及阀盖。

(4)盘动泵,使柱塞后移,取出阀弹簧及阀体。

(5)检查阀体、胶皮与弹簧等。

(6)拆下阀体上开口销与紧固螺母。

(7)取下压板、胶皮,换上新胶皮。

(8)螺纹上涂上黄油,上紧螺母,穿上开口销。

(9)把液力拔取器放在泵头上孔处,调整拔取器杆螺母,使拔取器杆足够长。

(10)别住拔取器杆下部刀座固定销,旋转拔取器杆,使刀片伸出钩住阀座。

(11)旋紧拔取器杆紧固螺母,接好手压泵。

项目七　调整固井水泥车发动机风扇皮带张紧度

一、准备工作

(1)棉纱1块。

(2)1m细绳1条。

(3)150mm钢板尺1把。

(4)梅花扳手1套。

(5)15kg悬挂物1块。

(6)撬杠1根。

二、操作步骤

(1)劳保用品必须穿戴齐全。

(2)工具、用具准备齐全,使用后做好维护保养。

(3)拆去柴油机风扇护罩。

(4)检查判断的张紧度。

(5)在皮带中部用30~50N的力按下或拉起、皮带与原来位置相差15~20mm,皮带的松紧度视为正常,否则应进行调整。

(6)调整方法按不同构造分为三种:一是设有涨紧轮结构的。可松开固定螺母,拧转调节螺钉,上下移动涨紧轮,达到所需要的松紧度;二是风扇和发电机共用一根皮带驱动的,可移动发电机支架,改变其皮带轮位置,达到所需要的松紧度;三是皮带轮由两半组成的,先松开固定螺栓,然后旋转可调的半边皮带轮,以此改变所合成的皮带轮槽宽,从而升降三角皮带,达到所需要的松紧度。如皮带严重磨损或折断,应及时更换。有的柴油机风扇皮带是两根,必须同时更换,以免其松紧不一,用力不均,引起故障。

(7)风扇皮带必须保持正常的紧度,以保证冷却系统正常工作。

(8)装好护罩。

(9)清理现场。

(10)正确使用工具、用具。

(11)严禁违反操作规程进行操作。

项目八　拆卸往复泵的顺序

一、准备工作

(1)紫铜棒ϕ30mm×1000mm的1根。

(2)油盆1个。

(3)开口扳手1套。

(4)3.6kg手锤1把。

(5)润滑脂2件。

(6)适量棉纱。

(7)柴油 2kg。

(8)套筒扳手 1 套。

二、操作步骤

(1)劳保用品必须穿戴齐全。

(2)工具、用具选择齐全,使用后做好维护保养。

(3)铺好防渗布。

(4)往复泵的拆装首先应在拆卸之前将动力端油池内的润滑油和液力端液缸内的工作液放净。

(5)按泵外附件、减速装置、液力端、动力端四大部分的先后顺序进行拆装工作。

(6)把压力传感器、润滑油管线、滤清器、限压阀和仪表连接导线拆掉。

(7)拆下泵的吸入和排出管线。

(8)减速装置有泵内减速和泵外减速,应根据结构特点进行拆卸。

(9)行星减速器的拆卸:拆下减速器盖,把太阳轮取出,再把框架连同行星轮从泵的曲轴输入端拉出,然后拆下箱体。

(10)链条减速箱的拆卸:把链条箱上盖拆下取出链条,从轴上取下链轮。把缸盖和排出阀拆下,取出阀总成。

(11)把柱塞从十字头上拆下后取出衬套和密封圈。

(12)拆掉泵头固定螺栓把泵头吊下来。

(13)打开动力端泵盖和曲轴(主轴)主轴承压盖。在拆卸曲轴主轴承时应注意,主轴承座有剖分式、整体式。

若属剖分式,应把轴承盖拆下,将连杆十字头拆下后,主轴承随同曲轴一同取出。

若属整体式,应将连杆十字头拆下后,从泵体轴座内将曲轴及主轴承一同抽出,拆下主轴承。

(14)按拆卸时的顺序反向进行,即先里后外,先零部件后总成件,先动力端后液力端。如,首先把曲轴连杆机构、十字头装好,再装液力端。

(15)正确使用工具、用具。

(16)严禁违反操作规程进行操作。

项目九　合理使用外径千分尺和内径百分表

一、准备工作

(1)0~150mm 卡尺 1 件。

(2)75~100mm 外径千分尺 1 把。

(3)35~160mm 内径百分表 1 只。

(4)棉纱 0.1kg(可毛巾代用)

(5)ϕ100mm 柱塞 1 个。

(6)ϕ100mm 缸套 1 个。

二、操作步骤

(1)劳保用品必须穿戴齐全。

(2)准备好测量用的工具、用具。

(3)擦净被测物的外径及千分尺两量脚。

(4)擦净标准验杆并校正千分尺的精确度,记下该尺测量中的基本正负值。

(5)测量时用固定脚接触工件,活动脚在螺杆带动下缓慢靠拢工件表面,当棘轮发出"咔咔"声即可读数,若需取下千分尺读数,必须先锁紧活动测杆。

(6)计算读数,在固定套筒上找出靠近微分筒棱边左侧的主尺刻度,其最小单位是0.5mm,注意看清主尺刻度是纵向刻线的上方或下方(有的千分尺下方为毫米数,有的上方为毫米数,根据千分尺情况定)。

①找出微分刻度中与固定套筒上纵向刻线对齐的那条线,将该刻度线的序号数与0.01mm相乘就是微分刻度的读数,如果微分刻度线都没有与纵向刻线对齐,可估读出微分刻线的序号数。

②把主尺刻度读数与微分刻度读数相加就是实测工件的读数。

(7)擦干净被测缸套内表面。

(8)根据缸套尺寸选择合适的接杆,将接杆旋入测头内。

(9)用外径千分尺校对尺寸,并留出测杆伸长的适当数值,使量缸表测杆压缩成整毫米数,旋转表盘使"0"位对正指针,记住小针指示的毫米数,拧紧接杆的固定螺母。

(10)在使用量缸表时,拿住绝热套放入缸套内,缓慢地前后、左右摆动,观察百分表长指针回转量,寻找最大实际尺寸。一般是长指针在表盘"0"线左侧时,其实际尺寸比标准尺寸大,反之为小(长指针回转一圈后例外)。将长指针回转量与标准尺寸相加或相减,即是被测缸套内径的实际尺寸。

(11)使用完毕后立即擦干净量具,装入盒内。

(12)量具要轻拿轻放,严禁敲击碰撞,禁止在尺寸校对不准时,硬挤入缸内,不得在粗糙表面上滑动。

(13)正确使用工具、用具。

(14)严禁违反操作规程进行操作。

项目十　测绘支承板零件草图

一、准备工作

(1)绘图仪1套。

(2)三角板1付。

(3)0~150mm游标卡尺1副。

(4)图板1块。

(5)5号绘图纸2张。

(6)橡皮1块。

(7)HB 铅笔 1 只。

(8)棉纱 0.1kg。

(9)支撑板 1 块。

(10)桌椅 1 套。

二、操作步骤

(1)劳保用品必须穿戴齐全。

(2)准备好绘制用的量具和用具,使用后做好维护保养。

(3)根据零件形状和结构,选择一组能完全表达内外形状和结构的视图。支撑板选择零件的主视图和左视图。

(4)选择适当的比例,布置图面,画好主视图,左视图、圆基准线。

(5)合理应用图线画轮廓线、剖面线、中心线等,均须按制图规定绘制。

(6)按要求选好标注尺寸的位置,画好尺寸线和尺寸界线。

(7)用量具测量并标注全部尺寸,包括长度、宽度、深度、角度、公差和粗糙度等。

(8)设立标题栏,注明零件名称,零件所用材料、数量等。

(9)正确使用工具、用具。

(10)严禁违反操作规程进行操作。

第二部分

高级工操作技能及相关知识

模块一　维护保养井下特种装备

项目一　相关知识

一、井下特种装备用高压弯头及管件

GBC001 高压管件的组成

(一)高压管件的组成

高压管件是耐压能力比较高的管件。我国的化工标准把承压力不低于16MPa的管道称为高压管道。高压管件用于特定的环境下如固井和压裂、高压蒸汽设备,化工高温高压管道,电厂和核电站的压力容器,高压锅炉配件等。

高压管件主要是由活动弯头、高压管、活动管接及短接头等组成。

高压活动弯头是固井和压裂设备中高压流体控制元件,是改变施工管线连接方向和便于管线连接的管件。广泛被使用在酸性作业环境(不包括含 CO_2、H_2S 酸性气体的作业环境)中高压排出管线、输入管线、临时液流管线、试井管线以及其他高压工况下输送液流的管线中使用。

高压活动弯头有两弯和三弯两种。高压活动弯头有二个和三个旋转节之分。

在压裂和固井作业中,高压管件连接在井下特种装备出口和井口之间。

GBC002 高压活动弯头的主要用途

(二)高压活动弯头

1. 主要用途

高压活动弯头根据API Spec 16C设计,用优质合金钢制造,采用三排球道设计,壁厚均匀,长半径高压活动弯头可以保证同半径的球体从弯头内部自由通过,高压活动弯头由翼形螺母连接,具有快速上紧、下卸和耐压密封的特点,高压活动弯头可用于高压排出管线、输入管线、临时液流管线、试井管线以及其他高压工况下输送液流的酸性作业环境。冷工作压力为42~105MPa,有2in和3in的高压活动弯头。常用的高压活动弯头是10型或50型。高压活动弯头的连接螺纹通常是ACME螺纹,锥管螺纹的高压活动弯头需要专门生产。

2. 结构特点

活动弯头具有灵活、抗冲击、抗震动、流量大的特点,活动弯头由翼形螺母连接,具有快速上紧、下卸和耐压密封的特点,方便运输和储存。

GBC003 高压活动弯头的使用须知

3. 使用须知

(1)活动弯头不要在连续旋转的机械装置上使用。

(2)根据实际工作压力、结构合理选用相应的规格。

(3)活动弯头不宜在酸性气体(含 CO_2 和 H_2S)环境中使用(除非专门订购耐酸气体的活动弯头)。

(4)活动弯头在工作时不能承受轴向载荷。

(5)不可以在活动弯头上另加负荷。

(6)在拧紧翼形螺母时,不得使用使翼形螺母变形或损坏的锤击力拧紧力,操作者须戴防护目镜,以防金属碎片砸伤眼睛。

GBG005 高压活动弯头的基本构造

4. 活动弯头结构

图 2-1-1 分别是 10 型 Q-Q 型活动弯头、10 型 Z-Q 型活动弯头、20 型 Z-Q 型活动弯头、30 型 Z-Q 型活动弯头、50 型 Q-Q 型活动弯头。

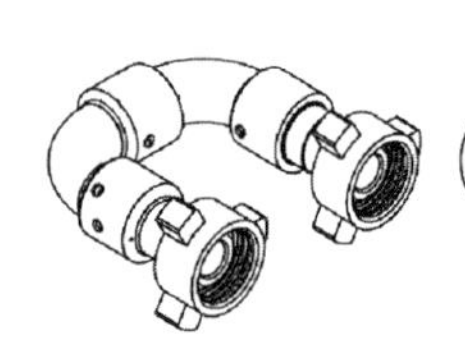
(a) 10型Q-Q型活动弯头

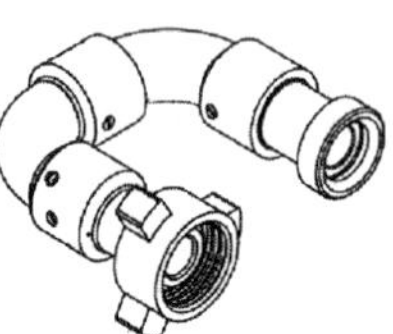
(b) 10型Z-Q型活动弯头

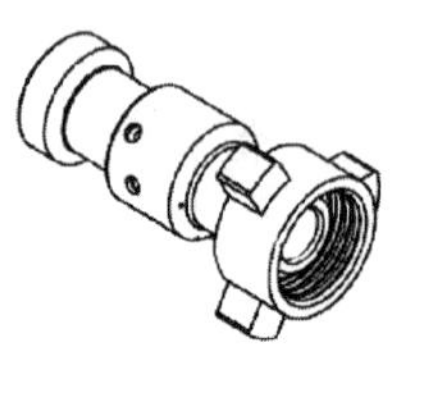
(c) 20型Z-Q型活动弯头

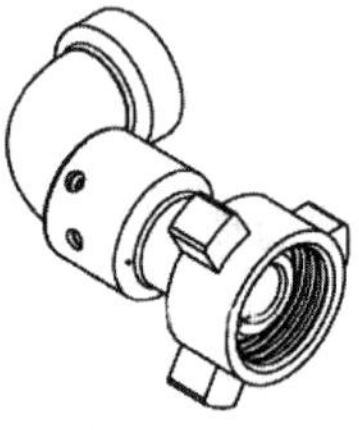
(d) 30型Z-Q型活动弯头

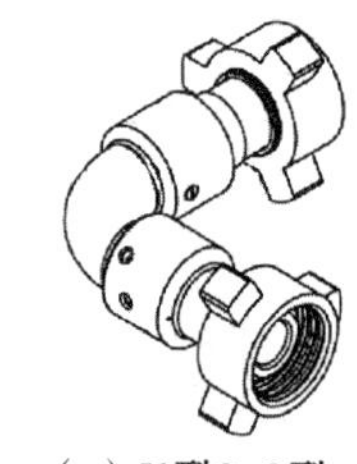
(e) 50型Q-Q型活动弯头

图 2-1-1 活动弯头类型(一)

图 2-1-2 分别是 50 型 Z-Q 型活动弯头、50 型 Z-Z 型活动弯头、80 型 Z-Q 型活动弯头、100 型 Q-Q 型活动弯头、100 型 Z-Q 型活动弯头。

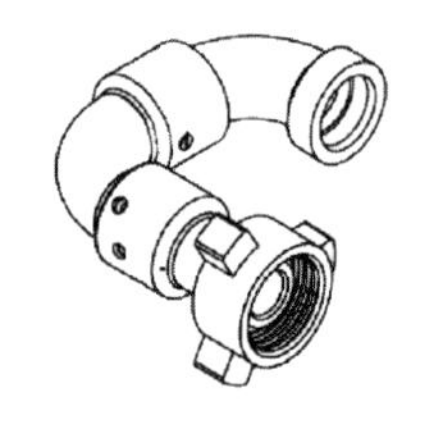
(a) 50型Z-Q型活动弯头

(b) 50型Z-Z型活动弯头

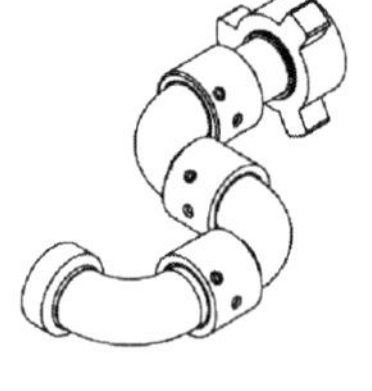
(c) 80型Z-Q型活动弯头

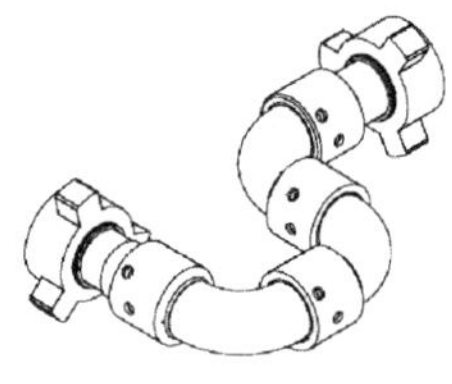
(d) 100型Q-Q型活动弯头

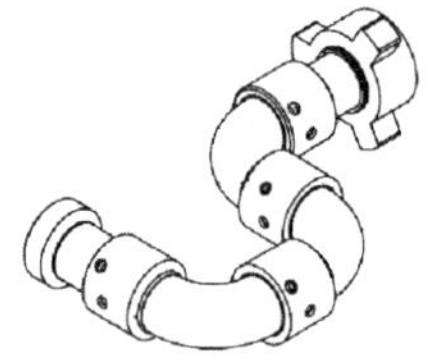
(e) 100型Z-Q型活动弯头

图 2-1-2 活动弯头类型(二)

GBC004 高压弯头的型号规格

活动弯头规格见表 2-1-1。

表 2-1-1 高压弯头的型号规格

通径,in	冷工作压力,MPa	端部连接方式	颜色
2	42	Fig 602 活接头 F×M	蓝色
2	42	Tr 100×12F×M	蓝色
2	70	Fig 1002 活接头 F	桔色
2	70	Tr 100×12F×M	桔色
2	105	Fig 1502 活接头 F	红色
3	42	Fig 602 活接头 F×M	蓝色
3	70	Fig 1002 活接头 F	桔色
3	105	Fig 1502 活接头 F	红色

GBC008 高压弯头的检查及维护方法

5. 保养与维护

(1)输送液体后,要彻底冲洗以减少对活动弯头的腐蚀。

(2)定期做好活动弯头密封圈的检查,及时更换,以防渗漏。

(3)定期对活动弯头的各部光学检查壁厚,当壁厚减薄 20%的情况下,则需用新的替换。

(4)裸露的螺纹应涂上防锈油,以防生锈。

(5)定期更换润滑脂。

(6)装配及使用时如表面涂漆有些剥落,应重新涂漆。

GBC006 高压活动弯头的常见故障

6. 故障排除

高压弯头的常见故障、原因及排除方法见表 2-1-2。

表 2-1-2　高压弯头的常见故障、原因及排除方法

故障	原因	解决办法
旋转时有卡阻现象或完全旋转不动	1. 注入润滑脂过多,引起钢球胶结,密封填料变形或密封圈移位。 2. 润滑脂硬化。 3. 球道中放入钢球数量不正确或钢球破损	1. 拆开,去掉旧的润滑脂,装上后,应注入适量的润滑脂,更换变形密封填料。 2. 拆开,去掉旧的润滑脂,装上后,应注入适量的润滑脂,更换变形密封填料。 3. 拆开,装入规定数量的钢球或换新钢球
从钢球塞处渗漏	1. 密封填料老化或磨损。 2. 接头密封面点蚀或磨损。 3. 联接螺纹损坏	1. 更换密封填料。 2. 用细砂布打磨密封面,如装上还不行,则更换接头。 3. 应重装,使盘根有铜环一面朝外
从与外部联接处渗漏	1. 黄油挡圈老化或磨损。 2. 球面接头上球面磨损或密封面点蚀。 3. 联接螺纹损坏	1. 更换黄油挡圈。 2. 用细砂布打磨球面及密封面,如装上还不行,则更换接头。 3. 修复螺纹,或更换带螺纹的接头

GBC005 高压活动弯头的基本构造

7. 高压活动弯头结构图

在使用活动弯头过程中观察到,密封环的外径在部件 P 的部分磨损最快(图 2-1-3)。密封填料在压力大时开始往间隙 B 移动,且在部件 P 的部分很快地被刺坏。

为了预防冲刺,密封填料用金属环组装。该环由 0.5mm 厚的钢板冲压制成,放入磨内由上面浇橡胶成形。

为了减少污物自端面(V 箭头方向)进入轴承,在轴承前装有橡皮密封环,它可防护污物进入轴承,直到轴承磨损为止。当在滚珠与轴承槽之间形成间隙时,如果震动很大,污物就进入连接零件之间的简隙内,并渗入轴承。因此不能完全阻止污物进入轴承。为了在工作之后把污物由轴承中排除掉,并保持轴承的正常润滑,在塞盖中有孔,并装置黄油嘴。通过此黄油嘴把新鲜的的润滑油用压箱器注入轴承,以排出污物润滑。这样,每次工作之后便可回复轴承的润滑,以提高活动弯头的使用期限。

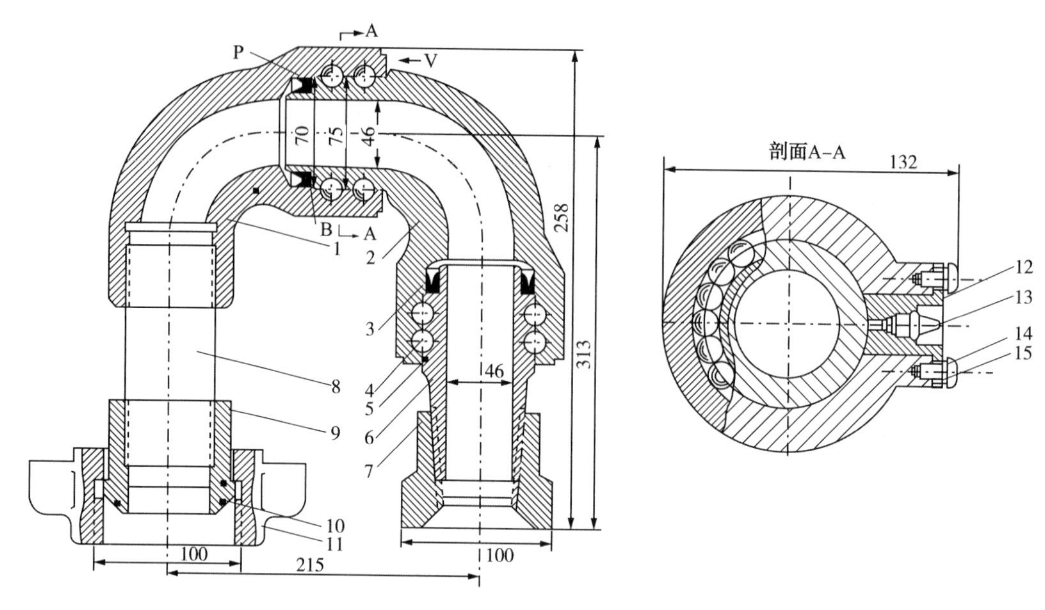

图 2-1-3　高压管线活动弯头

1—螺纹弯管;2—弯管;3—密封填料;4—ϕ10mm 的滚珠;5—密封环;6—衬套;7—锥形座;8—短管;9—密封填料椎体;10—密封环;11—外套螺帽;12—塞盖;13—黄油嘴;14—螺栓;15—弹簧垫

GBC007 高压活动弯头的报废条件

8. 高压活动弯头的报废条件

弯头体使用寿命的主要因素是弯头体的材质及热处理后的机械性能。调质处理可满足工件的抗冲击等综合机械性能,工件内表面的高频淬火可以满足工件的高硬度、高耐磨性。而决定工件精度的最主要因素是磨轮、工件和机床夹具组成的整个系统的总刚度。满足了上述要求即可使工件的使用寿命明显提高。

高压活动弯头只有满足下列条件才能报废:

(1)高压活动弯头活接头连接螺纹严重磨损变形时应予报废。

(2)高压活动弯头密封部位严重磨损,经多次更换密封圈仍不能解决泄漏问题应予报废。

(3)高压活动弯头滚道严重磨损变形时应予报废。

(4)高压活动弯头因严重锈蚀、碰撞,出现直径为 0.25mm 以上的伤痕时应予报废。

(5)高压活动弯头有裂纹时应予报废。

GBC009 高压活动管接的基本构造

(三)高压活动管接

活动管接(又称活接头)是一种能方便安装拆卸的常用管道连接件。连接两管子的管件,可不动管子而将两管分开,便于检修。包含螺纹头、球头和紧帽 3 个部分。

活接头内部的密封面有平面(带垫)、球面、锥面等。

活接头与管道的连接方式有对焊、承插焊、螺纹等。

1. 简介

QS 翼型活接头适用于标准工作环境和酸性工作环境,工作压力为 1000~15000psi,规格范围为 1~8in;所有的活接头都有唯一的彩色标识以便于快速识别;材料满足 ASTM 标准和 AISI 标准;可以和绝大多数活接头制造商的产品互换;适用于螺纹端头、对接焊端头和无压力密封端头联结。

2. 特点

引进国际先进技术，采用高强度合金钢锻造而成，严格的热处理确保衔头有匀均一致的金相组织和承压能力，所使用材料完全符合美国 ASTM 和 AISI 标准，所有活接头连接尺寸完全可以与国际产品进行互换，密封可靠、装卸快捷、通用互换性好。压力等级为 7～140MPa。活接头可用管线螺纹、油管螺纹、对焊式或无压密封端部连接。产品广泛应用于油田钻井、固井、测井、试油作业、酸化压裂、连续油管及砂控作业、海洋平台等各种高压流体作业和设备配套上。

3. 选配

GBC011 高压活动管接的选配要求

1) Fig100

(1) 推荐使用低压歧管和工作压力不超过 1000psi 的场合。

(2) 精密的密封结合表面保证了可靠的压力密封。

(3) 100 型 1000psi NSCWP，测试压力为 1500psi 黑色螺母，黄色零件。

2) Fig200

(1) 广泛用于低压井管线，也可应用于中等压力范围的空气、水、油或汽应用场合的要求。

(2) 可用型号采用对焊 Sch. 40。

(3) 200 型 2000psi NSCWP，测试压力为 3000psi 蓝色螺母，灰色零件。

3) Fig206

(1) 推荐用于歧管和管道连接，负压使用和腐蚀性使用场合。

(2) 在公接头密封表面装有 O 形环以便密封更严密。可用型号采用对焊 Sch. 40。

(3) 206 型 2000psi NSCWP，测试压力为 3000psi 蓝色螺母，灰色零件。

4) Fig207

(1) 推荐用于空气、水、油或汽应用场合密封歧管连接和保护管线接头螺纹。

(2) 活接头封头帽上装有丁腈橡胶 O 形环以进行有效的封闭，螺纹接头可与 200 型和 206 型螺纹接头进行互换

(3) 207 型 2000psi NSCWP，测试压力为 3000psi 蓝色帽，灰色零件。

5) Fig602

(1) 推荐用于歧管管线连接，车载及泥浆输送场合，可用于无压密封活接头。采用对焊 Sch. 80。

(2) 装有弹性丁腈橡胶密封环，用于密封并保护活接头钢对钢的配合。

(3) 602 型 6000psi NSCWP，测试压力为 9000psi 黑色螺母，橙色零件。

6) Fig1502

(1) 推荐用于注水泥、压裂、酸化、测试及堵塞和压井管线，也可用于无压密封连接，采用对焊 Sch XXH。

(2) 配有可更换的弹性丁腈橡胶密封环，坚固壁厚设计用于高压系统。

(3) 1502 型 15000psi NSCWP，测试压力为 22500psi 蓝色螺母，红色零件。

7) Fig1002

(1) 推荐用于注水泥、压裂、酸化、测试及堵塞和压井管线场合。设计用于高压系统，包

括车载系统。也可用作无压密封活接头。采用以焊 Sch. 160 或 XXH。

(2)装有弹性丁腈橡胶密封环。

(3)1002 型 10000psi NSCWP,测试压力为 15000psi 红色螺母,蓝色零件。

8)Fig1003

(1)推荐用于不能对正时的高压管线连接,可应用于空气、水、油、泥浆或气体使用场合。

(2)活接头具有一个球形座,可以提供偏离中心 7½°的偏斜或角度调整,总的偏斜能力是 15°。除钢对钢的配合外,丁腈橡胶 O 形环保证了在任何偏斜位置连接的气密性。

(3)1003 型 10000psi NSCWP(7500psi NSCWP,4in,5in),黑色螺母,绿色零件。

9)Fig2202

(1)专门用于酸性气体使用场合。绿色螺母,绿色零件。

(2)配有氟化橡胶密封环,15000psi NSCWP,热处理部件 100%经过硬度测试,符合美国腐蚀工程师标准协会 MR-01-75 和美国石油学会 RP-14E 标准。

GBC010 高压活动管接的拆装方法

4. 拆装方法

活动管接经过一段使用后,由于拆卸频繁和高压介质的磨损或腐蚀,常会出现螺纹松动、密封不严等现象。因此需要拆卸与安装。

(1)活接头与管线连接时,应按规定扭矩拧紧:1inLP 螺纹拧紧扭矩为 1800~2200N·m,2inLP 螺纹拧紧扭矩为 2032~2600N·m,3inLP 螺纹拧紧扭矩为 2400~3000N·m。

(2)在拧紧翼型螺母不得使用会使翼型螺母变形或损伤的锤击力或拧紧力。操作者必须戴防护目镜,以防被金属碎片砸伤。

(3)对于卡瓦式连接的活动管接接头,可先将卡簧取下,退出连接活动管接头,取下卡瓦即可更换。

(4)高压管线连接必须保证管线有摆动的余地。

(5)对于平式油管螺纹连接的活动管接接头,利用管台钳与管钳可拆装更换。

5. 维护与保养

(1)活接头安装后,如表面面漆有些剥落,不完整,应重新涂漆。

(2)在裸露的螺纹上应涂上防锈油。

(3)定期做好活接头密封圈的检查,及时更换,以防渗漏。

(4)对使用后的活接头应冲洗干净,涂上防锈油,以防生锈。

GBC012 高压(排除)管线

(四)高压(排除)管线

1. 连接高压管线

从井口到车依次用手锤打紧、打牢各连接活接头。在连接活接头打手锤时,手锤打击方向不要对着配合人员,并避开打手锤者双腿,以免发生意外伤害。

2. 检查及使用

(1)敲击活接头时应正确佩戴护目镜。

(2)管线固定牢固平稳,与其他设备无干涉摩擦,不刺、不漏。

(3)高压管线闸阀、丝杆护帽、手柄齐全,开关灵活,闸阀不松旷,不刺、不漏。

(4)环境敏感地区施工,连接活接头应进行包裹,防刺漏污染环境。

(5)循环管线试泵。待泵上水良好,管线畅通,设备运转良好后,开始正常施工。

(6)当管线内有压力时,旋转针型阀时小心缓慢进行。

(7)停机完工后打开防空阀,空泵运转 30s 左右停泵,放净泵内及管线内积水。

(五)抗震压力表

GBC013 抗震压力表

抗震压力表,又名耐震压力表,该系列仪表具有良好的耐震性能,特别适用于有机械强烈振动和介质压力剧烈脉动的情况下,测量无爆炸危险、不结晶、不凝固,以及对铜和铜合金无腐蚀作用的液体、气体或蒸汽的压力。该仪表指示稳定,读数清晰。广泛应用于重型机械、矿山、石油、化工、冶金、电力等行业。

1. 抗震压力表原理

抗震压力表由导压系统(包括接头、弹簧管、限流螺钉等)、齿轮传动机构、示数装置(指针与度盘)和外壳(包括表壳、表盖、表玻璃等)组成。抗震压力表外壳为气密型结构,能有效保护内部机件免受环境影响和污秽侵入。抗震压力表在外壳内填充阻尼液(一般为硅油或甘油),能够抗工作环境振动和减少介质压力的脉动影响。

2. 安装使用

(1)仪表使用环境温度为-40~70℃,相对湿度不大于 80%,如偏离正常使用温度 205℃时,须计入温度附加误差。

(2)仪表必须垂直安装,力求与测定点保持同一水平,如相差过高计入液柱所引起的附加误差,测量气体时可不必考虑。安装时将表壳后部防爆口阻塞,以免影响防爆性能。

(3)仪表正常使用的测量范围:在静压下不超过测量上限的 3/4,在波动下不应超过测量上限的 2/3。在上述两种压力情况下大压力表测量最低都不应低于下限的 1/3,测量真空时真空部分全部使用。

(4)使用时如遇到仪表指针失灵或内部机件松动、不能正常工作等故障时应进行检修,或联系生产厂家维修。

(5)仪表应避免震动和碰撞,以免损坏。

二、井下特种装备配件磨损与预防

GBD001 摩擦的概念

(一)摩擦概念及种类

当物体与另一物体沿接触面的切线方向运动或有相对运动的趋势时,在两物体的接触面之间有阻碍它们相对运动的作用力,这种力叫摩擦力。接触面之间的这种现象或特性叫"摩擦"。

摩擦的类别很多,按摩擦副的运动形式分为滑动摩擦和滚动摩擦,前者是两相互接触物体有相对滑动或有相对滑动趋势时的摩擦,后者是两相互接触物体有相对滚动或有相对滚动趋势时的摩擦。这两种摩擦在计算时须保证的条件是:物体状态是静止或匀速直线运动,这时摩擦力等于物体所受阻力。在相同条件下,滚动摩擦小于滑动摩擦。

GBD002 摩擦的种类

按摩擦表面的润滑状态,摩擦可分为干摩擦、边界摩擦和流体摩擦。摩擦又可分为外摩擦和内摩擦。外摩擦是指两物体表面做相对运动时的摩擦;内摩擦是指物体内部分子间的摩擦。干摩擦和边界摩擦属于外摩擦,流体摩擦属于内摩擦。

干摩擦是指摩擦副表面直接接触,没有润滑剂存在时的摩擦。

边界润滑状态下的摩擦称为边界摩擦。边界边界摩擦状态下的摩擦系数只取决于摩擦界面的性质和边界膜的结构形式,而与润滑剂的黏度无关。

流体润滑状态下的摩擦称为流体摩擦。这种摩擦是流体黏性引起的。其摩擦系数较干摩擦和边界摩擦更低。

GBD003 磨损的概念

(二)磨损的概念及过程

1. 磨损的概念

磨损是零部件失效的一种基本类型。通常意义上来讲,磨损是指零部件几何尺寸(体积)变小。

零部件失去原有设计所规定的功能称为失效。失效包括完全丧失原定功能;功能降低和有严重损伤或隐患,继续使用会失去可靠性及安全性。

按照表面破坏机理特征,磨损可以分为磨粒磨损、黏着磨损、表面疲劳磨损、腐蚀磨损和微动磨损等。前三种是磨损的基本类型,后两种只在某些特定条件下才会发生。

磨粒磨损:物体表面与硬质颗粒或硬质凸出物(包括硬金属)相互摩擦引起表面材料损失。

黏着磨损:摩擦副相对运动时,由于固相焊合作用的结果,造成接触面金属损耗。

表面疲劳磨损:两接触表面在交变接触压应力的作用下,材料表面因疲劳而产生物质损失。

腐蚀磨损:零件表面在摩擦的过程中,表面金属与周围介质发生化学或电化学反应,因而出现的物质损失。

微动磨损:两接触表面间没有宏观相对运动,但在外界变动负荷影响下,有小振幅的相对振动(小于100μm),此时接触表面间产生大量的微小氧化物磨损粉末,因此造成的磨损称为微动磨损。

GBD004 磨损的过程

2. 磨损失效过程

机械零件的磨损失效常经历一定的磨损阶段。根据磨损率曲线,可以将磨损失效过程分为三个阶段。

1)跑合磨损阶段

新的摩擦副在运行初期,由于对偶表面的表面粗糙度值较大,实际接触面积较小,接触点数少而多数接触点的面积又较大,接触点黏着严重,因此磨损率较大。但随着跑合的进行,表面微峰峰顶逐渐磨去,表面粗糙度值降低,实际接触面积增大,接触点数增多,磨损率降低,为稳定磨损阶段创造了条件。为了避免跑合磨损阶段损坏摩擦副,因此跑合磨损阶段多采取在空车或低负荷下进行;为了缩短跑合时间,也可采用含添加剂和固体润滑剂的润滑材料,在一定负荷和较高速度下进行跑合。跑合结束后,应进行清洗并换上新的润滑材料。

2)稳定磨损阶段

这一阶段磨损缓慢且稳定,磨损率保持基本不变,属正常工作阶段,图中相应的横坐标就是摩擦副的耐磨寿命。

3）剧烈磨损阶段

经过长时间的稳定磨损后，由于摩擦副对偶表面间的间隙和表面形貌的改变以及表层的疲劳，其磨损率急剧增大，使机械效率下降、精度丧失、产生异常振动和噪声、摩擦副温度迅速升高，最终导致摩擦副完全失效。

3. 表面疲劳磨损

摩擦副两对偶表面做滚动或滚滑复合运动时，由于交变接触应力的作用，使表面材料疲劳断裂而形成点蚀或剥落的现象，称为表面疲劳磨损（或接触疲劳磨损）。

如前所述，黏着磨损和磨粒磨损，都起因于固体表面间的直接接触。如果摩擦副两对偶表面被一层连续不断的润滑膜隔开，而且中间没有磨粒存在时，上述两种磨损则不会发生。但对于表面疲劳磨损来说，即使有良好的润滑条件，磨损仍可能发生。因此，可以说这种磨损一般是难以避免的。

表面疲劳磨损形成的原因，按照疲劳裂纹产生的位置，目前存在两种解释。

1）裂纹从表面上产生

摩擦副两对偶表面在接触过程中，由于受到法向应力和切应力的反复作用，必然引起表层材料塑性变形而导致表面硬化，最后在表面的应力集中源（如切削痕、碰伤、腐蚀或其他磨损的痕迹等）出现初始裂纹。

2）裂纹从表层下产生

两点（或线）接触的摩擦副对偶表面，最大压应力发生在表面，最大切应力发生在距表面 $0.786a$（a 是点或线接触区宽度的一半）处。在最大切应力处，塑性变形最剧烈，且在交变应力作用下反复变形，使该处材料局部弱化而出现裂纹。这种从表层下产生裂纹的疲劳磨损通常是滚动轴承的主要破坏形式。

滚动接触疲劳磨损要经过一定的应力循环次数之后才发生明显的磨损，并很快形成较大的磨屑，使摩擦副对偶表面出现凹坑而丧失其工作能力；而在此之前磨损极微，可以不计。这与黏着磨损和磨粒磨损从一开始就发生磨损并逐渐增大的情况完全不同。

（三）井下特种装备零件损坏的原因及消除方法

GBD005 井下特种装备零件损坏的原因

GBD006 井下特种装备零件损坏的消除方法

特车泵的使用和维护是井下特种装备生产的最基础环节，因而做好井下特种装备的正确操作和维护是保证生产的关键。为了提高井下特种装备的效能和使用寿命，必须对各种井下特种装备的机械工作原理和构造，特别是机械设备零件损坏的原因有一个详细的了解和认识。

井下特种装备零件的损坏原因有以下几种：

1. 零件的腐蚀损坏

零件在使用过程中由于自然力或各种外界环境的影响而腐蚀。

消除方法：为了预防零件的腐蚀，常常用耐腐蚀的材料（镍、铬、锌等）镀敷在金属表面或在金属表面涂漆，在非金属表面涂防腐蚀的油漆等方法，防止与有害介质直接接触等方法。

2. 零件的疲劳损坏

表现形式为断裂，表面剥落。疲劳损坏发生在受交变应力（或应变）作用的零件和构件在低于材料屈服极限的交变应力(或应变)的反复作用下,经过一定的循环次数以后,在应力集中部分萌生裂纹,裂纹在一定条件下的扩展,最终突然断裂,这一失效过程称为疲劳破损。

疲劳损伤积累理论:当零件所受应力高于疲劳极限时,每一次载荷循环都对零件造成一定量的损伤,并且这种损伤是可以积累的,当损伤积累到临界值时,零件将发生疲劳损坏。

消除方法:在零件的制造过程中提高零件表面的光洁度,采用比较缓和的段过滤,以减少零件应力集中,此外利用渗碳、淬火等方法,提高零件的硬度、韧性和耐磨性,也能收到良好的效果。

3. 零件的磨损

设备机械零件在使用过程中,由于发生摩擦运动或机械振动而产生磨损。零件的磨擦与使用时间和使用强度有关。

消除方法:尽量采用耐磨材料,提高零件表面光洁度,经常润滑,避免零件之间干磨擦。

每一台机械设备都是由一个个机械零件装配组成的。每个机械零件性能的好坏,决定了整台设备的机械性能,因此,我们必须掌握零件损坏的具体原因,从本质上去分析零件损坏的原因,只有这样才能提出更好的解决办法,保证设备更好的运转,从而保证生产的正常进行。

GBD007 拉杆的磨损及预防

(四)拉杆的磨损及预防

井下特种装备十字头拉杆工作条件恶劣(振动幅度大、往复运动频率高)导致密封效果极差,造成润滑油从十字头拉杆处漏失,影响到泵的安全运行。

现有密封装置分析。特车泵拉杆油封密封装置的作用是密封拉杆,防止曲轴箱的润滑油从拉杆处漏失,现有的密封装置主要由支架、O 形圈、油封盒、油封、压帽等配件组成。

泵运行时,润滑油在离心力的作用下,飞溅到十字头和拉杆等运动部件,拉杆上的润滑油大部分会被油封刮掉,通过支架上的回油孔返回曲轴箱,但同时有一小部分润滑油会随着拉杆的往复运动,通过柱塞与油封的接触面从曲轴箱里漏失出去。从现有的密封装置的结构上来看,要有效地防止从拉杆处漏失润滑油是不可能的,一是油封的唇边是依靠弹簧的弹力紧贴在拉杆上,在拉杆高速(370 次/min)的往复运动下,油封的唇边容易摩擦发热和磨损,造成油封和拉杆之间贴合不紧密,导致一部分润滑油漏失掉;二是拉杆油封密封装置采用的是双油封密封,通过第一个油封漏失的润滑油进入第一个和第二个油封之间的空间,这个空间是相对封闭的。随着运行时间的延长,进入这个空间的润滑油量也越多,空间的压力随之升高,致使空间内的润滑油从第二个油封处漏失出去。三是密封装置没有回油通道,漏失的润滑油不能返回曲轴箱。

预防措施:设置回油通道,使漏失的润滑油重新返回曲轴箱,防止润滑油的漏失;其次,降低密封材料与拉杆之间的摩擦,防止密封材料的磨损和发热。

增加了 O 形圈密封,完善了回油系统。拉杆往复运动所携带的润滑油经过第一个油封时,一部分被油封刮掉的润滑油通过支架上的回油孔返回曲轴箱,另一部分润滑油则穿过了第一个油封;从第一个油封漏失掉的润滑油在通过第二个油封时,一部分润滑油又被第二个油封刮掉,然后经过隔环上的小孔、油封盒的回油槽、回油孔、集油槽(集油槽是环行的,保证与支架上的回油孔连通)及支架上的回油孔返回曲轴箱;穿过了第二个油封的润滑油在拉杆的带动下继续前行，在经过O形圈密封时完全被刮掉，最后经过油封盒的回油槽、回油孔、集油槽及支架上的回油孔返回曲轴箱。通过三道密封和回油通道的泄压作用，提高了密封装置的密封效果，减少磨损。

（五）主轴及连杆轴承的磨损及预防

GBD008 主轴及连杆轴承的密封及预防

有三分之一的主轴及连杆轴承损坏是疲惫损坏，还有三分之一是润滑不良，其他三分之一是污染物进入轴承或安装处理不妥。

大部分井下特种装备主轴及连杆轴承损坏的原因许多，好比超出原先预估的负载、非有效的密封、过紧的共同所导致的过小轴承间隙等，这些因素中的任一因素皆有其损坏型式且会留下损坏陈迹。因此，检视损坏主轴及连杆轴承，在大多案例中可以发现其大致导因。

1. 磨损

(1)瓦面腐蚀：光谱分析发现有色金属元素浓度异常；铁谱中出现了许多有色金属成分的亚微米级磨损颗粒；润滑油水分超标、酸值超标。

(2)轴颈表面拉伤：铁谱中有铁系切削磨粒或黑色氧化物颗粒，金属表面存在回火色。

(3)轴颈表面腐蚀：光谱分析发现铁元素浓度异常，铁谱中有许多铁成分的亚微米颗粒，润滑油水分超标或酸值超标。

(4)表面拉伤：铁谱中发现有切削磨粒，磨粒成分为有色金属。

(5)瓦背微动磨损：光谱分析发现铁浓度异常，铁谱中有许多铁成分亚微米磨损颗粒，润滑油水分及酸值异常。

2. 预防

在液体润滑条件下，滑动表面被润滑油分开而不发生直接接触，还可以大大减小摩擦损失和表面磨损，油膜还具有一定的吸振功能。

检查前需先清洁泵的表面，然后拆卸主轴轴承周边的零件。油封是很脆弱的零件，必须小心拆卸，切勿过度施力，然后仔细检查油封及其周边的零件，如果已呈现出不良的症状时，务必更换掉，不良的油封会导致轴承的损坏及设备停机。

检查润滑剂，沾上润滑剂在两指之间摩擦，若有污染物存在，可感觉出来，或在手背上涂一薄层润滑剂，然后封光检查。

更换润滑剂，机油润滑的主轴轴承在放掉旧机油后，再灌入新鲜的机油并让机器在低转速旋转几分钟。尽可能使机油收集残留的污染物，然后再放掉这些机油，机油在使用前最好先经过滤。

（六）阀与阀座的磨损及预防

GBD009 阀与阀座的磨损及预防

井下特种装备使用的前提和基础是日常维护和保养。设备在长期、不同环境中使用的过程中，机械的部件磨损，间隙增大，配合改变，直接影响到设备原有的平衡。设备的稳定性、可靠性和使用效益均会相当程度的降低，甚至会导致机械设备丧失其固有的基本性能，无法正常运行。

1. 现有阀门磨损故障原因分析

1)故障表现

现有的400型水泥车柱塞泵阀门总成采用分体式设计，在其实际使用中存在以下问题：

(1)高压施工时阀门胶皮压板容易出现翘曲变形损坏。

(2)阀门胶皮压板紧固螺栓、螺母螺纹易损坏。

(3)阀门胶皮极易损坏失效。

(4)阀体与阀门座孔密封金属锥面损坏失效。

(5)阀门总成在使用过程中,经常出现阀门弹簧断裂现象。由于上述故障频发,导致400型阀门总成使用寿命较短,平均使用寿命只有2个月,阀门胶皮更换频率高,成为水泥车钻材料成本的一大项。

2)故障原因分析

分体式阀体弹簧、阀门胶皮压板、紧固螺栓、阀门胶皮、阀体的受力情况,逐一分析其损坏原因。

(1)阀门胶皮受力情况分析,在81~312次/min的高速交变载荷作用下,阀门胶皮疲劳损坏速度加快,出现了密封锥面上下部断裂的情况。这种理论分析得出的结论和在阀门胶皮实际损坏情况完全一致,因此阀门胶皮受力情况恶劣是其磨损损坏的主要原因。

(2)阀门胶皮压板受力情况分析,阀门胶皮压板在胶皮的作用下,从压板中心向外至压板边沿,受到非均布交变载荷的作用,和胶皮受力状况一样,高频次交变载荷致使压板绕其中心产生上翘弯曲变形,尤其在冬季气温较低,压板脆性变大时,压板极易在疲劳变形损坏的基础上,出现断裂情况,致使施工中断。

(3)阀门弹簧受力情况分析柱塞泵工作过程中,由于压板上翘弯曲变形,压板断面直径变小,致使阀门弹簧最底端与压板接触配合部分受到径向交变压力,而弹簧同时受到持续的轴向交变压力,在高频次的双重交变载荷作用下,弹簧容易出现疲劳损坏,直至断裂。

(4)阀门压板紧固螺栓受力情况分析和阀门弹簧一样,紧固螺栓受到压板的轴向交变载荷作用,交变载荷的冲击作用致使螺栓螺纹出现异常磨损,最后致使螺栓紧固失效。

(5)阀体密封锥面受力情况分析,因阀门胶皮变形量较大,甚至失效,致使阀体与阀座密封锥面在液压作用下硬接触,产生碰撞现象,加速密封锥面的磨损,同时阀门胶皮的失效,使施工液中的硬质点对锥面产生较强的破坏,加剧了其点蚀速度。

综上所述,分体式阀体因其设计上的不足,导致了阀体各组件在施工中受到恶劣的交变载荷作用,互相影响、互相作用,极大影响了阀体的使用寿命,也影响到了泵效和施工质量。

GBD011 泵阀弹簧的磨损及预防

2. 阀体磨损预防

1)改进设计的基本思路

(1)改进设计力求减少阀体总成组件,采取一体化设计。

(2)改进设计力求有效改善阀门胶皮受力状况,从而提高其使用寿命。

(3)改进设计针对分体式阀体存在的诸多不足,根据上述改进设计基本思路,对其进行改进设计。

2)具体改进

(1)将阀体分体设计变为一体设计,从设计上精简了压板、紧固螺栓两部分。

(2)阀门胶皮镶嵌在阀体上,并采用聚氨酯材料,有效改善了胶皮受力状况。

(3)阀门弹簧依据阀体的改进,设计为锥形弹簧,不仅有效改善其受力状况,而且能够对阀体起到一定的扶正作用。

阀体的一体式改进设计，在减少了阀体组件数量的同时，明显改善了阀门胶皮、弹簧及其本体的受力状况，有效延长了阀体的使用寿命，对节约成本、提高井下作业质量大有裨益。

（七）泵体上、下堵头的磨损及预防

GBD010 泵体上、下堵头的磨损及预防

堵头为泵体上的常用部件之一，现有的堵头大多为螺纹结构，再在连接处加一个密封圈防止漏水；这种堵头在长时间使用后螺纹之间的连接处容易生锈而卡住，而且用一个密封圈密封其密封性能并不好，螺纹磨损后，密封不严有可能会漏水；泵在工作后内部还具有一定的高压，如果不及时泄压有可能会造成设备的损坏，因此有必要予以及时更换。

为了防止螺纹磨损及生锈，在安装及拆卸上、下堵头时一定要对准螺纹，不要上偏，更不要用手锤用力砸。平常要定期进行保养，螺纹涂抹一定量的黄油，安装及拆卸自如。

项目二　压裂(固井)泵及传动系二级保养周期及作业内容

一、准备工作

(1)轻柴油 2L。
(2)机油 5L。
(3)润滑脂 1L。
(4)600mm 管钳 1 把。
(5)1.5kg 手锤 1 把。
(6)200mm 手钳 1 把。
(7)150mm 螺丝刀 1 把。
(8)冲子 1 把。
(9)200mm 活动扳手 1 把。
(10)S14~17 开口扳手 1 把。
(11)S12~14 梅花扳手 1 把。
(12)油盆 2 个。

二、操作步骤

(1)劳保用品必须穿戴齐全。
(2)工具、用具齐全，使用后做好维护保养。
(3)铺好防渗布。
(4)压裂、固井泵每累计运转 400~480h，应进行二级保养，包括一级保养内容。
(5)清洗柱塞泵、变速箱(传动箱)、减速箱等油箱，更换润滑油。清洗柱塞冷却油池并更换冷却油。
(6)检查变速箱(传动箱)、减速箱齿轮磨损情况。
(7)检查柱塞泵曲轴(主轴)、连杆及轴承磨损情况，清洗曲轴箱。
(8)检查十字头、导板磨损情况及十字头销于衬套的磨损情况，必要时给予调整和

更换。

(9)检查制动带磨损及固定情况(如 YLC-700 型压裂车)。

(10)检查调整柱塞泵、变速箱(传动箱)、润滑油泵供油情况。

(11)正确使用工具、用具。

(12)严禁违反操作规程进行操作。

项目三　压裂(固井)泵及传动系三级保养周期及作业内容

一、准备工作

(1)轻柴油 2L。

(2)机油 5L。

(3)润滑脂 1L。

(4)600mm 管钳 1 把。

(5)1.5kg 手锤 1 把。

(6)200mm 手钳 1 把。

(7)150mm 螺丝刀 1 把。

(8)冲子 1 把。

(9)200mm 活动扳手 1 把。

(10)S14~17 开口扳手 1 把。

(11)S12~14 梅花扳手 1 把。

(12)油盆 2 个。

(二)操作步骤

(1)劳保用品必须穿戴齐全。

(2)把检查用的材料、工具、用具准备齐全。

(3)铺好防渗布。

(4)压裂、固井泵每累计运转 1200~1400h,应进行三级保养,包括二级保养内容。

(5)检查变速箱(传动箱)、减速箱各齿轮磨损情况和轴承间隙,必要时予以调整或检修。

(6)检查柱塞泵动力端曲轴、主轴承、连杆轴承、传动齿轮等磨损情况及配合间隙,必要时予以调整或检修。

(7)检查十字头、导板等磨损情况及配合间隙,必要时予以调整或检修。

(8)检查调整离合器,清洗离合器磨擦片,必要时予以调整或检修。

(9)检修传动轴万向节(联轴节)。

(10)检查或检修变速箱(传动箱)控制系统的工作灵敏度及完善情况。

(11)正确使用工具、用具。

(12)严禁违反操作规程进行操作。

项目四　检查压裂泵动力端润滑情况并调整机油压力（以 ACF-700B 型为例）

一、准备工作

（1）13mm 开口扳手 1 把。

（2）300mm 活动扳手 1 把。

（3）200mm 螺丝刀 1 把。

（4）棉纱 0.2kg（可用毛巾代替）。

二、操作步骤

（1）劳保用品必须穿戴齐全。

（2）工具、用具选择齐全，使用后做好维护保养。

（3）卸掉曲轴箱观察孔盖及滑板室盖板。

（4）发动柴油机，使泵一挡低速运转并观察机油压力表。

（5）检查曲轴轴承连杆瓦、连杆铜套、十字头及导板的润滑情况。

（6）根据油压油量判断润滑状况及故障所在。

（7）按步骤调整机油压力，熄火并用扳手卸掉机油泵压力开关外固定螺母，用螺丝刀旋转调整螺母半扣至两扣，重新装好固定。

（8）重新启泵，观察油压是否达到要求，否则重新按步骤调至合格。

（9）盖上观察孔及滑板室盖板，上紧螺栓。

（10）正确使用工具、用具。

（11）严禁违反操作规程进行操作。

项目四　更换调整压裂泵柱塞密封填料（以 ACF-700B 型为例）

一、准备工作

（1）柱塞密封填料 1 套。

（2）O 形圈 2 个。

（3）机油 0.5L。

（4）扁撬杠 1 根。

（5）柱塞拉力器 1 套。

（6）3.6kg 手锤 1 把。

（7）300mm 活动扳手 1 把。

（8）36mm 专用套筒扳手 1 套。

（9）勾头扳手 1 把。

二、操作步骤

(1)劳保用品必须穿戴齐全。

(2)工具、用具准备齐全,使用后做好维护保养。

(3)铺好防渗布。

(4)拆卸泵阀压盖及被帽等并盘泵。

(5)卸下柱塞盖,用柱塞拉力器拉出柱塞并用扳手卸下弹性杆。

(6)用勾头扳手卸下密封盒、压帽,依次取出密封盒衬套、支撑环、密封材料等。

(7)擦洗缸套内孔及各配件,检查更换衬套上的O形圈。

(8)给密封填料涂上机油,依次向缸套内装入支撑环(凸起朝动力端)六个密封填料(沟槽朝液力端)、支撑环(凸起朝液力端)、密封填料衬套盒及压帽(暂不压紧),将弹性杆装到十字头上。

(9)在柱塞表面涂上机油,用柱塞拉力器将柱塞推入密封填料内,装上柱塞盖,上紧密封填料压帽,然后松动一圈即可。

(10)装好阀体及弹簧,装上阀盖及压帽,并用手捶砸紧。

(11)正确使用工具、用具。

(12)严禁违反操作规程进行操作。

项目六　多片式摩擦离合器行程间隙的调整

一、准备工作

(1)开口扳手1套。

(2)套筒扳手1套。

(3)19mm弯扳手1把。

(4)200mm螺丝刀1把。

(5)棉纱0.1kg。

二、操作步骤

(1)劳保用品必须穿戴齐全。

(2)专用工具、用具齐全,使用后做好维护保养。

(3)拆下柴油机曲轴尾端固定离合器胀紧螺栓。

(4)拔下离合器齿圈总成,取出内锥套。

(5)拆下三星弹子盘总成,检查三星弹子盘座的斜面槽以及分离弹子的磨损情况。

(6)根据磨损量的多少,相应增加调整衬垫的厚度。

(7)调整衬套,正常总厚度为4mm。

(8)将离合器总成全部装好后,检查离合器压板行程量。

(9)若行程量(即间隙)达不到6~7mm,可拆下压板螺栓,再次检查行程量。

(10)若仍不符合要求则可在压板背后,加上适当厚度的垫子。

(11)反复检查增减适当厚度的垫子,直到离合器行程间隙达到要求为止。

(12)正确使用工具、用具。
(13)严禁违反操作规程进行操作。

项目七　清洗多片式摩擦离合器片

一、准备工作

(1)22mm 开口扳手 1 把。
(2)250mm 螺丝刀 1 把。
(3)扁铲 1 把。
(4)0.36kg 手锤 1 把。
(5)油盆 1 个。
(6)毛巾 1 条。
(7)自制钩子 2 个。
(8)柴油 2kg。
(9)摩擦器离合片 4 片。

二、操作步骤

(1)劳保用品必须穿戴齐全。
(2)工具、用具使用符合要求,使用后做好维护保养。
(3)铺好防渗布。
(4)拆卸压板,要求锁片、螺母、螺栓无损伤。
(5)取出离合器片。
(6)检查离合器片有无损坏。
(7)用螺丝刀把离合器的内、外齿槽里的赃物掏干净。
(8)用毛巾沾上汽油将离合器里面清洗干净。
(9)清洗摩擦片,把离合器片从里到外逐片清洗干净,擦干。
(10)装上压板,对称均匀地上紧所有螺母并锁紧。
(11)装摩擦片时先装最厚的一片从动片,后装主动片,这样一片从动片一片主动片重叠装好,安装平正,装一片用螺丝刀把它推到位,再装下一片,用螺丝刀推紧,使摩擦片相互接触。
(12)装压板时要注意压板下面的调节垫的数目应一样多。
(13)正确使用工具、用具。
(14)严禁违反操作规程进行操作。

项目八　闸阀的组装及检验方法

一、准备工作

(1)450mm 管钳 1 把。

(2)100mm 台虎钳 1 台。
(3)125mm 孔用卡簧钳 1 把。
(4)ϕ30×1000 紫铜棒 1 根。
(5)油盆 1 个。
(6)充满黄油的黄油枪 1 把。
(7)棉纱 0.1kg(可用毛巾代替)。
(8)修理包 1 个。
(9)纱布 0~1 号的 2 块。
(10)闸阀 1 个。

二、操作步骤

(1)劳保用品必须穿戴齐全。
(2)工具、用具齐全,使用后做好维护保养。
(3)铺好防渗布。
(4)将修复好的零部件清洗干净,涂上轻质润滑油。
(5)先将阀杆下部与闸板接好,小心地把闸板放入阀体的阀座上。
(6)将阀杆螺母旋入阀杆上,固定阀盖与阀体的连接螺栓。
(7)在未固定死前,应转动阀杆将闸板上提,防止因阀盖上紧,而闸板被顶死。
(8)最后将密封填料装入填料函内,装好手轮,给阀杆螺纹涂润滑油。
(9)全部装好后,转动手轮,应无发卡现象,闸板上下灵活。
(10)然后试压检查闸阀的密封性和抗压强度。
(11)试验压力为闸阀公称压力的 1.5 倍,不渗不漏为合格。
(12)正确使用工具、用具。
(13)严禁违反操作规程进行操作。

模块二　操作与修理井下特种装备

项目一　相关知识

一、井下特种装备的润滑系统

GBE001 润滑的类型

(一)润滑的类型

润滑是人们向磨擦、磨损做斗争的一种手段。一般来说,在摩擦副之间加入某种物质,用来控制摩擦、降低磨损以达到延长使用寿命的措施叫作润滑。能起到减低接触间的摩擦阻力的物质叫作润滑剂(或称减摩剂,包括液态、气态、半固体及固体物质)。

润滑的类型,可根据摩擦副表面间形成的润滑层的状态和特征分为以下几种。

1. 流体润滑

摩擦表面完全被连续的润滑剂膜分隔开,变金属接触干摩擦为液体的内摩擦,通常液体润滑剂的摩擦因数仅为0.001~001,只有金属直接接触时的几十分之一,有流体润滑时,磨损轻微流体润滑包括如下四种:

(1)流体动压润滑。

(2)流体静压润滑,又称外供压润滑。

(3)流体动静压润滑。

(4)弹性流体动压润滑。

2. 边界润滑

摩擦表面的微凸体接触较多,润滑剂的流体润滑作用降低甚至完全不起作用,载荷几乎全部通过微凸体以及润滑剂和表面之间相互作用所生成的边界润滑剂膜来实现。边界润滑剂膜可以分为物理吸附膜、化学吸附膜、化学反应膜、沉积膜及固体润滑剂膜等。

3. 混合润滑(或称半流体润滑)

几种润滑状态同时存在的润滑状态。例如,摩擦面上同时出现液体润滑、边界润滑和干摩擦的润滑状态。

4. 无润滑或干摩擦

无润滑或干摩擦是指物件间或两摩擦表面之间不加任何润滑剂时产生的摩擦作用。在工程实际中,并不存在真正的无润滑式干摩擦,因为任何零件的不仅会因氧化而形成氧化膜,而且也会被含有润滑剂分子的气体所润滑或受到“油污”。

GBE002 润滑的作用、原理

(二)润滑的作用与原理

1. 润滑的作用

(1)减磨作用:在相互运动表面保持一层油膜以减小摩擦,是润滑的主要作用。

(2)冷却作用:带走两运动表面因摩擦而产生的热量以及外界传来的热量,保证工作表面的适当温度。

(3)清洁作用:冲洗运动表面的污物和金属磨粒以保持工作表面清洁。

(4)密封作用:产生的油膜同时可起到密封作用。如活塞与缸套间的油膜除起到润滑作用外,还有助于密封燃烧室空间。

(5)防腐作用:形成的油膜覆盖在金属表面使空气不能与金属表面接触,防止金属锈蚀。

(6)减轻噪声作用:形成的油膜可起到缓冲作用,避免两表面直接接触,减轻振动与噪声。

(7)传递动力作用:如推力轴承中推力环与推力块之间的动力油压。

2. 形成液体润滑的方法及原理

1)人工润滑

这种方法是用人工将润滑油定期加到某些摩擦表面,如摇臂轴承、气阀导管、传动杆接头等。这种方法简单,但耗油量大,费工,不能保证良好润滑。

2)飞溅润滑

这种方法是利用曲轴、连杆大端等零件在高速旋转时的飞溅作用,把连杆大端两侧溢出、刮油环刮落和冷却活塞后掉下来的滑油溅到某些摩擦部位。一般用于油道输送难以达到或承受负荷不大的摩擦部位,如气缸套、凸轮、齿轮等,中高速筒形活塞式柴油机的气缸套润滑一般都采用飞溅式润滑。

3)压力润滑

这种方法是利用润滑油泵把润滑油强压循环输送到柴油机所需的润滑部位。适用于负荷较大的摩擦部位,如各个轴承和轴套等处。

4)高压注油润滑

通过专门的注油器建立2MPa左右的高压,定时、定量地将滑油经缸套上的注油孔供给气缸套与活塞之间进行润滑。此法主要用于大型低速十字头式柴油机中缸套和活塞的润滑。

GBE003 齿轮传动及润滑

(三)齿轮传动及润滑

1. 齿轮分类

依靠连续啮合的齿传递运动和动力的机械零件叫作齿轮。通过一对齿轮分别装在主动轴和从动轴上,利用两齿轮轮齿的相互啮合,以传递运动和动力的传动方式,叫作齿轮传动。齿轮和齿轮传动的分类方法较多,如按齿轮的齿廓曲线、齿轮的外形、两个齿轮轴线间的相对位置和齿轮传动的外部结构分类等。

(1)按齿轮的齿廓曲线分类,可分为渐开线齿轮、圆弧齿轮和摆线齿轮。

(2)按齿轮外形分类,可分为圆柱齿轮、锥齿轮、非圆齿轮、齿条和蜗杆蜗轮。

(3)按齿轮齿线形状分类,可分为直齿轮、斜齿轮、人字齿轮和曲线(如准双曲面)齿轮。

(4)按齿轮转动装置的工作条件分类,分为闭式、开式和半开式三类。

此外,齿轮还可按两个齿轮轴线的相对位置来进一步分类。

2. 闭式齿轮传动润滑的特点和作用

1) 齿轮润滑的特点

(1) 与滑动轴承相比,多数齿轮的齿廓曲率半径小,一般为几十毫米,因此形成油楔的条件差。

(2) 齿轮的轮面接触应力非常高,一些重载机械如水泥磨机、起重机、卷扬机和轧钢机减速器齿轮齿面接触应力可达 400~1000MPa。

(3) 齿面间既有滚动又有滑动,而且滑动的方向和速度变化急剧。

(4) 润滑是断续性的,每次啮合都需重新形成油膜,形成油膜的条件较差。

2) 齿轮润滑剂的作用

(1) 减少齿轮和相邻运动元件的磨损。

(2) 减少摩擦力和功。

(3) 散热,起冷却剂的作用。

(4) 减少噪声、振动和齿轮齿间的冲击。

(5) 排除脏物。

(6) 起结构材料的作用。

润滑剂可改善抗胶合性,是防止齿轮破裂、点蚀、胶合的一个因素。

3. 开式齿轮传动润滑的特点和对其润滑剂性能的要求

开式齿轮传动中易落入尘、屑等外部介质而造成润滑油污染,齿轮易产生磨料磨损。当对开式齿轮采取覆盖挡尘后,在相同的工作条件下,开式齿轮的润滑要求与闭式齿轮相同。开式齿轮传动通常使用高黏度油、沥青质润滑剂或润滑脂,并在比较低的速度下能较为有效的工作。目前有三个挡次的开式齿轮油分类,即普通开式齿轮油(CKH)、极压开式齿轮油(CKJ)及溶剂稀释型开式齿轮油(CKM)。

在选取开式齿轮传动润滑油时,应考虑下列因素:

(1) 封闭程度。

(2) 圆周速度。

(3) 齿轮直径尺寸。

(4) 环境。

(5) 润滑油的使用方法。

(6) 齿轮的可接近性。

(四) 润滑油的化学组成及对性能的影响

GBE004 润滑油的化学组成及对性能的影响

润滑油的基本性能。润滑油是一种技术密集型产品,是复杂的碳氢化合物的混合物,而其真正使用性能又是复杂的物理或化学变化过程的综合效应。润滑油的基本性能包括一般理化性能、特殊理化性能和模拟台架试验。

1. 一般理化性能

每一类润滑油脂都有其共同的一般理化性能,以表明该产品的内在质量。对润滑油来说,这些一般理化性能如下:

(1) 外观(色度)。油品的颜色,往往可以反映其精制程度和稳定性。

(2)密度。密度是润滑油最简单、最常用的物理性能指标。

(3)黏度。黏度反映油品的内摩擦力,是表示油品油性和流动性的一项指标。

(4)黏度指数。黏度指数表示油品黏度随温度变化的程度。黏度指数越高,表示油品黏度受温度的影响越小,其黏温性能越好,反之越差。

(5)闪点。闪点是表示油品蒸发性的一项指标。

(6)凝点和倾点。凝点是指在规定的冷却条件下油品停止流动的最高温度。凝点和倾点都是油品低温流动性的指标,两者无原则性差别,只是测定方法稍有不同。同一油品的凝点和倾点并不完全相等,一般倾点都高于凝点 2~3℃,但也有例外。

(7)酸值、碱值和中和值。酸值是表示润滑油中含有酸性物质的指标。碱值是表示润滑油中碱性物质含量的指标。中和值实际上包括了总酸值和总碱值。但是,除了另有注明,一般所说的“中和值”,实际上仅是指“总酸值”。

(8)水分。水分是指润滑油中含水量的百分数,通常是重量百分数。

(9)机械杂质。机械杂质是指存在于润滑油中不溶于汽油、乙醇和苯等溶剂的沉淀物或胶状悬浮物。

(10)灰分和硫酸灰分。灰分是指在规定条件下,灼烧后剩下的不燃烧物质。灰分的组成一般认为是一些金属元素及其盐类。国外采用硫酸灰分代替灰分。其方法是:在油样燃烧后灼烧灰化之前加入少量浓硫酸,使添加剂的金属元素转化为硫酸盐。

(11)残炭。油品在规定的实验条件下,受热蒸发和燃烧后形成的焦黑色残留物称为残炭。

2. 润滑油特殊物理化学性能

除了上述一般理化性能之外,每一种润滑油品还应具有表征其使用特性的特殊理化性质。质量要求越高,或是专用性强的油品,其特殊理化性能越突出。反映这些特殊理化性能的试验方法简要介绍如下:

1)氧化安定性

氧化安定性说明润滑油的抗老化性能,一些使用寿命较长的工业润滑油都有此项指标要求,因而成为这些种类油品要求的一个特殊性能。

2)热安定性

热安定性表示油品的耐高温能力,也就是润滑油对热分解的抵抗能力,即热分解温度。一些高质量的抗磨液压油、压缩机油等都提出了热安定性的要求。

3)油性和极压性

油性是润滑油中的极性物在摩擦部位金属表面上形成坚固的理化吸附膜,从而起到耐高负荷和抗摩擦磨损的作用,而极压性则是润滑油的极性物在摩擦部位金属表面上,受高温、高负荷发生摩擦化学作用分解,并和表面金属发生摩擦化学反应,形成低熔点的软质(或称具可塑性的)极压膜,从而起到耐冲击、耐高负荷高温的润滑作用。

4)腐蚀和锈蚀

由于油品的氧化或添加剂的作用,常常会造成钢和其他有色金属的腐蚀。而锈蚀试验则是在水和水汽作用下,钢表面会产生锈蚀。油品应该具有抗金属腐蚀和防锈蚀作用,在工业润滑油标准中,这两个项目通常都是必测项目。

5)抗泡性

润滑油在运转过程中,由于有空气存在,常会产生泡沫,尤其是当油品中含有具有表面活性的添加剂时,则更容易产生泡沫,而且泡沫还不易消失。润滑油使用中产生泡沫会使油膜破坏,使摩擦面发生烧结或增加磨损,并促进润滑油氧化变质,还会使润滑系统气阻,影响润滑油循环。因此抗泡性是润滑油等的重要质量指标。

6)水解安定性

水解安定性表征油品在水和金属(主要是铜)作用下的稳定性,当油品酸值较高,或含有遇水易分解成酸性物质的添加剂时,常会使此项指标不合格。它的测定方法是将试油加入一定量的水之后,在铜片和一定温度下混合搅动一定时间,然后测水层酸值和铜片的失重。

7)抗乳化性

工业润滑油在使用中常常不可避免地要混入一些冷却水,如果润滑油的抗乳化性不好,它将与混入的水形成乳化液,使水不易从循环油箱的底部放出,从而可能造成润滑不良。因此,抗乳化性是工业润滑油的一项很重要的理化性能。

8)空气释放值

液压油标准中有此要求,因为在液压系统中,如果溶于油品中的空气不能及时释放出来,将影响液压传递的精确性和灵敏性,严重时就不能满足液压系统的使用要求。

9)橡胶密封性

在液压系统中以橡胶作密封件者居多,在机械中的油品不可避免地要与一些密封件接触,橡胶密封性不好的油品可使橡胶溶胀、收缩、硬化、龟裂,影响其密封性,因此要求油品与橡胶有较好的适应性。液压油标准中要求橡胶密封性指数,它是以一定尺寸的橡胶圈浸油一定时间后的变化来衡量。

10)剪切安定性

加入增黏剂的油品在使用过程中,由于机械剪切的作用,油品中的高分子聚合物被剪断,使油品黏度下降,影响正常润滑。因此,剪切安定性是这类油品必测的特殊理化性能。

11)溶解能力

溶解能力通常用苯胺点来表示。不同级别的油对复合添加剂的溶解极限苯胺点是不同的,低灰分油的极限值比过碱性油要大,单级油的极限值比多级油要大。

12)挥发性

基础油的挥发性对油耗、黏度稳定性、氧化安定性有关。这些性质对多级油和节能油尤其重要。

13)防锈性能

防锈性能是专指防锈油脂所应具有的特殊理化性能,它的试验方法包括潮湿试验、盐雾试验、叠片试验、水置换性试验,此外还有百叶箱试验、长期储存试验等。

14)电气性能

电气性能是绝缘油的特有性能,主要有介质损失角、介电常数、击穿电压、脉冲电压等。基础油的精制深度、杂质、水分等均对油品的电气性能有较大的影响。

3. 润滑脂的特殊理化性能

润滑脂除一般理化性能外,具有专门用途的脂还有其特殊的理化性能。如防水性好的润滑脂要求进行水淋试验;低温脂要测低温转矩;多效润滑脂要测极压抗磨性和防锈性;长寿命脂要进行轴承寿命试验等。这些性能的测定也有相应的试验方法。

4. 其他特殊理化性能

每种油品除一般性能外,都应有自己独特的特殊性能。例如,淬火油要测定冷却速度;乳化油要测定乳化稳定性;液压导轨油要测防爬系数;喷雾润滑油要测油雾弥漫性;冷冻机油要测凝絮点;低温齿轮油要测成沟点等。这些特性都需要基础油特殊的化学组成,或者加入某些特殊的添加剂来加以保证。

GBE005 润滑油的要求

5. 润滑油的要求

(1)适宜的黏度和良好的耐温性能。润滑油的黏度关系到发动机的启动性、机件的磨损程度、燃油和润滑油的消耗量及功率损失的大小。

(2)清净分散性能好。润滑系统产生的油泥等污垢过多时会从油中析出,造成机油滤清器和油孔堵塞、机油的流动性差、活塞环黏着、燃油油耗增大、功率降低等现象。

(3)良好的润滑性。发动机使用的多是滑动轴承,而且要承受很大的负荷,发动机润滑油在高负荷、高压的条件下,必须有良好的润滑性。

(4)酸中和性好。燃油尤其是柴油中,含有大量的硫成分,燃烧后产生的酸性气体与水结合形成硫酸或亚硫酸等溶液。这些酸会对发动机内的金属产生腐蚀。因此要求润滑油具有很好的与酸中和能力,减少燃烧产生的酸性物质对发动机的损害。

(5)抗氧化及热氧化性能好。润滑油会在高温下与氧结合,其氧化生成物使润滑油变质失效,这是造成发动机许多故障的主要原因之一。

(6)良好的抗泡沫性。由于曲轴的强烈搅动和飞溅润滑,容易使润滑油生成气泡,润滑性能下降,并能导致机油泵故障。因此,润滑油中必须加入良好的泡沫抑制剂产品,抑制泡沫的产生,保持润滑油的功效。

GBE006 润滑的方式及选择

(五)润滑方式

1. 润滑的基本方法

(1)油润滑一般用于对摩擦面有液体摩擦的部位,以及要求冷却、需要清洗摩擦表面的。油润滑时,向摩擦表面施加润滑油有间歇式和连续式两种方法。它又分为滴油润滑、油环润滑、飞溅润滑和压力循环润滑几类。

(2)脂润滑只能间歇供应润滑脂。脂润滑的作用是减少摩擦并防止摩擦表面腐蚀,还能防止进入杂物,转速低,不经常工作的摩擦面常采用脂润滑。

2. 选择润滑介质的考虑因素

(1)润滑介质的性能好坏。

(2)负荷特性和大小。

(3)工作的温度高低。

(4)运动速度的大小。

(5)工作环境的温度。

(6)摩擦副的结构特点和润滑方式。

GBE007 润滑脂概述及理化指标

（六）润滑脂概述及理化指标

润滑脂是由一种（或多种）稠化剂和一种（或几种）润滑液体所组成的一种具有塑性的润滑剂。

1. 润滑脂的物理性能

包括外观、滴点、针入度、胶体安定性、水分、机械杂质和蒸发性等。

（1）外观：包括颜色、光亮、透明度、纤维数、均匀性、气味、乳化性、光滑感和软硬度等情况。

（2）滴点：又叫滴落点。在规定的条件下加热，润滑脂随温度升高而变软，从脂杯中滴下第一滴的温度称为滴点。

（3）锥入度：锥入度是衡量润滑脂的稠度（即软硬程度）的指标。

（4）分油：润滑脂在储存和使用过程中有产生分油的倾向，质量好的润滑脂分油较少。润滑油的分油倾向大小（又称胶体安定性好坏）对其使用有很大影响。

（5）水分：水分是指润滑脂含水的质量分数。即在产品规格上是用来控制含水分的百分率。

（6）机械杂质：润滑脂中的机械杂质是指稠化剂和固体添加剂以外的固体物质（例如沙粒、尘土、铁锈、金属屑等）。

（7）蒸发性：是衡量润滑脂在使用和储存中由于基础油的蒸发导致润滑脂变干的倾向。

2. 润滑脂的组成

润滑脂的主要组成是基础油、稠化剂和添加剂（添加剂和填料）。

一般选用矿物油作基础油，在有特殊要求的条件下，也可选用合成油作基础油。

稠化剂是润滑脂中重要的特征组成部分。它是被相对均匀地分散在基础油中而形成润滑脂结构的固体颗粒，其作用主要是将流动的液体润滑油增稠成不流动的半固体状态。稠化剂的种类不同，将对润滑脂的一系列性能起重要影响。

根据使用性能要求，可加入胶溶剂、抗氧剂、极压抗磨剂、防锈剂、防水剂和丝性增强剂等添加剂。

GBE008 常见润滑脂的作用、性能及选用

（七）常见润滑脂的作用、性能及选用

1. 作用

润滑脂的作用主要是润滑、保护和密封。绝大多数润滑脂用于润滑，称为减摩润滑脂。减摩润滑脂主要起降低机械摩擦，防止机械磨损的作用。同时还兼顾防止金属腐蚀的保护作用及密封防尘作用。

在常温和静止状态时它像固体，能保持自己的形状而不流动，能黏附在金属上而不滑落。在高温或受到超过一定限度的外力时，它又像液体能产生流动。润滑脂在机械中受到运动部件的剪切作用时，能产生流动并进行润滑，降低运动表面间的摩擦和磨损。当剪切作用停止后，它又能恢复一定的稠度，润滑脂的这种特殊流动性，决定它可以在不适于用润滑油的部位进行润滑。此外，由于它是半固体状物质，其密封作用和保护作用都比润滑油好。

2. 分类

润滑脂品种复杂，牌号繁多，分类工作十分重要。

(1)旧分类 GB 501—1965《润滑脂的组分 命名和代号》,是按稠化剂组成分类,即分为皂基脂、烃基脂、无机脂与有机脂四类。

(2)新分类 GB 7631.8—1990《润滑剂和有关产品(L类)的分类 第8部分:X组(润滑脂)》适用于润滑各种设备、机械部件、车辆等所有种类的润滑脂,不适用于特殊用途的润滑脂。也就是说,只对起润滑作用的润滑脂适用,对起密封、防护等作用的专用脂均不适用。这个分类标准是按操作条件进行分类的。在这个标准的分类体系中,一种润滑脂对应一个代号,这个代号与该润滑脂在应用中最严格的操作条件(温度、水污染和负荷条件等)相对应。

3. 基本组成

润滑脂主要是由稠化剂、基础油、添加剂三部分组成。一般润滑脂中稠化剂含量约为10%~20%,基础油含量约为75%~90%,添加剂及填料的含量在5%以下。

1)基础油

基础油是润滑脂分散体系中的分散介质,它对润滑脂的性能有较大影响。

2)稠化剂

稠化剂是润滑脂的重要组分,稠化剂分散在基础油中并形成润滑脂的结构骨架,使基础油被吸附和固定在结构骨架中。润滑脂的抗水性及耐热性主要由稠化剂决定。用于制备润滑脂的稠化剂有两大类。皂基稠化剂(即脂肪酸金属盐)和非皂基稠化剂(烃类、无机类和有机类)。

3)添加剂与填料

一类添加剂是润滑脂所特有的,叫作胶溶剂,它使油皂结合更加稳定,如甘油与水等。为了提高润滑脂抵抗流失和增强润滑的能力,常添加一些石墨、二硫化钼和碳黑等作为填料。

4. 选择方法

在强化学介质环境下,应选用如氟碳润滑脂这样的抗化学介质的合成油润滑脂。

(1)所选润滑脂应与摩擦副的供脂方式相适应。

(2)所选润滑脂应与摩擦副的工作状态相适应。

(3)所选润滑脂应与其使用目的相适应。

(4)所选润滑脂应尽量保证减少脂的品种,提高经济效益。

5. 润滑脂的正确使用

(1)所加注的润滑量要适当,但根据具体情况,有时应在轴承边缘涂脂而实行空腔润滑。

(2)注意防止不同种类、牌号及新旧润滑脂的混用,避免装脂容器和工具的交叉使用,否则,将对脂产生滴点下降、锥入度增大和机械安定性下降等不良影响。

(3)重视更换新脂工作,润脂品种、质量都在不断地改进和变化,老设备改用新润滑脂时,应先经试验,试用后方可正式使用;在更换新脂时,应先清除废润滑脂,将部件清洗干净。在补加润滑脂时,应将废润脂挤出,在排脂口见到新润滑脂时为止。

(4)重视加注润滑脂过程的管理,在领取和加注润滑脂前,要严格注意容器和工具的清洁,设备上的供脂口应事先擦拭干净,严防机械杂质、尘埃和砂粒的混入。

(5)注意季节用脂的及时更换,如设备所处环境的冬季和夏季温差变化较大,如果夏季用了冬季的脂或者相反,结果都将适得其反。

(6)注意定期加换润滑脂,润滑脂的加换时间应根据具体使用情况而定,既要保证可靠的润滑又不至于引起脂的浪费。

(7)不要用木制或纸制容器包装润滑脂,防止失油变硬、混入水分或被污染变质,并且应存放于阴凉干燥的地方。

6. 轴承润滑脂的正确选用

轴承润滑脂即用在轴承上的润滑脂,其目的是使轴承滚动面及滑动面间形成一层薄薄的油膜,以防止金属与金属直接接触,从而减少轴承内部摩擦及磨损,防止烧黏,润滑脂对轴承作用如下:

(1)减少摩擦及磨损:对轴承的座圈内表面与滚动体相互接触部分,防止金属接触,减少摩擦。磨损。

(2)延长轴承的转动疲劳寿命。在旋转中,滚动接触面润滑良好,则延长。反之,油粘度低,润滑油膜厚度不好,则缩短。

(3)排出摩擦热。循环给油法等可以用油排出由摩擦发生的热,或由外部传来的热,达到冷却的效果。防止轴承过热,防止润滑油自身老化。

(4)润滑脂还有防止异物侵入轴承内部,或防止生锈、腐蚀的作用。

为充分发挥以上作用,务必选用适合于使用条件的润滑方法和优质的润滑剂,设计出可清除润滑剂中尘埃及防止外部异物侵入和润滑剂泄漏的适宜密封装置。

(八)润滑系统的基本组成及润滑

GBE009 润滑系统的基本组成

油田井下特种装备润滑系统能否正常工作,直接影响设备的正常运转,影响设备的使用寿命,也影响设备的安全生产。目前,油田开发初期常用的 AC-400C、AC-700C 水泥车、洗井清蜡车台上井下特种装备及压裂泵车等所用的三缸或五缸柱塞泵,其润滑系统分动力端与液力端两大润滑系统。液力端润滑系统的主要作用是润滑、冷却柱塞,提高柱塞与密封件的使用寿命。液力端润滑系统主要采用齿轮油泵通过供油管道与油嘴对其进行润滑。

1. 动力端润滑采用连续式压力润滑

GBE010 动力端的润滑

动力端由传动箱下取力器(PTO)驱动的润滑泵进行润滑。动力端润滑系统由卸压阀、滤子、油压表、油泵、管路和润滑油冷却器及储油箱等组成。动力端润滑系统是保证泵车具有最佳工作性能和最长使用寿命的最重要因素之一。在油井作业过程中,只有泵低速运行时才能输出最高压力和最大负荷。泵运行的这一特性决定了必须要使用一台驱动润滑泵的动力装置。当发动机高速运行时,不管泵是否低速运行,润滑油泵均能输出最多的润滑油。因此,通过在变扭器下取力口驱动叶片泵作为润滑系统动力。

2. 液力端润滑系统

GBE011 液力端的润滑

液力端柱塞、密封填料采用气压式连续压力润滑。设备挂挡后可以自动启动密封填料润滑系统,当传动箱挂到刹车挡后会自动切断气源,润滑气泵停止工作。该系统包括所有为柱塞提供润滑的机油池和所必需的附件。在液力端之下,装有回收润滑流体的滴液盘。

通过一个带阀门的三通,可以使回收的润滑油流向润滑油罐或流向外接放油口。液力端润滑油箱内部通过隔板分为净油侧和污油侧两部分,隔板顶部开口,通过过滤网将净油侧和污油侧连通。气动润滑泵从净油侧吸油;回收的污油流回污油侧的底部,经沉淀过滤后从隔板顶部流向净油侧。净油侧底部有球阀,污油侧的底部放有污丝堵和球阀,侧面均有液位指示器。

二、井下特种装备易损件的互换性

GBB001 互换性的种类

(一)互换性的种类

机器制造中的互换性是指按照规定的几何、物理及其他质量参数的极限,分别制造机械的各个组成部分,使其在装配与更换时不需辅助加工及修配,便能很好得满足使用和生产上的要求。

互换性按照使用场合分为内互换和外互换,按照互换程度分为完全互换性、不完全互换性和不具有互换性。按照互换目的分为装配互换和功能互换。

1. 按照使用场合分类

(1)内互换:标准部件内部各零件间的互换性称为内互换。

(2)外互换:标准部件与其相配件间的互换性称为外互换。

例如滚动轴承,其外环外径与机座孔、内环内径与轴颈的配合为外互换;外环、内环滚道直径与滚动体间的配合为内互换。

2. 按照互换程度分类

(1)完全互换性:零部件在装配时不需选配或辅助加工即可装成具有规定功能的机器的称为完全互换;

(2)不完全互换性:零部件在装配时需要选配(但不能进一步加工)才能装成具有规定功能的机器的称为不完全互换。提出不完全互换是为了降低零件制造成本。在机械装配时,当机器装配精度要求很高时,如采用完全互换会使零件公差太小,造成加工困难,成本很高。这时应采用不完全互换,将零件的制造公差放大,并利用选择装配的方法将相配件按尺寸大小分为若干组,然后按组相配,即大孔和大轴相配,小孔和小轴相配。同组内的各零件能实现完全互换,组际间则不能互换。为了制造方便和降低成本,内互换零件应采用不完全互换。但是为了使用方便,外互换零件应实现完全互换。

(3)不具有互换性:当零件装配时需要加工才能装配完成规定功能的零件称为不具有互换性。一般高精密零件需要相互配合的两个零件配作或者对研才能完成其功能。

3. 按互换目的分类

(1)装配互换性:规定几何参数公差达到装配要求的互换称为装配互换。

(2)功能互换性:既规定几何参数公差,又规定机械物理性能参数公差达到使用要求的互换称为功能互换。

上述的外互换、内互换、完全互换和不完全互换皆属装配互换。装配互换的目的在于保证产品精度,功能互换的目的在于保证产品质量。

(二)柱塞的互换性

GBB002 柱塞的互换性

柱塞是油田压裂泵车重要的零件,由于工作环境恶劣,磨损、腐蚀和疲劳是损伤乃至失效的主要原因,柱塞平均使用寿命为半年,过一段时间就要更换。三缸柱塞泵是三根柱塞,五缸柱塞泵是五根柱塞,每根柱塞都很贵,更换下来的柱塞除了极少数没有修理价值的报废外,大部分需要进行修复后再使用。但也有一部分是在可使用范围内,即可以互换使用,不用更换新的。下面是常用的柱塞尺寸:

SNC-H300 水泥特车泵有 ϕ100mm、ϕ115mm、ϕ127mm 三种不同直径的活塞缸套可供更换,用来调节压力和排量。

AC-400B 水泥特车泵有 ϕ90mm、ϕ100mm、ϕ115mm 三种不同直径的活塞缸套可供更换,用来调节压力和排量。

ACF-700 型压裂车 3PCF-300 三缸单作用卧式柱塞泵,其柱塞直径为 100mm。

YLC-1050 压裂车的 LT416.9 三缸单作用卧式柱塞泵,其柱塞直径有 ϕ75mm、ϕ90mm 两种。

SS1000 压裂车的 GT78-1000 三缸单作用卧式柱塞泵,其柱塞直径为 101.6mm。

WESTERN1500 型压裂车 OPI1800CWS 三缸单作用卧式柱塞泵,其柱塞直径为 101.6mm。

井下特种装备用于酸化压裂作业时,柱塞一般选用 20Gr 等不锈钢经正火处理后,在表面堆焊一层厚约 1.5mm 以上的镍铬硼耐蚀合金。

(三)缸套的互换性

GBB003 缸套的互换性

缸套材料为 60 号或 42CrMo 钢,经正火处理后消除内应力,它是靠压套和压帽紧固于泵头体上。

柱塞和缸套之间装有碟形密封圈,有夹布橡胶和聚四氟乙稀两种类型配合使用,前者低压密封可靠,后者具有高压密封可靠和较好的抗酸碱腐蚀及耐磨损的性能。

缸套和柱塞是液力端配合偶件,在更换柱塞时,同时要检查缸套使用情况。当缸套磨损、腐蚀和疲劳造成损伤乃至失效的,需要与柱塞同时更换。三缸柱塞泵是三个缸套,五缸柱塞泵是五个缸套,每个缸套也都很贵,更换下来的缸套除了极少数没有修理价值的报废外,大部分需要进行修复后再使用。但也有一部分是在可使用范围内,即可以互换使用,不用更换新的。同一特车泵缸套内径,根据不同用途一般有 2~6 种。下面是各种车型缸套的种类:

YLC-1000B 型泵有 3 种内径的缸套。

3BN-1000 型泵有 5 种内径的缸套。

AC-400B 水泥车的 3PC-250 三缸单作用卧式柱塞泵,其缸套直径为 ϕ90mm、ϕ100mm、ϕ115mm 三种。

(四)阀及密封件的互换性

GBB004 阀及密封件的互换性

阀门由阀体、阀门压盖及螺母等组成。阀体的材料为 30CrMnTi,高强合金钢,经表面渗碳淬火。阀门密封由高强硫化橡胶或尼龙制造,锥角为 30°。吸入阀门和排出阀门的材料,结构和尺寸完全相同。活塞两端橡胶密封圈唇边的直径在自由状态下,应大于公称直径 2~3mm。

阀座和阀体的材料相同,均为 30CrMnTi,互为配合件,他们的配合锥角是 30°。阀座与泵头体的配合锥度为1∶6,阀座的通孔直径为80mm。井下特种装备阀密封可选用耐油、耐酸合成橡胶或聚氨酯,其肖氏硬度为85~95。

目前国内外井下特种装备的柱塞和拉杆密封普遍采用自封式密封。

GBB005 滚动轴承的互换性

(五)滚动轴承的互换性

1. 概述

常用滚动轴承的类型有深沟球轴承、推力轴承、圆锥滚子轴承。由外圈、内圈、滚动体、保持架组成。

支撑轴及轴上零件,保持轴的旋转精度,减少转轴与支撑之间的摩擦和磨损。具有效率高、启动快、摩擦阻力小、更换简单、成本低等优点。

滚动轴承的特点:

(1)滚动轴承是一种标准化部件。

(2)在机械中应用很广泛。

(3)摩擦力矩比滑动轴承小,消耗功率小,启动容易,更换简便。

(4)滚动轴承内圈与轴配合虽然属于基孔制,基本偏差是“0”,但下偏差是“-”值。

(5)其结构中的件采用分组装配,所以它们之间的互换性采用不完全互换性。

(6)在机械中的互换性是内圈与轴、外圈与壳体孔。按要求由专业化工厂生产,可完全互换。

2. 滚动轴承的公差等级

(1)精度等级:0,6(6X),5,4,2。

滚动轴承的精度包括:

①尺寸公差:指内圈的内径、外圈的外径和宽度尺寸的公差。

单一平面平均内径(外径)偏差变动量Δdmp,ΔDmp。

②旋转精度:指内、外圈的径向跳动、端面跳动及滚道的侧向摇摆。

(2)滚动轴承精度等级的选择。

选择原则:满足使用要求的前提下,选尽可能低的精度等级。

选择依据:

①机器功能对轴承部件的旋转精度要求。

②机器工作转速的要求。

0级:在机械制造业中应用最广,称为普通级,用于旋转精度要求不高的一般机构。如减速器、水泵、压缩机等旋转机构。

6(6X)、5、4级:用于旋转精度和转速要求较高的旋转机构,如普通机床、磨床的主轴轴承;普通车床主轴的前轴承采用5级轴承,后轴承采用6级轴承。

2级:用于旋转精度和转速要求特别高的旋转机构。如精密坐标镗床、高精度仪器主轴等轴承。

3. 滚动轴承内、外径公差带及特点

1)基准制

内圈与轴径:基孔制。外圈与壳体孔:基轴制。

2）公差带的大小

任何尺寸的公差带由两个因素决定：公差带的宽窄和公差带的位置。滚动轴承的公差带也不例外。

轴承内、外径公差带的特点是：所有公差带都单向偏置在零线下方，即上偏差为零，下偏差为负值。

3）内、外径公差带

上偏差均为0，即公称尺寸只会小，不会大。

4. 滚动轴承与轴和壳体孔的配合

（1）壳体孔的尺寸公差带。

（2）轴的尺寸公差带。

（3）轴承配合的选择。

（4）几何公差及表面粗糙度的确定。

GB/T 275—2015《滚动轴承 配合》规定了与轴承内、外径相配合的轴和壳体孔的尺寸公差带、形位公差、表面粗糙度以及配合选用的基本原则。为了保证轴承的正常运转，除了正确地选择轴承与轴颈及箱体孔的公差等级及配合外，还应对轴颈和箱体孔的几何公差及表面粗糙度提出要求。

形状公差：主要是轴颈和箱体孔的表面圆柱度要求。

跳动公差：主要是轴肩端面的跳动公差。

表面粗糙度：凡是与轴承内、外圈配合的表面，通常都对表面粗糙度提出较高的要求。

（5）滚动轴承配合选用及图样标注。

在装配图上，不用标注轴承的公差等级代号，只需标注与之相配合的轴承座及轴颈的公差等级代号。

GBB006 滑动轴承的互换性

（六）滑动轴承的互换性

1. 滑动轴承的特点

滑动轴承和滚动轴承相比，启动不够灵活，互换性差，对润滑要求高，使用维修不够方便。但由于滑动轴承本身具有一些独特的优点，使它在某些特殊场合仍占有无可替代的重要地位。

2. 滑动轴承的结构形式

1）向心滑动轴承的结构形式

（1）整体式向心滑动轴承。

（2）剖分式向心滑动轴承。

2）推力滑动轴承的结构形式

轴上的轴向推力应采用推力轴承来承受。止推面可利用轴的端面，也可在轴的中段做出轴肩或装上推力圆盘。

3. 滑动轴承的失效形式、轴承材料及轴瓦结构

1）滑动轴承的失效形式

（1）磨粒磨损。

(2)胶合。

(3)腐蚀。

(4)刮伤。

2)轴承材料

轴瓦和轴承衬的材料统称为轴承材料,对轴承材料性能的要求主要是由轴承失效形式决定的。

3)轴瓦结构

(1)轴瓦的结构形式。

轴瓦是直接支撑轴颈的零件,它的结构设计是否合理对轴承性能影响很大。根据结构形式的不同,轴瓦分为整体式和剖分式两种。

(2)轴瓦的定位。

轴瓦和轴承座不允许有相对移动。为了防止轴瓦沿轴向移动和周向转动,将其两端做出凸肩来做轴向定位,也可用紧定螺钉和销钉,将其固定在轴承座上。

4. 滑动轴承的润滑

为了减少摩擦和磨损,降低功率损耗,延长滑动轴承的使用寿命,必须对滑动轴承进行润滑。润滑效果的好坏,主要取决于能否合理地选择润滑剂和润滑方法。

1)润滑剂的选择

根据滑动轴承的具体要求可选择气体、液体、半液体和固体四种润滑剂。一般情况下,主要选用液体(润滑油)和半液体(润滑脂)作润滑剂。固体(二硫化钼、石墨)和气体(空气)润滑剂只在高速、高温或其他特殊情况下采用。

2)润滑方法

(1)间断式润滑。

①手工加油。手工用油壶或油枪向注油杯注油。这是最简单的间断式供油方法,常用的润滑装置为油刷或油壶,也常用油枪通过油孔或压配油杯把润滑剂注入润滑部位。

②滴油润滑。油通过润滑装置连续滴入润滑部位。润滑效果比手工方法好。

(2)连续润滑。

①油环润滑。油环套在轴颈上,其下部浸在油池中。当轴转动时,靠摩擦力带动油环旋转把油带入轴承。油环浸在油池内的深度约为其直径的1/4时,给油量已足够维持液体润滑状态的需要。这种方法简单可靠,适于轴的转速在100~2000r/min的水平轴承。当轴承太宽时,也可采用两个油环。

②飞溅润滑。飞溅润滑是利用浸在油中转动体把油飞溅起来,形成细油滴,直接飞溅到润滑处,或同时利用集油槽将箱壁上的油汇合并导入润滑部位。形成飞溅润滑的条件是回转件的圆周速度要大于2~3m/s。当速度小于2m/s时,可利用刮油板把回转件所蘸的油刮下并导入润滑部位。油池中要保持一定的油量,一般为每千瓦功率加入0.45~0.7dm^3。

(3)油泵循环给油润滑。

油泵循环给油润滑是最完善的给油方法,给油量准确、稳定且安全可靠,但设备费用高,常用于高速精密的重要机器中。

目前我国生产的滑动轴承属于不完全互换性零件。

三、井下特种装备零件的修理工艺及技术要求

(一)井下特种装备修理方式的分类

GBA001 井下特种装备修理方式的分类

现以第四石油机械厂生产的 PG05 动力端和液力端的结构为主。对井下特种装备的拆装进行介绍。当需要对特车进行维修时,一般将柱塞泵总成吊离车台,并将动力端和液力端及链条箱、变速箱、传动轴等附件分离。

1. 动力端的拆装流程

1)前期准备

(1)备好施工中所需要的工具、仪器、仪表等物品。

(2)备好所需的零部件、辅助材料、垫料、铁丝、开口销及润滑油、清洗油等。

(3)清洗井下特种装备外部。

2)拆装顺序

井下特种装备的拆装顺序取决于井下特种装备的结构,一般是先简单后复杂,当然,可根据现场实际情况制定出更合理的拆装顺序。

(1)首先将拉杆上的螺母用专用扳手卸下,分离动力端和液力端。

(2)拆除底部螺栓,将动力端整体吊下。吊离之前,拆除所有的润滑油管线及仪表电线。

(3)在放空泵壳底部的润滑油并清洗干净外壳表面后,拆下壳体螺栓,吊离泵壳盖。

(4)拆下曲轴、连杆螺栓、主轴连接法兰及小齿轮轴法兰。

(5)在拆除主轴及小齿轮轴的过程中,只可使用紫铜棒敲击,不得使用手锤直接敲击。

3)组装动力端主要零部件的技术要求

(1)齿轮的齿侧间隙为 0. 08~0. 28mm(渐开线齿轮)。

(2)大齿轮的端面跳动应小于 0. 38mm。

(3)小齿轮与轴的配合间隙为 0. 03~0. 122mm,大齿轮与轴的配合过盈量为 0. 067~0. 105mm。

(4)链轮与小齿轮的配合间隙为 0. 04~0. 088mm。

(5)偏心轮与主轴的装配过盈量为 0. 05mm。

(6)偏心轮与瓦片的间隙为 0. 7~0. 89mm。

(7)连杆销子连杆主体小头孔的配合间隙为 0~0. 127mm。

(8)连杆销与十字头孔的配合间隙为 0~0. 038mm。

(9)十字头与动力端壳体衬套的配合间隙为 0. 2~0. 41mm。

(10)衬套与动力端壳体的配合过盈量为 0~0. 126mm。

(11)主轴承瓦盖连接螺栓扭矩为 138N · m。

(12)双圆弧齿轮的接触迹线及侧隙:

①接触迹线离齿顶 0~1mm 不允许齿顶啮合。

②接触线上沿宽 80%(跑合后)。

③接触迹线长侧齿高 40%(跑合后)。

④侧隙沿齿轮每边测三点,侧隙范围为 0. 25~0. 35mm。

(13)动力端总成组装好后人工转动主轴齿轮应无卡阻现象。

(14)动力端组装好并按标准进行磨合后,才能进行车台总装。

4)拆装过程中应注意的事项

(1)正确使用拆装工具。正确使用工具是保证拆卸质量的重要一环。拆卸螺母、螺栓(钉)时应根据其六方尺寸,选取合适的固定扳手或套筒扳手,尽量不用活动扳手、手钳,以免损坏螺母的六方棱角。公制和英制扳手一般不应通用。如无专用工具,可选用尺寸合适的镜头,用手锤冲出。但不得用手锤直接敲击零件的工作表面。严禁用量具、扳手、手钳等代替手锤来敲击。

(2)有特殊要求的零件应做好标记。对某些有较高配合要求的零件,在拆卸时应在相配合的各零件上做好记号,避免搞乱顺序,破坏原有配合以便于修理后安装。如各道主轴承盖、连杆轴轴承盖等配合副,在拆卸时均应做好记号,不应搞乱。对有平衡要求的高速旋转零件,如曲轴、离合器压板及盖、转动轴等,拆卸时也应注意做记号,以防止装配时装错,破坏其静、动平衡。

(3)在拆卸工作中,遇到最多的是拆卸螺纹连接,有时会遇到螺纹锈死或螺柱折断的情况。当螺纹锈死不能拆卸时,可采用下列方法和顺序进行拆卸:

①先将螺母旋进 1/4 转,然后旋出,反复紧松,逐步退出。

②用手锤轻轻敲击螺母四周。

③在螺母与螺杆间加注机油,渗透 20~30min 后再旋出,也可注入松锈剂。

④用喷灯加热螺母后再旋出。

⑤如果上述方法均无效时,可把螺母小心地凿去。

如果螺柱折断在螺孔内,可用一根淬火的四棱锥形钢棒,将其尖端敲入螺柱上预先钻好的孔眼内,使钢棒的四棱能紧挤螺柱的孔,然后,将螺柱旋出。也可在螺柱上钻一小于螺柱直径的孔眼,在孔内攻反螺纹,然后旋进反螺纹的螺栓,旋出折断螺柱。

2. 液力端的拆装流程

液力端的拆装通常在对液力端检修时进行,没有较大范围的检修是不吊装的。

1)拆装液力端密封填料的流程

(1)从需要更换密封填料的孔中拆出柱塞、密封填料螺母、铜环和密封填料。使用木锤柄或合适的拉出器拆卸铜环和密封填料,不允许使用任何金属棒。根据拆出的顺序,将柱塞、铜环、密封填料等分开存放,便于发现问题时能够确定其原有位置。此时观察密封填料孔,如果有砂、水泥或其他磨料,必须使用刮削器从密封填料和铜环外侧周围将其刮除。

(2)在重新装配之前,包括密封填料螺母在内的全部铜环应彻底清洗,并检查有无任何损坏。

(3)所有新的和用过的铜环都应检查,如有细小刻痕和擦伤,可以用 100 号或更细的砂布清除,不允许使用锉刀,以防损坏铜环的内表面。

(4)以旋转的方式将密封填料座圈装入孔中,如果卡住,可用木柄轻轻敲打,直到转动自如为止,绝对不允许连续重击或压入孔内,否则将影响其配合。

(5)必须在干燥状态下将双组密封填料装到密封填料底圈上,绝不允许将密封填料泡在油里。

(6)用安装密封填料座圈的方法安装密封填料压环。

(7)安装导向套。

(8)安装密封套。

(9)用手紧固密封填料螺母。

(10)检查柱塞有无细小刻痕及擦伤。

(11)用浸油毛巾给整个盘根和铜环内表面加油,给柱塞涂油并装入泵孔内。

(12)用610mm管钳和3kg手捶紧固柱塞螺纹,如果柱塞不能完全拧上,应拆下检查螺纹。待密封填料和柱塞安装后,用标准钩头扳手紧固所有密封填料螺母,尽可能压紧(不加上手柄),然后启动设备,使泵极慢地转动,保证所有柱塞表面被润滑。当泵转动时,应继续紧固密封填料,紧固密封填料时一定要让泵转动,直到用标准钩头扳手不能再紧为止。

2)注意事项

(1)更换吸入腔堵头和排出阀弹簧座的O形圈和挡圈时,应将孔堵头和弹簧座清洗干净,然后给挡圈附近的堵头和弹簧座涂上润滑脂(二硫化钼型),在每个O形圈的每侧,装一个挡圈。

(2)在组装吸入腔堵头时,要小心地压下吸入阀弹簧,并旋转阀压盖,使堵头下平面压住吸入阀弹簧口,阀盖压紧后一定要保证堵头下平面水平(可以通过观察外侧阀压盖压板上两个小螺栓是否处于铅垂位置来判断),如果堵头下平面不水平,则不能保证吸入阀弹簧和吸入阀正常工作。

(3)更换上述堵头之前,应检查液力端(泵头体)上的螺纹,如果螺纹的开始或最后的裂纹不超过1.5扣,螺纹可以磨掉(务必清除全部裂纹);如果裂纹超过1.5扣,应及时组织维修,否则这些裂纹将继续发展,影响泵头的安全使用。

(二)井下特种装备零件修复中的机械加工类型

GBA002 井下特种装备零件修复中的机械加工类型

井下特种装备修理时,其主要零件多半是直接经机械加工修复的。其他零部件即使经堆焊、喷涂、电镀、胶黏等方法修复,也都需要机械加工。机械加工是井下特种装备零部件修复过程中最重要、最常用的方法。

井下特种装备零件修复,实质上就是零部件的再一次“制造”。只是零部件修复的加工对象不是铸造或锻造的坯件,而是磨损的旧零件。

1. 井下特种装备零部件的修复特点

(1)加工批量小,多是单件加工。

(2)加工余量小,常常只对局部加工。

(3)工件硬度高,零件的堆焊层、喷涂层、电镀层的硬度都比较高。机械加工通常是在金属切削机床上进行的,其主要形式有车、铣、刨、磨、钻等。

2. 井下特种装备修理方法分类

1)就泵修理法

就泵修理法是指井下特种装备在修理过程中各自的零件、合件、组合件及总成不互换,除更换报废的零件外,原泵的零件、合件、组合件及总成修理后仍装回原来的泵。

2)总成互换修理法

总成互换修理法是指井下特种装备在修理过程中除主体部分外,其余需修的总成或组合件部件换用单独储备的总成或组合件(如曲轴总成件、润滑油泵总成件等)。

GBA003 柱塞的修复方法

(三)柱塞的修复方法

1. 操作步骤

(1)用撬杠将泵头压紧螺母松开,取出压盖。

(2)盘车,将柱塞盘到适当位置。

(3)松开柱塞与拉杆间的锁紧螺母。

(4)用扳手卡住拉杆。

(5)装入柱塞套筒,取出柱塞,取下柱塞密封圈。

(6)检查柱塞及密封圈磨损情况。

(7)装配的顺序与拆卸的顺序相反。

2. 注意事项

(1)取装柱塞时要小心,以免碰坏表面。

(2)柱塞表面刻痕严重时应及时更换。

(3)检查柱塞各部分尺寸,应符合规定要求。

3. 修复方法

(1)对于磨损较轻的柱塞,可应用外圆磨床将柱塞表面磨圆,再采用表面刷镀镍层的方法修复。

(2)柱塞表面圆柱度的标准为0.02mm以内。

(3)井下特种装备在使用中,如果掌握了零件磨损和疲劳的规律,及时进行保养和修理,就可延长其使用寿命。

(4)采用表面刷镀镍层的方法修复磨损的柱塞,刷镀的镍层厚度可达0.2mm以上。

GBA004 主轴及曲轴的修复方法

(四)主轴及曲轴的修复方法

工作时,主轴及曲轴轴颈表面在承受很大的单位压力的同时且具有很高的滑动摩擦速度,轴颈散热效果较差,各轴颈表面极易遭受磨料磨损。因此对曲轴进行检验,查明情况,并选择正确的修理或修复方法,以保证主轴及曲轴所要求的疲劳强度和耐磨性。井下特种装备的主轴与连杆配合的轴颈部分硬度为HRC45~50。

1. 主轴及曲轴的损伤形式及检查

主轴及曲轴常见损伤形式有轴颈磨损、裂纹、烧伤、弯曲或断裂等。

1)轴颈的磨损及检查

轴颈表面的磨损是不均匀的,磨损后的轴颈出现圆度和圆柱度误差。主轴颈与连杆轴颈的最大磨损部位相互对应,即各主轴颈的最大磨损靠近连杆轴颈一侧,而连杆轴颈的最大磨损也靠近主轴颈一侧。另外,轴颈还有沿轴向的锥形磨损。轴颈的椭圆形磨损是由于作用于轴颈上的力沿圆周方向分布不均匀引起的。连杆轴颈所受的综合作用力始终作用在连杆轴颈的内侧,方向沿曲柄半径向外,造成连杆轴颈内侧磨损最大,形成椭圆形。连杆轴颈产生锥形磨损的原因是由于通向连杆轴颈的油道是倾斜的,当曲轴回转时,在离心力的作用下,润滑油中的机械杂质聚集在连杆轴颈的一侧,使该侧轴颈磨损加快,导致磨损呈锥形。此外,连杆弯曲、气缸中心线与曲轴中心线不垂直等原因都会使轴颈沿轴向受力不均而使磨损偏斜。主轴颈的磨损主要是由于受到连杆、连杆轴颈及曲柄臂离心力的影响,使靠近连杆轴颈的一侧与轴承产生的相对磨损较大。曲轴轴颈的磨损可用外径千分尺测量,计算轴颈的磨损量、圆度和圆柱度误差。

2)主轴及曲轴的弯曲及扭曲

当主轴及曲轴的弯曲度超过0.1mm(有的为0.2mm)时,应进行校正。测量时将主轴颈放置在检验平板上两个等高V形铁上。将千分表的表盘定在“0”位置并将其触头触及中间主轴颈表面,缓慢转动曲轴,千分表最大示值的一半即为曲轴的弯曲度。扭曲检查时,曲轴的放置与弯曲检查相同。检查时,将曲柄臂置于水平位置,用千分表测量同一平面内第一缸和最后一缸的连杆轴颈高度,其差值即为曲轴的扭曲度。当井下特种装备曲轴或主轴的轴颈部分无明显拉伤,尺寸仍在控制范围内,只是同轴度稍差时,可采用冷校法或热校法予以修复。

3)裂纹检查

由于应力集中在轴颈圆角部位和油孔周围易产生裂纹,裂纹的存在会导致曲轴的断裂。因此,要用探伤仪(如磁粉探伤仪、超声波探伤仪等)来检测是否存在裂纹。若有环形裂纹或裂纹长度超过20mm的纵向裂纹,应用凿子或气割枪吹掉,经电弧焊补后再采取相应的措施。此外,轴颈表面还可能出现擦伤与烧伤。擦伤主要是由于机油不清洁引起的。烧伤是由于润滑不足、机油过稀或油路阻塞等原因造成烧瓦引起的。

2. 曲轴及主轴轴颈修复工艺

一般来说,轴颈直径在80mm以下圆度及圆柱度误差超过0.025mm,或直径在80mm以上圆度及圆柱度误差超过0.040mm的曲轴,均应按规定尺寸(修理尺寸)进行修磨。当轴颈磨损严重,采用修理尺寸法不能达到修理效果时,应采用涂层技术修复后再磨削至规定的尺寸或修理尺寸。

1)修理尺寸法

修理尺寸法是修复配合副零件磨损的一种常用方法,他是将待修配合副中的一个零件利用机械加工的方法使其恢复正确形状并获得新的修理尺寸,然后选配具有相应尺寸的另一个零件与之相配,恢复配合性质的一种修理方法。对于磨损量不大的曲轴,可采用磨削的方法使其达到修理尺寸。

2)振动堆焊修复

堆焊是在金属材料或零件表面熔焊上耐磨、耐蚀等特殊合金层的一种工艺方法。当曲轴轴颈磨损超限,不能按最后一级修理尺寸磨削修理时,可采用振动堆焊的方法增补磨损表面后再磨削。堆焊修复曲轴前,对待修复曲轴轴颈表面进行清洗、检查、磨削和预热等准备工作,可极大地提高修复质量。

3)电弧喷涂修复

热喷涂技术是近年来在机械制造和设备维修中广泛应用的一项表面工程技术。它是将熔融状态的喷涂材料通过高速气流使其雾化喷射在零件表面,形成喷涂层的一种金属表面加工方法。目前,它已广泛地应用于制造各种功能性涂层和机械零部件的修复中。待喷涂曲轴的清洗、检查、磨削方法与堆焊相同。

4)电刷镀修复

电刷镀具有镀层与基体的结合强度高,镀层硬度高,耐磨、耐蚀性好,镀后工件不变形,沉积速度快,镀层种类多,应用范围广等优点,已广泛地应用于零件的磨损修复、表面防腐、减摩、装饰等。

GBA005 泵头体的修复方法

(五)泵头体及连杆总成的修复方法

1. 泵头体的修复方法

泵头体常采用中碳合金钢铸造而成,是一个整体。泵头体的损坏形式有许多种,其中由于泵体自身铸造的原因及较薄处应力集中而产生的损坏形式是疲劳裂缝。泵头体的缸套孔轴线与连接端面的垂直度偏差应控制在0.1mm以内,超过规定尺寸就要拆卸修复。拆卸螺母、螺栓应根据其六方尺寸,首先选取合适的固定扳手或套筒扳手。

具体步骤操作步骤如下:

(1)检查泵阀、座孔,冲损者可锺大后镶套。

(2)检查柱塞孔或缸套孔,若冲坏或锈蚀的磨损量大于1mm时,可以镶套1次。

(3)检查泵头端面,冲损凹陷深不大于1mm的,可直接修平;冲损凹陷深大于1mm的,用气焊堆焊后刨平或锉平。

(4)泵头螺纹的裂纹必须全部清除,螺纹裂纹超过1扣半的,应返回制造厂。

(5)泵头体有裂纹和严重冲损而不堪修复的,应报废。

GBA006 连杆总成的修复方法

2. 连杆总成的修复方法

连杆的主要损坏形式是疲劳断裂和过量变形。通常疲劳断裂的部位是在连杆上的三个高应力区域。连杆的工作条件要求连杆具有较高的强度和抗疲劳性能;又要求具有足够的钢性和韧性。传统连杆加工工艺中其材料一般采用45号钢、40Cr或40MnB等调质钢,硬度更高。连杆瓦是由铜铅合金制成的。

1)操作步骤

(1)用手锤轻击或用小撬杆拨动连杆轴承盖,在轴颈上做轴向移动,检查轴承松紧情况。

(2)卸下轴承盖,用油砂布轻轻磨去轴承工作面的不光滑处,擦净轴承内孔及连杆轴颈。

(3)沿轴向在轴颈上三个不同处分别放入长50mm的软铅丝各一根。在上下轴瓦的结合面上放上软铅丝,合上轴承盖,用扭力扳手按规定扭力均匀地拧紧连杆螺栓。

(4)转动曲轴数圈后,卸掉轴承盖,用千分尺测量被压扁的软铅丝厚度。

2)技术要求

(1)井下特种装备泵连杆总成在同一泵内的质量差不允许超过500g。

(2)用手锤轻击或用撬杆拨动检查轴承时,应松紧适度。过松表明间隙大,过紧表明间隙小。间隙过大、过小都应调整。

(3)卸轴承盖时,注意不要将轴承上、下与片结合面上间隙调整的垫子搞错或丢失。卸后应看清原装配方位标记,若无标记,应打好标记,以防装配时装错。

(4)用扭力扳手以280~300N·m的扭矩均匀拧紧连杆螺栓。拧上熔断丝铁丝,装上泵盖。在拧紧连杆螺栓时,应边转动曲轴边检查是否有卡阻现象,转动曲轴时应无轻重不一或有阻力的感觉,否则须检查调整。

(5)油膜应呈微小点状均匀地分布在整个轴承工作面上,若出现无油膜或油膜过厚现象,则分别表明间隙过小或过大,应再次调整。

(6)连杆轴等与连杆轴颈的配合间隙应为0.06~0.15mm。

(7)若间隙大,且又无椭圆时,可在轴承上下瓦片结合面处加上同样厚的垫子。若有椭圆,应在椭圆下直径方向的轴承上下瓦片结合面上去掉垫子。

(六)润滑油泵的修复

齿轮式润滑油泵的磨损部位主要有主动轴与衬套、被动齿轮中心孔与轴销、泵壳内腔与齿轮、齿轮端面与泵盖等。

GBA007 润滑油泵修复的技术要求

1. 润滑油泵修复的技术要求

润滑油泵磨损后其主要技术指标要求:

(1)用厚薄规测量润滑油泵齿轮的啮合间隙时,同时要在相邻 120°的三点上测量,其间隙相差不应超时 0.1mm。

(2)渐开线齿轮的齿侧间隙不在 0.08~0.28mm 范围内。

(3)润滑系技术状况恶化,润滑压力明显过低。

(4)用百分表及千分尺测量润滑油泵轴和轴承的间隙,超过规定值。

如达不到上述要求,应将其拆卸分解,查清磨损部位及程度,采取相应办法予以修复。主动轴与衬套磨损后的修复润滑油泵主动轴与衬套磨损后,其配合间隙增大,必将影响泵油量。遇此,可采用修主动轴或衬套的方法恢复其正常的配合间隙。若主动轴磨损轻微,只需压出旧衬套后换上标准尺寸的衬套,配合间隙便可恢复到允许范围。若主动轴与衬套磨损严重且配合间隙严重超标时,不仅要更换衬套,而且主动轴也应用镀铬或振动堆焊法将其直径加大,然后再磨削到标准尺寸,恢复与衬套的配合要求。

GBA008 润滑油泵的修复方法

2. 润滑油泵的修复方法

1)润滑油泵壳体的修理

(1)壳体裂纹的修理:壳体裂纹可用铸 508 镍铜焊条焊补。焊缝须紧密而无气孔,与泵盖结合面平面度误差不大于 0.05mm。

(2)主动轴衬套孔与从动轴孔磨损的修理:主动轴衬套孔磨损后,可用铰削方法消除磨损痕迹,然后配用加大至相应尺寸的衬套。从动轴孔磨损也以铰削法消除磨损痕迹,然后按铰削后孔的实际尺寸配制从动轴。

(3)泵壳内腔的修理:泵壳内腔磨损后,一般采取内腔镶套法修复,即将内腔搪大后镶配铸铁或钢衬套。镶套后,将内腔搪到要求的尺寸,并把伸出端面的衬套磨去,使其与泵壳结合面平齐。

(4)阀座的修理:限压阀有球形阀和柱塞式阀两种。球形阀座磨损后,可将一钢球放在阀座上,然后用金属棒轻轻敲击钢球,直到球阀与阀座密合为止。如阀座磨损严重,可先铰削除去磨痕,再用上法使之密合。柱塞式阀座磨损后,可放入少许气门砂进行研磨,直到密合为止。

2)泵盖的修理

(1)工作平面的修理:若泵盖工作平面磨损较小,可用手工研磨法消除磨损痕迹,即在平台或厚玻璃板上放少许气门砂,然后将泵盖放在上面进行研磨,直到磨损痕迹消除,工作表面平整为止。当泵盖工作平面磨损深度超过 0.1mm 时,应采取先车削后研磨的办法修复。

(2)主动轴衬套孔的修理:泵盖上的主动轴衬套孔磨损的修理与壳体主动轴衬套孔磨

损的修理方法相同。

(3)齿轮的翻转使用:润滑油泵齿轮磨损主要是在齿厚部位,而齿轮端面和齿顶的磨损都相对较轻。齿轮在齿厚部位都是单侧磨损,所以可将齿轮翻转180°使用。当齿轮端面磨损时,可将端面磨平,同时研磨润滑油泵壳体结合面,以保证齿轮端面与泵盖的间隙在标准范围内。

项目二　固井的施工工序

一、准备工作

(1)按施工要求准备施工工具。

(2)按施工要求准备储灰罐。

(3)按施工要求准备清水罐。

(4)堰木10根。

(5)按施工要求准备车辆。

(6)胶塞1个。

(7)环胀封隔器1部。

二、操作步骤

(1)劳保用品必须穿戴齐全。

(2)工具、用具使用后要做好维护保养。

(3)固井设备未进入井场前,应有专人视察井场,以使确定停车位置和了解储灰罐、清水罐的摆放位置。

(4)指挥车辆到位停妥,拉紧手刹,打好堰木。

(5)检查井口和水泥接头安装是否可靠。根据施工工艺流程连接好高低压管汇。管汇应清洁、畅通,接头连接右靠无蹩劲。高压管线尽可能着地,避免过长的悬空。

(6)检查施工液,应清洁,其储备量不少于施工设计用量的1.5~2倍。检查干水泥的储备量。

(7)水泥车排空:逐车依次进行,检查各单车上水情况。

(8)高压管线试压:关闭排空阀门,指定一车试压,试压压力应高于施工中最高压力2.0MPa($20kgf/cm^2$),保证无刺漏。

(9)按设计量注入隔离液(前置液),在确认井内畅通情况下才能注水泥浆。

(10)注水泥,应在不高于规定施工压力下,尽可能提高注入排量,保证流速达到紊流状态。

(11)水泥浆的相对密度,应在开始1min内配调达到设计要求,其后实际平均相对密度与设计要求偏差不大于±0.05。在注水泥浆途中严禁清水窜入井内。应保证连续施工,中途不得停泵。

(12)当注水泥量达到设计要求后,应迅速停注,准备顶胶塞。顶胶塞前应冲洗管线。

(13)迅速平稳打开水泥头上胶塞挡销,最长时间不得超过2min。

（14）打开水泥头顶胶塞阀门，指定一车开泵顶胶塞。泵速要平稳，防止因胶塞卡死，引起泵压猛升。

（15）待确认胶塞已进入套管，指定水泥车开泵向套管连续注入替置液。

（16）替置液用量必须按设计量准确计量。其用量应等于套管内的容积。

（17）碰压是待胶塞将要达到套管底部时，指定一车继续顶胶塞到井底支撑圈套处。

（18）碰压应明显、平稳，最高压力按设计要求不大于0.5MPa（5kgf/cm^2）。

（19）碰压压力达到要求后，立即停泵观察，确认胶塞已封住支撑圈无误后，关闭套管阀门。

（20）将固井施工参数整理好，向施工人员介绍后交给井队。

（21）安排回队行车顺序和提出安全行驶要求。

（22）正确使用工具、用具。

（23）严禁违反操作规程进行操作。

项目三　压裂施工前的准备及注意事项

一、准备工作

（1）按施工要求准备管柱。

（2）按施工要求准备工具。

（3）按施工要求准备压裂液。

（4）按施工要求准备支撑剂。

（5）按施工要求准备车辆。

二、操作步骤

（1）劳保用品必须穿戴齐全。

（2）工具、用具使用后要做好维护保养。

（3）测取井底压力、流动压力、井温、砂面和产量，计算出采油指数。

（4）管柱和工具下井前应进行可靠性检测。例如，测量管柱的直径、长度尺寸，检查螺纹和管壁完好情况。

（5）管柱抗压强度应大于施工工作压力的1.5MPa以上。

（6）管壁内应冲洗干净。

（7）封隔器和水力锚的密封性和工作压力应试压合格。

（8）压裂液的数量应不少于实际用量的120%，并测定黏度、温度。

（9）压裂液内不允许有石子杂草等脏物，必要时予以过滤。

（10）液罐的摆放应占地少，便于施工。

（11）检查支撑剂的数量和粒径大小及干净程度。

（12）井口装置应连接牢固可靠，闸阀关闭应灵活严密好用。

（13）深井作业时应提前试压。

（14）施工场地应根据施工规模大小，如设备台数、器材占地、施工活动范围等进行平整。

(15)正确使用工具、用具。

(16)严禁违反操作规程进行操作。

项目四　压裂时注替置液和排空的步骤及注意事项

一、准备工作

(1)按施工要求准备替置液。

(2)按施工要求准备工具。

(3)按施工要求准备液罐。

(4)按施工要求准备车辆。

二、操作步骤

(1)劳保用品必须穿戴齐全。

(2)工具、用具准备齐全,使用后要做好维护保养。

(3)加砂停止后,迅速转入泵注替置液。

(4)必要时可加大排量,提高流速,以利替置。

(5)替置液用量,应等于井筒容积,不宜过量,以防砂子被推入地层裂缝的深处,造成井底附近地层裂缝闭合,降低压裂效果。

(6)如果井内有砂沉现象,可适当增加替置液量。

(7)替置液挤完后,立即停泵,关闭井口总阀门,打开排空阀门,开泵冲洗和排空管线内的储液。

(8)最后停泵前应提前关闭液罐出口阀门,直到管线内排空干净为止。

(9)拆卸全部地面管线,放回原位,固定牢靠。

(10)正确使用工具、用具。

(11)严禁违反操作规程进行操作。

项目五　更换柱塞泵拉杆密封填料,使用钢锯锯割圆钢(以 AC-400C 型为例)

一、准备工作

(1)密封填料 1 组。

(2)柴油 1L。

(3)机油 1L。

(4)ϕ20mm、200mm 长圆钢 1 根。

(5)S12~14、S14~17 开口扳手各 1 把。

(6)油盆 1 个。

(7)纱布1捆。
(8)钢锯弓1个。
(9)锯条2根。
(10)台虎钳1台。
(11)150mm钢板尺1把。
(12)机油壶1个。

二、操作步骤

(1)劳保用品必须穿戴齐全。
(2)操作所用的工具、用具准备齐全,使用后要做好维护保养。
(3)铺好防渗布。
(4)用S12~14开口扳手卸下十字头观察窗上的螺栓,取下盖子。
(5)用S14~17开口扳手卸下密封填料压盖,用两个S14~17开口扳手卸下紧固密封盒与挡片的螺栓、螺母,取下密封盒,取出密封填料。
(6)清洗拆下的零部件并擦干。
(7)给新密封填料涂上一层机油,装入密封盒,套上拉杆,把密封盒与挡片连接起来,再装好密封盒盖,最后装好观察窗盖子。
(8)锯条齿朝前装好锯条,锯条松紧合适,将圆钢夹紧在台虎钳上。
(9)用钢板尺量取20mm慢慢起锯后再校对下料长度。
(10)身体前倾,用右手握锯弓手柄,左手扶锯弓前部,平稳推拉钢锯。
(11)锯条往复长度应不小于锯条长度的2/3。
(12)锯割中应加适量的冷却液。工件快锯断时,速度要慢。
(13)正确使用工具、用具。
(14)严禁违反操作规程进行操作。

项目六　柱塞及密封填料常见故障发生原因的判断

一、准备工作

(1)600mm管钳1把。
(2)1.5kg手锤1把。
(3)200mm手钳1把。
(4)150mm螺丝刀1把。
(5)冲子1把。
(6)200mm活动扳手1把。
(7)S14~17开口扳手1把。
(8)S12~14梅花扳手1把。
(9)油盆2个。

二、操作步骤

(1)劳保用品必须穿戴齐全。

(2)把检查用的材料、工具、用具准备齐全,使用后要做好维护保养。

(3)铺好防渗布。

(4)如果柱塞和衬套之间有密封填料向外张开呈喇叭形或被挤出,则柱塞与衬套之间间隙过大。

(5)柱塞表面上的拉痕严重,这是因润滑不良(如缺油或无油),密封填料磨损严重的结果。或者前衬套间隙过大,硬介质挤入拉伤柱塞。

(6)如果衬套一处磨损严重,这可能是密封填料盒孔轴线与柱塞轴线不同心。

(7)衬套扭曲,这可能是被一个轴向移动的物体因撞击造成,或在安装过程中因敲打造成。

(8)青铜衬套颜色变黑,是因缺乏润滑油或柱塞与衬套间隙过小,磨损严重散热不良所致。

(9)正确使用工具、用具。

(10)严禁违反操作规程进行操作。

项目七　拆装 3PCF-300 型泵高压旋塞阀

一、准备工作

(1)19~22mm 套筒扳手 1 把。

(2)150mm 螺丝刀 1 把。

(3)1000mm 撬杠 1 根。

(4)120MPa 手压试压泵 1 台。

(5)充满黄油黄油枪 1 支。

(6)大号油盆 1 个。

(7)棉纱 0.1kg(可用毛巾代替)。

(8)密封圈 4 个(3PCF-300 型泵高压旋塞阀用“O 形圈 2 个,密封圈 2 个”)

(9)润滑脂 1 袋。

(10)清洗液 3kg。

(11)高压旋塞阀 3PCF-300 型泵用 1 个。

二、操作步骤

(1)劳保用品必须穿戴齐全。

(2)工具、用具齐全,使用后做好维护保养。

(3)铺好防渗布。

(4)用 19~22mm 套筒扳手卸掉手轮固定螺钉取下手轮。

(5)用撬杠卸掉阀芯压帽,用 19~22mm 梅花扳手卸掉压帽螺栓,取下压帽、密封圈、阀芯。取下两片瓦片。

(6)清洗并检查零部件。

(7)检查更换密封圈。

(8)组装:将阀芯及瓦片涂上润滑脂,将瓦片的孔对准旋塞的孔,然后把瓦片的槽对准阀体中的稳钉,将阀芯装入阀体内,上紧压板,装上密封圈,用撬杠上紧,阀芯装入压帽,最后装上手轮。

(9)连接试压泵试压。要求压力达到 120MPa 时,保持 5min 不刺不漏为合格。

(10)正确使用工具、用具。

(11)严禁违反操作规程进行操作。

项目八　调整柴油机气门间隙(以 12V-150 为例)

一、准备工作

(1)开口扳手 1 套。

(2)套筒扳手 1 套。

(3)19mm 弯扳手 1 把。

(4)气门卡子 1 个。

(5)勾头扳手 1 把。

(6)塞尺 1 套。

(7)棉纱 0. 1kg。

二、操作步骤

(1)劳保用品必须穿戴齐全。

(2)专用工具、用具齐全,使用后做好维护保养。

(3)气门间隙的调整应在冷机状态下进行。

(4)用 24mm 扳手卸松回油管压帽,用 19mm 扳手和 19mm 专用弯扳手卸掉高压油管。

(5)用 10mm 开口扳手拆掉传感器。

(6)用 10mm 套筒扳手拆掉两边的机头盖螺母,取下机头盖,注意不要把垫子损坏。

(7)用 13mm 扳手拆下飞轮刻度观察孔盖。用撬杠盘动飞轮,使凸轮最大升程位置转到最上方时,用塞尺测量所有处于该位置的气门间隙。此时柴油机飞轮刻度为 0°。

(8)顺柴油机工作方向转动飞轮 360°,再次用塞尺测量其余的各气门间隙。

(9)若气门间隙不符合规定时,用专用卡子通过锁盘外周上的孔将气门锁盘压下,使锁盘与气门推盘连接脱开,用钩头扳手旋转气门推盘,当间隙小时将其向下旋下,间隙过大向上旋出。然后松开锁盘使其恢复原自由状态。

(10)对调整过的气门间隙应用塞尺重新检查其气门间隙是否发生了变动,直至符合要求。

(11)气门间隙调整应在冷机状态下进行,其进气门间隙标准为 2. 34±0. 10mm。用塞尺塞入气门间隙处时,塞尺应能感到有些涩手,保持柔和地滑过。塞尺厚度即表示实际气门间隙值。

(12)调整气门间隙,应检查气门的内外弹簧有无断裂,如更换应使活塞位于上止点。
(13)正确使用工具、用具。
(14)严禁违反操作规程进行操作。

项目九　使用游标卡尺测量工件

一、准备工作

(1)棉纱 0.1kg。
(2)M10×60 螺栓 1 条。
(3)6135AK—10 水泵轴 1 根
(4)205 滚动轴承 1 个。
(5)草图、螺栓、轴、轴承各 1 份。
(6)钳工工作台 1 个。
(7)0~150mm 游标卡尺(三用)1 支(能测量深度)。
(8)螺距规(公制)1 支。

二、操作步骤

(1)劳保用品必须穿戴齐全。
(2)专用工具、量具、用具准备齐全,使用后做好维护保养。
(3)按图纸要求测量螺栓各部尺寸。
(4)把测得的数据填写到图纸的相应部位。
(5)按图纸要求测量轴的尺寸。
(6)把测得的尺寸填写到图纸的相应部件。
(7)测量滚动轴承尺寸,并说出轴承的型号。
(8)测量前要对被测物表面进行清洁处理。
(9)测量前要对所用游标卡尺核对“0”位线,并擦拭清洁。
(10)测量时量爪要轻轻地靠向被测面。
(11)卡尺与被测面成垂直位置,量爪不能歪斜,要根据被测面形状选择量爪的适当部件。
(12)使用完毕应把量具擦拭干净,轻轻放入盒内。
(13)正确使用工具、用具。
(14)严禁违反操作规程进行操作。

项目十　用千分尺测量曲轴连杆轴颈

一、准备工作

(1)清洗油(无铅汽油)5L。

(2)软布1块。

(3)6135曲轴总成1根。

(4)75~100mm千分尺1把。

(5)小号油盆1个。

(6)100~125mm、50~75mm千分尺各1把。

(7)记录纸、笔等

(8)V形铁(划线用)2块。

二、操作步骤

(1)劳保用品必须穿戴齐全。

(2)专用工具、量具、用具准备齐全,使用后做好维护保养。

(3)清洗曲轴轴颈,不得用掉毛的棉纱擦洗。

(4)检查曲轴弯曲、扭曲、裂纹的情况。

(5)选用千分尺:应根据所测轴径的大小选用合适的千分尺。

(6)校对千分尺:应把千分尺的固定和活动测杆擦拭干净,以减少测量误差。

(7)使用千分尺:用手握住隔热装置,打开锁紧扳手,注意在测量时使用转帽和微分筒的区别。

(8)测出曲轴的圆柱度:在每一道轴颈上沿轴向分两个位置测量。

(9)测出曲轴的圆度:沿曲轴径向垂直取两个点测量。

(10)测出曲轴的最大直径和最小直径。

(11)做好测量记录:应当分别记录下6个缸的连杆轴颈的尺寸。

(12)判断曲轴是否在标准尺寸范围内。

(13)正确使用工具、用具。

(14)严禁违反操作规程进行操作。

项目十一　使用手电钻,用丝锥攻内螺纹

一、准备工作

(1)内有机油小号机油壶1个。

(2)棉纱0.1kg。

(3)220V移动电缆30m及插座。

(4)500V绝缘耐压手套1副。

(5)标有螺孔尺寸图纸1张。

(6)220V、13mm手电钻1台。

(7)带虎钳的钳工工作台1个。

(8)6~10钻头1套。

(9)M10丝锥及架1套。

(10)样冲1个。

(11)1.5kg 手锤 1 把。

(12)13mm 扁毛刷宽 1 把。

(13)0~150mm 三用游标卡尺 1 把。

(14)300mm 钢板尺 1 把。

(15)200mm 划针 1 根。

(16)150mm 划规 1 把。

二、操作步骤

(1)劳保用品必须穿戴齐全。

(2)专用工具、量具、用具准备齐全,使用后做好维护保养。

(3)根据给定的螺纹尺寸计算底孔尺寸。

(4)根据计算尺寸选择钻头尺寸。

(5)按给定尺寸划线打样冲眼。

(6)卡紧钻头。

(7)卡紧工件,工件的待加工面应与钳口平行,夹紧力以夹紧工件又不损坏工件为准。

(8)用手电钻钻孔:两手用力要均匀,钻头轴线与工件应始终保持垂直,钻进过程中要用冷却液或机油冷却,并不断来回提起钻头清屑。

(9)用游标卡尺检查底孔尺寸,是否符合要求。

(10)用丝锥攻丝,先用头锥,再用二锥,两手用力要均匀,始终让丝锥与工件保持垂直。

(11)丝锥攻内螺纹完成后,检查螺纹情况,质量是否达标。

(12)正确使用工具、用具。

(13)严禁违反操作规程进行操作。

项目十二　蜗轮传动齿面啮合的调整方法

一、准备工作

(1)开口扳手 1 套。

(2)套筒扳手 1 套。

(3)百分表 1 件。

(4)200mm 螺丝刀 1 把。

(5)红丹粉 1 盒。

(6)棉纱 0.1kg。

二、操作步骤

(1)劳保用品必须穿戴齐全。

(2)专用工具、用具准备齐全,使用后做好维护保养。

(3)蜗轮传动齿面正确啮合应在蜗杆轴心线与蜗轮齿面中心线的重合部位,若偏离一侧应予以调整。

(4)根据蜗轮啮合面磨出的痕迹或用涂色法检查齿面啮合位置,弄清啮合面偏向哪一侧。

(5)齿的啮合面偏向哪一侧,就将蜗轮沿轴向哪一侧移动。

(6)移动的方法视其结构而定,一般是把蜗轮轴的两端轴承盖取下,用增减垫子方法,使蜗轮位移。

(7)用百分表靠在蜗轮端面上,测量蜗轮的移动量。

(8)根据移动量的多少,调整垫子的薄厚。

(9)在蜗轮齿面上涂上薄薄的一层红丹粉,转动蜗杆通杆通过红丹粉在齿面上的痕迹检查齿的啮合面,应在中间。

(10)啮合面应不少于总齿面的65%。

(11)反复调整,直至符合标准。

(12)正确使用工具、用具。

(13)严禁违反操作规程进行操作。

项目十三　可调手用铰刀的使用方法

一、准备工作

(1)开口扳手1套。

(2)套筒扳手1套。

(3)可调手用铰刀1套。

(4)200mm螺丝刀1把。

(5)台钳1件。

(6)棉纱0.1kg(毛巾)。

(7)150mm游标卡尺1件。

二、操作步骤

(1)劳保用品必须穿戴齐全。

(2)专用工具、用具准备齐全,使用后做好维护保养。

(3)根据需要绞削工件的孔径,选用合适的铰刀。如,需铰削孔径为ϕ20mm,则应选用范规为ϕ19~ϕ20mm的铰刀。

(4)用毛巾擦净铰刀,并检查刀条,刀体应无损伤。

(5)把铰刀或被铰的工件固定在台钳上,如工件大则可固定工作。

(6)铰削时,双手持平件,使孔的端面垂直于刀。

(7)按顺时针方向转动铰削,切不可倒转。进刀速度不宜过快。

(8)每次的铰削量不宜太多,一般为0.08mm。

(9)不能用力过大或过猛,始终保持孔的端面与铰刀垂直。

(10)每铰削一次,应把工件翻面再绞,以防铰出锥度。

(11)调节铰削量时,应先松开上调节器螺母,后上紧下调节器螺母。

(12)调节器铰削量的大小,可根据调节器螺母的螺距和铰刀体上的斜槽的斜度加以控制。

(13)螺距为1.5mm,槽的斜度为1∶50,则调节螺母每转一周铰削量增减0.06mm。

(14)铰刀使用后,应擦净放入工具盒内,保护好刀刃。

(15)正确使用工具、用具。

(16)严禁违反操作规程进行操作。

项目十四　十字头导向板间隙调整方法

一、准备工作

(1)开口扳手1套。

(2)套筒扳手1套。

(3)外径千分尺1套。

(4)200mm螺丝刀1把。

(5)内径百分表1件。

(6)棉纱0.1kg(毛巾)。

(7)150mm塞尺1把。

(8)0.5mm紫铜皮1张。

二、操作步骤

(1)劳保用品必须穿戴齐全。

(2)专用工具、用具准备齐全,使用后做好维护保养。

(3)十字头导向板间隙过小,在十字头运动时因摩阻大,引起发热。

(4)间隙大则会导致十字头工作时发摆,导向性差。

(5)将十字头拆取下来。

(6)擦洗干净十字头和泵体上的导向板(座),并去掉导向板工作面上的毛刺。

(7)用外径千分尺测量十字头导向面最大极限尺寸。

(8)用内陉百分表测量泵体上五导向板间的最大极限尺寸。

(9)把十字头按原位放入泵体导向板内,用大于十字头长度的塞尺(薄厚规),在十字头上下的弧面上测量实际间隙。

(10)盘泵让十字头来回活动,擦净十字头滑板与导板间的油。

(11)用大于0.26mm、小于0.38mm的塞尺,从液力端方向插进十字头滑板与导板之间(手感不松不紧),此时塞尺的厚度即为它们之间的间隙。

(12)如十字头滑板与导板之间的间隙超过0.38mm,需调整。

(13)间隙大时用紫铜皮(厚度大于0.5mm,需加热使其软化)垫在址字头与十字头滑板之间或中在导向板与泵体导向座之间。

(14)间隙小时,用阀砂研磨或用砂布打磨。若磨量过大,则应把十字头导向弧面用车床加工至所需要尺寸。

(15)间隙调整后,经检查应符合要求,最好将十字头放入导向板,用手推拉十字头,应滑动自如,无松旷现象。

(16)将十字头、连杆全部装好后,盘动曲轴无蹩劲,十字头来去运动自如即可。

(17)正确使用工具、用具。

(18)严禁违反操作规程进行操作。

第三部分

技师操作技能及相关知识

模块一　使用井下特种装备

项目一　相关知识

一、井下特种装备及柴油机常见故障分析与排除

JBA001 井下特种装备故障处理

(一)井下特种装备故障处理

1. 故障分析、判断

判断故障(包括故障的类型、原因、部位等)一般采用看、听、摸、闻及必要的拆卸检查等方法,综合观察和思索,做出准确的判断。

“看”:靠视觉观察柴油机的外观现象和仪表的指示情况以及排气烟色等是否出现异常情况。

“听”:通过听觉区分柴油机进行的正常爆发声和非正常的机械摩擦或撞击等异常响声。

“摸”:采用手摸的方法判断和确定故障轻重程度及具体部位。

“闻”:通过嗅觉来确定及鉴别柴油机某些部位出现的异常。

“检查”:对可能出现故障的零件进行拆卸、检查,同时注意相关零件的损坏情况,做综合分析并判断故障的真实原因,然后针对故障的原因“对症下药”,进行排除和制定预防措施。

(1)柴油机发生故障时,观察各仪表读数变化、各连接部件情况、各结合密封面泄漏情况、各油料及水有无异常现象及柴油机排气烟色等是常用的诊断方法中的“看”。

(2)柴油机发生故障时,根据听觉来判断工作元件发出的声音及其变化情况来确定异响部位是常用的诊断方法中的“闻”。

(3)柴油机发生故障时,靠手的感觉检查各部件表面温度是常用的诊断方法中的“摸”。

2. 正确分析故障外表特征

(1)工作反常:转速变化异常,运转振动过大,自动停机,再启动困难或不能启动。

(2)响声反常:井下特种装备在运转时有刺漏声、喘啸声和金属敲击声等。

(3)气味反常:有焦味、烟味和臭味等。

(4)温度反常:散热器温度过高,动力端机体过热,润滑油温度过高等。

(5)外观反常:有滴漏液、冒烟、漏油、刺漏液等现象。

实践经验证明,了解设备性能、结构及工作原理,对判断故障极为重要。排除故障的关键是准确判断故障的根源,继而通过拧紧、调整、润滑、清洗、添加油和水以及修复或更换已损坏的零部件来解决问题。

3. 井下特种装备发生故障的异常现象

(1)井下特种装备车台液力变速器外壳工作过程中温度高于85℃,原因应排除的是挡

位选择过低。

(2)井下特种装备气动润滑系统内无油不可能引起水泥浆密度过高。

(3)井下特种装备液压系统温度过高通常不会引起下灰阀控制失效故障。

(4)井下特种装备柴油机不能启动故障主要与启动系统、燃油系统、电器系统等有关。

JBA002 井下特种装备常用柴油机

(二)井下特种装备常用柴油机

1. 400 型固井泵车台上常用柴油机

(1)MWMTBD234V8,洛阳河柴发动机有限责任公司生产,额定功率为 303kW,额定转速为 1800r/min。

(2) VOLVTWD1240VE,瑞典 VOLVO 公司生产,额定功率为 294kW,额定转速为 1800r/min。

2. 700 型压裂车台上常用柴油机

700 型压裂车台上使用的是 WOLA12ANDV 型柴油机,额定功率为 261kW,额定转速为 1250r/min。

3. SS1000 型压裂车台上常用柴油机

SS1000 型压裂车台上使用的是 DDA12V-149TI 型柴油机,由美国底特律柴油机阿里逊公司生产,额定功率为 895kW,额定转速为 2050r/min。

4. BL1600 型压裂车台上常用柴油机

BL1600 型压裂车台上使用的是 DDA16V-149TI 型柴油机,由美国底特律柴油机阿里逊公司生产,额定功率为 1342kW,额定转速为 2050r/min。

5. WESTERN1500 型压裂车台上常用柴油机

WESTERN1500 型压裂车台上使用的是 CAT3512DITA 型柴油机,由美国卡特彼勒公司生产,额定功率为 1342kW,额定转速为 1900r/min。

6. YLC105-1490 型压裂车(2000 型)台上常用柴油机

YLC105-1490 型压裂车(2000 型)台上使用的是 CAT3512B,DDC12V4000 型柴油机,由美国卡特彼勒公司生产,额定功率为 1680kW,额定转速为 1800r/min。

7. SYL2500Q-140 型压裂泵车台上常用柴油机

SYL2500Q-140 型压裂泵车台上使用的是 CUMMINSQSK60 型柴油机,由美国康明斯公司生产,额定功率为 2237kW,额定转速为 1900r/min。

JBA003 柴油机的常见故障

(三)柴油机常见故障

柴油机在使用过程中,随着运转时间增多,零部件的自然磨损,以及受到环境、温度变化影响,维护保养的不及时或不遵守操作规程,维修质量差等因素,发生故障是必然的。因此,正确使用和及时维护保养是防止和减少柴油机故障的有效措施。

1. 常见故障诊断及排除原则

柴油机故障的发生往往通过一些现象表现出来,直接影响柴油机的正常运转,破坏柴油机的动力性、经济性、可靠性。为了更好地恢复柴油机的性能,提高其使用寿命,必须正确诊断、灵活掌握有效的检查、处理方法排除故障。

(1)掌握柴油机工作原理,了解机器机构组成和部件分布及其作用,按系统推理分析、诊断查找原因。

(2)检查原则:从易到难,从简到繁,先表后里,逐步深入。

(3)处理原则:掌握数据,严格控制零部件质量,遵守操作技术规程,严格按装配工艺要求进行零部件装配,逐一排除故障。

2. 柴油机发生故障后的异常现象

柴油机发生了故障,通常会出现以下几种异常现象:

(1)运转时声音异常。如不正常的敲击声、放炮声、吹嘘声、排气声、周期性的摩擦声等。

(2)运转异常。如柴油机不易启动,工作时出现剧烈震动,功率不足,转速不稳定等。

(3)外观异常。如柴油机排烟管冒黑烟、蓝烟、白烟,各系统出现漏油、漏水、漏气等。

(4)温度异常。机油及冷却水温度过高,排气温度过高,轴承过热等。

(5)压力异常。机油、冷却水及燃油压力过低,压缩压力下降等。

(6)气味异常。柴油机运行时,发出臭味、焦味、烟味等气味。

柴油机运行时出现异常现象,必须认真查清产生异常现象的原因,这就要求我们善于做分析推理判断,找出发生故障的原因和部位,将故障排除。

(四)柴油机功率不足故障原因及排除

JBA004 柴油机功率不足的原因

柴油机功率不足,即柴油机发不出应有的功效,主要表现在满负荷(或较大负荷)时,转速明显下降;工作中不能牵引额定的机组作业,行驶速度降低,加速性能差,排气管冒黑烟,有敲击声,温度过高等。

(1)柴油机能否发出应有的功率,主要取决于气缸内燃油燃烧的质量。而造成燃烧质量不好的因素有:

①燃油系统工作不良。主要是喷油泵供油量不足,供油时间不正确和柱塞副与止回阀磨损等。

②柴油机技术状态下降。柴油机经长期工作后,各运动机件磨损,配合间隙增大,尤其是燃烧室组件密封性变差、泄漏量增大,如活塞、活塞环、缸套磨损,使气缸内压缩力不足,这不仅影响燃烧质量,而且能量损失大大增加,造成柴油机启动困难和功率下降。

③进气管或空气滤清器堵塞,使进气量不足;排气管中积炭过多,使废气排不尽;气门间隙过大或过小,气门弹簧折断或刚度不够等。

JBA012 柴油机功率不足的故障排除

(2)为了易于找出由于燃油燃烧质量差而影响柴油机功率不足的原因,可分三种情况,做如下判断和排除。

①如果柴油机在中等负荷工作时一切都正常,只是带不起全负荷,即最大功率不足。其故障原因大多是喷油泵供油不足,应拆下喷油泵在喷油泵试验台上调试、检查调整最大供油量和供油不均度,或者将高压油泵上的最大油量限制螺钉稍许旋出一点,以增大供油量。

②柴油机功率不足,而且排气冒黑烟。其故障原因是气缸内燃油燃烧情况恶化,应主要从两方面进行检查处理:一是进气量不足,二是燃油系统出现故障。进气量不足将使进入气缸的柴油得不到足够的空气,不能完全燃烧,首先应检查空气滤清器是否太脏或堵塞,若卸

下空气滤清器,黑烟即消失,说明故障在空气滤清器,则可视具体情况处理。经检查空气滤清器无故障,可进一步检查配气紧固情况和气门间隙调整是否正确,发现问题进行处理。对于柴油机,还应检查增压器工作是否良好。若确认为进气系统无故障,则应检查分析燃烧系统,供油提前角是否太小,多缸柴油机各缸的供油量是否均匀;喷油器喷油雾化情况是否良好等。可先检查供油提前角是否符合要求,必要时加以调整。再检查喷油器的喷油压力和雾化情况,拆下喷油器,在喷油器试验台上进行调试。多缸柴油机各缸的供油量不均匀,可采用单缸断油法检查。如果某一缸断油后,黑烟消失或明显减弱且转速下降比其他缸断油时明显,说明该缸供油量过大。应拆下喷油泵上试验台调整各缸的供油量,使各缸供油不均匀度控制在规定的范围内。对使用时间较长而没有修理的柴油机(一般在保修期以上),很可能是燃烧室泄漏大、压缩空气压力低造成的,应更换活塞环和研磨气门。

③柴油机达不到最高转速,最大功率下降。其故障原因主要是调速器故障或调整不当。如调速器最高转速低于柴油机的额定转速,应拆下喷油泵调速器总成,上试验台检查调整最高转速限制螺钉。定时齿轮安装不正确,发动机冷却水温过低,润滑系统、曲柄连杆机构发生故障以及发动机内部运动件松动或发生卡滞等,也将导致柴油机动力性下降,使柴油机发不出应有的功率。

JBA005 柴油机工作熄火的原因

(五)柴油机工作熄火原因

柴油机在工作过程中,由于使用维护不当使某些部位发生故障,会发生转速降低而自行熄火。根据其熄火前转速降低的缓急程度和排气烟色,可以断定其故障的主要部位及原因。

1. 熄火时,转速逐渐降低,柴油机响声和烟色无异常变化

此故障多发生在燃油系统,根据先易后难的原则,先检查油箱内是否有燃油,油箱通气孔是否堵塞。如油箱内无油,则不能供给,通气孔堵死,油箱内形成负压,则供油不畅。如无上述问题,再由低压油路至高压油路逐步进行检查,看油路是否有杂物堵塞,是否进入空气。高压油路的故障,对单缸机来说,多为喷油泵不能供应高压油或喷油器柱塞偶件被卡死;对多缸机来说,则大多出在喷出泵的动力传动部分上,诸如传动齿轮滚键,花键盘固定螺钉脱落或折断,轮轴折断等。

2. 熄火时转速不稳,排气管冒白烟

此故障原因多为柴油中有水,如果将油中水分去除后,排气管仍冒白烟而熄火,则有可能是气缸垫被烧损并与水道连通,缸内进水所致。如气缸垫完好无损,则可能是缸套裂纹或断裂,也可能是缸盖有裂纹且连通水道,冷却水进入缸内。因气缸内有水,混合气温度降低,导致熄火。

3. 熄火时,转速逐渐降低,且排气管冒浓烟

该故障的原因有:柴油机严重超负荷,或是供油过晚,进气不足(进气管道堵塞,或进气门间隙过大、配气轮过度磨损等),使混合气过浓,不能完全燃烧所致。这一故障往往是几种原因纠合在一起,所以排除故障时也应一项项进行分析检查。

4. 熄火时,转速急剧降低,排气管冒黑烟

这类故障原因主要有两个:一是主油道机油压力不足(油底壳缺油、回油阀卡死在启动位置、机油泵不供油或机油变质过稀等),使曲轴与轴瓦表面润滑不良,造成烧瓦抱轴,使发

动机被迫熄火；二是在更换活塞、缸套时，二者配合间隙过小，发动机在投入工作后，活塞受热膨胀，在气缸内运动受阻，导致发动机熄火。

5. 熄火时，发动机功率突然下降，转速急剧降低，并伴有异常响声

此故障的主要原因有：曲轴或活塞销折断；连杆螺栓折断或螺母松动；气门弹簧折断或气门杆尾端折断等。应认真进行检查，找出故障的具体原因并予以排除。在未查明故障的原因并排除之前，不得重新启动发动机。

(六)柴油机排气烟色不正常原因

JBA006 柴油机排气烟色不正常的原因

柴油机正常工作时，柴油机排烟的颜色应为无色或浅灰色，当排烟为黑、白、蓝色时则认为烟色不正常。

1. 排烟为黑色

柴油机冒黑烟是由于柴油不完全燃烧产生自由碳，由排气管排出而引起的。产生黑烟的主要原因有：

(1)柴油机超负荷工作。如卸去负荷，黑烟消失，说明负荷过重，应适当减轻负荷(载重)；

(2)喷油器工作不良。喷油器雾化不良或喷油压力低、滴油等属于柴油机常见毛病，可采用单缸断油法进行判断，在柴油机中低转速工作状态下，用扳手依次拧松高压油管接头，逐缸停止供油，如柴油机的某一缸冒黑烟的现象减轻或消失，则可判定为该缸喷油器有故障。

(3)使用劣质柴油。劣质柴油杂质含量多，杂质无法燃烧或燃烧不完全，将造成排气冒黑烟，此时应更换适当牌号的柴油。

(4)供油提前角不对。在使用过程中，柴油机供油提前角发生改变，当供油提前角过小，供油时间太迟，使柴油机工作粗暴，后燃增加，燃料不能完全燃烧，形成碳烟而排出，造成排气冒黑烟。

(5)空气滤清器或排气管、消声器堵塞。当空气滤清器或排气管、消声器堵塞时，会导致柴油机进气不足、排气不尽，此时柴油没有足够的空气与之混合，使燃料不能完全燃烧，也将造成冒黑烟。气门间隙过大，气门开度小，气门密封不良，此时应调整气门间隙；对于气门锥面密封不严，应研磨气门；喷油定时不对，应调整喷油泵齿轮，使其记号对正。

2. 排烟为白色

柴油机白烟的产生机理为柴油燃烧不良，部分柴油蒸发为燃油蒸气或是水分进入燃烧室受热汽化随同废气排出而产生的；在寒冷季节时，柴油机冷车启动冒白烟，属于正常现象，但当柴油机热车后，排气管仍冒白烟，则说明柴油机工作不正常。

(1)当气缸盖漏水或气缸垫冲坏与水道连通，冷却水渗入气缸内，在排气时就排出白烟。若气缸内进水过多，发动机禁止启动，否则将产生连杆折弯、机体捣毁等重大事故，在进水之后必须将水排除后方可启动。

(2)当柴油中含水较多时，燃烧后水排出就形成白烟。

(3)当喷油器喷油压力过低、喷油器损坏，或柴油雾化不良，未燃尽的柴油排出形成白烟，此时应检查喷油器，调整喷油器压力或是更换喷油器。

(4)当进气管堵塞,柴油无法雾化,也将产生白烟。

3. 排烟为蓝色

柴油机蓝烟的产生机理为润滑油进入燃烧室内受热蒸发成为蓝色油气随废气一起排出,常见原因是:

(1)当柴油机机油油量过多,由于激溅润滑,机油沿气缸壁窜入燃烧室,随废气排出形成蓝烟。

(2)活塞环对口、活塞环装反、卡死或磨损过大,机油窜入燃烧室,随废气排出形成蓝烟。

(3)气门杆与导管间隙太大、气门杆油封损坏,气门室内润滑油沿气门杆与导管之间进入燃烧室,形成蓝烟。

JBA007 柴油机内有敲击声的原因

(七)柴油机内有敲击声原因及排除方法

发动机在工作时,由于各机构之间配合运动,摩擦、滑动、滚动和排气等影响,会产生各种响声。但发动机工作不正常或机构失调损坏时,将产生不正常的敲击声和杂音。常见的有:爆震敲击声,活塞销敲击声,活塞松动敲击声,活塞环折断或卡死,连杆大头轴承松动杂音,曲轴主轴承松旷,气门机构敲击声和气缸漏气声。

1. 发动机运转时怠速不稳

在突然加速或大负荷运转时,气缸中发出“嗒嗒”的金属敲击声,而且发动机带不上负荷,这就是爆震敲击声,是可燃混合气在气缸内燃烧速度过快,导致缸内压力急剧升高所致。其原因和排除方法如下:

(1)汽油辛烷值过低,更换高标号汽油。

(2)火花塞热值过低,更换与原车相配标准的火花塞。

(3)发动机过热,应使发动机冷却后再启动。

(4)燃烧室有积炭,清除积炭。

(5)点火时间过早。调整点火时间。

2. 活塞销与连杆小头铜衬套或活塞销座磨损严重

发动机工作就会产生较尖锐的“得得”敲击声。检查时应先让发动机怠速运转,然后稍稍增大点火提前角并极速加大油门,若听到明显的敲击声,可诊断为活塞销敲击声。若连杆小头铜衬套磨损应更换新衬套。

3. 发动机冷态启动时敲击声

气缸内发出有节奏,类似于爆震的“得得”敲击声,但转速提高后,声音反而消失。当工作温度升高至正常温度时,声音也明显减弱或消失。这说明是气缸磨损,气缸壁与活塞之间的配合间隙过大。

诊断和处理方法:先卸下火花塞,从火花塞孔往气缸注入少许润滑油,启动发动机后,响声随即消失或减弱,过一会,当注入的润滑油燃烧完后,响声又起,可诊断为发生了活塞震动故障。若响声不大且是旧车,只需在适当的时候拆开发动机进行保养即可消除。若是新车则应引起重视,要立即停车对发动机进行检修,以免引起更严重的故障。

4. 活塞环折断

从气缸内会发出一种“沙沙”的轻微往复运动的杂音,曲轴箱内有时还伴随发出“砰砰”压缩气体往曲轴箱下窜的声响。若用螺丝刀抵住气缸体,将耳朵贴在木把上,响声听得更明显,确诊是活塞环的故障后,应立即分解发动机,对活塞进行清洗,并更换活塞环。

5. 未按规定定期更换润滑油及缺润滑油

当发动机使用2万千米以上或未按规定定期更换润滑油,及在缺润滑油情况下行驶,都会引起连杆、曲轴轴承的过度磨损而产生松动的杂声。此类敲击声在发动机工作时可以明显听出,声音较沉,从曲轴箱内发出好似发动机内部“散了架”的响声,增加负荷时,响声更为明显。遇此情况可拆开发动机,来回推拉和晃动连杆,若有较大间隙,说明连杆大头的轴承磨损严重,应予更换。

6. 发动机由于零件磨损,气门间隙变大会导致气门机构产生敲击声

敲击声的特点是:随着发动机的转速增高而加强,随着气门间隙的增大而加强,但当负荷增加时,其敲击声不改变,而发出短促尖锐的响声,遇此情况应重新调整气门间隙。

(八)柴油机飞车故障原因及排除

JBA008 柴油机飞车故障的原因及排除方法

柴油机飞车是指转速失去控制,大大超过额定转速,发动机剧烈振动,发出轰鸣声,排气管冒出大量黑烟或蓝烟的故障现象。飞车不仅造成零部件损坏,而且危及机手的人身安全,应引起机务人员高度重视。

引起柴油机飞车的原因很多,但基本分为两类:一是燃油超供;二是窜烧机油。两种飞车虽然都表现为柴油机超速运转,但具体表现有差别。柴油超供引起飞车时,排气管冒黑烟,一般可用切断供油的方法制止;机油引起柴油机飞车时,排气管冒蓝烟,这时只切断供油不能有效地制止,必须同时断绝空气供给和急速减压来制止。现将引起柴油机飞车的原因及其处理方法分述如下。

1. 柴油机飞车的原因

1)柴油超供引起柴油机飞车的原因

(1)柱塞调节臂或齿杆调节臂球头未进入调节叉凹槽内,柱塞处于最大供油位置。

(2)油泵柱塞转动不灵。这是柴油机飞车的常见原因。柱塞处于最大供油位置,调速器拉不动,以致转速升高,调速器起不到控制油量的作用。引起柱塞转动不灵的原因有:装配时柱塞被碰伤;油泵内有脏物,使杂质进入柱塞副的间隙中;出油阀座拧紧时力矩太大,致使柱塞套变形;柱塞套定位螺钉上的垫片太薄,定位螺钉顶住柱塞套,使之变形;柱塞套定位螺钉太长或弯曲,装配时顶死柱塞套。

(3)喷油器磨损后使大量接入进气管的回油被吸入气缸,造成气缸燃油过量。

(4)安装调速器时,钢球上涂黄油过多,且黄油太黏稠,造成转速升高时钢球难以飞开。

(5)齿杆齿圈无记号或装错、柱塞装反。

(6)喷油压力低,供给气缸燃油过量。

(7)拉杆与调速器活动部位卡滞。

(8)调速器调试不当。原因有:机手故意提高单缸柴油机调速弹簧的预紧力;Ⅱ号泵调速器的作用点过高,致使停油转速高或不能停油;调速器内润滑油多或黏度大。

2)机油引起柴油机飞车的原因

(1)空气滤清器中机油过多,被吸入气缸。

(2)油底壳机油过多,工作时窜入气缸。

(3)曲轴箱通气孔堵塞,气压增高,使机油被压入燃烧室。

(4)卧式柴油机严重倾斜,使机油流入气门室,当气门与气门导管间隙过大时机油被吸入燃烧室。

(5)活塞环严重磨损,缸套间隙过大,或活塞环开口对齐时,大量机油窜入燃烧室。

(6)机油过稀,很容易窜入燃烧室。引起机油过稀的原因有:柴油漏进油底壳;柴油机温度过高;机油质量不符合要求。

(7)油环及活塞上的回油孔堵塞,使机油窜入燃烧室。

2. 柴油机发生飞车时的处理方法

平时对柴油机,特别是油泵调速器一定要按照技术要求进行安装、保养、调试,所加油应清洁且牌号正确。一旦发生飞车故障,操作者要头脑清醒,立即关闭油门及油箱开关,松开高压油管连接螺帽,捂严空气滤清器的空气入口,减压停机。具体采取哪种措施最简便易行和切实有效,需视柴油机的具体结构特点而定,操作者应事先心中有数。

特别强调的是,出现柴油机飞车现象后,绝对禁止减少或去掉柴油机的负荷,以免造成转速急剧升高。安全停车后,应及时分析飞车原因,排除故障,以防再发生飞车现象。若是在行驶时柴油机出现飞车现象,还应踩下制动器使发动机憋灭火,但严禁踩下离合器踏板。

3. 预防柴油机发生飞车的措施

为预防柴油机发生飞车故障,应做到以下几点:

(1)不要随意调整和拆卸高压油泵,确需调整,应在专门的试验台上进行。

(2)加强柴油机燃油泵的保养工作,保持高压油泵的齿杆、扇形齿轮、控制套等机件的清洁,并经常检查扇形齿轮与控制套的配合情况,保证其配合正确,活动灵活。

(3)空气滤清器油盘内不能加油过多,并定期更换调速器的润滑油,加注的机油也不宜过多。

(4)燃油和润滑油质量应符合规定。

(5)对长期停放的柴油机,启动前,应检查调速器有关零件,清除锈蚀后再使用。

(6)用汽油清洗好的滤芯,一定要用净汽油,并在大气中将汽油充分蒸发后方可装入滤清器内。

(7)带增压器的柴油机,应及时更换损坏的油封。

JBA009 柴油机突然停车的原因

(九)柴油机突然停车的原因

1. 故障现象

柴油机正常运转中,只要不是人为减油停车,是不会突然停止运转的。当发生突然停车时,有两种情况。一是突然停止运转,二是转速慢慢下降,然后停止运转。

2. 原因分析

柴油机在供油、供气、燃烧正常时,所发出的功率和带动的载荷平衡时,便能正常运转。当外界载荷超过发出的功率,便会造成停车,因此,引起突然停车的原因可以归纳为五个方面：

1)柴油机供油系统发生故障

(1)油箱内燃油用完。

(2)燃油中有水、空气。

(3)燃油系统堵塞。

(4)燃油管路破裂。

(5)喷油泵柱塞或出油阀卡住。

(6)喷油嘴针阀卡位。

(7)调速器弹簧断,齿条自动回到停油位置。

2)柴油机配气系统发生故障

(1)气门卡住或气门弹簧断裂不能正常换气。

(2)齿轮损坏或喷油定时不对。

(3)喷油泵传动装置损坏。

3)柴油机运动件故障

(1)柴油机拉缸、抱缸。

(2)柴油机烧瓦、抱轴。

4)安全保护系统起作用

(1)油压自动停车装置起作用。

(2)超速自动停车装置起作用。

(3)防爆门自动关闭。

5)外界载荷突然增大

外界载荷大大超过柴油机应发出的功率,将柴油机憋死。

3. 诊断方法

按柴油机突然停车的原因进行诊断。

对是否缺油,可拆开喷油泵放气螺钉,或松开柴油滤放气螺塞来检查;对运动件是否卡滞,运动阻力大,可用人工转动柴油机时用力情况和困难情况判断。

4. 排除措施

(1)如是缺油引起自动停车,则需加满柴油、更换柴油滤芯或更换破裂的油管。

(2)如是燃油系统故障引起,则需修复或更换喷油嘴、出油阀、柱塞调速弹簧、高压泵传动装置等。

(3)如是配气系统故障引起,则应修复或更换气门,气门弹簧或配气齿轮。

(4)如是安全装置(防爆门、超速自动停车、油压自动停车装置)起作用引起,则应将其恢复到正常位置。

(5)如是运动件损坏引起,则应修复或更换曲轴、轴瓦或缸套活塞或其他运动件。

(十)柴油机过热原因

JBA010 柴油机过热原因

柴油机过热是指冷却水的温度超过95℃甚至100℃,造成散热器的水“开锅”成水蒸气逸出。过热的主要危害是使各部分零件变形,机油黏度下降,零件磨损加快。且因过热而使混合气早燃,降低柴油机功率等。若不及时维修,可造成“胀缸”“烧瓦”“抱轴”等严重故障。

其主要原因包括以下几个方面。

1. 超负荷作业

柴油机长时间超负荷工作,产生的热量过多,使冷却系统无力将产生的过多热量及时散发掉。

2. 挡风帘挡住散热器

对有挡风帘的柴油机,挡风帘挡住散热器时,造成空气不能正常对流,散热速度变慢,致使柴油机过热。只要将挡风帘收起即可。

3. 冷却系统漏水

(1)连接胶管损坏或紧固卡箍松动。只要更换损坏软管或上紧卡箍即可。

(2)散热器上、下水室或散热器芯管破裂。只要焊补或黏结裂纹处或更换、焊死少数漏水散热管即可。

(3)气缸套阻水圈损坏,水漏到油底壳使其油面增高,并呈乳化状。只要更换损坏的阻水圈即可。

(4)缸垫损坏,气缸套和气缸盖砂眼或裂纹,水进入气缸,缸燃烧不正常并伴有排气喷水等现象。只要对症更换砂眼或裂纹的气缸盖和气缸体损坏件即可或用乐泰胶黏补,黏补时将零件裂纹处油漆刮掉,再用胶,必要时加填料黏补。

4. 冷却系统工作异常

(1)风扇故障。风扇叶片角度不对、叶片变形、风扇叶片装反。只要校正叶片角度或更换风扇总成即可;若反装后不能改变风流方向,风量大减,应该正确装配。

(2)皮带松弛。要正确调整风扇传动带张紧度。调整方法:用 55N 的力(约 5.6kg 的物体受重力)压下或拉起传动带的中部,如受力点离开原位约 18mm,则张紧度正好合适。

(3)散热器风道堵塞。当散热器风道堵塞时,散热面积减小,空气流动速度变慢甚至不流动,无法正常散热。处理方法:清除杂物和草屑并用水枪清理。

(4)水套、散热器内水垢过多或水管堵塞。发动机水套、散热器内水垢过厚,冷却系统内容积变小,水循环阻力加大,水垢使散热效果下降,引起发动机过热,造成发动机功率降低,喷油嘴卡死,甚至会导致严重事故。常用的消除水垢清洗方法:将 25%的盐酸溶液注入水套内并停放 10min,使水垢溶解脱落。放出清洗液,用清水冲洗。为避免冷却系统被化学清洗液腐蚀,可用水箱清洗剂。清洗方法:按说明书的要求进行。另外,也应注意坚持平时用软水。

(5)水泵故障。水泵带轮或叶轮和水泵轴配合失效,使叶轮脱开传动,需修理或更换失效零件即可解决故障;水泵叶轮断面磨损,泵水能力下降,可更换。

(6)节温器失灵。节温器自动调节冷却水的温度,使柴油机保持在最佳工作温度范围。当节温器失灵会造成柴油机温度异常。应检查节温器的工作状态是否正常。检查方法:节温器在水中慢热,如其在 75℃时开始开启,在 85℃时完全打开。完全开启阀门升起高度不少于 8mm 时其工作状态正常。否则,要及时更换。

5. 发动机本身有故障

(1)供油时间过早或过晚,都会使柴油机过热、机体温度过高而出现工作无力、排气冒黑烟的现象,可按柴油机供油提前角的规范要求进行调整。

(2)喷油器雾化不好,燃烧不良引起柴油机过热。可按规范检查,并调整喷油器的压力、喷雾质量和角度。

(3)活塞、活塞环气缸盖上积炭过多,应清除积炭。

(十一)柴油机润滑系统压力异常原因

JBA013 柴油机润滑系统压力异常的原因

柴油机润滑系统的功用是把润滑油不间断地送到各零件的摩擦表面,以使各摩擦表面形成油膜,减少阻力,减轻零件磨损。另外,润滑油在循环流动的过程中还具有如下作用:带走零件因摩擦产生的热量,具有冷却作用;带走因摩擦而产生的金属屑和其他杂质,具有清洁作用;润滑油的韧性具有密封作用,增加活塞与气缸壁之间的密封性,提高气缸压缩比;还具有防锈作用,附在零件表面,防止零件表面被氧化。

润滑系统如果发生了故障造成润滑不良,会加剧发动机零件的磨损,降低柴油机的使用寿命。润滑系统机油压力异常包括过低或过高故障。

1. 危害

(1)机油压力过低的危害。发动机工作时,必须保持正常油压。机油压力过低,机油无法到达润滑表面,造成润滑不良,各摩擦表面会因得不到足够的润滑而磨损加快。

(2)机油压力过高的危害。机油压力过高的故障不多见,但同样会破坏正常的润滑条件。机油压力过高会使泄漏增加,多发生于油管接头、曲轴前后油封等处。机油压力过高,有时还会导致机油滤清器胀裂或脱落,使机油大量泄漏,这在发动机运转中是十分危险的。

2. 原因分析

JBA011 柴油机机油压力过低的原因

1)机油压力过低

(1)机油牌号不对。选用黏度过低的机油,在发动机动配合件之间无法建立油膜,造成机油压力过低,润滑不良,磨损加剧,机油烧损增大,严重时会造成拉缸等后果。

(2)机油压力表损坏或压力表连接的管路堵塞,无法显示正确的机油压力。更换机油压力表,疏通油路。

(3)机油变质,失去了机油的作用,系统的机油压力就会降低。

(4)油底壳内机油量不够,或机油吸油盘滤网堵塞,吸油困难,会使机油泵的泵油量减少,导致机油压力下降。

(5)柴油漏入油底壳。喷油器工作性能不良,雾化不好,喷油量过大,造成燃烧不好,柴油沿气缸壁进入油底壳,造成油质稀薄,机油压力下降。

(6)集滤器或机油滤清器堵塞,吸油阻力大或根本吸不上油或机油管路不畅通。

(7)机油泵齿轮(或转子)磨损、油泵盖衬垫漏油、油泵装配不当等,会造成油泵内泄漏增加,泵油量减少,机油压力上不去。机油泵限压阀调压弹簧损坏或调节阀调节不当,也会造成机油压力过低。

(8)柴油机主要摩擦运动副零件磨损严重,使曲轴主轴颈、连杆轴颈、凸轮轴轴颈与轴瓦(衬套)、摇臂轴与摇臂配合间隙增大,机油泄漏增加,机油压力降低。

(9)柴油机大修安装主轴瓦时,没有对正机油孔,或者由于定位销脱落,在工作中摩擦和机械振动而使主轴承发生位移,油孔错开,导致油路不通,机油供应不足。

2)机油压力过高

(1)机油压力表失灵。应更换新表。

(2)机油温度低或黏度大,机油的流动阻力会增大,机油压力就会上升。

(3)润滑油路堵塞。因机油脏,使压力表以后的油路和回油阀油路堵塞,压力增高。应注意定期更换润滑机油和清洗油路。

(4)机油滤清器壳体与缸体间纸垫安装错位,或更换纸垫时忘做油孔,壳体上回油阀油孔被遮住,回油阀回油阻力增加,回油少,主油道内油量减少不明显,使机油压力升高。重新检查纸垫的安装位置;忘做油孔的纸垫应做孔后装配使用。

(5)回油阀压力调整过高,使主油路压力控制得过高。或因回油阀卡死、失灵、不回油使压力增高。按要求调整回油阀压力。

(6)安全阀不严密,开启压力低,长期使部分机油不经粗滤器即进入主油道,增加主油道压力和流量。按要求重新调整安全阀开启压力。

JBA021 柴油机机油压力低的故障排除

3. 排除及预防方法

针对诊断的原因和部位,进行排除。

1)正确选择机油

机油的选用与气温及使用条件有很大关系。20CA 级柴油机油适合于-15℃以上地区冬季或作磨合使用;30CA 柴油机油适合于-10℃以上地区全年使用;40CA 柴油机油适合于热区夏季负荷较大或磨损大的柴油机。对于严寒地区(寒区)的冬季用机油,可选用多级CA 柴油机油,如 5W-20CA(严寒区稠化机油)。选用机油时,应根据机器的使用条件及环境温度来选择正确的机油。

2)避免机油变质

造成机油变质的原因主要有:

(1)随着柴油机使用时间的增加,机油滤清器的过滤能力逐渐降低,或失去过滤能力,空气中的灰尘、杂质、机件磨损下来的金属屑和燃烧后的碳渣等机械杂质混入机油内,使机油变质。

(2)柴油机温度高,机油受热氧化,使机油生成胶质和碳渣而变质。

(3)机油里漏进了水或柴油,使机油薪度显著降低而失去润滑性能。要避免机油变质,就要定期清洗或更换机油滤清器,避免机油滤清器堵塞;避免柴油机工作温度过高;保持燃油系统和冷却系统工作正常,及时检查油底壳机油的质量。

(4)更换齿轮(或转子),调整齿隙,更换油泵盖衬垫,按要求装配油泵。机油泵的故障发生率极低,部件的配合精度、装配精度都很高,因此,在发动机修理时不要轻易拆解;经机油泵试验台检验,确认为不能维持机油泵最低工作指标时,才进行拆卸修理。

(5)集滤器或机油滤清器堵塞,要及时清洗或更换,机油管路不畅通或有漏油要及时排除。

(6)检查回油阀弹簧和安全阀弹簧,看是否压得过紧或弹力过强顶不开。对此应及时调整、清洗或更换。

(7)如果机油压力低是由于曲轴连杆机构主要机件磨损所致,要对发动机进行大修,以免发生更大的事故。

（十二）柴油机机油温度异常的原因

JBA014 柴油机机油温度异常的原因

柴油机机油温度异常就是机油温度过高，其原因分析如下：

1. 冷却系统

（1）低温散热器内水量不足，有气中冷水泵流量小，气障或者水泵故障。

（2）油冷器冷却效果差。

（3）风扇转速低，皮带打滑或者是偶合器故障。

（4）低温散热器散热效果差，水垢或污堵。

2. 润滑系统

（1）油底壳油面不足。

（2）机油泵流量小，机油泵故障或者油路有气障。

（3）轴承烧损。

3. 其他

（1）柴油机超负荷运行。

（2）活塞环漏气严重。

4. 生热和传热途径

柴油机正常技术状态时，燃烧所产生的热量，一部分变成有用功，另一部分由废气带走，还有一大部分热量及摩擦生热，由冷却水和机油带走。而温度升高的机油通过机油冷却器，将热量再传给冷却水，从而使温度始终保持在85℃以下。所以出现温度过高时，主要从生热和传热途径进行分析。

（1）柴油机超负荷运转时，燃烧热量高，机油吸热多，所以导致机油温度过高。

（2）当中冷水泵流量小或低温散热器散热效果不好，或机油冷却器冷却效果不好，或风扇转速低，均使机油的热量传不出去，从而造成油温过高。

（3）油底壳油不足或机油泵泵量小。均使参加循环换热的机油量不足，散热效果差，也造成机油温度过高。

（4）当轴承烧损时，有大量摩擦热散发到机油中，或者活塞环漏气，高温燃气加热机油，这一切均导致油温过高。

（十三）柴油机电启动系统故障排除

JBA015 柴油机电启动系统的故障排除

1. 启动电动机不转动

（1）连接线接触不良。

（2）电刷接触不良。

（3）启动电动机本身短路。

（4）蓄电池充电不足或容量太小。

（5）电磁开关触点接触不良。

2. 启动电动机空转无启动力

（1）电刷、接线头接触不良或脱焊。

（2）轴承套磨损。

(3)磁场绕组或电枢绕组局部短路。
(4)电磁开关触点烧毛,接触不良。
(5)蓄电池充电不足或容量太小以及启动电动机的线路压降太大。

3. 启动电动机齿轮与飞轮齿圈顶齿或启动电动机齿轮退不出

(1)启动机与飞轮齿圈中心不平行。
(2)电磁开关触点烧在一起。

4. 启动按钮脱开,启动电动机继续运转

(1)电磁开关动触头与连接螺钉烧牢。
(2)启动电动机调节螺钉未调整好。

5. 充电发电机不发电或电流很小

(1)硅二极管、磁场线圈,转子线圈断路或短路。
(2)调节器调节电压低于蓄电池电压。
(3)激磁回路断路或短路。
(4)三角橡胶带磨损或张紧力不足。
(5)充电电流表损坏。
(6)线路接错。

6. 充电电流不稳定

(1)碳刷沾污、磨损或接触不良,碳刷弹簧压力不足。
(2)硅二极管压装处松动。
(3)调节器内部元件脱焊或触头接触不良。
(4)三角橡胶带松动。
(5)线路接线头松动。

7. 充电电流过大,电压过高,发电机发热

(1)磁场接线短路或磁场线圈匝间短路。
(2)转子线圈短路或与定子碰擦。
(3)调节电压过高。
(4)晶体管调节器末级功率管发射极和集电极短路。
(5)振动式电压调节器中的磁化线圈断路或短路及附加电阻烧坏等。

8. 发电机有杂音

(1)轴承松动或碎裂。
(2)转子和定子相碰。

9. 蓄电池充电充不进

蓄电池充电充不进,不能输出大电流且压降很大,极板上有白色结晶物。

10. 蓄电池内部短路

蓄电池充电时温度高,电压低,比重低。充电末期气泡较小或发生气泡太晚,说明蓄电池内部短路。

(十四)柴油机调速器故障排除

JBA016 柴油机调速器的故障排除

1. 转速过高

1)故障现象

发动机空转时最大转速超出最高额定转速。

2)故障原因

(1)最大转速限制螺钉调整不当。为提高速度,拧动高速限制螺钉。

(2)调速器的调速弹簧预紧度过大。

(3)供油拉杆不灵活,使供油拉杆卡住。

(4)调速器加油过多,使飞球甩出受阻而影响到控制油量的灵敏度。

(5)调速器内的连接杆有卡滞现象。

3)检查判断

(1)当减小油门时,若发动机转速不能下降,应检查油门摇臂或杆系的连接处是否有卡滞现象,若无卡滞现象,可检查供油拉杆移动是否灵活。如不灵活,可进一步查找供油拉杆是否卡住,或柱塞咬住,或柱塞弹簧折断卡住;若拉杆移动灵活,可检查其连接杆是否有卡滞现象。同时,也应检查供油拉杆上的调节叉固定螺钉是否松脱。

(2)当减小油门时,发动机转速随之下降,可检查高速螺钉是否调整不当。若经过调整高速限制螺钉无效,可放松调速弹簧预紧力,再检查试验;若转速还降不下来,只有将喷油泵连同调速器一同卸下,再上试验台检查调试。

2. 怠速过高

1)故障现象

(1)发动机在低速运转时稳不住。

(2)发动机怠速动转时转速超过400~600r/min。

2)故障原因

(1)调速弹簧过软、折断或调整不当。

(2)调速器怠速调节螺钉调整不当,使调速弹簧预紧力过大。

(3)供油拉杆调整不当或油门传动杆的连接节处卡滞。

(4)调速器游隙过大,使调速杠杆位置向增大供油量方向移动。

(5)调速器内积油过多。当调速器内加注机油过多或输油泵及泵盖(指柱塞套肩胛面与泵盖支撑面间)漏油过多时,调速器的飞块浸在油液中,运动时的阻力随之增大,致使怠速时向外移动的行程减小,传动板在调速器弹簧弹力的作用下,使油泵拉杆向增大油量方向移动。

3)故障检查

(1)一般发动机的怠速转速为400~600r/min,若怠速转速过高,可在发动机熄火后,连续踏几次油门踏板,如果油门踏板不返回原位,即为油门回位弹簧过软或传动杆有卡滞,应进一步查找。若油门能自己回位,说明原拉杆调整过长,应调至合适的长度。

(2)检查调速器内润滑油是否合适,若过多,应放出润滑油使油面至合适位置。

(3)检查调速器时,若发现游隙过大,应在调速器滑盘外添加合适厚度的垫片。

(4)经上述检查调整后,若怠速仍然偏高,则可直接酌情旋出怠速限制螺钉,减小怠速供油量。

3. 游车

1)故障现象

发动机在低速运转或中速运转时,出现忽快忽慢有规律变化的运转,此种现象称为“游车”。“游车”大致可分为两种:一种是转速大幅度变化,变化周期比较长;另一种是转速在小幅度范围内变化,变化周期比较短。游车严重时,柴油机将无法正常工作,必须及时排除。

2)故障原因

(1)轴承的平面至调速齿轮衬套平面的距离不正确。

(2)调速杠杆位置不在中间或上下间隙不对。

(3)调速弹簧刚度过小。

(4)由于调速杠杆转动不灵活引起调速器阻力大,继而供油不灵敏导致游车。

(5)调速滑盘的斜面对中心的不同轴度差,引起滑盘与钢球偏磨。

(6)调速支架上安装钢球的6个孔偏小,引起钢球活动不灵活导致游车。

(7)柴油机长期使用后,由于磨损使调速杠杆圆弧面与调速滑盘之间的游隙增大。

(8)柴油机长期使用后,调速齿轮装钢球的平面磨损,磨出凹坑造成游车。

(9)漏装钢球或平面轴承。

3)故障诊断

“游车”是柴油机较常见的故障,主要是由于调速器反应与反馈信号不同步造成的。一般在怠速运转时稍有游车现象,可不必排除而继续使用。如有严重的“游车”,并且变化很大,则应查找原因并予以排除。

检查时先拆下喷油泵的监视口盖,将发动机处在“游车”最严重的转速下运转,仔细观察齿条。若调节齿条有规律地快速来回摆动很大,将供油拉杆固定后,检查各个活动关节是否磨损松旷,若松旷加以排除即可。

通过上面的检查,各活动关节无间隙,可将供油拉杆与调速器连接处卸掉,用手来回移动供油拉杆,检查供油拉杆是否灵活。若有阻滞现象属于喷油泵的故障;若能灵活移动,可检查调速器各杆系活动关节是否变形或由于制造安装不当而有发卡之处;如移动供油拉杆有阻力,说明供油拉杆装配得过紧或是装配不当,此时就应仔细按其传动路线逐个检查排除。

JBA017 柴油机曲轴瓦的故障排除

(十五)柴油机曲轴瓦的故障排除

曲轴轴颈与轴瓦是动配合,需要用机油润滑。机油的作用主要有两个:一是降低磨损;二是能带走因摩擦产生的热量及金属屑,延长轴与轴瓦的寿命。当缺少机油或机油变质,摩擦阻力会增大,零件发热,严重时轴瓦合金熔化,轴与轴瓦抱死。若油膜因某种原因遭到破坏,同样也能引起烧瓦,烧瓦有时是连杆瓦,有时是主轴瓦。

1. 烧瓦的征象

柴油机在运转时,负荷没有变化,转速却突然急剧下降、排气管冒黑烟、机油压力指示器浮标下沉,并伴有明显的敲缸声,说明曲轴与轴瓦已有轻微黏着。如不采取措施,继续运转,就会自行熄火,即使扳下减压手柄也摇不动曲轴,这就是烧瓦的典型征象。

2. 烧瓦故障的鉴别

烧瓦、活塞咬缸、启动轴咬死这三种故障都能造成柴油机自动熄火。烧瓦具有的特点如下:

(1)烧瓦时,柴油机运转由阻力增大到很快熄火,有一个过程;咬缸与启动轴咬死则是突然熄火。

(2)烧瓦熄火后,转动飞轮感觉沉重,严重时转不动;咬缸后,飞轮根本转不动;启动轴咬死后,飞轮还能少许晃动。

3. 烧瓦发生部位的判断

烧瓦一般在3个部位发生,即前主轴颈、后主轴颈与连杆轴颈。

(1)轴向推动曲轴,如能来回窜动,说明是连杆瓦烧坏。

(2)柴油机启动不久,在空负荷时发生烧瓦,一般为前主轴颈(靠定时齿轮一侧)。因为润滑油先到后主轴颈,后到前主轴颈,启动时摇转曲轴次数少,润滑油尚未达到前主轴颈处,造成烧瓦。这种情况冬天尤其多见。

(3)柴油机因负荷过大而烧瓦,多在后主轴颈(靠飞轮一侧)。因为动力是由飞轮传递出去,故这一侧主轴瓦承载大。此外,还可根据温度高低来判断烧瓦的部位。

4. 烧瓦的常见原因

(1)柴油机超负荷工作。柴油机长时间处于超负荷运行状态,润滑油温度增高,黏度下降,导致机油压力偏低,轴和轴瓦之间内润滑油膜不易形成,摩擦产生的热量不能被带走,造成摩擦加剧,轴瓦发生黏着磨损而烧熔。

(2)违犯操作规程。例如,低温条件下启动不预热,长期停放的机车启动不先摇车,启动后猛轰油门等,引起轴瓦烧熔。

(3)机油质量差。润滑油质量差、油底壳内进水或漏进柴油使机油变质,润滑油工作时难以形成良好的油膜,引起发动机轴瓦烧熔。

(4)机油不足。不注意检查油底壳油面高度和机油压力指示器,以致轴瓦长期得不到润滑,处于半干摩擦状态,造成发动机工作时轴瓦温度迅速升高,轴瓦和轴颈发生膨胀变形,间隙消失,金属直接接触而烧瓦。

(5)轴瓦配合间隙的大小,直接影响轴瓦的润滑,只有合理的配合间隙,才能使轴瓦与轴颈间形成良好的润滑油膜。轴瓦间隙太小,限制了轴瓦与轴颈之间机油的流动,使摩擦产生热量不能及时散发出去;间隙过大,机油容易流失,建立不起正常的油压。

(6)刮配轴瓦不合格。修理时,轴瓦与轴颈的接触面积要求达到75%,最后一道主轴瓦的接触面积力求达到90%以上。如果主轴瓦与主轴颈的接触面太少,单位面积负荷量大大增加,油膜破坏,轴瓦合金首先从此处熔化发生烧瓦。

5. 烧瓦后的柴油机检修

当曲轴等零部件拆下后,应首先查找烧瓦的原因,然后对曲轴进行鉴定修理。如烧瓦伤痕极深,修磨后无使用价值的,应予报废;若咬伤轻微,可用0号砂布对咬伤部位砂光处理。砂光后的曲轴轴颈表面若较光滑,无拉痕和裂纹等缺陷,可测量其轴颈大小,配以相应的主轴瓦或连杆瓦;若曲轴砂光后拉痕较深,需用专用磨床磨削处理;若曲轴轴颈上有较深的纵向裂纹,该曲轴应予报废;若曲轴轴颈纵向裂纹较浅,可对其轴颈进行磨削处理。经磨削裂纹消除后,若轴颈尺寸仍在允许范围内,则曲轴仍可继续使用,否则应予更换。

烧瓦后的柴油机,因机油中杂质过多,且机体内壁黏有较多的片状铝末,因此必须放尽机油,拆下机油集滤器彻底清洗,并刷洗或冲洗机体内腔及油底壳,忌用棉纱擦洗。修后的柴油机加入新机油运转半小时后,也应放净机油,彻底清洗机油集滤器和油底壳。

JBA018 柴油机气门组的故障

(十六)柴油机气门组的故障

1. 气门组件易产生的故障和原因

(1)气门易产生的故障有严重磨损、烧损和断裂等。其故障位置一般在排气门锥面、头部、锁夹部及颈部与杆部交接处附近。气门的磨损主要是长期受到交变载荷的连续冲击和柴油在燃烧室内不完全烧烧产生过多的积碳所致。气门烧损一般发生在排气门,当燃烧室内的高温废气从排气门锥面中窜出时,易造成气门头部烧损故障。气门断裂一般是由于气门卡死或安装不正确所致。

(2)气门导管出现的磨损一般是由于润滑不良和高温所致。

(3)气门座圈在长期工作过程中会使座圈锥面产生麻点、凹坑、座圈缩短和磨损变宽等。发生上述故障一般是由于气门座圈长期承受气门的连续冲击、高温气体的烧蚀和柴油在燃烧室内不完全燃烧产生过多的积炭所致。气门座圈的故障较多发生在排气门座。

(4)气门弹簧易产生的故障是弹力不足和断裂等。弹力不足一般是使用时间过长所造成;弹簧断裂较多是因为装配不正确所致。

2. 故障排除

1)烧气门

(1)现象。

气门烧损前后发动机外部表现比较明显。轻微烧损时,发动机冒黑烟,着火声音不好。严重烧损时,发动机冒白烟,此时,若进气门烧损时,吸气管过热,有烫手的感觉。

(2)原因。

①机油压力低,气门润滑不到位则气门犯卡,使得气门密封不严、漏气,或气门间隙太小,造成热车时气门关闭不严,燃烧后的高温气体从缝隙中窜出来,时间长了使气门烧损。

②气门头部积碳多,使得气门密封不严、漏气。杆部积碳多,使气门运动不灵活,造成烧损。

③供油时间太晚或供油量过大,排气时还在燃烧,使排气门烧损。

④长时间超负荷作业,由于供油多燃烧不完全,火焰通过气门时烧蚀气门。

⑤减压机构调整不当,减压手柄弹簧弹力减弱或折断,从而使减压装置在工作中自行变位到减压位置,造成烧蚀气门。

(3)检查及排除方法。

为了防止气门烧损,必须按使用说明书要求正确调整气门间隙,以保证气门工作时开启正常。检修时,应细致检查配气机构,检查气门弹簧弹力、气门杆与气门导管的配合间隙、气门和气门座的磨损情况,不合标准的应修复或更新。按规定标准调整喷油泵的供油量及供油时间,不得使油量过大,不得长期超负荷作业。

2)气门座磨损

(1)现象。

气门座工作面的严重磨损,造成气门下陷,降低压缩比,使发动机启动困难,功率下降。

(2)原因。

气门座工作条件恶劣,排气门座不断受到高温、高压燃烧气体的冲刷,进气门座受空气中沙粉和尘土的磨损,发动机燃烧不良,气门与气门座之间会产生大量积碳或气门间隙过小,气门与气门座配合不严密造成烧气门和气门座。

(3)检查及排除方法。

气门座有轻微磨损或烧蚀,以及气门座密封环带过宽或烧蚀严重时,可采用手工研磨法和铰削法进行修理,以恢复其密封性。当气门座因磨损而使气门下陷量达到 2.5mm 时,需要更换新件。

3)气门弹簧弹性减弱或折断

(1)现象。

气门弹簧由于长期在高速的情况下工作,负荷很大,金属疲劳使弹簧失去原有弹性和自由长度,甚至折断。当气门弹簧弹性减弱后,气门关闭不严,有轻微的敲击声,发动机压缩不良,启动困难,功率下降。

(2)原因。

①气门弹簧长期在高速下工作,金属材料疲劳折断或弹性减弱。

②发动机转速突然变化,如频繁而突然地增大和减小油门或发动机“飞车”等,使气门弹簧压缩和伸长的频率突然猛增,疲劳折断。柴油发动机轰油门的习惯是极有害的。

③气门弹簧长期处于高温下工作,或因配气机构润滑油路堵塞、润滑不良,高温使气门弹簧退火,弹力减弱。

④气门弹簧材质不好,热处理不当,过软弹力不足;过硬引起折断。

(3)检查及排除方法。

有条件的在弹力试验器上将弹簧压缩到一定高度时检查弹力。

另外也可以将两根弹簧串联在同一根螺栓上,中间用铁片隔开。用螺母拧紧,若旧弹簧先被压缩,则表示此弹簧弹力不足,应更换。

4)气门摇臂磨损或折断

(1)现象。

摇臂头因使用时间过长和缺油润滑都会发生磨损。磨损之后,气门间隙增大,气门实际开启时间缩短,气缸内的进气量减少,发动机工作不正常。

(2)原因。

气门杆与气门导管的间隙较小,工作中由于高温、润滑条件差以及积碳等,可能发生卡死,有时因飞轮等原因,将引起摇臂折断,无法控制气门开启,发动机即自行灭火。

(3)检查及排除方法。

当气门杆卡死,可注汽油或柴油浸入导管内,用手锤轻轻敲击气门杆端头,促使气门活动。变形的推杆必须拆下放在平板上,用手锤敲击整形笔直后仍可使用,折断的摇臂应及时更换。

5)气门折断

(1)现象。

由于使用维修不当,发生排气门折断,造成打烂缸盖、活塞的事故。

(2)原因。

①由于摇臂头磨成凹坑,使气门与导管严重偏磨,造成气门杆与导管两端接触,甚至有

卡滞现象,气门弹簧弹力减弱后,不能使气门及时复位,要借助活塞上行的推力才能复位。由于此时气门倾斜于活塞平面,使气门受到一个弯曲力的作用。

②由于排气门硬度高,韧性小,抗弯曲变形的能力小,在焊接处的韧性小,所以弯曲力稍大,气门很容易从焊接处折断。

(3)预防与排除方法。

为了避免这类事故的发生,在使用维修中应注意以下问题:一旦发现摇臂头磨损,应按标准圆弧半径及时修复其圆弧面。因为此圆弧面是为了减少摇臂头对气门杆的偏心载荷而设计的。

JBA019 柴油机喷油器的维修方法

(十七)柴油机喷油器的维修方法

1. 喷油器的常见故障

喷油器中最精密的针阀与针阀体,其配合间隙只有0.002~0.004mm。柴油中若有污垢杂质,就会影响针阀开闭的灵敏度,甚至将其卡住。由于喷油器头部在燃烧室内与高温高压燃气直接接触,时间一长,针阀也会膨胀、变形或被积碳堵塞喷孔,从而降低喷油质量,影响柴油机的正常工作。现将喷油器的常见故障与排除方法介绍如下。

1)喷油器滴油

当喷油器工作时,针阀体的密封锥面会受到针阀频繁的强力冲击,再加上高压油流不断地从该处喷射出去,锥面会逐渐出现刻痕或斑点,从而丧失密封,造成喷油器滴油。当柴油机温度低时,排气管冒白烟,机温上升后则变成黑烟,排气管会发出不规则的放炮声。此时若停止向该缸供油,排烟和放炮声就会消失。这时可拆开喷油器,在针阀头部沾少许氧化铬细研磨膏(注意不可沾在针阀孔内)对锥面进行研磨,然后用柴油洗净,装入喷油器试验。若仍不合格,则需更换针阀偶件。

2)喷油器雾化不良

当喷油压力过低,喷孔磨损有积碳,弹簧端面磨损或弹力下降时,都会致使喷油器提前开启,延迟关闭,并形成喷油雾化不良的现象。若是单缸柴油机就不能工作,多缸柴油机则功率下降,排气冒黑烟,机器运转声也不正常。另外,由于粒径过大的柴油雾滴不能充分燃烧,便顺缸壁流入积油盘,使机油油面增高,黏度下降,润滑恶化,还可能引起烧瓦拉缸的事故。此时应将喷油器拆开清洗、检修,重新调试。

3)喷孔扩大

由于高压油流不断地喷射冲刷,针阀喷孔会逐渐磨大,导致喷油压力下降,喷射距离缩短,柴油雾化不良,缸内积碳随之增加。单孔轴针式喷油器孔径一般大于1mm,可在孔端放一颗直径为4~5mm的钢球,用锤轻轻敲击,使喷孔局部发生塑性变形而缩小孔径。多孔直喷式喷油器由于孔数多、孔径小,只能用高速钢磨制的冲样在孔端轻轻敲击,若经调试仍不合格,则应更换针阀偶件。

4)针阀咬死

柴油中的水分或酸性物质会使针阀锈蚀而被卡住,针阀密封锥面受损后,缸内可燃气体也会窜入配合面中形成积碳,使针阀咬死,喷油器便失去喷油作用,致使该缸停止工作。可将针阀偶件置于废机油中加热至沸腾冒烟为止,然后取出,用垫着软布的手钳夹住针阀尾部慢慢活动,将其抽出沾上清洁机油,让针阀在阀体内反复活动研磨,直到把针阀偶件倒置时针阀能从阀体内自行缓缓退出为止。若装入喷油器试验不合格,则应更换针阀偶件。

5)针阀体的端面磨损

针阀体端面受到针阀频繁的往复运动冲击,时间一长会逐渐形成凹坑,从而增大针阀升程,并影响到喷油器的正常工作。可将针阀体夹持到磨床上对此端面进行磨修,然后用细研磨膏在玻璃板上进行研磨。

6)针阀与针阀孔导向面磨损

针阀在针阀孔内频繁地往复运动,加之柴油中杂质污垢的侵入,会使针阀孔导向面逐渐磨损,因而间隙增大或出现拉伤刻痕,导致喷油器内漏增加,压力降低,喷油量减少,喷油时间滞后,造成柴油机启动困难。当喷油时间延迟过多时,甚至不能运行,此时应更换针阀偶件。

7)喷油器与缸盖结合孔漏气窜油

当喷油器装缸盖时,应仔细清除安装孔内的积碳,铜垫圈必须平整,不得用石棉板或其他材质代替,以防散热不良或起不到密封作用。若自制铜垫圈,则必须以紫铜按规定厚度加工,以确保喷油器伸出缸盖平面的距离符合技术要求,否则喷油器头部会因变形偏斜而产生漏气窜油。

8)喷油器回油管破损

当针阀偶件磨损严重或针阀体与喷油器壳配合不够严密时,喷油器的回油量就明显增大,有的可达0.1~0.3kg/h。若回油管破损或漏装,回油就白白流失,造成浪费。因此,回油管必须完好无损,并安装密闭,以便回油能顺利流入油箱。若回油管是接到柴油滤清器上的,则其终端应设单向阀,以防滤清器内的柴油倒流入喷油器内。

2. 喷油器保养与维修

喷油器工作700h左右应检查调整一次。若开启压力低于规定值1MPa以上或针阀头部积碳严重时,则应卸出针阀放入清洁柴油中用木片刮除积碳,用细钢丝疏通喷孔,装后进行调试,要求同一台机器的各缸喷油压力差必须小于1MPa。接着做油密封试验,即喷油压力达到18MPa,让其自行降至17MPa,其回油时间不少于10s方为合格。试验中不允许柴油从锥体上流下或喷油器头部有湿润现象。另外,喷出的油束必须呈雾状并伴有清脆的“砰砰”声,多孔喷油器各孔还应自成一束雾柱。各型喷油器的雾锥角可用标准喷油器对比检查。

为使喷油器喷入缸内的柴油能够及时地完全燃烧,必须定期检查油泵的供油时间。供油时间过早,车辆会出现启动困难和敲缸的故障;供油时间过迟,会导致排气冒黑烟,机温过高,油耗上升。

清洗针阀偶件时不得与其他硬物相撞,也不可使其跌落在地,以免碰伤擦伤。更换针阀偶件时,应先将新偶件放入80℃的热柴油中浸泡10s左右,让防锈油充分溶化后,再在干净柴油中将针阀在阀体内来回抽动,彻底洗净,这样才能避免喷油器工作时因防锈油溶化而发生黏住针阀的故障。针阀偶件必须成对更换,不可互换混装。

若松开高压管接头时,见到大量气泡或油沫窜出,则说明针阀已在开启状态被卡死,因而气缸压缩时产生的压缩气体会经喷油器倒流至高压油管。此时用手触摸高压油管,如果感受不到脉动或脉动比较微弱,则说明针阀已被卡死,应卸出针阀偶件进行研磨、调试,装好后调试不合格则应另换新品。

3. 喷油器维修应注意的问题

需要维修的喷油器因黏结在缸盖上而难以取下时,可将柴油机减压,并摇转曲轴,待速度升高后,立即放下减压杆,利用气缸压力将喷油器冲出,但应注意旁边不可站人,以免发生事故。

也可在车上检查喷油器。可用三通接头将被查喷油器与标准喷油器并联到喷油泵上,同时拆下其他各缸高压管,摇转曲轴或用启动机带转发动机,观察喷油情况。若两个喷油器同时喷油,则说明喷油压力正常;若被查喷油器先喷油,则说明喷油压力过低,反之则过高。可通过拧入或拧出喷油器尾部的压力调节螺塞来分别加以调整。

柴油机不可长时间怠速运转,以防柴油雾化不良使喷油器工作恶化。不可长时间超负荷运转,以防机体过热使喷油器针阀偶件卡死。长时间存放的机车,应卸下喷油器将其放在干净的柴油中浸泡清洗后再装机,以防止针阀锈蚀而不能使用。

总之,在维修、更换、保养工作中要严格执行维修工艺标准,在日常的点检、一保工作中做好喷油器的调整、保养。只有这样,才能延长喷油器的使用寿命。

JBA020 柴油机转速不平稳的故障排除

(十八)柴油机转速不平稳故障排除

1. 柴油机转速稳定要具备的条件

保证柴油机转速稳定必须具备两个基本条件:

(1)柴油机每个循环供油均匀(数量相同)、喷油器雾化质量均匀(质量相同)。

(2)柴油机调速器调节灵敏。因为调速器有自动调节转速的功能,即随外界负荷的变化,自动调节供油量,使柴油机转速变化一致。查找造成柴油机转速不稳定的原因,要重点在燃油供给系统和调速器系统两方面查找原因。

2. 转速不稳定原因分析

(1)进油管道堵塞、柴油滤清器堵塞或是油路中有空气,使喷油泵供油不连续,引起循环做功不一致,转速时快时慢。这种现象主要出现在柴油机重负荷情况下运转不平稳,而在空车或拖拉机下坡时运转较平稳,应检查燃油系统是否有堵塞而使来油不畅。

(2)柴油内有水,柴油机启动后不但转速不稳定,而且排气还会发出"啪啪"的响声,并且冒白烟。此时,应更换柴油,清洗柴油箱、柴油滤清器等。

(3)喷油嘴偶件内有污物或喷油嘴偶件卡死,喷油压力过低或喷油雾化不良,引起转速不稳;此时应清洗喷油嘴偶件,调整喷油压力或更换喷油嘴偶件。

(4)喷油泵柱塞磨损过大、出油阀磨损过大、喷油器针阀磨损过大,均造成供油规律、雾化质量、供油数量的不稳定,转速忽快忽慢。

(5)调速器不灵活。一般是修理时更换零件所引起。如果更换柱塞偶件后调速凸柄臂运转不灵活,则应检查柱塞套定位螺钉是否定位正确,柱塞套是否装反,定位螺钉铜垫圈是否漏装。重新安装后应使柱塞调速凸柄臂转动灵活。如果调速杠杆与喷油泵体相摩擦,可用锉刀对调速杠杆与喷油泵体相摩擦处进行锉修。如果是调速杆无轴向间隙,应用锉刀对调速杠杆端面或齿轮室盖装调速杆孔端面进行锉修,直至调速器灵活为止。

(6)单向推力轴承座圈更换后装配倾斜,只要用套管或专用工具装平即可。如果是调速杠杆的两只脚磨损,只要取下轴承圈,自制一张纸垫(厚度一般为0.25~0.5mm),垫在轴承紧座下面，装后故障即可排除。

(7)调速齿轮平面淬火处有凹凸现象，一般是淬火时温度过高引起的。发现这种现象应用油石进行修光或更换调速齿轮。

(8)曲轴靠齿轮端轴颈的长度加工时超长过多，会由于曲轴的轴向窜动，而推动调速齿轮窜动，也会产生转速不稳的故障。解决的办法是，拆下曲轴齿轮，用专用磨床磨削曲轴靠齿轮端轴颈端面，直至达到要求。如果没有磨床，且曲轴齿轮亦不容易拆卸的情况，下面介绍一种简便的解决办法，将调速齿轮衬套取下，在衬套肩脚处垫上厚度适宜的纸垫，然后再将衬套装进调速齿轮孔内，这样就可避免调速齿轮与曲轴轴颈端面接触，但经这样修理后的柴油机会使调速率升高，可用减少轴承下面的纸垫或其他方法对调速系统进行调整。如果靠齿轮一端的主轴承端面磨损严重时，也会出现转速不稳的现象，此时应更换主轴承。

(9)调速杠杆装在齿轮室盖上，两脚与轴承位移较大，可用如下方法进行检查：把轴承的油迹擦干净，用红丹油涂在调速杠杆的脚上，再把齿轮室盖装上机体，拧紧中间螺钉，拉动油门手柄来回几次，再拆下齿轮室盖观察轴承平面上的接触点，如果偏移较大，则调整调速杆的铝垫片或是锉削齿轮室盖调速杆孔端面的方法加以解决。

(10)新换的调速滑盘孔与锥面跳动量超过 0.3mm 也会造成转速不稳。检查的方法是：做一专用芯棒，芯棒应略带锥度，滑盘套在芯棒上后略有过盈量，用两弹簧顶针顶紧芯棒中心孔，再用百分表对其一锥面进行测量，滑盘转动一圈后其跳动量不得超过 0.3mm，如超过 0.3mm 则应更换调速滑盘。

3. 转速不稳定诊断方法

拆下齿轮室盖上的观察孔盖板，启动发动机，用螺丝刀按住调速杠杆，使之固定于某一位置，若此时运转平稳，说明故障可能在调速器部分。用螺丝刀按住调速杠杆，若运转不平稳，说明故障不在调速器部分，应检查燃油系统。首先拧松喷油泵上的油管接头螺母，若发现有气泡冒出，可肯定油路内进入空气，应检查油管有无破裂，管接螺母有无松动，特别应注意喷油泵出油阀垫圈是否开裂或密封不严，油泵柱塞定位螺钉是否松动等。经上述检查修理后，发动机转速仍不平稳，可从气缸盖上拆下喷油器，并换上新的喷油器进行试验。如故障排除，说明故障在喷油器上；也可把喷油器拆下重新装到高压油管上，摇转发动机，观察喷油器喷油情况。若雾化不良，有滴油或针阀卡滞现象，可进行研磨或更换针阀偶件。

(十九)柱塞泵常见故障处理

JBA024 柱塞泵常见故障处理

柱塞泵是往复泵的一种，归于体积泵，其柱塞靠泵轴的翻滚驱动，往复运动，其吸入阀和排出阀都是单向阀。柱塞泵依托柱塞在缸体中往复运动，使密封工作容腔的容积发生改变来完成吸入、排除。

因为柱塞泵选用的是飞溅式润滑，当机油液位低于规定的下限时，曲轴及连杆的带油能力下降，造成轴瓦和轴颈间的供油缺少，不能构成满意的光滑油膜，进而发生黏合磨损，如果不及时补加机油，就会出现轴瓦与轴颈干磨，发生烧瓦甚至抱轴事故。

1. 柱塞泵动力端润滑油变质

JBA023 柱塞泵动力端润滑油变质

1)润滑知识欠缺

油田井下特种装备的种类很多，导致了油田无法对所有井下特种装备进行集中统一润滑管理,部分一线员工担负着日常润滑管理的任务。他们的润滑知识过时或仅来自于润滑油厂商,润滑停留在几十年前的水平,例如,使用机械油,以为有油就行;认为加油量宁多勿少,有油就能润滑;或是倾向于购买最便宜的或最贵的润滑油,导致还存在用错润滑油或者润滑油不对路而导致特车润滑不良的现象。

2)难以正确对待按期换油和按质换油间的关系

部分管理人员将按质换油和按期换油简单的绝对化、对立化,按期的就按期,按质的就化验,没有能力做就暂时搁置。在用油时,有些油没有到换油周期就已经劣化,但没有引起重视,从而导致失去润滑能力;有的到了换油周期,就直接换油,但油并没有劣化,而产生润滑油的浪费。

同时存在注重按期按质换油,忽视定期清洗润滑系统的问题。

JBA026 柱塞泵动力端异响故障排除

2. 柱塞泵动力端异响故障排除

1)故障原因

(1)连杆变形、轴承磨损严重、间隙松旷。

(2)十字头销或销衬套磨损严重或损坏。

(3)十字头与导板磨损严重,间隙松旷或损坏。

(4)曲轴轴承磨损,使曲轴轴向间隙过大引起十字头偏移、运转蹩劲。

(5)曲轴箱内传动齿轮严重或齿间卡有异物。

(6)柱塞与十字头连接处松动。

2)排除方法

(1)检校调整或更换连杆及连杆轴承。

(2)检修或更换十字头销子和衬套。

(3)检修调整或更换十字头及导板。

(4)调整曲轴轴向间隙或更换曲轴轴承。

(5)检查齿轮磨损、必要时更换。清除被卡异物。

(6)上紧柱塞(或弹性杆)与十字轴头连接螺纹。

JBA025 柱塞泵液力端异响故障排除

3. 柱塞泵液力端异响故障排除

1)故障原因

(1)排出阀座跳动。

(2)阀箱内有空气。

(3)阀箱内有硬质物体相碰(如石块、金属块)或阀体跳出等。

(4)柱塞与密封衬套严重黏拉。

(5)阀弹簧损坏或弹簧疲乏。

2)排除方法

(1)检查、清洁座孔,更换阀座。

(2)向阀箱内灌满水、驱除空气。

(3)打开阀盖,检查清除被碰物体或重新安装阀体。

(4)更换柱塞副磨损件。

(5)更换阀弹簧。

4. 柱塞泵动力端润滑油压力低故障排除

JBA027 柱塞泵动力端润滑油压力低故障排除

1)故障原因

(1)柱塞泵传动箱润滑压力调节阀内有脏物,引起阀常开。

(2)柱塞泵传动箱油底壳内油面过低。

(3)润滑油中混入柴油或水,使机油黏度过低。

(4)润滑油泵齿轮磨损严重,装配不符合要求。

(5)润滑油管连接头松脱,产生漏油现象。

(6)润滑油冷却器堵塞。

(7)润滑油泵滤清器或吸油管堵塞。

(8)压力表损坏。

2)排除方法

(1)清洗调节阀,检查、重新组装。

(2)按规定加足润滑油。

(3)检查原因,排除故障后更换润滑油。

(4)检查润滑油泵工作性能,并修复或更换。

(5)检查并紧固。

(6)拆检清洗。

(7)拆检清洗润滑油泵及吸油管。

(8)更换压力表。

5. 柱塞泵动力端冒油烟原因

JBA022 柱塞泵动力端冒油烟的原因

柱塞泵动力端冒油烟主要是由于温度高造成的。

1)主要原因

(1)油质变坏。

(2)油量过少或过多。

(3)曲轴和连杆瓦间润滑不良,过度磨损。

(4)十字头与导板偏磨。

(5)润滑系统工作不良可能引起曲轴和轴瓦磨损。

2)排除方法

(1)更换润滑油。

(2)增减油量,使油量达到规定需求。

(3)检查曲轴与连杆瓦间隙,按要求进行装配。

(4)重新组装。

(5)检修润滑系统,排除工作不良故障。

项目二　检查柱塞泵泵阀

一、准备工作

(1)柱塞泵拆装工具1套。

(2)手锤1把。
(3)500mm撬杠1根。

二、操作步骤

(1)专用工具、用具准备齐全,使用后做好维护保养。
(2)拆卸压盖,使用专用工具拆卸压盖。
(3)取出泵盖。
(4)取出泵阀弹簧。
(5)取出泵阀。
(6)检查泵阀部件。
(7)更换损坏部件。
(8)安装复位,泵阀安装复位,紧固压盖。
(9)清理现场,回收工具。
(10)劳保穿戴齐全。
(11)不违反操作规程。
(12)正确使用工具、用具。

项目三　检查井下特种装备发动机运行

一、准备工作

(1)1.5kg手锤1把。
(2)200mm手钳1把。
(3)150mm螺丝刀1把。
(4)200mm活动扳手1把。
(5)S14~17开口扳手1把。
(6)S12~14梅花扳手1把。

二、操作步骤

(1)劳保用品必须穿戴齐全。
(2)材料、工具、用具准备齐全,使用后做好维护保养。
(3)主车处于制动,怠速运转状态。
(4)检查发动机燃油量。
(5)检查发动机机油油位和油质。
(6)检查发动机冷却液液位和质量。
(7)检查发动机风扇皮带磨损松动情况及异物存在。
(8)打开所有离心泵控制阀。
(9)接通操作台供气阀。
(10)接通主电源开关。
(11)置变速箱挡位于空挡。

(12)接合液压系统取力器,启动液压系统运行。

(13)启动车台发动机。

(14)检查发动机机油压力。

(15)检查发动机温度。

(16)检查发动机壳体密封、仪表、运行情况。

(17)正确使用工具、用具。

(18)严禁违反操作规程进行操作。

项目四　检查调整大泵连杆瓦间隙(以 AC-400C 型为例)

一、准备工作

(1)250mm 螺丝刀 1 把。

(2)6 件 12~22mm 套筒扳手 1 套。

(3)0.5kg 手锤 1 把。

(4)S36×36 专用套筒 1 件。

(5)1000mm 撬杠 1 根。

(6)175~200 外径千分尺 1 把。

(7)160~250 百分表 1 只。

(8)0.2kg 棉纱(可用毛巾代替)。

(9)0 号砂布 2 张。

二、操作步骤

(1)劳保用品必须穿戴齐全。

(2)量具、工具、用具准备齐全,使用后做好维护保养。

(3)用 12mm 套筒扳手卸掉泵曲轴箱大泵盖螺纹,取下泵大盖。

(4)检查轴承间隙,用手锤轻轻敲击或用 250mm 螺丝刀拔动连杆瓦盖,在轴颈上做轴向移动,检查轴承松紧情况。

(5)调整:用专用套筒将瓦盖螺杆卸掉,看清瓦盖原装配方位标记(若无标记应打上标记),取下连杆瓦盖,注意不要将瓦口上调整垫搞错或丢失。

(6)将曲轴颈转到最低位置,将连杆拉出放在泵壳上。

(7)将瓦盖及原有的调整垫以原位置装好,按规定的力矩拧紧螺栓,用砂布轻轻磨去轴承工作表面不光滑处,擦干净轴承内孔及连杆轴颈。

(8)用外径千分尺测量连杆轴颈的最大极限尺寸和最小极限尺寸,用内径百分表测量轴承孔径的最大极限尺寸和最小极限尺寸,得出最大配合间隙和最小配合间隙。

(9)根据间隙与规定标准间隙之差,调整瓦口垫子厚薄;间隙小应加垫子,间隙大则取垫子。连杆瓦与连杆轴颈间隙应达 0.05~0.15mm。

(10)间隙调整好后,轴承孔内涂上干净机油,将轴承装回连杆轴颈上,按规定力矩拧紧瓦盖固定螺栓,力矩应达到 300~320N·m。

(11)用螺丝刀拨动瓦盖,做轴向移动应不松不紧,转动曲轴一周应无轻重不一或有阻力的感觉。

(12)再次卸下瓦盖检查轴承上油膜分布情况,如发现无油膜或油膜过厚,表明间隙过小或过大,应再次调整,直到符合要求为止。

(13)正确使用工具、用具。

(14)严禁违反操作规程进行操作。

项目五　检查柱塞泵柱塞密封组件

一、准备工作

(1)密封圈1包。

(2)棉纱1块。

(3)润滑脂0.1kg。

(4)机油0.1kg。

(5)撬杠1根。

(6)柱塞拆装专用工具1套。

(7)泵盖拆卸专用工具1套。

(8)扳手1把。

(9)螺丝刀1套。

(10)圆锉1把。

(11)手锤1把。

二、操作步骤

(1)劳保用品必须穿戴齐全。

(2)材料、工具、用具准备齐全,使用后做好维护保养。

(3)铺好防渗布。

(4)拆卸压盖取出泵盖。

(5)拆卸弹簧压爪,取出弹簧和泵阀。

(6)卸松柱塞密封压帽,拆卸柱塞。

(7)卸下并取出柱塞密封压帽,用专用工具取出密封件。

(8)清洗修整密封件和缸体内部表面,更换损坏密封件,然后涂抹润滑脂。

(9)按正确的方式安装密封组件,上好密封压帽。

(10)安装柱塞、泵阀以及泵盖。

(11)启泵检查,调整密封压盖松紧度以及润滑油量。

(12)清理现场。

(13)正确使用工具、用具。

(14)严禁违反操作规程进行操作。

项目六　检查液力变速器的运行

一、准备工作

(1)1.5kg 手锤 1 把。
(2)200mm 手钳 1 把。
(3)150mm 螺丝刀 1 把。
(4)200mm 活动扳手 1 把。
(5)开口扳手 1 套。
(6)梅花扳手 1 套。

二、操作步骤

(1)劳保用品必须穿戴齐全。
(2)材料、工具、用具准备齐全,使用后做好维护保养。
(3)主车停稳,处于制动、怠速运转状态。
(4)检查油的质和量。
(5)检查变速箱箱体密封情况。
(6)检查管路密封情况。
(7)检查油滤密封情况。
(8)检查输出轴密封情况。
(9)检查冷却器管线连接情况。
(10)检查冷却器管线密封情况。
(11)检查传动连接情况。
(12)启动发动机运行检查变速箱。
(13)启动发动机运行检查换挡操纵杆工作情况。
(14)检查变速箱箱体密封性。
(15)检查管路密封性。
(16)检查油滤、输出轴的密封性。
(17)检查冷却管路的密封性。
(18)挡位置于空挡,停止运行,发动机熄火。
(19)正确使用工具、用具。
(20)严禁违反操作规程进行操作。

项目七　检查液压系统的运行

一、准备工作

(1)1.5kg 手锤 1 把。

(2)200mm 手钳 1 把。
(3)150mm 螺丝刀 1 把。
(4)干净棉纱 1 块。
(5)200mm 活动扳手 1 把。
(6)开口扳手 1 套。
(7)梅花扳手 1 套。

二、操作步骤

(1)劳保用品必须穿戴齐全。
(2)材料、工具、用具准备齐全,使用后做好维护保养。
(3)车辆停稳,驻车制动。
(4)检查液压油量。
(5)打开油泵吸入口阀门。
(6)打开清水泵、喷射泵启动截止阀。
(7)打开增压泵电动机启动截止阀。
(8)打开搅拌器启动截止阀。
(9)接通电源开关。
(10)接通气源开关。
(11)发动机熄火,结合取力器,发动发动机,启动液压油泵,空载运行 5min。
(12)启动清水泵检查。
(13)启动喷射泵检查。
(14)启动增压泵检查。
(15)检查油泵密封情况。
(16)检查电动机密封情况。
(17)检查溢流阀密封情况。
(18)检查换向阀密封情况。
(19)检查管路密封情况。
(20)检查液压缸密封情况。
(21)正确使用工具、用具。
(22)严禁违反操作规程进行操作。

项目八　调整 12V-150 柴油机供油提前角

一、准备工作

(1)10mm 两用扳手 1 把。
(2)13mm 两用扳手 1 把。
(3)500mm 撬杠 1 根。
(4)棉纱 0.1kg。

二、操作步骤

(1)劳保必须穿戴齐全。

(2)专用工具、用具准备齐全,使用后做好维护保养。

(3)用 13mm 扳手卸掉飞轮观察孔盖螺帽,取下孔盖。

(4)用 10mm 扳手卸掉左排第一缸机头盖的小盖螺母并取下小盖板。

(5)用撬杠插进飞轮观察孔,盘动飞轮使其逆时针方向转动,使指针至左排第一缸压缩冲程的上死点前 24°~25°,在盘动飞轮时,同时要观察进、排气凸轮轴的位置。

(6)取下高压泵传动轴上的卡簧,拔出传动齿轮,使其离开高压油泵。

(7)转动高压油泵刻度盘,使“0”对准高压油泵的标记。

(8)套上高压油泵传动齿套,卡上卡簧,盖上机头盖的小盖板,盖上飞轮观察孔盖,并上紧螺母。

(9)调整后柴油机应好启动。

(10)排烟正常。

(11)正确使用工具、用具。

(12)严禁违反操作规程进行操作。

项目九　检查柱塞泵动力端使用状况

一、准备工作

(1)0.1kg 棉纱。

(2)吸入油滤 1 个。

(3)1.5kg 手锤 1 把。

(4)200mm 手钳 1 把。

(5)150mm 螺丝刀 1 把。

(6)200mm 活动扳手 1 把。

(7)开口扳手 1 套。

(8)梅花扳手 1 套。

(9)撬杠 1 根。

二、操作步骤

(1)劳保用品必须穿戴齐全。

(2)工具、用具准备齐全,使用后做好维护保养。

(3)检查曲轴箱或油箱油质和液面。

(4)检查曲轴箱通气口,清除堵塞物。

(5)检查曲轴连杆连接状况。

(6)检查十字头组件连接状况。

(7)检查清洗过滤器。

(8)检查润滑系统的工作状况。

(9)运行检查动力端工作状况。

(10)清理现场。

(11)正确使用工具、用具。

(12)严禁违反操作规程进行操作。

项目十　检查大泵十字头滑板与导板的间隙(以 AC-400C 型为例)

一、准备工作

(1)300mm 活动扳手 1 把。

(2)S46 扳手 1 把。

(3)套筒扳手 1 套,另加 6 件 12~22mm 套筒。

(4)S30×36 压裂车专用套筒扳手 1 套。

(5)压裂车专用柱塞拉拔器 1 套。

(6)塞尺 1 套。

(7)1000mm 加力杆 1 根。

(8)棉纱 0.2kg(可用毛巾代替)。

二、操作步骤

(1)劳保必须穿戴齐全。

(2)工具、用具准备齐全,使用后做好维护保养。

(3)用撬杠卸掉泵的吸入阀压帽,撬出阀压盖。

(4)盘泵,使柱塞离大泵曲轴中心至最远位置,然后用专用套筒将柱塞端堵旋出。

(5)把 S46 扳手插进拉杆 4 方固定,并用柱塞专用扳手插进柱塞六方孔,另一端用加力杆卸松柱塞。

(6)盘动曲轴使拉杆远离柱塞,摘下橡胶保护盘,并用螺丝刀将紧固圆螺母向拉杆端旋转几扣。

(7)用专用套筒扳手卸下柱塞盖,用柱塞拉力器拉出柱塞,并用活动扳手及套筒扳手卸下弹性杆。

(8)用 12mm 套筒扳手卸掉滑板室盖。

(9)用不小于十字头长度的塞尺测量十字头滑板与导板的间隙。

(10)盘泵让十字头来回活动,擦净十字头滑板与导板间的油。

(11)用大于 0.26mm、小于 0.38mm 的塞尺,从液力端方向插进十字头滑板与导板之间(手感不松不紧),此时塞尺的厚度即为它们之间的间隙。

(12)如十字头滑板与导板之间的间隙超过 0.38mm,需调整。

(13)反复几次,直到某一尺寸合适为止。

(14)正确使用工具、用具。

(15)严禁违反操作规程进行操作。

项目十一　检查柱塞泵密封组件冒烟的故障

一、准备工作

(1)机油300g。
(2)柱塞1个。
(3)柱塞密封圈1组。
(4)尖嘴钳1把。
(5)200mm活动扳手1把。
(6)开口扳手1套。
(7)梅花扳手1套。
(8)150mm螺丝刀1把。
(9)专用工具1套。

二、操作步骤

(1)劳保用品必须穿戴齐全。
(2)工具、用具准备齐全,使用后做好维护保养。
(3)铺好防渗布。
(4)检查气动润滑油量、气压是否适合。
(5)检查管路有无堵塞不畅、油路内是否有水泥杂质。
(6)检查油量调节是否合适、单流阀是否好用。
(7)检查柱塞密封圈。
(8)检查柱塞的磨损情况。
(9)用专业工具拆卸柱塞进行检查。
(10)拆卸密封件检查。
(11)更换新的柱塞密封圈。
(12)装配完好,故障消除。
(13)清理现场。
(14)正确使用工具、用具。
(15)严禁违反操作规程进行操作。

项目十二　检查柱塞泵上水不良的故障

一、准备工作

(1)撬棍1根。
(2)4kg手锤1把
(3)密封压环禁固扳手1只。

二、操作步骤

(1)劳保用品必须穿戴齐全。
(2)工具、用具准备齐全,使用后做好维护保养。
(3)检查上水管路异物。
(4)检查上水管路磨损、连接密封。
(5)检查吸入管路异物。
(6)检查吸入管路阀门开启情况。
(7)检查泵盖紧固和密封情况。
(8)检查柱塞和密封组件的密封性。
(9)检查柱塞表面磨损情况。
(10)检查密封组件紧固情况。
(11)检查泵送液体的温度和黏度。
(12)检查吸入泵阀总成的磨损和密封情况。
(13)检查排出泵阀总成的磨损和密封情况。
(14)正确使用工具、用具。
(15)严禁违反操作规程进行操作。

项目十三　检查发动机冷却液温度高的原因

一、准备工作

(1)1.5kg 手锤 1 把。
(2)200mm 手钳 1 把。
(3)150mm 螺丝刀 1 把。
(4)200mm 活动扳手 1 把。
(5)开口扳手 1 套。
(6)梅花扳手 1 套。
(7)A4 纸 2 张。
(8)碳素笔或钢笔 1 支。

二、操作步骤

(1)劳保用品必须穿戴齐全。
(2)工具、用具准备齐全,使用后做好维护保养。
(3)检查冷却液数量。
(4)检查上水池、下水池管路是否畅通。
(5)检查散热器散热情况。
(6)检查风扇和皮带的松紧度。
(7)检查水泵工作情况。

(8)检查节温器工作情况。
(9)检查发动机机油数量。
(10)检查柴油机负荷情况。
(11)清理现场。
(12)正确使用工具、用具。
(13)严禁违反操作规程进行操作。

项目十四　检查液压系统工作不平稳的原因

一、准备工作

(1)1.5kg 手锤 1 把。
(2)200mm 手钳 1 把。
(3)150mm 螺丝刀 1 把。
(4)200mm 活动扳手 1 把。
(5)开口扳手 1 套。
(6)梅花扳手 1 套。
(7)A4 纸 2 张。
(8)碳素笔或钢笔 1 支。

二、操作步骤

(1)劳保用品必须穿戴齐全。
(2)工具、用具准备齐全,使用后做好维护保养。
(3)检查工作机工作不稳定,包括本机故障、工作介质、环境等因素。
(4)检查液压马达与工作机连接脱节。
(5)检查液压管路漏气:管路接头连接或管体破损密封不严。
(6)检查液压油滤过油不畅:液压油有杂质,堵塞油滤。
(7)液压油温度高。
(8)液压油变质。
(9)液压油量过低。
(10)液压件工作不良。
(11)液压油杂质引起溢流阀动作。
(12)动力机工作不稳定。
(13)动力机与液压油泵连接脱节。
(14)正确使用工具、用具。
(15)严禁违反操作规程进行操作。

项目十五　装配压裂车台上变速器中间轴（以 AC-400C 型为例）

一、准备工作

(1)手锤 1 把。

(2)鱼尾钳 1 把(可用钢丝钳代替)。

(3)ϕ40~50mm、长 250~300mm 铜棒 1 根。

(4)中号油盆 1 个。

(5)150mm 活动扳手 1 把。

(6)压力机(机械、液压 50~100 均可)1 台。

(7)200mm 游标卡尺 1 件。

(8)棉纱 0.2kg。

(9)ϕ1~1.5mm 铁丝 1m。

(10)0 号砂布 1 张。

(11)机油 5kg。

二、操作步骤

(1)劳保用品必须穿戴齐全。

(2)工具、量具和油料准备齐全,使用后做好维护保养。

(3)铺好防渗布。

(4)把需要更换的零件清洗干净,把需要装配的其他零件清洗干净,并对装配所有的零件进行核对检查。

(5)按装配顺序把零件摆放好,按先拆后装,后拆先装的顺序进行装配,装配时需要用润滑涂抹的零件涂抹上润滑油。

(6)从左端装配,把长 70mm、宽 24mm 的键用铜棒轻轻地镶入到 ϕ75mm 轴颈上的键槽里,然后把 ϕ160mm、齿数 30 的齿轮用压力机压装到 ϕ80mm 轴颈上,再把另一长 70mm、宽 24mm 的键用铜棒轻轻镶入到 ϕ75mm 轴颈上的键槽里,然后把 ϕ348mm、齿数 46 的齿轮用压力机压装到 ϕ75mm 的轴颈上。

(7)从右端装配,把长 70mm、宽 24mm 的键用铜棒轻轻地镶入到 ϕ80mm 轴颈上的键槽里,然后把 ϕ296mm、齿数 39 的齿轮用压力机压装到 ϕ80mm 轴颈上,然后把轴套装到 ϕ75mm 钢颈上,再把长 70mm、宽 24mm 的键用铜棒轻轻镶入到 ϕ175mm 轴颈上的键槽里,然后把 ϕ160mm、齿数 20 的齿轮用压力机压装到 ϕ75mm 的轴颈上。

(8)把 2 个 3614 轴承放到机油盆里,用加温法把机油加热到 150℃。把轴左边的隔套装上,然后分别把轴承捞出快速装到轴两端 ϕ70mm 的轴颈上。

(9)待轴两端轴承冷却后,把轴两端压轴承内圈的压盖用头部带孔的 M10 螺栓上紧,并用 ϕ1.5~ϕ2mm 的铁丝把螺栓连接起来扭紧。

(10)装配后变速箱运转自如。

(11)正确使用工具、用具。
(12)严禁违反操作规程进行操作。

项目十六　刮合大泵连杆瓦(以 AC-400C 型为例)

一、准备工作

(1)加满机油的机油壶 1 个。
(2)0~25mm、175~200mm 千分尺各 1 把。
(3)塞尺 1 套。
(4)三角刮刀 1 把。
(5)油石 1 块。
(6)小桶红丹漆 1 桶。
(7)棉纱 0.2kg。
(8)500mmϕ1.5~ϕ2mm 铅丝。

二、操作步骤

(1)劳保用品必须穿戴齐全。
(2)量具工具、用具、量具准备齐全,使用后做好维护保养。
(3)清洗曲轴轴颈,并用外径千分尺测量连杆轴颈,确定所用轴瓦规格,将轴瓦清洗干净后并进行粗刮,按余量大小而定。
(4)将瓦片装入清洗干净的连杆和大头盖中,并在连杆轴颈上涂一层薄薄的红丹漆,按其记号装在曲轴上,上紧螺栓(以能转为准),转动曲轴一周。
(5)拆下连杆,观察瓦上的接触点,用刮刀把高出的点刮掉。反复几次,直到刮削符合标准为止。
(6)刮合完毕最后清洗干净,涂上机油,把准备好的铅丝放入轴瓦和连杆轴颈之间,然后按记号和规定力矩上紧连杆螺栓,用压铅法测量其间隙。
(7)刮合好的轴承其接触面积应达到 75%,且分布均匀,间隙应达到为 0.06~0.15mm(AC-4OOB 型),0.05~0.132mm(ACF-7OOB 型)。
(8)在刮瓦时,要交叉刮削,刀迹与瓦片中心线为 45°。
(9)以 300~320N·m 的力矩上紧轴承螺栓,盘动曲轴应转动自如。
(10)正确使用工具、用具。
(11)严禁违反操作规程进行操作。

项目十七　拆卸压裂泵阀总成的方法(以 YLC—1000D 型为例)

一、准备工作

(1)ϕ30mm×1000mm 紫铜棒 1 根。

(2)油盆1个。

(3)17mm、19mm、36mm、42mm开口扳手各1把。

(4)3.6kg手锤1把。

(5)F形专用工具1件。

(6)润滑脂2件。

(7)适量棉纱。

(8)柴油2kg。

(9)液力拔取器1件。

二、操作步骤

(1)劳保用品必须穿戴齐全。

(2)工具、用具准备齐全,使用后做好维护保养。

(3)铺好防渗布。

(4)取出所需用工具放入工具盘中,做好拆卸前的准备工作。

(5)用手锤按逆时针方向敲松缸盖压帽凸缘。

(6)用F形专用工具卸松缸盖压帽,然后把缸盖压帽连同密封座一同卸下,盘动压裂泵使柱塞后移,取出阀弹簧及阀体。

(7)用液力拔取器将阀座拔出。

(8)检查阀弹簧应无断裂、歪斜。阀弹簧自由高度不应低于39mm,必要时更换。

(9)检查阀体、阀座应无裂纹;锥形密封表面应无沟槽和严重的蚀点;阀座应无下沉和无卷口现象,否则应更换。

(10)清洗擦净阀座和泵头上的阀座基孔。然后将阀座轻轻放入泵头阀座基孔中,用旧阀体放入阀座上,将阀座砸紧。

(11)擦净阀座锥形密封面,把装好阀胶皮的阀体放入座上;把弹簧拧入阀体。

(12)擦净密封座孔(ϕ130mm)及压帽螺纹(T170×8)和密封座。

(13)将水平密封座的"马蹄面"垂直放入水平密封座孔中,然后用杆件从排出阀座内孔伸入,将吸入阀弹簧向下压,使弹簧处于压缩状态,此时将水平密封座转动90°,使弹簧逐渐定位于弹簧座内。用F形专用工具上好水平缸盖压帽并用手锤砸紧。

(14)擦净排出阀座密封面,把阀体和阀弹簧装好。

(15)正确使用工具、用具。

(16)严禁违反操作规程进行操作。

模块二　管理井下特种装备

项目一　相关知识

一、SYL2500Q-140 压裂车知识

(一)结构与组成

1. 概述

SYL2500Q-140 型压裂泵车是将泵送设备安装在自走式卡车底盘上,用来执行高压力、大排量的油井增产作业。该装置由底盘车和上装设备两部分组成。底盘车除完成整车移运功能外还为车台发动机启动液压系统和压裂车风扇冷却系统提供动力;上装部分是压裂泵车的工作部分,主要由发动机、液力传动箱、压裂泵、吸入/排出管汇、安全系统、燃油系统、压裂泵润滑系统、电路系统、气路系统、液压系统、仪表及控制系统等组成。

2. 工作原理

JBC001 工作原理

SYL2500Q-140 型压裂泵车采用车载结构(图 3-2-1)。底盘车经过加装特殊设计的副梁用于承载上装部件和道路行驶,采用的重型车桥和加重钢板可以保证压裂车适应油田特殊道路行驶。底盘变速箱和发动机取力器驱动液压系统,启动车台发动机并为车台发动机冷却水箱提供动力。

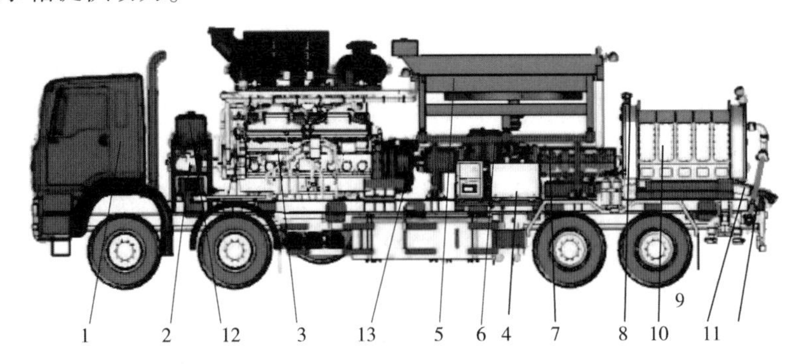

图 3-2-1　SYL2500Q-140 型压裂泵车结构

1—底盘车;2—发动机取力器;3—车台发动机;4—网络控制箱;5—车台发动机冷却水箱;
6—液力传动箱;7—传动轴;8—安全系统;9—压裂泵;10—吸入管汇;11—排出管汇;
12—液压系统;13—润滑系统

冷却水箱风扇由液压马达驱动,风扇转速可随发动机水温高低自动实现低速和高速运转,同时还可以采用手动控制方式实现风扇定速控制。整个冷却系统由六部分组成:(1)为车台发动机钢套水提供冷却;(2)为车台发动机中冷器提供冷却;(3)为压裂泵动力端润滑油提供冷却;(4)为发动机的燃油提供冷却;(5)为液压系统液压油提供冷却;(6)为液力传动箱润滑油提供冷却(采用热交换器)。车台发动机的额定功率为 3000hp(1hp=0.75kW),

为压裂泵提供动力,保证压裂泵的输出功率达到2500hp。与发动机配套使用的液力传动箱的功能是为适应不同工作压力和输出排量变换工作挡位(改变输出轴的速度),以适应施工作业的要求。液力传动箱润滑油的冷却采用外挂散热器的方式,通过散热器风扇冷却变速箱的润滑油。传动轴主要用于连接动力装置,前传动轴负责变扭器和变速箱的连接,后传动轴用于连接变速箱和压裂泵两部分。

为保证压裂车在施工过程中的安全,该车设置有两套安全系统。(1)采用压力传感器,将施工中的压力变化转化为4~20mA的电流变化。施工前首先设定工作安全压力,当工作压力达到设定压力值时,超压保护装置输出信号给发动机,在控制器得到信号后会立即使发动机回到怠速状况,并立即使变速箱置于刹车状态,防止压裂泵继续工作。(2)采用机械式安全阀。产品在出厂时根据设备的承压最高值进行调定。其功能是在施工作业或者试压过程中,压力达到调定之后,安全阀会自动开启泄压,当泄压完成后,安全阀会自动关闭。该安全阀的设定是为了保护压裂泵和整个高压管汇系统的安全。

固定在整车尾部的吸入管汇采用两路直通结构,施工过程中可以根据现场施工车辆的布置情况灵活接入一根或二根上水管线。直通斜向结构既有利于液体的吸入,又便于施工完成后的管线清理。排出管汇采用140MPa或105MPa的高压直管和活动弯头,施工作业时可以将直管移动到地面并与地面管汇或其他设备进行连接。

压裂车的控制系统采用网络控制方式,通过车台上网络控制箱进行集中或远程控制。网络控制箱通过设置在压裂车上的各路传感器采集显示和控制信号,经过数字化处理后可以在压裂机组的每一台设备上进行远程显示和控制,通过随机配置的采集软件采集和分析施工作业状态,并可以通过设备分组和分阶段流程控制,实现整套压裂机组的自动排量控制和自动压力控制。

液压系统分两部分。(1)柴油机启动系统,它来自于汽车底盘取力器驱动的液压泵,采用单液压启动马达实现启动;(2)风扇液压系统,通过底盘发动机或台上发动机取力,驱动多通道水箱风扇马达。风扇速度可以通过设置在发动机和传动箱上的温控开关实现自动开启。

压裂车润滑系统包括动力端和液力端润滑系统。动力端采用连续式压力润滑,通过变扭器取力器驱动的润滑泵提供润滑油。液力端柱塞、密封填料采用气压式连续压力润滑。设备挂挡后可以自动启动密封填料润滑,当传动箱置于刹车挡位时系统将自动关闭液力端润滑系统。

JBC002 编号及型号说明

3. 压裂泵车的编号及型号说明

SYL2500Q-140型压裂泵车编号根据压裂车的最高工作压力和最大输出水功率两个参数确定,其中最高压力是压裂泵采用最小柱塞时的额定压力,参数的单位采用国际单位制。产品编号为SYL2500Q-140,其中S表示江汉石油管理局第四机械厂;YL表示压裂泵车;2500表示压裂车最大输出水功率2500hp(1860kW);Q表示五缸压裂泵;140表示压裂车最高工作压力为140MPa(20000psi)(选用3~3/4in柱塞)。

产品型号及名称为SJX5450TYL140型压裂车。其中SJX表示企业名称代号(第四石油机械厂),5表示专用车代码(石油专用车),45表示车辆总质量44t,0表示设计顺序号,T表示特种结构,YL表示压裂车,140表示最大工作压力140MPa。

产品编号参照中华人民共和国石油天然气行业标准:SY/T 5211—2016《石油天然气钻采设备 压裂成套装备》执行。

4. SYL2500Q-140 型压裂泵车性能参数

JBC003 总体尺寸及重量

1) 总体尺寸及重量

总体尺寸及重量见表 3-2-1。

表 3-2-1 SYL2500Q-140 型压裂车尺寸及重量

项　目	参　数
总长,mm	12100
总宽,mm	2500
总高,mm	4160
底盘前悬,mm	1490
底盘轮距,mm	1800+5400+1400
底盘后悬,mm	1700
前桥重量,kgf	16300
后桥重量,kgf	28000
整机重量,kgf	44500
转弯半径,m	15.9
离去角(°)	18
接近角(°)	27
爬坡度(°)	23
离地间隙,mm	前:347,后:340
最高时速,km/h	85(电子限速)
重心位置,mm	X:后桥中心前 2595,Y:地面上 1792,Z:中心右 20

2) 整车工作性能参数

JBC004 整车工作性能参数

SYL2500Q-140 型压裂泵车可以根据施工区域的状况选用 3¾~5in 的柱塞,在最高压力和最大排量之间进行选择。相应柱塞的性能参数见表 3-2-2 至表 3-2-5。

表 3-2-2 柱塞直径 3¾in 的性能参数

项　目	参　数
柱塞直径,mm(in)	95.25(3¾)
最高工作压力,MPa	140MPa(对应工作排量 0.76m^3/min)
最大排量,m^3/min	2.17(对应工作压力 51.5MPa)
压裂泵输出水功率,hp(kW)	2500(1860)

表 3-2-3　柱塞直径 4in 的性能参数

项　　目	参　　数
柱塞直径,mm(in)	101.6(4)
最高工作压力,MPa	123(对应工作排量 0.867m^3/min)
最大排量,m^3/min	2.47(对应工作压力 45.3MPa)
压裂泵输出水功率,hp(kW)	2500(1860)

表 3-2-4　柱塞直径 $4\frac{1}{2}$in 的性能参数

项　　目	参　　数
柱塞直径,mm(in)	114.3($4\frac{1}{2}$)
最高工作压力,MPa	97.5(对应工作排量 1.097m^3/min)
最大排量,m^3/min	3.128(对应工作压力 35.8MPa)
压裂泵输出水功率,hp(kW)	2500(1860)

表 3-2-5　柱塞直径 5in 的性能参数

项　　目	参　　数
柱塞直径,mm(in)	127(5)
最高工作压力,MPa	78.9(对应工作排量 1.355m^3/min)
最大排量,m^3/min	3.861(对应工作压力 29MPa)
压裂泵输出水功率,hp(kW)	2500(1860)

5. 设备组成

SYL2500Q-140 型压裂泵车主要由装载底盘(带发动机驱动液压油泵)、车台发动机及散热水箱系统、液力传动箱、传动轴、压裂泵总成、排出管汇、吸入管汇、安全系统、液压系统、燃油系统、气路系统、润滑系统(包括压裂泵动力端和液力端润滑)、电路系统、仪表控制台、远程控制系统、预加热系统等几大部分组成。如图 3-2-2 和图 3-2-3 所示。

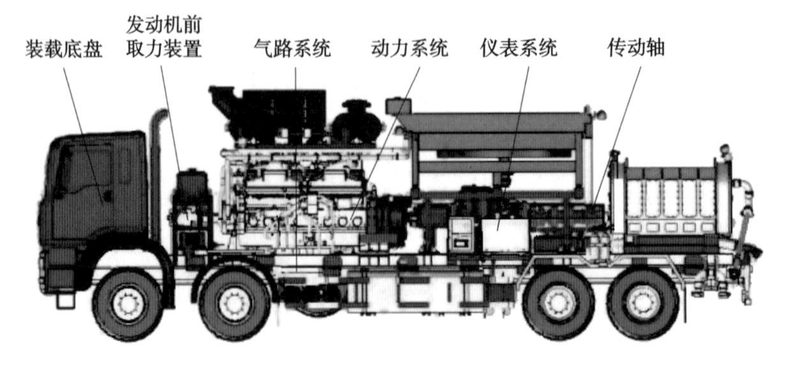

图 3-2-2　SYL2500Q-140 型压裂泵车结构图(一)

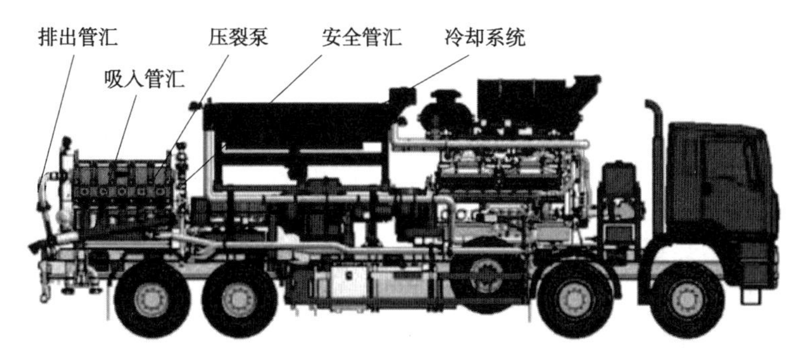

图 3-2-3　SYL2500Q-140 型压裂泵车结构图(二)

1)装载底盘

JBC005 装载底盘

SYL2500Q-140 型压裂泵车装载底盘选用"MAN"TGS41.4808×6。底盘配置状况见表 3-2-6。

表 3-2-6　底盘配置状况

底盘型号		TGS 41.480 8×6 BB
驾驶室型号		M 驾驶室
2~3 轮轴距和后悬,mm		5400+1700
转弯半径,m		15.9
前桥承重,kg		第一前桥 9000
		第二前桥 9000
后桥承重,kg		后两桥 32000
允许总重,kg		48000
轮胎及轮毂	第一前桥轮胎	2×米其林 MI 325/95R24(原 12.00R24)
	第二前桥轮胎	2×米其林 MI 325/95R24(原 12.00R24)
	中桥轮胎	4×米其林 MI 325/95R24(原 12.00R24)
	后桥轮胎	4×米其林 MI 325/95R24(原 12.00R24)
	备胎	1×米其林 MI 325/95R24(原 12.00R24)
	备胎架	备胎支架改装厂设计安装
颜色	底盘	石墨黑
	轮毂	铝白
	驾驶室	红色:RAL3002

2)动力系统

JBC006 动力系统

动力系统主要由车台发动机和液力传动箱、消音器、传感器、发动机和液力传动箱附件以及安装支座等组成。整套系统通过发动机前后支座和变速箱前后支座与底盘副梁连接。发动机和变速箱两部分通过传动轴进行连接。

SYL2500Q-140 型压裂泵车选用的车台发动机为"CUMMINS"QSK60。发动机具体的结构及特点请参阅相关的发动机资料。

SYL2500Q-140 型压裂泵车传动箱采用“TWIN DISC”传动箱作为配置方案。

变速箱型号:“TWIN DISC”TA90-8501。

最大输入功率:2235kW(3000hp)。

最大扭矩:12880N·m。

最高转速:2100r/min。

JBC007 发动机前取力装置

3)发动机前取力装置

SYL2500Q-140 型压裂车采用台上发动机取力的方式,保证压裂车动力的功率储备。该装置通过台上发动机前取力器驱动液压系统为车台发动机风扇冷却系统提供动力。风扇驱动油泵与发动机前取力口通过传动轴进行连接,取力器接口为“Cummins”DA6162 型式。

底盘变速箱取力器 NH/1C 不带法兰,取力器口 PTO 的传动比 $F=1.09$,水平安装。ZF 取力器 NH/1C,离合器在驾驶室内控制。取力器输出速度=1.09×底盘发动机转速,其旋向为顺时针旋转(与底盘发动机旋向相反),最大输出扭矩为 1000N·m。

(1)启动液压系统。

对于 CUMMINS QSK60 发动机而言,启动方式一般有三种:电启动、气启动和液压启动。其中电启动方便、成本低廉,缺点是在冬天启动比较困难;气启动方便可靠且成本低廉,在冬天启动比较容易,缺点是泵本车无法解决气源问题,需要外接气源;液压启动方便可靠,在冬天启动比较容易,而且车本身可以解决油源问题,缺点是需要一整套液压油箱、液压泵、阀件及其附件,成本比较高。但是为了使 CUMMINS QSK60 发动机启动方便可靠,特别是在寒冷的冬天可以启动发动机,我们最终选择液压启动方式。安装 2 个液压启动马达,其中一个为备用马达。

液压泵是根据不同的底盘来选择的。对于“MAN”TGS41.480 8×6 BB 底盘而言,为了保证液压系统在安全的环境下工作,采用板式溢流阀与叶片泵直接安装。在液压系统进油和回油管路上装有滤清器,这样保证了液压油清洁,减少液压系统故障。在油箱进油口和回油口分别装有球阀和单向阀,从而更加方便对液压系统进行维护。

MAN 底盘传动箱取力器调速范围为 800~1800r/min。

启动液压系统通过底盘取力器提供动力,车台发动机启动完成后可以关闭底盘操作台上的取力器开关。

(2)风扇液压系统。

SYL2500Q-140 型压裂泵车采用卧式水箱驱动方式,驱动水箱的动力为液压马达,动力由底盘或台上发动机取力器驱动,通过传动轴连接液压泵。系统中配装有冲洗阀。其主要目的一是带走闭式系统中热量;二是冲走闭式系统中部分脏污。

整个风扇液压系统具有手动温控和自动温控两种方式。

手动控制功能:当发动机启动后,无论发动机水温或变扭器油温、液压系统油温是多少,水箱的风扇旋转的速度保持在 765r/min。

自动温控功能:当发动机启动后,水箱风扇进行中速旋转,速度为 500r/min,控制系统内预先设定了各控制系统的开启温度。当发动机水温、传动箱油温、液压系统油温其中任何一个温度达到设定温度后,其温度开关发出电信号,使液压泵斜盘在大角度下工作,从而使水箱风扇加速到 765r/min 工作。当系统温度降到设定点后,控制系统给出信号使液压泵斜盘在小角度下工作，从而使水箱风扇降到500r/min工作。

在液压系统进油和回油管路上分别装有滤清器，可以保证液压油清洁，减少液压系统故障。在液压油箱进油口和回油口分别装有球阀和单向阀，从而更加方便对液压系统进行维护。

4)传动轴及刹车装置

JBC008 传动轴及刹车装置

变扭器与变速箱之间采用前传动轴连接，变速箱与压裂泵之间采用后传动轴连接。为保证操作者的安全，每个传动轴周围均安装有可拆卸的护罩。前后传动轴参数见表3-2-7。

刹车装置内置于传动箱的内部，通过控制系统进行控制。

表3-2-7　前后传动轴参数

项目	连续运转扭矩，N·m	安装长度，mm	螺栓连接孔，mm	螺栓分布圆直径，mm
前传动轴	27100	600	8×ϕ18.11	314
后传动轴	48000	1100	10×ϕ22.1	310

5)冷却系统

JBC009 冷却系统

SYL2500Q-140型压裂泵车采用"CUMMINS" QSK60柴油发动机，额定功率为2235kW(3000 hp)，与"TWIN DISC" TA90-8501变速箱连接后驱动5ZB-2800五缸压裂泵工作。由于发动机满足了一定的功率储备，故采用发动机前取力驱动风扇冷却系统。

根据车载SYL2500Q-140型压裂泵车各冷却系统的散热要求、冷却器的传热特性以及车体空间布置、系统管路的连接等情况。冷却系统由一套卧式散热器系统和一套油水热交换器系统组成。卧式散热器系统分为发动机钢套水冷系统、中冷器冷却系统、燃油冷却系统、液压油冷却系统以及压裂泵动力端冷却系统5个相互独立的冷却系统。

风扇系统采用吸力型风扇将冷却空气吸入散热器。为适应压裂泵车间歇式工作的要求，采用开关风扇离合器，在冷却循环系统中安装传感器，风扇可以在低速和高速两种状态下进行手动和自动控制。

每次作业前应检查散热器冷却液液位，保证液位不低于最低液位[或者液位最高位置离膨胀水箱顶部(不含加水口)距离不超过10cm]。

6)压裂泵

JBC010 压裂泵

压裂泵是整个压裂车的心脏，SYL2500Q-140型压裂车所使用的5ZB-2800泵是一种往复、容积式、单作用、卧式五缸柱塞泵，该泵的最大输入额定制动功率为2080kW(2800hp)。5ZB-2800卧式五缸柱塞泵由一个动力端总成和一个液力端总成组成。可以更换不同的泵头体以适应装在几种不同规格的柱塞以获得不同压力和排量。用户可选用不同的密封填料总成、阀总成、排出法兰、吸入管汇来进行各种配套布置，泵送各种特殊的液体，在各种不同环境下工作。柱塞泵详细参数见表3-2-8。

表 3-2-8 5ZB-2800 卧式五缸柱塞泵工作参数

柱塞直径 in	不同柱塞和不同冲次下的压力及排量									
	100 冲/min		150 冲/min		200 冲/min		250 冲/min		330 冲/min	
	排量 L/min	压力 MPa	排量 L/min	压力 MPa	排量 L/min	压力 MPa	排量 L/min	压力 MPa	排量 L/min	压力 MPa
3¾	724	137.9	1086	103	1448	77.3	1810	61.8	2389	46.8
4	824	121.2	1236	90.5	1647	67.9	2059	54.3	2719	41.1
4½	1043	95.7	1564	71.5	2085	53.6	2606	43	3441	32.5
5	1287	77.6	1931	58	2574	43.5	3218	34.8	4248	26.3

(1)动力端。

①最大输入功率:2080kW(2800hp)。

②冲程长度:8in。

③曲轴偏心距:$e=101.6$mm。

④齿轮传动比:6.333∶1。

(2)液力端。

①泵头体为整体式结构。

②吸入管汇,向下倾斜,便于排空液体。

③适合于压裂、酸化和防砂工艺的柱塞、密封填料、阀及阀座等附件。

④3in FIG 2002 或 FIG 1502 型排出接头。

⑤在液力端下面,安装有工作平台便于维护和保养液力端。

⑥3.75~5in(多种选择)。

JBC011 泵的润滑

7)泵的润滑

压裂泵的润滑系统包括动力端润滑系统和液力端润滑系统。

(1)动力端润滑系统。

动力端采用连续式压力润滑。由传动箱下取力器(PTO)驱动的润滑泵进行润滑。动力端润滑系统包括卸压阀、滤子、油压表、油泵、管路和润滑油冷却器及储油箱等组成。动力端润滑系统是保证2800型柱塞泵具有最佳工作性能和最长使用寿命的重要因素之一。在油井作业过程中只有泵低速运行时才能输出最高压力和最大负荷。泵运行的这一特性必须要使用一台驱动润滑泵的动力装置。当发动机高速运行时不管泵是否低速运行,润滑油泵均能输出最多的润滑油。因此,通过在变扭器下取力口驱动叶片泵作为润滑系统动力。

为了保证润滑系统在安全的范围下工作,采用溢流阀与叶片泵直接安装。在润滑系统中安装了节温阀,使润滑油能够在一定温度范围下工作:当润滑油温超过一定的温度(71°)时,节温阀打开,润滑油经过水箱冷却进入大泵动力端;润滑油温低于一定的温度(71°)时,节温阀关闭,润滑油不经过水箱冷却直接进入大泵动力端。系统中设计了高油温、高油压和低油压报警装置。当油温或油压超过一定的值,或油压低于某一值时进行报警,表示润滑系统出现故障。

在润滑系统进油管路上装有滤清器,这样保证了润滑油清洁,减少润滑系统故障。在油箱进油口装有球阀,从而更加方便对润滑系统进行维护。

润滑系统参数见表3-2-9。

表3-2-9 润滑系统参数

润滑油泵排量,L/min	溢流阀调定压力,MPa	油箱容积,L	压裂泵回油管直径,mm(in)
210	1.38	290	101.6(4)

(2)液力端润滑系统。

液力端柱塞、密封填料采用气压式连续压力润滑。设备挂挡后可以自动启动密封填料润滑系统,当传动箱挂到刹车挡后会自动切断气源,润滑气泵停止工作。该系统包括所有为柱塞提供润滑的机油池和所必需的附件。在液力端之下,装有回收润滑流体的滴液盘。通过一个带阀门的三通,可以使回收的润滑油流向润滑油罐或流向外接放油口。液力端润滑油箱内部通过隔板分为净油侧和污油侧两部分,隔板顶部开口,通过过滤网将净油侧和污油侧连通。气动润滑泵从净油侧吸油;回收的污油流回污油侧的底部,经沉淀过滤后从隔板顶部流向净油侧。净油侧底部有1in球阀,污油侧的底部有2in放污丝堵和1in球阀,侧面均有液位指示器。

气动润滑泵型号为HUSKY 307 D31255,通过仪表板上气压调节阀控制气动润滑泵流量和压力,使每根柱塞润滑油流量不少于473.41mL/h,泵压不得超过0.175MPa。每根柱塞润滑油流量调节通过流量控制阀来调节。

JBC012 排出管汇

8)排出管汇

SYL2500Q-140型压裂车根据配置柱塞的大小可以选用FIG 2002或者FIG 1502扣型,2in或者3in的排出管汇。当最大排量大于1.5m^3/min时,通常采用3in的排出管汇。为便于排出管汇与压裂泵的连接,通常在泵的液力端出口与高压直管之间通过“50”型(2弯)或者“10型”(3弯)活动弯头进行连接。高压排出管横向固定在车辆尾部,施工中应打开支架固定销,将排出管线放在地面并进行支撑。排出接口可以选择外螺纹活接头(F)或者内螺纹活接头(M),扣型为FIG 2002或者FIG 1502。

在压裂泵的另一端出口装有压力传感器,与控制箱的超压保护装置进行连接。为提高设备的安全性,可选配不同压力等级的安全阀,安全阀在产品出厂前已经根据设备的要求进行调定。

JBC013 吸入管汇

9)吸入管汇

为适应压裂泵大排量输出和井场管线的连接,吸入管线通常采用两个上水接口。通常情况下根据车辆布置情况只需要连接一个接口,在采用5in柱塞或高冲次作业时,为保证泵的吸入性能,可以连接两个上水管线。每个接口包括:4in蝶阀和外螺纹活接头或者内螺纹活接头,扣型根据不同的用户要求确定,通常统一为FIG 206F。分别装于车后,离地高度适当,吸入歧管向下倾斜,可确保管线内不留残液。为适应CO_2作业,整个吸入管汇需保证承压2.45MPa以上。吸入主管汇直径为168mm,尾部通过快速卡箍与堵盖连接,可以快速实现管汇的清理。

在吸入管汇的2根吸入歧管的交汇处安装有吸入缓冲器(PPM-E-725-6C),其作用是空气缓冲,减少噪声和震动。

JBC014 加热装置

10)加热装置

为保证泵车能够在冬天或高寒地区正常作业,SYL2500Q-140 型压裂车配有加热装置。在车台柴油机的前端装有加热器,为车台柴油机的冷却液及润滑油进行加热。加热器通过主控台上的开关开启,加热器自带水泵循环发动机冷却液,直到冷却液的温度达到发动机启动的要求。加热器排出的热空气通过金属管对发动机油底壳进行加热。待温度达到要求后,需关闭电源,3min 后加热器会自动停止工作。

加热器的进水和出水管线分别与发动机水道连接,进出口均设有阀门。在启动加热装置之前,必须开启两个阀门与水道连通。加热过程完成后,应将两个阀门关闭。

加热器构成。加热器由一个热交换器和带有电器控制部分的燃烧器组成。拆下传感器导线后,燃烧器即可从加热器上拆下来。同时,喷油嘴、电磁阀、点火线圈、点火电极和光电传感器就容易保养维修了。装在换热器中的燃烧室由混合室和火焰管组成,混合室可以拆分,控制器和电动机固定到燃烧器护盖下面的法兰上。油泵与燃烧器联接体集成一体。

开加热器。打开加热器开关,水泵自动开启。如果加热器装有喷油嘴预热器,当水温低于 5℃时,预热器加热管自动开启约 60s,燃烧器延时同样时间后启动。燃烧器启动:主电动机带动助燃风扇,并通过联轴器驱动油泵,延时约 3s 后起动。助燃风扇提供助燃空气预吹净燃烧室,随后进行 5s 电动机监测,在监测期间电动机短时关闭,测量电动机产生端电压。约 10s 延时后,点火器打开然后油阀开启,燃油通过喷油嘴喷进燃烧室。在燃烧室内油气混合,被高压电火花点燃,一旦火焰稳定,控制器上的光电传感器发出信号关闭点火线圈。在燃烧室的末端,灼热的燃烧气体返转,流经热交换器内表面,热量被水套体内的冷却介质吸收 废气由排废管排出(排废管可加延伸管)。加热器为自动程序控制并间断运行。

关闭加热器。如果关闭加热器油阀停止供油,火焰熄灭,加热器延时 3min 关机。助燃空气将未燃烧的油气混合物从燃烧室中吹出,并冷却热交换器内侧面的灼热部件。同时水泵继续运转,带走热交换器的余热,防止过热。当延时过程结束,水泵和主机同时自动关闭。如果加热器没有立即熄火,则加热器不执行 3min 延时程序,直接故障关机。

加热器的附加性能。如果水流量太低,加热器自动停止燃烧,以限制出口水温。通过监测一定时间内被加热介质的温度升高情况,来控制加热器的工作。如果水流量太低,造成温升太快(7℃/5s),加热器则自动熄火,执行延时程序,该循环重复进行。当进口水温大于 55℃,其对应水温传感器输出信号可用来控制车辆风机运转,水温传感器和过热保护传感器对应的温度值一直被比较,为保证加热器的安全性,如果二者差值过大,加热器将立即故障关机。

冷却液循环系统。加热器可与发动机组成循环系统,亦可单独自成循环系统。对这两种连接方式,循环系统至少含 10L 冷却液,同时系统中必须加装 0.04~0.2MPa 的释压(放气)阀。注意水管不要扭曲,如果可能的话,应以斜向上走向为最佳,确保各管路接头用喉箍夹紧密封。当敷设水管路时,应保证其远离车辆的发热部件。

注意:在燃烧器正常工作时,最小水流量应能满足加热器进、出口水温不大于 10℃。第一次使用加热器或更换冷却液后,循环系统必须放气并加满冷却液。

JBC015 气压系统

11)气压系统

压裂车气压系统由汽车底盘储气罐提供气源,其功能是为压裂泵液力端润滑系统提供动力。在压裂车的主控箱上安装有气压表,可以观察气压的大小。气压调节阀可以调节气压的大小。

液力端的润滑供气系统具有自动控制功能。当启动车台发动机后,系统自动开启液力端润滑气源,推动润滑气泵为压裂泵密封填料提供润滑油。当传动箱换挡开关置于刹车挡位时,由于压裂泵处于非工作状况,系统会自动切断液力端润滑系统气源,停止对液力端密封填料系统的供气及润滑。

12)控制和仪表系统

JBC016 控制和仪表系统

SYL2500Q-140 型压裂泵车电气控制系统由台上自动控制箱、仪表箱、网络遥控箱以及各传感器、插接件等组成。该系统具备泵车车台启动发动机、远程启动发动机、车台远控启动互锁、一键回怠、车台远控停机、定压力自动作业、定排量自动作业等新型实用功能。此自动控制系统使得 SYL2500Q-140 型压裂泵车更符合油田现场的作业要求,安全性更高,功能更强大,操作更便捷。

13)安全保护装置

JBC017 安全保护装置

为保证压裂车在施工过程中的安全,SYL2500Q-140 型压裂车可配两套安全系统。该装置安装在泵头体的另外一个排出口,通过三通进行连接。

采用压力传感器,将施工中的压力变化转化为电流或电压的变化。该装置采用输出 4~20mA 电流信号。施工作业前,根据施工工艺要求,在控制系统中设定工作安全压力,当工作压力达到设定压力值时,控制系统输出信号给发动机控制器,发动机在得到控制信号后会立即回到怠速状况,同时变速箱回到空挡位置并启动传动箱刹车装置,终止压裂泵的工作。

压力传感器型号为 509。连接方式为 FIG 1502。采用机械式安全阀,产品在出厂时根据设备的承压最高值进行调定。其功能是在施工或者试压过程中,压力达到调定之后,安全阀会自动开启泄压,当泄压完成后,安全阀会自动关闭。该安全阀的设定是为了保护压裂泵和整个高压管汇的安全。安全阀额定值为 140MPa(20000psi)或 105MPa(15000psi),由设备生产厂家进行调定。

(二)操作使用及维护保养

JBC018 载车底盘操作前检查

1. 操作前的检查

1)载车底盘

(1)参照底盘说明,对底盘进行检查。

(2)确认电瓶直流供电系统紧固、洁净。

(3)检查底盘油箱的燃油面,按要求予以补充。

(4)检查燃油软管是否开裂或泄漏,按要求予以更换。

(5)检查车架、撑臂、挡泥板、保险杠和灯光,按需要予以修理或更换。

(6)保证变速箱处于空挡,并刹住卡车刹车。

(7)其他资料参考底盘服务手册。

2)动力链

JBC019 动力链操作前检查

(1)检查台上发动机左右油箱的燃油面,按要求补充燃油。

(2)检查台上发动机机油液面,液面应位于测油杆上的“中间”段内。

(3)检查传动箱的观测器内液面,并参照“传动箱说明”正确补足润滑油。

(4)检查动力链上是否有松动的螺栓、松动的支架、裂纹或明显的损伤。

(5)检查发动机和传动箱的软管及电线的连接状态。

(6)检查底盘取力器、传动轴的连接是否牢固拧紧并处于良好状态。按要求定期给传动轴加注润滑脂。

(7)检测动力系统散热器防冻液液位(不低于最低液位要求)。

(8)检查转动部位有无障碍物。

(9)其他资料参考台上发动机和传动器维修手册。

JBC020 5ZB-2800 型压裂泵操作前检查

3)5ZB-2800 型压裂泵

(1)检查泵动力端润滑油箱油面,油面应位于油池的中部。

(2)检查泵液力端润滑油箱油面,油面应位于油池的中部。

(3)确认所有泵的支架是安全的,检查支架是否松动。

(4)液力端是否在施工前已经经过检查并更换了损坏的易损件。

(5)检查泵的吸入和排出管汇是否有松动的现象。

JBC021 液力系统操作前检查

4)液力系统

(1)检查液压油箱液面,按要求补充液体。

(2)保证软管及接头完好,没有出现渗漏情况。

(3)检查底盘取力器、油泵、传动轴及风扇马达的状态。

(4)检查液压油箱液面,应符合技术要求(液面为油箱容积 2/3 以上)。

(5)检查液压系统管路,无渗漏、松动、破裂等缺陷;各液压管线有无扭曲、破损、起泡和受压现象。若管路、软管等在出现了擦伤现象后,应予以更换、重新布线或采取其他措施进行保护以防再次损坏。

(6)检查液压油泵吸油口球阀是否打开,应全程打开,以防油泵空转,发生干摩擦,出现烧泵现象。

(7)检查车台仪表板液压系统各参数显示仪表是否完好。

(8)检查各操作手柄是否都在合适位置,是否灵活可靠。

(9)对于寒冷天气作业,启动前要检测液压油温,如果油温低于 10℃,液压油需要预热。

5)气压系统

(1)检查储气筒中气压是否符合要求。

(2)保证气路软管及接头是完好的,且牢固可靠无泄漏。

JBC022 超压系统操作前检查

6)超压保护

(1)检查超压保护值设置是否正确。

(2)检查安全阀压力值调整是否正确,且安全可靠。

7)其他

(1)检查各仪表的指针是否准确。

(2)检查柱塞和密封,确保无渗漏。

2. 压裂施工前的准备及注意事项

(1)从压裂泵到井口的高压管线在压裂过程中,管线的抖动较大。所以在压裂操作前需对高压管线进行支撑,不允许有悬空现象。

(2)压裂施工时,车台柴油机的工作转速应在 1700 ~ 1900r/min。

(3)压裂施工工艺要求,设定超压保护表的施工最高压力。

(4)操作时应严格执行上超压保护表中所规定的各挡压力值,使用中不允许超过各挡下的压力值。

3. 设备的操作

JBC023 压裂车的工作压力和工作挡位

1)压裂车的工作压力和工作挡位

从压裂泵的工作曲线可以看出:压裂泵在最高工作压力 90%(124MPa)以上的合理工作时间只占整个工作时间的 5%。80%(110MPa)以上的合理工作时间只占整个工作时间的 25%。所以长期在高压环境下施工作业的压裂泵损坏程度将明显加大。

压裂车在低冲次下工作有利于提高压裂泵易损件的寿命。所以在正常工作状况下,建议压裂车的工作挡位在 3~6 挡。如果施工区域的工作压力不高,而需要大排量的输出,建议更换较大直径的柱塞。2800 型压裂车在不同柱塞和不同挡位下的参数对比见表 3-2-10。使用者可以根据作业区域的实际状况进行选择。

表 3-2-10 2800 型压裂车在不同柱塞和不同挡位下的参数对比

挡位	冲次 冲/min	排量,L/min				压力,MPa			
		相同泵头体		相同泵头体		相同泵头体		相同泵头体	
		3¾in 柱塞	4in 柱塞	4½in 柱塞	5in 柱塞	3¾in 柱塞	4in 柱塞	4½in 柱塞	5in 柱塞
1	67	486	553	700	864	138	123	96	78
2	84	608	692	876	1082	138	123	96	78
3	105	762	867	1097	1355	138	123	96	78
4	124	901	1025	1298	1602	124	109	86	70
5	156	1131	1287	1629	2011	99	87	68	56
6	195	1410	1605	2031	2507	79	70	55	45
7	240	1738	1977	2502	3089	64	57	45	36
8	300	2172	2471	3128	3861	51	45	36	29

JBC024 底盘发动机启动

2)底盘发动机启动

(1)将底盘发动机传动器置于空转,并保证底盘刹车。

(2)启动发动机并在空转下运行 1min 以上(根据水温和气压的情况)。

JBC025 液力系统启动

3)液力系统启动

(1)工作水温和气压达到要求。

(2)打开驾驶室控制面板上的取力器开关Ⅰ和Ⅱ,此时的开关指示灯将点亮,表明取力器已经接合成功,可以放开离合器。如果指示灯闪烁,表明没有结合成功,可以重复上述操作,直到指示灯点亮位置。

(3)检查液力系统是否泄漏、有反常的噪声或不规则的运行。

(4)离合器结合之后,底盘的转速稳定在 800r/min,可以通过底盘的巡航系统提高底盘的取力输出转速,调速范围为 800~1600r/min。

(5)控制箱上的风扇开关在"自动"的位置,此时散热器风扇是在低速下运转(工作转速为 500r/min)。如果控制箱上的风扇开关在"手动"的位置,此时散热器风扇是在高速下运转(工作转速为 765r/min)。

4. 电气系统介绍和操作说明

1)安全指导

(1)设备上带“警示标志”的“警告”是指,如果不遵守有关要求,不采取相应的措施,就存在有可能造成死亡或严重的人身伤害的潜在危险,财产损失或经济损失。

(2)设备上带“警示标志”的“重要”是指,对产品的正确理解和和重要的应用说明,手册中的黑体字部分是要特别加以注意的问题或提示。

(3)设备上带“警示标志”的“注意”是指,如果不遵守有关要求,不采取相应的措施,就存在轻度或中度的人身伤害的潜在危险,财产损失或经济损失。

(4)设备上带“警示标志”的“灼伤危险”是指,此处表面高温的可能,如果不遵守有关要求,不采取相应的措施,就存在人身伤害的潜在危险。

(5)设备上带“警示标志”的“电击危险”是指,此处存在电击的可能,如果不遵守有关要求,不采取相应的措施,就存在人身伤害的潜在危险。

JBC026 电气系统操作程序

2)系统操作程序

(1)确认现场所有管汇都已经连接妥当。

(2)确认设备液压和燃油系统达到作业要求。

(3)确认所有人员都已经在各自工作岗位。

(4)确认所有开关都在关的位置。

(5)确认所有控制旋钮旋至最小位置。

(6)将搭铁开关拨至启动位置。

(7)打开控制室照明灯或平台照明灯(如果需要)。

(8)启动车台发动机。

(9)将搭铁开关拨至运行位置。

(10)打开面板总电源开关,自动控制系统通电。

(11)可以操作自动控制系统。

(12)可以做一些简单的测试工作,检查仪表和控制系统各器件是否正常。

(13)当作业完成后,关闭计算机电源和系统总电源。

(14)整理现场。

(15)关闭照明灯。

(16)将搭铁开关拨在停机位置。

3)系统简介

渤海 2500 型压裂泵车电气控制系统由本地自动控制箱、仪表箱、便携式远程控制器以及各传感器、插接件等组成。该系统具备泵车车台启动发动机、远程启动发动机、车台远控启动互锁、快捷停(一健怠速、空挡、刹车)、车台远控双停机、定压力自动作业、定排量自动作业等新型实用功能。此自动控制系统使 2500 型压裂泵车更符合油田现场的作业要求,安全性更高,功能更强大,操作更便捷。

JBC027 本地自动控制箱

(1)本地自动控制箱。

本地自动控制箱安装于主驾驶室一侧,可以实现单台或者多台压裂泵车的操作控制。本地自动控制箱能实现压裂车的启动、调速、换挡、停机、发动机/传动箱/压裂泵等系统的故障报警,发动机转速、大泵排量、实际施工压力、压力预制、超压保护等基本控制功能,还能对整机组进行定压力自动作业操作和定排量自动作业操作;控制箱具有防震和防潮功能。

本地自动控制箱是电气控制系统的心脏所在之处,其中容纳了核心的电气控制元件,各种信号的输入输出与控制命令的完成都依托于此控制箱。箱内安装有各种端子以及继电器、放大器、开关电源、启动继电器、PLC、交换机、信号处理以及信号转换的设备等;箱体左侧设有 70 芯插座、40 芯插座两个,3 芯插座、40 芯插座、5 芯通信插座两个。

本地自动控制箱采用不锈钢材料,并使用了底部钢丝绳减振器,以确保箱内的电气元件安全不受振动的损坏,此控制箱密闭防水防尘;防护等级可以达到 54 级别;箱盖上贴有接头插接指示以及大泵运行参数表格,箱内接线均有清晰的标记,以便检修。

台上还装有机械仪表箱,内置发动机、传动箱、大泵油压表各一块、发动机直感式水温、传动箱直感式油温表各一块,启动油压表一块、密封填料润滑气压表一块、密封填料润滑气压调节阀一个、风扇主油压表、风扇补油压表。

(2)台上仪表箱。

JBC028 台上仪表箱

台上仪表箱安装于主驾驶室一侧且紧挨台上自动控制箱,内置发动机、传动箱、大泵油压表各一块,发动机直感式水温、传动箱直感式油温表各一块,启动油压表一块、密封填料润滑气压表一块、密封填料润滑气压调节阀一个,风扇主油压表、风扇补油压表。以便于巡视泵工即时直观地了解发动机、传动箱、大泵等各部位的工作状态,尽早对可能出现的问题做出有效反应。

(3)便携式远程控制器。

JBC029 便携式远程控制器

便携式远程控制器用于压裂作业时远距离控制单台压裂泵车或者多台泵机组。由于压裂作业时排出口压力高,危险性较大,便携式远程控制器可以实现压裂车的远程采集与控制。便携式远程控制器可以实现单台压裂车的停机、油门调节、换挡、故障检测、一键怠速等控制功能,还可以采集到发动机、传动箱、大泵的故障报警、超压报警、传动箱锁定等各部件状态,以及发动机转速、大泵瞬时排量与累积排量、大泵排出压力值,并且通过计算机数据的设置还可以实现超压报警、超压回怠空挡刹车的功能。

便携式远程控制器采用具有防振、防潮功能的军用手持平板电脑,体积小,方便携带,操作界面与台上控制箱电脑显示相同,并保持各个数据同步显示,与台上远控箱体内的计算机通过 RJ45 以太网线保持同步工作,有效保证了使用者在压裂车高压工作环境的人生安全。

(4)传感器。

JBC030 传感器

①温度/压力一体变送器。

②压力传感器。

传感器功能见表 3-2-11。

表 3-2-11　传感器功能

序号	名　称	零件号	功能说明
1	温度/压力一体变送器	X04-05-602	此传感器用于发动机、传动箱、大泵采集温度/压力数据,将信号输给计算机模块进行逻辑分析
2	压力传感器	X04-00-961	在系统中的气罐装有此类型的传感器以采集实时气压数据。此类传感器的规格为 200psi

JBC031 泵车自动控制系统

4)自动控制系统

(1)泵车自动控制系统。

泵车自动控制系统包括单泵单独控制、机组泵车编组控制、机组泵车自动定排量定压力控制、机组总急停控制、机组总快捷停控制等。

单泵单独控制:包括发动机启动、发动机停止、发动机急停、快捷停(一健怠速、空挡、刹车)、挡位设定、油门升降、超压复位、试压测试。

机组编组控制:编组控制就是将某些泵车设置为一组,选定该组后同时控制其挡位和油门。编组后的控制包括挡位控制、油门控制、快捷停控制。

定排量定压力控制:泵车自动定排量定压力控制就是将某些泵车设置为自动模式,然后设定一个排量值,设定一个压力值;根据设定的压力值划分为三个区间;当压力低于设定压力的小区间时,设置为自动模式的泵车将根据设定的排量值自动调节挡位和油门,让机组内所有大泵实际瞬时排量之和达到设定的排量,作业过程中参与工作的泵车出现故障后,设置为自动的泵车能自动提高排量,维持机组内所有泵车的瞬时排量之和为设定排量;当压力介于设定压力的小区间和大区间之间时,当设定排量值大于所有大泵实际累计排量时,设置为自动模式的泵车将会维持当前的挡位和油门控制,而不会提高设置为自动模式的泵车挡位。但当将设定排量改变使之比大泵累计排量小时,将会自动调节挡位和油门使之维持在设定排量值。(当压力在此区间时,只有当设定排量比实际所有泵车累计排量小,才会重新控制设置为自动模式的泵车的挡位和油门。当压力在此区间时其所有泵车累计排量和不大于设定的实际排量)。

按照从 10 号到 1 号泵车的顺序,泵车将会自动降低挡位:先是 10 号泵车挡位逐次下降,在 10 号泵车挡位降至空挡后,9 号泵车挡位将会逐次下降。如果实际大泵压力始终高于设定压力值高区间,将会逐次降低每台设置为自动模式泵车的挡位,直至所有设置为自动模式的泵车其挡位均降为空挡。

机组总急停控制:按键“急停”,确认后将对网络上所有泵车进行发动机急停控制。

机组总快捷停控制:按键“快捷停”,确认后将对网络上所有泵车进行快捷停控制(空挡、怠速、刹车同时完成)。再次按键并确认后,将取消快捷停保持状态。只有快捷停状态取消后,才可能对泵车进行挡位和油门控制。

JBC032 自动控制系统软件界面说明及操作

(2)自动控制系统软件界面说明及操作。

①信息屏面:信息屏面是系统的初始屏面,该屏面显示控制软件的零件号与版本号信息。在此屏面上按“校满/运行”键进入中文主屏面;在信息屏面上按“急停”键出现“确定要退出应用程序”的提示屏面,按“急停”键取消退出返回到信息屏面,按“确认”键退出应用程序进入到人机界面的系统屏面。网络通信的建立也在此屏面上。

②主运行屏面:该屏面显示各重要作业参数值和设定值以及各种警告或信息提示,并显示井口数据的曲线。在信息屏面按“校满/运行”键进入中文主运行屏面;在中文主运行屏面按“校满/运行”键进入英文主运行屏面;在英文主运行屏面按“校满/运行”键进入中文主运行屏面。在中文屏面上的操作均为中文公制,在英文屏面上的操作均为英文英制。

③主运行屏面:包括共 10 个泵车的单泵主运行屏面。该屏面显示当前泵的详细参数值和警告提示,并显示当前大泵排量和大泵压力的曲线。在主运行屏面上,按键“泵运行”即可进入该单泵运行屏面,在单泵运行屏面上,再次按键“泵运行”屏面即可再次回到主运

行屏面,或按键“确认”也可回到主运行屏面。从英文主运行屏面按对应键到英文的单泵主运行屏面,在中文主运行屏面上按对应的键到中文的单泵主运行屏面。

④校准屏面 1 :包括共 10 个泵车的单泵校准屏面 1。该屏面包括试压时间设置、大泵压力校准、大泵排量校准、发动机和大泵的系统参数设置以及油门控制的设置;从英文主运行屏面按对应键到英文的单泵校准屏面 1,在中文主运行屏面上按对应的键到中文的单泵校准屏面 1。

⑤校准屏面 2:包括共 10 个泵车的单泵校准屏面 2。该屏面包括传动箱油温校准、传动箱油压校准、大泵油温校准、大泵油压校准、传动箱高油温报警值设定、低油压报警值设定、大泵高油温报警值设定、低油压报警值设定、发动机高水报警值设定、低油压报警值设定,以及泵车牌号和大泵柱塞尺寸设定。从英文主运行屏面按对应键到英文的单泵校准屏面 2,在中文主运行屏面上按对应的键到中文的单泵校准屏面 2。

5)电控系统

JBC033 电控系统操作

压裂泵车电控系统由台上控制器、台上润滑控制系统、台上加热器、底盘电瓶、照明装置、远程控制器、外围传感器以及配套插接件等组成。此电控系统包括发动机、传动箱、大泵三大件的仪表和报警显示以及相关控制装置,它们能独立完成设备测试和压裂作业的所有操作。电控系统的电源部分采用底盘车电瓶提供 24~27V 的直流电源,发动机自带的直流发电机以及底盘车均能为底盘电瓶充电。遵照安全用电原则,每一条电路都是先开关、后熔断器再至各个用电装置,熔断器为被保护端的最大额定电流的 1.2~1.5 倍。从电瓶分出三条供电线路:第一路为主控箱电源,通过开关电源的稳压输出 24V 直流给本地以及远程的控制面板。第二路为照明用电,该路通过开关控制后给五盏照明灯供电,其中四盏置于发动机风扇顶部两侧,另外一盏置于大泵顶部,照明范围可覆盖整台压裂车,以便于夜间作业。第三路发动机电源,此发动机为康明斯的电控发动机,其自带一套电脑控制模块,为了能让发动机正常工作,给其电控模块输入电瓶电压且不能经过除熔断器以外的其他任何电路元件,否则发动机可能出现故障报警且无法启车。

电控系统监控部分能监测到的报警信号有如下几种:大泵报警(包括高油温和低油压)、传动箱报警(包括高油温和低油压)、发动机故障(包括高水温和低油压等)、超压报警(大泵排出口压力超过设定值)。监控部分的控制对象主要是发动机、传动箱和大泵。对发动机的控制是通过输出对应信号给 ECM 模块来实现的,主要有发动机的启停、急停和油门调节;对传动箱的控制主要是换挡与解锁,通过给不同的挡位电磁阀通断电来实现 N-7 挡间的切换,另外,锁定指示为安全换挡提供保证。

6)电控系统操作说明

压裂泵车电控系统的操作步骤如下:

(1)作业开始前,要对设备进行仔细检查。如三油是否符合作业需要,控制电缆是否已经连接完毕,面板上的所有电源开关是否处于关闭位置,外部插头是否连接牢固不松动,发动机运行/熄火开关是否处于熄火位置,挡位是否位于空挡,油门是否处于最小状态,急停、怠速开关是否都已复位,总气阀是否打开等。

(2)检查完毕,打开底盘电瓶的搭铁开关,启动底盘车,打开台上控制箱面板上的“主控箱”“控制系统电源 1”开关,过 10s 后再打开控制箱面板上的 “控制系统电源 2”并拨动发动机钥匙开关至“运行”位,再打开台上控制箱面板上的“加热器”开关,加热器工作指示灯亮,运行数分钟后关闭“加热器”开关(一般情况下应该将发动机水温加热至 40℃)。此时,气压表、电压表、发动机综合显示仪表、密封填料润滑气压表(机械)均应有相应数值显示,大泵故障、传动箱故障灯亮。

(3)通过操作屏进行作业前的各项测试工作并预置各种报警值。

(4)根据压裂作业的要求设置大泵超压值。

(5)启动发动机,此操作可以通过台上箱的钥匙开关或者远控箱上的“启动”按钮任意一处来完成,拨动钥匙开关至运行位直至发动机启动完成,松开钥匙后其自动复位到运行位。(此系统设计了防二次启动功能,当发动机启动运行后,任意一个钥匙开关不能再输出电压给发动机启动电磁阀,除非将钥匙开关拨至熄火位才能进行第二次启动操作)。此时,启动油压表(机械),传动箱油压、大泵油压、发动机转速均应有相应数值显示,大泵故障、传动箱故障灯灭。

(6)怠速运行 5min,其间应特别注意发动机润滑油压、传动箱油压、大泵润滑油压三个参数是否正常,此时排量无数值显示,发动机转速应显示为 700r/min 左右。

(7)根据压裂作业要求将挡位开关拨动至需要设定的挡位,提升油门直至锁定指示灯亮方可带负荷作业,如果作业期间需要换动挡位,可以直接进行换挡操作,解锁指令由计算机内部执行,无需用户进行操作,这样可以在有效延长传动箱的使用寿命的同时大大方便客户使用。

(8)作业期间应当特别注意故障灯是否会亮起,在紧急情况下可以使用面板上的“急停”开关或者操作屏上的“急停”按钮或“快捷停”按钮。“快捷停”按钮具有发动机油门回怠速的同时传动箱挡位也回到空挡并且刹车电磁阀动作,“急停”开关仅仅只是发动机紧急停机,此时排量表会停止计数。

(9)作业结束后,将发动机恢复至怠速状态运行 5min,然后可以拨动钥匙开关至“熄火”位,或者按下任一操作屏上“熄火”键,发动机正常停机。

(10)检查操作屏上显示的传动箱挡位是否复位至空挡,其他参数和状态指示是否回复至熄火时的正常状态,关闭所有电源开关,关断气源,底盘车熄火。

JBC034 电气系统维护与保养

7)电气系统维护与保养

电气系统与机械相比,存在较大的差异,一是不可见性:电气系统故障都需要专用的仪器检测。二是脆弱性:传感器相比机械部件,都比较脆弱,不当的操作和使用都会引起器件的永久损坏。三是密封要求:户外元件一般都要求具备较高的防护登记,因为任何的导电介质都可能引起器件,甚至控制器的永久损坏。

因此需要在日常使用后,定期对设备电气系统做必要的维护和保养,这样可以提高设备的可靠性和使用寿命,同时也把一些可能隐患提前处理,保障作业施工顺利进行。

(1)断电。在做任何机械或电气检修时,都需要关闭电源(除必须通电检修的项目)。

(2)密封、防腐处理。由于油田的特殊环境,在设备的使用前、中、后三个阶段都必须对传感器、插头等做相应的处理,这样可以延长设备的使用使命,也使故障率降到最低。

(3)防碰。电气元件和电缆一般相比机械都较脆弱,所以在保养和工作中应注意保护电气元件,并采取相应的保护措施。

(4)防水。电气器件一般都具备较高的防护等级,但这并不代表在使用中不需要注意,在日常的工作和保养中,需要注意以下两个方面:一是禁止用高压水冲洗电气器件的接头部分；二是防止液体经常性地在器件表面流淌，在日常的工作之余，应注意检查电气插头有无松动、损坏等情况，并及时做相关处理。

5. 停泵程序

JBC035 停泵程序

在泵送或工作完成后，采用下述程序关闭设备。

(1)让发动机在怠速状况下运转 3~5min。

(2)检查台上发动机、传动箱及泵上的各仪表，保证设备运行在正常限制范围内。各仪表应稳定在稍小于全功率设定值的位置。

(3)巡视设备并检查是否有异常情况。

(4)关闭控制箱内的电源开关。

(5)在驾驶室内关闭取力器开关。

(6)底盘发动机熄火。

(7)3min 后，检查发动机/传动箱、泵、液压和润滑系统的油面。

6. 操作后设备的检查和清洗

JBC036 操作后设备的检查和清洗

(1)按操作检查项目逐项检查，若有故障，立即排除。

(2)检查各处有无渗漏现象，如有则立即排除。

(3)将各管线内和五缸柱塞泵内的压裂液排放干净，并冲洗直至清水流出为止。

(4)清洗该设备的外部脏物。

(5)打开五缸泵上水阀门，排尽柱塞泵内和管路的积水。

7. 维护保养

做好以下预防措施之前严禁在压裂车上进行焊接：断开设备上连接两个电瓶的全部接线；断开控制台中来自控制器卡的接线；断开控制台中来自控制面板的接线；断开需要焊接部分附近的电子部件的接线。

把焊机地线与被焊接部分相接。在设备上进行电弧焊可能毁坏或严重损坏操作压裂车的计算机、控制面板或传感器和电子控制装置。

压裂车的维护保养是一个连续过程。频繁使用的设备要求较少的总体维护保养，因为在作业前或作业后的程序中，有很多项目已按规定进行了检查和维护。

定期维护保养的着眼点在于防止误操作，出现问题时有操作人员予以纠正。

在进行下步工作前，由“检查”发现的全部问题都必须纠正。

1)日常或作业前的维护保养程序

JBC037 日常式作业前的维护保养

日常或作业前的维护保养程序，在每次作业前应予完成。

2)周维护保养程序

JBC038 周维护保养

周维护保养程序应每周至少进行一次。除完成日常或作业前维护保养程序外，还要完成周检。

3)月维护保养程序

JBC039 月维护保养

每四周进行月维护保养任务。详细说明见设备的维护保养手册。除其他的维护保养检查外，还要执行月检。

4)底盘维护保养

JBC040 底盘维护保养

(1)底盘包括卡车发动机、传动器、汽车大梁、支架、轮胎及悬挂系统。在进行维护保养时,要检查底盘的各部分。

(2)检查发动机和传动器油面及刹车液,按要求予以补充。

(3)保证所有支架、紧系装置、底盘衬垫是牢固系紧的,并处于良好状态。按要求拧紧螺栓。检查底盘大梁的横梁及支架是否有裂痕或非正常磨损。

(4)测量轮胎气压,并检查胎面磨损情况。保证轮缘螺帽、挡泥板护罩及轮上方的支撑是安全的并处于良好状态。

(5)检查所有底盘灯光是否正确工作,包括位置灯、转弯灯、刹车灯、尾灯、前灯(高光束和低光束)。

(6)检查发动机冷却剂液面,按要求予以补充。

(7)保证发动机皮带和软管处于良好工作状态,且正确安装。

(8)拆下电瓶接线柱上的电线,清洁端部及电线夹。在电线夹和接线柱上涂敷薄薄一层导电脂。清洁电瓶并检查酸液液面。重新连接并压紧电线。

(9)保证分动箱(PTO)支架和轴是可靠的。给分动箱轴上脂,按要求给分动箱补充油。保证分动箱接合/分离阀正确工作。

(10)冲洗卡车外部。

(11)擦洗并清洁卡车驾驶室。

JBC041 系统动力链和冷却系统

5)系统动力链和冷却系统

(1)保证软管及线路处于良好工作状态。

(2)检查空气滤清器限度指示器,超过限度应更换滤清器零件。

(3)检查传动器、发动机机油油面。检查散热器冷却剂,按要求予以补充。

(4)检查散热器芯子、风扇及液力系统的空气—油冷却器是否磨损及有裂缝或异常情况。

(5)保证散热器风扇轮毂上的皮带是可靠的。

(6)保证发动机和传动器支架上的螺栓是可靠的。

(7)保证发动机和传动器上的PEEC3(全电子控制装置)和自动远控(ARC)的线路连接可靠。对主驱动轴上的联轴器接合面给脂。

(8)保证驱动轴上的螺栓及驱动轴护罩的连接紧固。

(9)对供电给ARC系统的24V直流电瓶进行维护,拆开并清洁电线,涂敷薄薄一层导电脂在电线和接线柱上。校正并拧紧电线夹。

JBC042 2800型泵系统

6)2800型泵系统

(1)检查支架和支撑,给连杆轴承接合面上脂。

(2)拆下泵的排出连接,给排出连接中的密封上脂。重新装上并拧紧排出管汇上的连接。

(3)检查动力端的软管和柱塞润滑系统。确认所有配件和接头是牢固的,确认软管无损伤,线路安排正确且完全可靠。检查SYL2500Q-140型泵动力端油面。

(4)按要求给柱塞润滑油箱加油。

(5)拆下吸入头上的端盖。拆下吸入阀和排出阀。用水冲洗并清洁液力端。重新装上并拧紧吸入头上的端盖和液力端。

7)液力系统

每次作业前,液力系统大多数维修保养项目已经检查。因而仅对液压系统(包括滤清器)进行定期检查。

(1)液压系统的使用。

JBC043 液压系统的使用

①合理调节液压系统工作压力和工作速度,不得超压、超载作业。

②按使用说明书规定的油品牌号选择液压油,在向油箱加油时,必须经液压空气滤清器进行过滤,严禁打开人孔口,直接加油。

③液压系统工作温度为 15~65℃,炎热地区,液压油箱油温不得高于 85℃。低温环境,液压系统应进行预热运转,待油温升高后,低负荷运转一段时间后再正常工作。当油温超过规定温度时,应立即停止工作,及时检查,排除故障后方可继续工作。

④设备运转时,应巡回检查液压油箱液面高度、油液温度。

⑤液压系统压力表损坏或失灵,应及时更换,不得勉强继续工作。

⑥定期紧固,液压设备在工作中由于设备振动,液压冲击、管路自振等,使管接头、紧固螺栓松动,应定期紧固。紧固周期为每月一次。

⑦定期清洗、更换滤芯,正常情况下,每二个月清洗一次,环境粉尘较大,清洗周期应适当缩短。清洗滤芯时,应使用柴油或煤油清洗,不得使用汽油;滤芯清洗后用压缩空气吹干净。滤芯损坏应及时更换。

⑧定期清洗液压油箱,液压系统工作时,油箱底部沉淀、聚集系统中的部分污物,应定期清洗,正常情况下,每六个月清洗一次,环境粉尘较大,清洗周期应适当缩短。

⑨定期强制过滤、更换液压油,强制过滤是用专用油液过滤装置(如过滤车)对液压油进行强制过滤,清除液压油中的污物、杂质。过滤后,液压油采样化验油质,如超标应及时更换液压油。正常情况下,设备连续工作每 2000~3000h 更换一次,环境粉尘较大,更换周期应适当缩短。定期更换密封件,液压设备密封件材料一般为耐油丁腈橡胶和聚氨酯橡胶,长期使用自然老化,而且长期在受压状态下工作,密封件产生永久性变形,丧失密封性能,应定期更换。根据我国目前密封件材料和硫化工艺,密封件的使用寿命一般为三年左右。

⑩液压油的更换周期。更换液压油的时期,经上述的检查之后决定。工作状态下的油温属正常,在及时补充及清洁液压油的前提下,液压油的更换周期分为初次更换和日常更换(在定期检查当中油的状态较好时可以延长)。初次更换:开始运转 1000h 或 3 个月更换。

日常更换:初次更换之时起,每 2000h 或 6 个月更换一次。

(2)液压系统对液压油的要求。

JBC044 液压系统对液压油的要求

①液压油的黏度合适,黏度随温度的变化小。

②抗氧化性能好。

③良好的润滑性能。

④防止金属材料腐蚀性好。

⑤抗泡沫性好。

⑥清洁性好。

⑦密封材料影响小。

(3)推荐使用液压油型号。

压裂泵车液压系统用油为抗磨液压油,抗磨液压油的制备与普通液压油相似,除加抗磨剂外,还加有抗氧化、抗腐蚀、抗泡沫、防锈等添加剂。抗磨液压油,目前统一使用 SJ-68 抗磨液压油 . 该抗磨液压油具有低温流动性好,抗氧化性好和高的热稳定性,不易出现酸化和稠化等现象,建议不要随意更换液压油型号。

JBB001 乳化压裂技术

二、压裂工艺

(一)乳化压裂技术

乳化压裂液集水基压裂液和油基压裂液的优点于一身,具有流变性好、低滤失、低密度、易返排等优点;降低了压裂液稠化剂用量,减少了压裂液残渣,对储层伤害小;施工摩阻虽比水基压裂液高,但比油基压裂液低得多;乳化压裂液由于使用了原油,滤失量低,液体效率高,防膨效果好;乳化压裂液适用于水敏、低压储层压裂施工。

1. 性能特点

(1)乳化压裂液流变性好、破胶快,2~6h 破胶(时间可根据施工要求调整),破胶液黏度小于 5mPa · s。

(2)乳化压裂液的耐温、耐剪切性好,压裂液室内试验耐温、耐剪切在 60min 黏度为 224/178mPa · s,90min 黏度为 135/113mPa · s,能满足压裂液携砂的要求。

(3)乳化压裂施工结束后采用强制闭合技术快速返排,提高返排效率。

(4)乳化压裂液配方体系降低了岩心的水化膨胀能力,有效地保护储层,减少伤害。

(5)压裂液携砂性能强,平均砂比大于 28%。

(6)乳化压裂液的滤失小、密度低。

(7)压裂液与储层中所含油、水和气不产生沉淀。

2. 适用范围

乳化压裂液适用于水敏、低压储层压裂施工。

JBB002 微聚压裂技术

(二)微聚压裂技术

微聚压裂液是采用特殊合成工艺聚合而成的一种具有多个活性结点的大分子高活性微聚体。平均相对分子质量为 3000~10000,它的链长是常规植物胶的 1/25~1/50,相对分子质量为常规植物胶 1/25~1/100,使用时在稀溶液中分子之间具有较强的自聚缔合倾向,易发生较强分子链间可逆的疏水缔合作用形成超分子聚集体,具有类似于交联聚合物的空间网络结构,所以不需要交联即可具有压裂液的全部性能。这种分子与分子之间活性结点的共价键耦合作用,使压裂液分子间的结合力更强,使其具有比靠压缩电子层而增黏的黏弹性压裂液具有更好的耐温抗剪切性。本品在地层矿化水的作用下可自行破胶,常规破胶剂可加快其破胶速度,破胶彻底,无水不溶物,水化破胶后的小分子溶液黏度与水相同、电性与岩石表面电性相同、克服和降低了小分子在岩石表面的吸附驻留,易于返排而不会造成固相残留。岩心及支撑剂充填层渗透率恢复最高达 90%以上。抗剪切、摩阻低,压裂液配制简单,施工安全可靠,是一种理想的压裂液。

1. 主要特性

(1)热稳定及剪切流变特性良好。

0.6%微聚压裂液+0.3%活化剂无伤害压裂液体系可用于 120℃以内的地层。微聚压裂液体系在常温下即可增稠自交联，25℃、$170S^{-1}$可以达到200～300mPa·s以上，在120℃、170 S^{-1}的条件下仍旧可以保持在50～80mPa·s，具有良好的耐温性能。

(2)携砂能力强。

(3)良好的降滤特性。

微聚压裂液体系由于具有良好的流变特性，降低了向地层的滤失。滤失低，在滤失过程中不产生滤饼。

(4)添加剂少，配液简单。

该压裂液体系只有两种，稠化剂和活化剂，因此配液相比瓜尔胶简单。

(5)交联条件为中性或微酸性，容易控制。

(6)配置的基液黏度相比瓜尔胶低15nPa·s，摩阻低、容易泵入。

(7)改进裂缝的几何形状(延长裂缝长度优化裂缝高度)。

主要技术指标见表3-2-12。

表3-2-12　主要技术指标

项　　目	产品指标	
	微聚压裂液	活化剂
外观	白色或类白色粉末	淡黄色、黄色或棕红色液体
溶解性	在水中易分散溶解	与水混溶
室温黏度，mPa·s	≥40	
降阻性能	摩阻为清水摩阻的25%～35%	

2. 产品应用

将微聚压裂液在自来水中配制成0.3%～0.6%浓度的溶液(溶解时间大约半小时)，加入活化剂0.2%～0.6%搅匀，3min内黏度达到极大，可挑挂，用于携砂，替代瓜尔胶。

3. 使用、包装和储存方法

微聚压裂液干粉采用内衬塑料膜包装袋包装，每袋净重25kg±0.5kg在干燥、荫凉环境可存放2年以上。配制一般需搅拌溶解半小时以上。活化剂应密闭装运，在适用荫凉环境中存放。可以在施工时由混砂车上计量泵加入。

JBB003 小分子无伤害压裂技术

(三)小分子无伤害压裂技术

小分子无伤害压裂液是在多年现场施工经验的基础上，依据先进的分子结构设计理论和丰富的有机合成能力而设计生产的一种全新结构的压裂液体系。该压裂是由多种小分子质量的化合物混合在一起通过相互之间的分子缠绕、相互压缩、彼此连接、互相键合而形成的一种高黏弹性体系。该黏弹性体系具有很强的携砂能力和造缝能力。表界面张力低，摩阻低，返排率高，无固相，无残渣，对渗透率和裂缝导流能力伤害很小，易于配制，无须添加杀菌剂、黏土稳定剂、交联剂等添加剂；易破胶且破胶彻底，分子质量小无滤渣滤饼形成，在黏土表面的吸附能力强，能抑制黏土颗粒的膨胀和运移，压裂液体系用料少、配制简便，可实现现配现注，液体配制后有效期很长，特别适合大规模的压裂、边远井压裂和大区块的整体改造。

1. 使用范围

该压裂液体系最适用于敏感性强的低渗油气藏的压裂改造,还可用于中高渗油藏的压裂防砂。可满足30~140℃地层改造的要求。

2. 用法用量

本体系建议使用量为:1.0%~2.0%稠化剂+0.5%~1%促进剂+1%~2%KCl。

3. 包装、储存和运输

(1)本品采用内衬塑料膜纸袋和塑料桶包装。

(2)本品储存于荫凉通风处。

(3)本品按一般化学品进行运输,保质期为一年。

JBB004 清洁压裂技术

(四)清洁压裂技术

高温清洁压裂液是根据新型清洁压裂液分子结构设计理论开发的具有自主知识产权的系列产品之一,产品自身以及破胶后均完全溶解于水,可以不用交联剂,是理想的清洁压裂液体系。适合于配制从低密度泡沫压裂液到高密度盐水压裂液体系,适应的温度范围从常温到130℃高温。若与相关的辅助添加剂配合使用,可调节其凝胶强度、黏度和弹性等,并增强其耐高温性能,优化破胶条件。

1. 特点及用途

高温清洁压裂液利用其在稀溶液中发生较强分子链间可逆的多元疏水缔合作用形成超分子聚集体,具有类似于交联聚合物的空间网络结构,所以不需要交联即可具有压裂液的全部性能。剪切稀释性强,悬浮携砂能力极好。本品分子之间的缔合作用力非常强烈,远高于靠压缩电子层形成的棒状、蠕虫状胶束之间的结合力,使分子之间的缔合键不易破裂,因而使其具有更强的耐温性能。可满足高温深井的压裂要求。本品破胶不需要破胶剂,在大量地层水的稀释下可实现完全自动破胶,凝胶溶液破胶后完全无水不溶物,是理想的清洁压裂液体系。本品若与配套辅助添加剂配合使用可进一步提高其黏弹性和耐温性。本品成本低、抗剪切、摩阻低,易于调控,施工方便,易溶解。既可充填泡沫形成低密度泡沫压裂液,也可加无机盐配制成高密度压裂液。压裂液配制简单,施工安全可靠。

高温清洁压裂液技术指标见表3-2-13。

表3-2-13 高温清洁压裂液技术指标

项目	指标	项目	指标
外观	白色或淡黄色固体	溶解速度,min	≤20
含量,%	≥90	pH值	6.0~8.0
黏度,mPa·s	≥40		

2. 用法用量

本品一般建议用量为0.4%~1.0%,可根据施工温度有实验确定,一般温度越高加量越大。使用时在搅拌下将本品加入清水中,搅拌溶解20min左右至充分溶解即可。

3. 包装、储存及运输注意事项

产品采用25kg/袋三合一编织袋包装，或根据用户要求包装。产品易吸潮，应储存于荫凉干燥的室内，包装应密封，防止破损，在运输中防止日晒雨淋。

JBB005 醇基压裂技术

（五）醇基压裂技术

新型醇基压裂液，借助于具有一定特性和浓度的稠化剂，在一定环境条件下，相互联结缠绕形成稳定的特殊大分子团来增加液体黏弹特性以达到压裂液携砂悬砂的目的。该压裂液以一定含量的多组分混合醇作为溶液，加入稠化剂和交联剂而形成，具有良好的水溶性、较低的表界面特性、良好的破胶返排性能，还可以借助地下水和原油稀释破胶，破胶彻底。在醇基压裂液体系中，醇溶液具有重要作用。稠化剂与交联剂等物体在该溶液中无明显不溶物存在，并且还可以起到稳定黏土的作用，与储层中所含油、水、和气不产生油水黏乳液和沉淀，是一种较为理想的压裂液基液。试验表明，该压裂液适用于大多数地层，对低压、低渗透、强水敏地层尤为适用。因此，醇基压裂液是一种具有良好前景的压裂液体系。

产品性能见表3-2-14。

表3-2-14　产品性能

稠化剂		交联剂	
外观	酒红色液体	外观	白色颗粒
有效含量，%	≥40	含量，%	>99.5
水不溶物	≤0.2	熔点，℃	115~118
水溶性	易溶于水		
增稠能力，mPa·s	≥30		

1. 适用范围及用量

（1）适用于水敏、低压和低渗透油层的压裂。

（2）2%~5%稠化剂+0.2%~0.6%交联剂+5%~15%混合醇溶液+0~2%氯化钾。

2. 包装、储存

稠化剂塑料桶包装净重200kg；交联剂用三合一包装，净重25kg/袋。

JBB006 酸冻胶压裂技术

（六）酸冻胶压裂技术

酸冻胶稠化剂中的高分子在聚合反应过程中引入了大量的耐酸基团和羧基，羧基在强酸性条件下充分舒展和酸冻胶交联剂进行交联，体系由线形结构变成网状结构达到降低酸液滤失的目的。而且酸冻胶体系由于交联后成网状结构并可挑挂，其初始黏度大于100mPa·s，因此能够满足造长缝的施工要求。由于酸冻胶交联后黏度很高，因此冻胶与碳酸岩接触初期几乎不反应，滤失很小，当其破胶后，大量的H^+被释放出来，使得酸液能够和不同孔渗的储层进行充分反应，从而在储层中能够达到均匀布酸的目的。

性能指标见表3-2-15。

表 3-2-15　性能指标

类型	酸冻胶稠化剂	酸冻胶交联剂	酸化缓蚀剂
外观	浅黄色悬浮液	白色结晶	棕红色液体
pH 值(1%水溶液)	—	7~10	2~7
相对密度	0.85~1.00	—	分散均匀
水溶性	能分散水中,2h 分散完全	易溶于水	分散均匀
增稠能力,mPa·s	10~20	≥50	
破胶后黏度,mPa·s	≤5		—
腐蚀速率	—		90℃,15%HCl　加 1.5%XS≤8g/(h·m^2)

适用范围:

使用量:酸冻胶压裂工艺使用于大多数地层,对低渗、特低渗、强水敏、盐敏地层尤为适用。

(5%~20%)酸液+(1.2%~1.5%)CH-86 酸冻胶稠化剂+(0.3%~0.5%)CH-87 酸冻胶交联剂+(1%~2%)XS 酸化缓蚀剂+(0~0.4%)破胶剂+酸化助剂[(1%~2%)919 助排剂+(1%~2%)黏土稳定剂+(1%~2%)铁离子稳定剂+其他助剂]。

JBB007 多级投球分层压裂技术

(七)多级投球分层压裂技术

在压裂施工时,希望压裂的目的层全部得以改造,但由于各种地层条件的限制,往往只好听之任之,自然选择。多级分层压裂的出现有效地解决了这一问题,但通常采用机械分压,优点是目的层明确,能使目的层得以充分改造;缺点是工具性能对分压效果影响很大,在压裂实施过程中易出现卡封、串层事故。而多级投球分压是利用层与层之间的物性差异—不同的吸水率和吸水速度,将堵球随流体一起注入井筒,由于堵球的自然选择能力,被吸附在高渗透层内,堵塞高渗透层,形成柱塞而达到暂堵目的,压开低渗透层。针对多级投球分压的这一特点,研制了由特殊材料和工艺制成的一种类蜡质低密度树脂堵球。这种堵球相对密度为 0.9~1.0g/cm^3,小于压裂液密度,堵球直径为 5~15mm,耐温 90℃,不怕碎裂,即使到孔眼堵住后有点碎,也能很好地起到暂堵作用,将高渗透层封死。与机械分压相比;工作量小,费用低,施工工艺简单。

1. 多级投球分压原理

投球暂堵分压施工时,将堵球置入管线内,堵球在流体携带下选择性地流经强渗透层,被吸附在高渗透层内,形成柱塞,堵塞强渗透层。当压裂液进入地层后可以压开弱渗透层或新的裂缝。

1)投球暂堵流场分析

根椐工艺实际情况,附近的流场可以归结为:流体在井筒中向下流经渗透层,堵球在很大空间范围内都受渗透层的吸引,封堵渗透层的概率大大增加;堵球在流过渗透层后,还有可能在回流区流体的作用下调转方向,被“吸”回到渗透层上。所以用堵球封堵是可行的。

2)投球暂堵堵球运动轨迹分析

堵球在油管内的下降流中,因下降的流体流速非常大,将堵球携带进入井筒中。流体不断进入高渗透层后,流速逐渐减小,最后接近于 0。由于受流体的影响,堵球随着流体到一定位置后，速度也接近于0，封堵高渗透地层。

3）堵球的去向

堵球在下降过程中通过油管出口处会有几种去向：

（1）继续随流体下降并进入高渗透层。

（2）高渗透层封堵以后随流体封堵次渗透层。

（3）流体流速为0时堵球上升封堵上面的次渗透层。

（4）若附近没有渗透层，堵球可能处于悬浮状态，或转而上升进入到环腔。

（5）若附近的渗透层已被堵上，但渗透层上的流体流量并不为0，则有可能继续吸附更多个堵球。

4）实验验证

通过实验验证：在较高的流速下，目标层的初始流量比例较高时，无论目标层的位置如何，堵球都可以顺利而有效地封堵目标层，所以用堵球封堵高渗透层的方法来实现压裂液的分层压裂是完全可行的，也是十分有效的。

2. 多级投球分压特点

（1）多级投球可以对高渗透层、次渗透层进行有效的封堵，对低渗透层无任何影响，使压裂液可以对低渗透层或新的地层进行改造。

（2）堵球下降速度与流体的速度大小、堵球直径的平方根成正比、与密度差的平方根成正比。通过调节堵球的密度或直径，可以在流体带动下使堵球下降到指定深度，进行封堵地层。

（3）堵球具有良好的机械强度和一定的弹性。在90℃、50mPa下堵球不会破损，并具有一定的弹性，球体的嵌入裂缝深度在2mm左右。

（4）施工方便，不需要增加设备，不动管柱，也不会出现封死地层、串层事故。

（5）堵球可以溶于烃类物质，施工完毕后未返排的堵球，可以在油层中缓慢溶解，不会对地层造成伤害。

3. 产品性能

（1）外观：白色小球。

（2）密度：0.90~1.0g/cm^3。

（3）直径：5~15mm。

（4）油溶性：能溶于烃类。

4. 施工工艺

（1）停一台车（或用连续投球器），把堵球放入其管线中，需要投放时，启动车（或开启阀门）供液即可。

（2）在压裂施工中停泵不受影响。再启泵时，堵球仍在要堵的地层。

（3）在压裂施工完毕后，进行返排。未返排出的堵球靠温度和烃类物质将其熔化。

5. 包装、储存

（1）用内衬塑料膜的编织袋包装。

（2）按一般化学品运输。

（3）储存于防潮、通风阴凉处，保质期为一年。

JBB008 压裂返排技术

(八)压裂返排技术

一般的压裂施工,压裂液进入地层后,当井底的压力大于地层的破裂压力时,就会形成裂缝,支撑剂支撑裂缝,达到压裂效果,但压裂液残液还滞留在裂缝中。压裂液体系中虽然加有破胶剂等添加剂,但由于复杂的地层因素和施工因素,往往不能在设计时间内完全破胶,残留在地层中的残液,会造成地层伤害。该技术是在压裂施工裂缝闭合后,在一定设计时间内快速注入一组化学液,该组化学液内与压裂残液发生化学反应,降低压裂液的 pH 值,破坏液中的分子链,改变分子内部结构,使之加速分解,迅速破胶,并能迅速溶解压裂液残渣,该化学液体系同时产生大量的安全气体,所产生气体在地层形成强大的压力场,把残液快速返排出油井,达到理想的设计返排效果。

1. 技术特点

(1)返排化学液体体系主要由生成剂、引发剂和分散剂三种产品构成。能破坏压裂液分子链,改变分子结构。显著改变返排过程中气流和处理液的相对渗透率,有效排出低渗地层微孔中极难排出的圈闭液块,明显降低返排液的静液柱压力,达到了提高返排液的排出速度和返排程度的目的。

(2)产生大量安全气体,降低残液的 pH 值。

(3)施工简单,在压裂施工后注入返排剂,反应 2h 后可开井正常放压返排。

(4)施工后效果显著。

2. 适用范围

(1)低渗透、低压地层。

(2)具有水敏性的地层。

(3)含天然裂缝不发育的低渗透地层。

(4)具有致密性的地层。

3. 稠油井施工技术工序

1)化学助返液配制

将 CH-40 生成剂单独配制成浓度为 20%的水溶液。

将 CH-41 引发剂和 CH-42 分散剂配制成浓度为 25%的水溶液,其中:CH-41 引发剂浓度占 5%,CH-42 分散剂浓度占 20%。

2)推荐施工工序

压裂液挤入施工按设计要求施工,待压裂施工所形成的裂缝闭合的同时,开始用不同的输入管线同时一起挤注 CH-40 化学液和 CH-41 及 CH-42 的混合液,按设计要求挤入顶替液关井反应 1h,由返排管线控制返排。

3)施工注意事项

(1)施工液和罐池要绝对清洁,无泥沙污物,pH 值大于 7。

(2)配注时工作人员戴风镜及口罩,高压施工时,在高压管线 30m 以内严禁人员进入,施工前严禁将 CH-40 化学液和 CH-41、CH-42 的混合接触相混合;配液用水温度不得超过 40℃。

(3)施工过程中,注入泵不能停,必须连续挤完 CH-40 化学液和 CH-41、CH-42 混合化学液。两液罐要有专人计量排量，以保证两种液体按1∶1比例注入井筒。

（4）关井后放喷时，放喷管线应用地锚固定，以免伤人。

（5）两种液体同时挤入时易产生对人体不利的气体，应做好防护工作。

（九）海水基微聚混配多级定向压裂技术

JBB009 海水基微聚混配多级定向压裂技术

1. 技术概况

海水基微聚混配多级定向压裂技术选用的稠化剂是由几种特殊单体在一定的条件下共聚而成的一种聚合物，分子质量小，链节短，线团的伸展容易，只需要结合少量的水分子就可以达到完全伸展，可实现快速溶胀和溶解。由于短分子链节之间是缔合缠绕的物理连接，在外力的作用下，缔合可以打开，外力失去后又可以重新缔合，表现出来良好的耐高温、抗剪切性能，克服了长链大分子聚合物在外力作用下发生的不可恢复性分子链断裂所导致的性能永久下降。同时由于分子质量小，溶解快速，可自行破胶，也可加入常规破胶剂加快其破胶速度，使破胶更为彻底。破胶后形成的小分子残渣电性与岩石表面电性相同，克服和降低了在岩石表面的吸附，易于返排，对地层伤害小。

2. 压裂液连续混配

压裂液连续混配工作时，压裂稠化剂经螺旋输送机供给高能恒压混合器（给料量通过转速调整，转速受计算机控制）；水泵从外部吸取海水经过离子交换系统，屏蔽海水中影响稠化剂黏度的有害离子，再经过流量计后进入高能恒压混合器与粉料进行混合（清水泵流量通过转速调整，转速受计算机控制），稠化剂则根据水量的变化，相应地调整螺旋喂料机的转速，维持设定的配比。

高能恒压混合器喷射出来的混合液经扩散槽进行除气后，进入混合罐并接受高速搅拌；混合罐是按照先进先出的原则设计，可保证混合液黏度的一致性；混合罐内的混合液被传输泵抽出，经静态混合器混合后进入水合罐；水合罐也是按照先进先出的原则进行设计，且内部装有搅拌器，混合液不仅在其内可充分地溶胀并进一步受搅拌器剪切。

3. 混合液搅拌

混合液在水合罐水合搅拌后由清水泵吸入，并将排出流量反馈给计算机；计算机启动液添泵，按比例或按总量加入液体添加剂，混合完毕后输送至直接供液给压裂混砂装置，实现即配即压，同时满足现场施工和当压裂工况出现变化的要求。

多级定向压裂技术通过精密定位装置上的磁传感器，接收井筒磁信号反馈，准确定位裂缝方位。控制喷射系统，产生高速流体进而射穿套管和近井地层，形成射孔通道并实现定向割缝。高速流体的冲击作用在水力射孔孔道顶端产生许多微裂缝，微裂缝的存在降低了地层起裂压力，使得孔内憋压在喷射通道中形成增压，关闭环空并向环空中泵入流体增加环空压力，喷射流体增压和环空压力的叠加超过破裂压力瞬间将射孔孔眼顶端处地层压破，从而压开地层。环空流体则在压差作用下被吸入地层，在高速射流的带动下进入射孔通道和裂缝中使得裂缝得以充分扩展，维持裂缝的延伸。由于环空压力低于地层破裂压力，使得井筒其他部位不会产生新的裂缝。压裂液经管柱泵入，经喷嘴喷入射孔孔道内，极少进入井筒的其他部位。而环空液体被高速射流抽吸，在一定范围内形成真空，从而在整个压裂过程实现水力封隔。

4. 技术特点

(1)现场实现海水配制,即配即压。

(2)独特的离子交换系统,保持压裂体系高稳定性,使体系具有耐高温、抗剪切,耐温≥135℃。

(3)避免配液过程中产生"鱼眼",并且基液免受外力剪切,提高了液体质量。

(4)残液易于破胶水化、无残渣、快速返排,对地层伤害小。

(5)适应不同完井方式,尤其针对斜井和水平井优势明显。

(6)实现一趟管柱多层位压裂,提高施工的准确性与有效性。

(7)精确控制近井裂缝的方位(纵向缝、横向缝),减少近井裂缝转向和多裂缝的产生。

(8)节省场地空间,降低劳动强度,缩短整体施工时间。

(9)简化施工流程,提高作业安全性。

(10)降低施工成本,有效控制施工风险。

项目二　编写新使用井下特种装备操作规程

一、准备工作

(1)A4 纸 2 张。

(2)碳素笔 1 支。

二、操作步骤

(1)劳保用品必须穿戴齐全。

(2)准备好用具、工具,使用后保管好。

(3)编写设备参数,包括设备主要性能、参数、规格和允许最大负荷。

(4)操作方法。

①启动前检查方法、步骤和要领。

②启动运行操作方法、步骤和要领。

③停止运行操作方法、步骤和要领。

(5)安全事项。

①保证设备与人身安全的注意事项。

②对可能出现的紧急情况的处理方法。

(6)日常维护。

①设备清洁、润滑的步骤。

②检查设备正常运行的方法和要求。

(7)正确使用工具及用具。

(8)严禁违反操作规程操作。

项目三　识别施工现场的风险

一、准备工作

(1)施工现场平面图 1 份。
(2)钢笔或碳素笔 1 支。
(3)A4 纸 2 张。

二、操作步骤

(1)劳保用品必须穿戴齐全。
(2)准备好用具、工具,使用后保管好。
(3)高压危险区。
①识别高压危险区。
②标出高压危险区。
(4)高空落物危险区。
①识别高空落物危险区。
②标出高空落物危险区。
(5)电气危险区。
①识别电气危险区。
②标出电气危险区。
(6)坑穴危险区。
①识别坑穴危险区。
②标出坑穴危险区。
(7)机械伤害危险区。
①识别机械伤害危险区。
②标出机械伤害危险区。
(8)易燃易爆危险区。
①识别易燃易爆危险区。
②标出易燃易爆危险区。
(9)正确使用工具及用具。
(10)严禁违反操作规程操作。

项目四　制订培训计划

一、准备工作

(1)施工现场平面图 1 份。
(2)笔钢笔或碳素笔 1 支。

(3)A4 纸 2 张。

二、操作步骤

(1)劳保用品必须穿戴齐全。
(2)准备好用具、工具,使用后保管好。
(3)培训名称:培训名称的命名。
(4)培训内容:培训内容设计。
(5)培训目的:培训目的编写。
(6)培训要求:培训要求制订。
(7)培训时间:培训时间制订。
(8)培训课时:培训课时分解。
(9)培训教师:培训教师选定。
(10)培训人员:培训人员选择。
(11)课程表:课程表编制。
(12)培训考勤:培训考勤表编制。
(13)正确使用工具及用具。
(14)严禁违反操作规程操作。

项目五　培训测绘零件图

一、准备工作

(1)绘图纸 1 张。
(2)机械零件 1 个。
(3)游标卡尺(精度 0.02mm)1 把。
(4)300mm 钢板尺 1 把。
(5)三角板 1 副。
(6)12 件绘图仪 1 套。
(7)2B、2H 铅笔各 1 根。
(8)橡皮 1 块。

二、操作步骤

(1)劳保用品必须穿戴齐全。
(2)准备好用具、工具、量具,使用后做好维护保养。
(3)选择零件视图。
(4)选择绘图比例。
(5)确定视图布局。
(6)用游标卡尺测量零件各部位尺寸。
(7)记录各部分尺寸。
(8)绘制零件图(绘三视图)。

(9) 按标准画线段。
(10) 选择尺寸标注。
(11) 按标准标注尺寸数据。
(12) 填写标题栏相关内容。
(13) 写好技术要求。
(14) 正确使用工具及用具。
(15) 严禁违反操作规程操作。

理论知识练习题

中级工理论知识练习题及答案

一、选择题(每题有4个选项,只有1个是正确的,将正确的选项填入括号内)

1. AA001　现代发动机普遍采用(　　)活塞。
   A. 铸铁　B. 铝合金　C. 有色金属　D. 钢
2. AA001　高速柴油机气环数一般为(　　)个。
   A. 2~3　B. 1~2　C. 2~5　D. 1
3. AA001　为使活塞裙部承受侧压力的两侧压力均匀,并使裙部与缸壁间保持最小而又安全的间隙,要求活塞在工作时必须具有(　　)。
   A. 隔圆形　B. 圆锥体形
   C. 圆柱体形　D. 球形
4. AA002　多缸曲柄发动机其着火间隔角 α=(　　)/气缸数。
   A. 360°　B. 540°　C. 720°　D. 1080°
5. AA002　为减轻重量以减小旋转时产生的离心力,连杆颈部常做成(　　)。
   A. 实心的　B. “工”字形
   C. 空心的　D. 细长形
6. AA002　曲柄连杆机构包括(　　)等。
   A. 活塞、活塞销、连杆、曲轴
   B. 活塞、活塞销、连杆、曲轴、飞轮
   C. 活塞、活塞销、连杆、飞轮
   D. 活塞销、连杆、曲轴、飞轮
7. AA003　气缸的磨损是用气缸内表面的(　　)来表示的。
   A. 锥度及椭圆度　B. 圆度
   C. 沟槽深度　D. 同轴度
8. AA003　一般气缸修理尺寸通常按标准直径加大(　　)作为一级修理尺寸。
   A. 0. 1mm　B. 0. 25mm
   C. 1. 5mm　D. 1. 5~2mm
9. AA003　通常气缸套的上端面高出气缸体上表面约(　　)。
   A. 0. 02~0. 05mm　B. 0. 08~0. 2mm
   C. 0. 2~1mm　D. 1~1. 5mm
10. AA004　气门杆部与头部之间采用大半径圆弧连接,一方面减小(　　),另一方面可减小应力集中。
   A. 气体流通阻力　B. 重量
   C. 结构尺寸　D. 以上答案都不对

11. AA004　为防止锈蚀,气门弹簧表面通常都进行(　　)处理。

A. 淬火或退火　　B. 发蓝或镀锌

C. 抛光或喷丸　　D. 喷丸或喷染

12. AA004　柴油机超负荷工作时,排气管会(　　)。

A. 冒白烟　　B. 冒黑烟

C. 冒蓝烟　　D. 保持正常烟色

13. AA005　气门在止点以前开启时所对应的曲轴转角叫(　　)。

A. 提前角　　B. 延迟角

C. 喷油角　　D. 喷油提前角

14. AA005　为了使气缸中充气较充足,废气排除较干净,要求尽可能(　　)进、排时间。

A. 缩短　　B. 保持　　C. 延长　　D. 减少

15. AA005　发动机的曲轴转速很高,活塞冲程经历时间很短,大约为(　　)。

A. $\frac{1}{10}$s　　B. $\frac{1}{100}$s

C. $\frac{1}{1000}$s　　D. $\frac{1}{10000}$s

16. AA006　在柴油机启动前将油路中的空气排除的装置是(　　)。

A. 输油泵　　B. 喷油泵　　C. 滤清器　　D. 手油泵

17. AA006　柴油机的“心脏”指(　　)。

A. 输油泵　　B. 高压油泵

C. 缸体　　D. 喷油器

18. AA006　输油泵按构造可分为(　　)等类型。

A. 叶片式、齿轮式、活塞式和薄膜式

B. 旋转式、齿轮式、活塞式和薄膜式

C. 齿轮式、弹簧式、活塞式和薄膜式

D. 齿轮式、活塞式和弹簧式

19. AA007　柴油的发火性是指柴油的(　　)。

A. 凝点　　B. 燃点　　C. 闪点　　D. 自燃能力

20. AA007　柴油的自燃性能是以(　　)来表示的。

A. 柴油牌号　　B. 十六烷值

C. 柴油质量　　D. 燃点温度

21. AA007　6120Q 型柴油机的燃烧室为(　　)。

A. W 形　　B. U 形　　C. 球形　　D. 涡流室式

22. AA008　目前使用较广泛的内燃机机油泵是(　　)机油泵。

A. 齿轮式　　B. 转子式　　C. 柱塞式　　D. 叶片式

23. AA008　柴油机主油道机油压力机型不同有不同规定,Zl2V100B 型柴油机机油压力规定为(　　)。

A. 0~0. 1MPa　　B. 0. 11~0. 3MPa

C. 0.3~0.4MPa　　D. 0.5~0.8MPa

24. AA008　机油泵上都有安全阀,作用是将泵的压力(　　)。

A. 能随负荷变化　　B. 不随负荷变化

C. 限制在规定范围内　　D. 限制在最低数值

25. AA009　发动机的温度一般应控制在(　　)范围内工作。

A. 10~40℃　　B. 40~70℃

C. 75~90℃　　D. 90~100℃

26. AA009　强制循环水冷却系统的主要部件是(　　)。

A. 水泵　　B. 风扇　　C. 散热水箱　　D. 节温器

27. AA009　风扇的位置应尽可能布置得对准散热器芯的中心,以充分利用散热芯的(　　)。

A. 散热面积　　B. 有效散热面积

C. 功能　　D. 作用

28. AA010　压缩空气启动柴油机时启动压力为(　　)。

A. 1~2MPa　　B. 2~3MPa

C. 3~5MPa　　D. 5~7MPa

29. AA010　由于(　　)的作用使启动机的动力,传给柴油机飞轮齿圈,当柴油机启动后,又自动地使启动机结合齿轮与柴油机齿圈脱开。

A. 离合器　　B. 减速器

C. 自动分离器　　D. 差速器

30. AA010　装启动机时要求(　　)。

A. 转子与定子无间隙、转向无间隙

B. 转子与定子有间隙、转向无间隙

C. 转子与定子的间隙符合标准、转向间隙不超差

D. 转子与定子的间隙符合标准、转向有间隙

31. AA011　采用提高进气压力来提高输出功率的方法,称为柴油机的(　　)。

A. 减压　　B. 增压　　C. 压缩　　D. 效率提高

32. AA011　涡轮增压器按压比大小可分为低、中、高增压三种,中增压压力升高比为(　　)。

A. $\pi k<1.4$　　B. $\pi k=1.4\sim2.0$

C. $\pi k>2.0$　　D. $\pi k>5$

33. AA011　为保持增压器正常的冷却条件,出水温度一般不超过(　　)。

A. 40℃　　B. 50℃　　C. 90℃　　D. 100℃

34. AA012　柴油机累计工作(　　)后必须进行二级保养。

A. 250h　　B. 500h　　C. 1000h　　D. 1500h

35. AA012　柴油机例行保养当中(　　)检查风扇皮带松紧度。

A. 不应该包括　　B. 应该包括

C. 水温高时应该包括　　D. 负荷重时应该包括

36. AA012　内燃机三级技术保养的内容是(　　)。

A. 外观检查、清洁　　B. 检查、紧固、润滑
C. 检查、调整　　D. 解体清洁、检查、调整

37. AA013　当出现井喷或有油气显示时,应立即启用防爆装置,迅速切断柴油机(　　),使之紧急停车。
A. 供油通道　　B. 进气通道
C. 排气通道　　D. 高压油泵

38. AA013　柴油机排气冒(　　)的实质是因为润滑油进到气缸受热蒸发形成。
A. 蓝烟　　B. 黑烟　　C. 白烟　　D. 灰白烟

39. AA013　由于高温冲击负荷的使用和气体中固体颗粒及化学腐蚀,使气门出现(　　)。
A. 烧损　　B. 断裂　　C. 磨损　　D. 变形

40. AA014　Z12V190B 型柴油机是(　　)设计、制造的一种大功率柴油机。
A. 中国　　B. 苏联　　C. 罗马尼亚　　D. 美国

41. AA014　12V150 型柴油机型式为(　　)。
A. 四冲程、风冷、增压、高速柴油机
B. 四冲程、风冷、非增压、高速柴油机
C. 四冲程、水冷、增压、高速柴油机
D. 四冲程、水冷、非增压、高速柴油机

42. AA014　汽油发动机点火系统供给电压为(　　)。
A. 36~220V　　B. 220~380V
C. 500~1000V　　D. 10000~15000V

43. AB001　当油井出砂含量小于(　　)时,即为冲砂合格。
A. 0. 1%　　B. 0. 2%　　C. 0. 3%　　D. 0. 4%

44. AB001　反循环压井是将井液从套管内泵入,由油管外返出。主要用于(　　)的油气井施工。
A. 压力低、产量大　　B. 压力低、产量小
C. 压力高、产量大　　D. 压力高、产量小

45. AB001　起下冲砂管柱探砂面,冲砂工具距油层 20m 时,减小下放速度至(　　)以下,悬重下降表明冲砂管口遇到砂面。
A. 0. 2m/min　　B. 0. 3m/min
C. 0. 4m/min　　D. 0. 5m/min

46. AB002　试验压力为预测泵压的(　　)倍,检查井口总阀至高压管汇、设备等有无刺漏现象,压力上升后保持 2~3min 不下降为合格。
A. 1. 0~1. 5　　B. 1. 2~1. 5
C. 1. 2~1. 3　　D. 1. 3~1. 6

47. AB002　油层的压力较高,渗透率低,酸化处理后可建立较大压差又便于排除乏酸,盐酸浓度为(　　)。
A. 8%~10%　　B. 9%~12%
C. 10%~13%　　D. 12%~15%

48. AB002　关井反应时间应根据各地区的地层特征来定，一般不得小于(　　)。

A. 1h　　B. 2h　　C. 3h　　D. 4h

49. AB003　将震击器及打捞工具一起下井，根据井况，对被卡管柱进行连续震击，将卡点震松以达到解卡目的，这种方法称为(　　)。

A. 活动解卡　　B. 倒扣解卡

C. 浸泡解卡　　D. 震击解卡

50. AB003　绳类落物的打捞工具一般有(　　)

A. 活动打捞器、捞钩及套磨捞级合法

B. 一把抓、反循环打捞篮、黄泥打捞筒等

C. 内钩、外钩、大铣管、井下割绳器等

D. 公锥、母锥、滑牙块捞矛、卡瓦打捞筒等

51. AB003　对套管破漏较浅、损坏较少、地层结构不坍塌的井段，适用(　　)。

A. 套接法　　B. 对接法　　C. 套固法　　D. 扶下法

52. AB004　适用于打捞杆类落物的工具有(　　)。

A. 老虎嘴、一把抓、内钩、外钩

B. 滑块捞矛、一把抓、内钩、外钩

C. 开窗捞筒、内钢丝捞筒、卡瓦捞筒

D. 滑块捞矛、可退捞矛、卡瓦捞筒

53. AB004　适用于打捞绳类落物的工具有(　　)。

A. 滑块捞矛、可退捞矛、卡瓦捞筒

B. 滑块捞矛、一把抓、磁性打捞器

C. 开窗捞筒、内钢丝捞筒、卡瓦捞筒

D. 老虎嘴、内钩、外钩

54. AB004　井下管柱发生轻微遇卡时，最好采用(　　)方法处理。

A. 整体磨铣　　B. 套洗解卡

C. 套冲倒螺纹　　D. 活动管柱

55. AB005　油层压力不大，套管破裂和漏失不严重时，可用(　　)进行修理。

A. 普通胀管器进行上、下顿击

B. 向套管外挤水泥浆的办法

C. 封隔器的办法

D. 侧钻的办法

56. AB005　套管严重破裂，不得不丢弃下部层段时，可采用(　　)。

A. 普通胀管器进行上、下顿击

B. 侧钻的办法

C. 封隔器的办法

D. 向套管外挤水泥浆的办法

57. AB005　挤水泥浆封好破裂的套管一般可承受(　　)的压力。

A. 1～4MPa　　B. 4～8MPa　　C. 8～11MPa　　D. 11～14MPa

58. AB006　化学堵水是堵水剂和水作用，产生一种(　　)，阻止水流入井内。

A. 气液混合体、胶态或乳状的阻碍物
B. 高黏液体、胶态或乳状的阻碍物
C. 固体、胶态或乳状的阻碍物
D. 复杂的混合物

59. AB006　非选择性堵水会凝固成一种人工隔板,它的功能是(　　)。
A. 阻止水进入井中
B. 阻止油进入井中
C. 阻止水和油进入井中
D. 不阻止水和油进入井中

60. AB006　现场常用的选择性堵水方法有(　　)。
A. 水基水泥浆、乳化石蜡、聚丙烯酰胺冻胶
B. 水基水泥浆、酚醛树脂、聚丙烯酰胺冻胶
C. 水基水泥浆、酚醛树脂、水玻璃氯化钙溶液
D. 油基水泥浆、乳化石蜡、聚丙烯酰胺冻胶

61. AB007　反冲砂的特点是携带砂能力强,它的冲砂液是(　　)。
A. 沿环形空间向下,沿冲砂管上返地面
B. 沿环形空间向下,沿冲砂管上返,中途改变流向
C. 沿冲砂管向下,环形空间上返,中间改变流向
D. 沿油管向下,沿环形空间上返地面

62. AB007　作业清蜡工艺是起出管柱在地面清蜡,它的特点是(　　)。
A. 清蜡彻底、干净,但耗费大
B. 清蜡彻底、干净,成本低
C. 清蜡彻底、费工,成本低
D. 清蜡不彻底、作业简单,但耗费大

63. AB007　反冲砂的冲砂液流(　　),携砂能力强。
A. 冲刺力大　　B. 上返速度不大
C. 上返速度大　　D. 较容易砂堵

64. AB008　常规酸化的作用是(　　)。
A. 解除井底附近地层的堵塞
B. 不能解除井底附近地层的堵塞
C. 能解除远井地层的堵塞
D. 不能解除地层的堵塞

65. AB008　压裂酸化的作用是(　　)。
A. 解除井底附近地层的堵塞
B. 不能解除井底附近地层的堵塞
C. 能解除远井地层的堵塞
D. 不能解除地层的堵塞

66. AB008　酸化后排液应(　　)。
A. 立即排液　　B. 关井 8h 后进行

C. 关井 24h 后进行　　D. 关井 48h 后进行

67. AB009　单层选压是(　　)。

A. 对多油层组中的几个层段同时进行压裂
B. 对多油层组中的一个层段进行压裂
C. 对一个油层组中的几个层段同时进行压裂
D. 对一个油层组中的某一小层或一层段进行压裂

68. AB009　压裂施工加砂过程中要求(　　)。

A. 砂比由小到大,中途可以停泵
B. 砂比由小到大,中途不可以停泵
C. 砂比由大到小,中途可以停泵
D. 砂比由大到小,中途不可以停泵

69. AB009　一次分压多层,就是在(　　)。

A. 多油层组中的几个层段同时进行压裂
B. 多口油层组中的一个层段进行压裂
C. 一个油层组中的几个层段同时进行压裂
D. 一口井内压裂几个层段

70. AB010　筛管防砂中,目前仍以(　　)作为最主要的充填材料。

A. 树脂和陶粒　　B. 烧结陶粒
C. 砾石　　D. 树脂预涂层砾石

71. AB010　筛管直径的选用,对管内充填井,充填厚度不小于(　　)。

A. 10mm　　B. 15mm　　C. 20mm　　D. 25mm

72. AB010　筛管直径的选用,对裸眼充填井,充填厚度不小于(　　)。

A. 25mm　　B. 30mm　　C. 40mm　　D. 50mm

73. AC001　测量误差可分三类,其中随机误差(　　)。

A. 没有任何影响,不用采取措施
B. 严重歪曲测量结果,必须将其剔出
C. 可以增加测量次数使正负误差相抵消
D. 可通过实验分析或计算确定

74. AC001　测量误差可分三类,其中粗大误差(　　)。

A. 可通过实验分析或计算确定
B. 可以增加测量次数使正负误差相抵消
C. 严重歪曲测量结果,必须将其剔出
D. 没有任何影响,不用采取措施

75. AC001　测量误差可分(　　)三类。

A. 系统误差、随机误差和粗大误差
B. 系统误差、随机误差和人为误差
C. 系统误差、机器误差和粗大误差
D. 设备误差、随机误差和粗大误差

76. AC002　常用计量名词术语:刻度间距,指的是(　　)。

A. 计量器具能测量的尺寸最低到最高值的范围

B. 计量器具所指示的最低值到最高值的范围

C. 计量器具能测量的尺寸最低值到最高值的范围

D. 刻度标尺上两相邻刻线之间的距离

77. AC002　常用计量名词术语:分度值,指的是(　　)。

A. 刻度标尺上两相邻刻线之间的距离

B. 计量器具所指示的最低值到最高值的范围

C. 计量器具能测量的尺寸最低到最高值的范围

D. 刻度标尺上最小一格所代表的数值

78. AC002　常用计量名词术语:示值范围,指的是(　　)。

A. 计量器具所指示的最低值到最高值的范围

B. 计量器具能测量的尺寸最低到最高值的范围

C. 计量器具能测量的尺寸最低到最高值的范围

D. 刻度标尺上两相邻刻线之间的距离

79. AC003　游标卡尺能直接测量齿数为偶数的齿轮(　　)的尺寸。

A. 模数　　B. 顶圆　　C. 节距　　D. 节圆

80. AC003　普通游标卡尺由(　　)等部分所组成。

A. 主尺、尺、尺身、游标、尺框、螺钉

B. 主尺、副尺、上量爪、下量爪、尺框、螺钉

C. 尺头、尺尾、主尺、游标、尺框、螺钉

D. 尺头、尺尾、尺身、游标、尺框、螺钉

81. AC003　游标卡尺按照测量精度可以分为(　　)等几种。

A. 0. 01mm,0. 02mm,0. 05mm

B. 0. 01mm,0. 05mm,0. 2mm

C. 0. 02mm,0. 05mm,0. 1mm

D. 0. 1mm,0. 2mm,0. 5mm

82. AC004　千分尺是一种测量加工精度要求(　　)量具。

A. 较高的普通　　B. 不高的精密

C. 较高的精密　　D. 不高的普通

83. AC004　外径千分尺的测量精度可以达到(　　)。

A. 0. 10mm　　B. 0. 05mm　　C. 0. 02mm　　D. 0. 01mm

84. AC004　每种外径千分尺的测量范围均为(　　)。

A. 20mm　　B. 35mm　　C. 30mm　　D. 25mm

85. AC005　塞尺的每一片有平行的两个测量面,使用时工作面的(　　)。

A. 头部是标准的尺寸

B. 各部位都是标准的尺寸

C. 中部是标准的尺寸

D. 后部是标准的尺寸

86. AC005　塞尺是一种测量工具,它主要用于两个测量(　　)大小的测量。

A. 平面之间的距离　　B. 面之间的间隙

C. 孔之间的距离　　D. 面之间的角度

87. AC005　塞尺的结构比较简单,它是由(　　)组成的。

A. 塞尺片、标记片、铆钉或螺钉

B. 测量片、数据片、销子

C. 塞尺片、保护板、铆钉或螺钉

D. 塞尺片、保护板、销子

88. AC006　电动轮廓仪的用途是测量工件表面的(　　)。

A. 硬度　　B. 粗糙度　　C. 形状　　D. 平面度

89. AC006　圆度仪是测量工件(　　)的精密仪器。

A. 圆度形状　　B. 圆度误差

C. 表面形状　　D. 表面的平面度

90. AC006　手持离心机械式转速表是用来测量柴油机等机械的(　　)。

A. 转速的误差　　B. 转速变动范围

C. 每分钟转速　　D. 转动的角速度

91. AC007　电动轮廓仪的原理是触针的(　　)的变化。

A. 上下移动引起杠杆　　B. 转动引起传感器电量

C. 转动引起杠杆　　D. 上下移动引起传感器电量

92. AC007　电涡流测功器的结构主要由(　　)两部分组成。

A. 转子和定子　　B. 转子和固定架

C. 定子和摇动架　　D. 转子和摇动架

93. AC007　圆度仪主要由(　　)等组成。

A. 测量头、回转轴、传感器　　B. 测量仪、回转轴、传感器

C. 测量头、回转轴、感应器　　D. 测量头、转动轴、传感器

94. AC008　油压千斤顶是根据(　　)的原理而制成的一种简单的起重工具。

A. 液压传动　　B. 机械传动

C. 杠杆作用　　D. 螺旋机构

95. AC008　油压千斤顶的结构主要由(　　)等零件所组成。

A. 大活塞、小活塞、调整螺杆、压杆套、壳体、针阀

B. 传动齿轮、调整螺杆、压杆套、壳体

C. 传动齿轮、螺旋副、压杆套、壳体

D. 传动齿轮、螺旋副、双向棘轮、壳体

96. AC008　油压千斤顶内按要求,应该加注(　　)。

A. 机油　　B. 液压油　　C. 黄油　　D. 柴油

97. AC009　螺旋千斤顶的结构主要由(　　)等零件所组成。

A. 活塞、螺旋副、双向棘轮、杠杆套

B. 大活塞、小活塞、双向棘轮、杠杆套

C. 传动齿轮、螺旋副、双向棘轮、杠杆套、壳体

D. 大活塞、小活塞、针阀、杠杆套、壳体

98. AC009　螺旋千斤顶内应按要求加注(　　)。

A. 柴油　　B. 液压油　　C. 黄油　　D. 机油

99. AC009　螺旋千斤顶属于(　　)千斤顶。

A. 油压式　　B. 气压式　　C. 电动式　　D. 机械式

100. AC010　改进型倒链的结构是采用(　　)而制成的一种手动起吊工具。

A. 蜗轮蜗杆减速机构　　B. 伞齿轮减速机构

C. 摩擦轮系减速机构　　D. 行星轮系减速机构

101. AC010　倒链适用于(　　)的手动起吊作业。

A. 固定地点的野外作业

B. 流动性大的室内作业

C. 固定地点、无电源的室内作业

D. 流动性大、无电源的野外作业

102. AC010　倒链是一种靠人力为动力的手动起吊工具,它的起吊能力是(　　)。

A. 有规定的

B. 没有规定的

C. 决定于人工的拉动力量

D. 决定于一起拉动人员的数量

103. AC011　按照电钻(手电钻)的输出转速,现在的规格中(　　)。

A. 有单速、双速、四速和无级调速等电钻

B. 有单速、双速、三速和无级调速等电钻

C. 有单速、双速等电钻

D. 只有一种速度的电钻

104. AC011　电钻(手电钻)钻头的装夹在钻夹头或圆锥套筒内,区别是(　　)。

A. 6mm 及以下用钻夹头,6mm 以上用锥套筒

B. 13mm 及以下用钻夹头,13mm 以上用锥套筒

C. 13mm 及以下用锥套筒,13mm 以上用钻夹头

D. 6mm 及以下用锥套筒,6mm 以上用钻夹头

105. AC011　根据钻孔的(　　),选择电钻(手电钻)和钻头。

A. 深度和尺寸大小　　B. 尺寸大小和位置

C. 物件材质和深度　　D. 物件材质和位置

106. AC012　电动扳手主要供装拆(　　)用的电动工具。

A. 双头螺栓及螺母　　B. 起子螺丝钉

C. 六角头螺栓及螺母　　D. 方头螺栓及圆螺母

107. AC012　电动扳手采用(　　),可以产生很大的装拆力矩。

A. 杠杆机构　　B. 扭力机构

C. 冲击机构　　D. 弹簧机构

108. AC012　电动扳手特别适用于具有大量装拆(　　)任务的各种行业。

A. 管线接头　　B. 螺纹调节圈

C. 螺丝钉　　D. 螺栓

109. AC013　设计自用工具和夹具时,根据用途确定结构,画出(　　)。

A. 示意图　　B. 装配图　　C. 零件图　　D. 制造图

110. AC013　对自用工具的设计重要零件要进行(　　),确定尺寸。

A. 多项鉴定　　B. 单项测定

C. 强度校核　　D. 精密计量

111. AC013　按其使用特点的角度,夹具可分为(　　)。

A. 专用夹具和组合夹具　　B. 拼装夹具和组合夹具

C. 专用夹具和可调夹具　　D. 拼装夹具和可调夹具

112. AD001　HSE 是健康(Health)、安全(Safety)和环境(Environment)管理体系的(　　)。

A. 简称　　B. 全称　　C. 代码　　D. 代号

113. AD001　HSE 管理体系是将组织实施健康、安全与环境管理的(　　)、职责、做法、程序、过程和资源等要素有机构成的整体。

A. 组织人员　　B. 组织机构

C. 监督机构　　D. 简单人员

114. AD001　HSE 管理体系要求组织进行(　　),确定其自身活动可能发生的危害和后果,从而采取有效的防范手段和控制措施防止其发生,以便减少可能引起的人员伤害、财产损失和环境污染。

A. 任务分析　　B. 风险管控

C. 风险分析　　D. 任务管控

115. AD002　积极鼓励在一切生产经营活动中满足 HSE 的(　　)。

A. 要求和约定　　B. 要求和规定

C. 约定和规定　　D. 指标和任务

116. AD002　努力创造和保持 HSE 管理体系的(　　)。

A. 企业精神　　B. 社会文化

C. 企业文化　　D. 社会企业

117. AD002　鼓励各级员工、承包商(　　)公司 HSE 管理。

A. 独立参与　　B. 分别参与

C. 共同探讨　　D. 共同参与

118. AD003　制定一系列(　　),以改善安全和健康管理,保护人群和环境。

A. 有效的程序　　B. 临时的程序

C. 有效的管理　　D. 临时的管理

119. AD003　将 HSE 理念融入到公司管理和控制活动的(　　)。

A. 全领域　　B. 全过程

C. 全行动　　D. 全监督

120. AD003　提供适用的工程设施、厂房和设备,加强维护,使其(　　)。

A. 全勤工作　　B. 满负荷运行

C. 安全运行　　D. 全勤运行

121. AD004　建立一套(　　)的 HSE 管理文件体系,鼓励 HSE 管理体系应用的一致性。

A. 主次分明　　B. 层次分明

C. 主次清楚　　D. 层次清楚

122. AD004　实现开放和有效的 HSE 管理,鼓励管理者与(　　)人员、承包商进行交流和咨询。

A. 部门工作　　B. 现场指挥

C. 现场工作　　D. 部门指挥

123. AD004　增强现场 HSE 风险的有效预防和控制,使员工承包商和附近居民的(　　)最小化。

A. 生产风险　　B. 危险程度

C. 生产程度　　D. 健康风险

124. AD005　建立明确的(　　),以确定在规划、建设、拆迁及常规和非常规作业活动中所有显著的 HSE 风险和危害。

A. 系统和程序　　B. 系统和制度

C. 制度和程序　　D. 规划和程序

125. AD005　在(　　)和规划过程中执行一些必要的,可控制的变更,将风险控制到最小。

A. 设计操作　　B. 实际操作

C. 实际管理　　D. 设计管理

126. AD005　明确规定(　　)的 HSE 责任,责任是落实到人,而不是一个组织。

A. 各级生产者　　B. 生产管理层

C. 各级管理层　　D. 管理生产者

127. AD006　确保在进行所有(　　)先考虑 HSE 预期的目标、风险和投入,并采用可行的 HSE 管理惯例。

A. 商务规划后　　B. 商务规划前

C. 质量规划前　　D. 质量规划后

128. AD006　通过评审和审核主要(　　)来评价 HSE 的执行情况,努力使风险降到合理尽可能低的水平。

A. 设计活动　　B. 操作生产

C. 操作活动　　D. 生产设计

129. AD006　确保应急反应计划的测试和及时更新,通过提供适当的资源和设备,以保证紧急情况发生时满足应急反应的需求。

A. 定时更新　　B. 及时跟进

C. 定时跟进　　D. 及时更新

130. AD007　每一个员工都应意识到自己在 HSE 方面的职责,并且按照规定的程序接受(　　)和考核。

A. 相应培训　　B. 全面培训

C. 相应管理　　D. 全面管理

131. AD007　所有具有显著 HSE 风险的活动,都应有可靠的工作程序及(　　)计划。

A. 规则制度　　B. 应急反应

C. 应急程序　　D. 规定反应

132. AD007　建立有事故和风险档案，包括造成了损失的事故和险肇事故，并做到(　　)。

A. 方便检查　　B. 随时检查

C. 方便交流　　D. 随时交流

133. AD008　定期进行 HSE 内部审核，以便实现(　　)的目标。

A. 定期改进　　B. 持续改进

C. 定期完善　　D. 持续完善

134. AD008　实施管理评审，以客观评价 HSE 管理体系实施情况和所定目标的(　　)。

A. 改进情况　　B. 完成比例

C. 完成情况　　D. 改进比例

135. AD008　根据检查和审核发现制订有效的(　　)。

A. 规章制度　　B. 制度程序

C. 控制制度　　D. 控制程序

136. AD009　HSE 管理体系即健康、安全与环境管理体系，是国际上石油公司为减轻和消除石油工业生产中可能发生的健康、安全与环境方面的风险，保护人身安全和生态环境制定的一套系统的(　　)。

A. 管理办法　　B. 操作办法

C. 操作规定　　D. 规定办法

137. AD009　HSE 的目的是追求(　　)地不发生事故、不损害人身健康、不破坏环境，提高企业生命力。

A. 最低限度　　B. 最大限度

C. 最低目标　　D. 最大目标

138. AD009　企业开展 HSE 体系认证工作通常要进行(　　)工作。

A. 两阶段　　B. 四阶段

C. 三阶段　　D. 五过程

139. AD010　最高管理者还应授权管理者代表成立一个专门的(　　)，来完成企业的初始状态评审以及建立 HSE 管理体系的各项任务。

A. 工作科室　　B. 工作小组

C. 科室小组　　D. 工作现场

140. AD010　内部审核是企业对其自身的 HSE 管理体系所进行的审核，是对体系是否正常运行以及是否达到预定的目标等所做的系统性的验证过程，是 HSE 管理体系的一种(　　)手段。

A. 自我检查　　B. 完全保证

C. 自我保证　　D. 完全检查

141. AD010　管理评审是由企业的最高管理者定期对 HSE 管理体系进行的系统评价，一般每年进行一次，通常发生在(　　)和第三方审核之前。

A. 外部审核之后　　B. 内部审核之前
C. 外部审核之前　　D. 内部审核之后

142. AD011　对于建立了HSE管理体系的企业,经过(　　)的运作后,企业可以根据内部需要开展HSE管理体系认证。
A. 一段时间　　B. 很长时间
C. 一段过程　　D. 很长过程

143. AD011　根据审核的层次和深度上的差异,可以将认证审核的过程大体分为两个阶段:即(　　)和正式审核。
A. 最后审核　　B. 初始审核
C. 初始批准　　D. 最终批复

144. AD011　对审核通过的企业,HSE认证中心向其颁发认证证书和(　　)。
A. 认证奖状　　B. 奖金奖状
C. 认证标志　　D. 奖状标志

145. AD012　班组安全管理模式的应用将有助于班组安全管理(　　)的建立。
A. 临时机制　　B. 长效机制
C. 临时制度　　D. 长效制度

146. AD012　不同类型、不同行业的企业班组安全管理会有所不同,会产生(　　)的安全管理模式。
A. 个别相同　　B. 几种相同
C. 多种不同　　D. 个别不同

147. AD012　科学的班组安全管理模式从广义上讲应当归纳为"HSE管理体系+(　　)"的模式。
A. 相同传统做法　　B. 有效个体做法
C. 相同企业经验　　D. 有效传统做法

148. AD013　"体系+传统"模式,应当包括许多种班组安全管理模式,其中既包括了HSE管理体系在班级的做法,也包括了(　　)的有效的班组管理做法。
A. 企业传统　　B. 企业先进
C. 班组传统　　D. 班组先进

149. AD013　传统做法指班组合理化建议活动、班前班后会、不安全事件报告、(　　)教育、无隐患管理、"三标"建设、"5S"管理、"三老四严"作风等。
A. 三级员工　　B. 三级安全
C. 员工安全　　D. 员工入厂

150. AD013　班组安全管理模式中包括的HSE管理体系的理念包括了持续改进的思想,包括了(　　)、变更管理、应急管理、HSE检查、HSE方案、HSE作业指导书等各种要素。
A. 现场辨识　　B. 危害教育
C. 危害辨识　　D. 现场教育

151. AD014　"两书一表"是一种企业(　　)HSE管理的一种模式。
A. 群众组织　　B. 基层组织

C. 基层群众　　D. 高层组织

152. AD014　“两书一表”是适应国内外市场需要，推行 HSE 管理体系过程中结合(　　)发展起来的。

A. 管理实际　　B. 企业组织

C. 企业实际　　D. 管理组织

153. AD014　这一模式是班组内 HSE 管理体系的(　　)形式。在实行过程中要按一定的格式和标准编制“两书一表”，并建立相应的记录，然后实施。

A. 具体工作　　B. 基层表现

C. 具体表现　　D. 基层工作

154. AD015　“两书一表、一案一本”模式中的“两书”指 HSE 作业指导书和 HSE 作业计划书，“一表”指 HSE 检查表，“一案”指(　　)，“一本”指 HSE 管理记录本。

A. 应急预案　　B. 事故预案

C. 事故案例　　D. 应急事故

155. AD015　“两书一表、一案一本”模式也是企业基层组织 HSE 管理的一种模式，是 HSE 管理体系在企业基层的(　　)。

A. 文件化标准　　B. 文件化表现

C. 资料化表现　　D. 资料化标准

156. AD015　“两书一表、一案一本”模式与“两书一表”模式不同的是，它增加和(　　)了应急预案和 HSE 管理记录本两项内容。

A. 更加满足　　B. 一样强调

C. 更加强调　　D. 一样满足

157. AD016　这几种模式都是在实践中不断发展起来的，适用于(　　)的企业班组，有相通的地方。

A. 相同类型　　B. 不同类型

C. 不同级别　　D. 相同级别

158. AD016　标准化班组模式，这种模式是以安全管理为核心，突出(　　)和标准，力求实行班组管理标准化的一种模式。

A. 现场管理　　B. 资料检查

C. 现场检查　　D. 资料管理

159. AD016　标准化班组模式。首先要确立标准化班组建设的标准和考核制度包括制度现场、设备、人员等多方面，然后班组按这一标准实行，最后由企业(　　)，以此使班组管理实现标准化，提高班组的安全管理水平。

A. 不定期组织检查　　B. 定期组织检查

C. 不定期组织考核　　D. 定期组织考核

160. AD017　工作危害(隐患)分析辨别方法(Job Hazard Analysis，简称 JHA)，是一种比较细致的分析作业过程中存在危害的方法。它将一项工作活动分解为相关联的(　　)，识别出每个步骤中的危害，并设法控制事故的发生。

A. 若干个步骤　　B. 若干个层次

C. 不同的步骤　　D. 不同的层次

161. AD017　工作危害分析的主要步骤是先确定待分析的工作，然后将该工作划分为若干个步骤，再辨识出每一步骤的(　　)，最后确定相应的预防措施。

A. 表象危害　　B. 潜在危害

C. 潜在事件　　D. 表象事件

162. AD017　在辨识危害过程中的方法基本与上期介绍的标准危害(隐患)分析方法一致，结合相关标准和工作经验进行辨识，并(　　)。

A. 做好统计　　B. 列出要点

C. 列出清单　　D. 统计上报

163. AD018　岗位安全须知卡是针对岗位的实际情况，结合传统的安全管理方法发展而来的，是 HSE 管理在(　　)的贯彻落实措施之一。

A. 部门层面　　B. 班组层面

C. 管理层面　　D. 部门领导

164. AD018　岗位安全须知卡这种形式能(　　)反映岗位上的重要信息，易于岗位人员掌握和操作，能起到警示和提示的作用，有一定的预防事故作用。

A. 高度集中地　　B. 比较多元化

C. 比较简单明了　　D. 集中复杂地

165. AD018　岗位危害(隐患)辨识分析卡是针对班组内的各项工作设计的，而岗位安全须知卡是针对班组内特定的(　　)，在危害(隐患)辨识分析的基础上专门设计的，一般只适用于部分岗位，是对班组现场管理的有益补充。

A. 工作人员　　B. 人员岗位

C. 工作岗位　　D. 职工群众

166. AD019　在编制岗位安全须知卡前，应当结合岗位的(　　)，在危害(隐患)辨识的基础上开展此项工作。

A. 特殊情况　　B. 实际项目

C. 实际情况　　D. 特殊项目

167. AD019　岗位安全须知卡内容主要包括岗位风险(危害)辨识，岗位注意事项，(　　)等几方面内容。

A. 应急情况编制　　B. 应急情况处理

C. 事故情况处理　　D. 事故情况编制

168. AD019　“风险(危害)辨识”这一项内容是结合危害(隐患)辨识分析的结果，按人、机、环境、管理四个方面进行列举，在列举时应从清单中选出(　　)和有较大的危害，对相关的其他风险进行辨识，一并列出。

A. 全部有代表性　　B. 部分有特殊性

C. 部分有代表性　　D. 全部有特殊性

169. AD020　岗位安全须知卡编制完成后，由班组长组织进行学习培训，使员工熟悉掌握其内容，然后将其悬挂、张贴或放置在岗位明显位置，易于看到或取到，起到对岗位人员(　　)的提示和预防作用。

A. 岗位工作　　B. 日常工作

C. 日常岗位　　D. 长期生产

170. AD020　在(　　)中,发现岗位安全须知卡中有不合适或错误的地方,应当及时修订或定期修订,以提高其可操作性和实效性,达到持续改进,不断完善的目的。

A. 检查过程　　B. 执行检查
C. 执行过程　　D. 检查管理

171. AD020　岗位安全须知卡编制步骤为讨论步骤;学习培训,并(　　);不断修订,持续改进。

A. 告知于岗位　　B. 放置于资料
C. 编写成条例　　D. 放置于岗位

172. AD021　未遵守操作规程或工作前未进行隐患分析,预防措施不到位,在工作过程中易发生事故,属于(　　)。

A. 人的不安全行为　　B. 设备、设施、机具缺陷
C. 管理上的漏洞　　D. 环境的影响

173. AD021　泵类设备长时间运转,保养不到位,易出现故障,属于(　　)。

A. 人的不安全行为　　B. 设备、设施、机具缺陷
C. 管理上的漏洞　　D. 环境的影响

174. AD021　大风天气,上罐量油,易坠落,属于(　　)。

A. 人的不安全行为　　B. 设备、设施、机具缺陷
C. 管理上的漏洞　　D. 环境的影响

175. AD022　岗位作业指导书就是结合传统安全管理方法和 HSE 管理方法发展而来的此类文件,囊括了员工在(　　)上应当掌握和了解的知识。

A. 多个岗位　　B. 一个岗位
C. 一个工作　　D. 多个工作

176. AD022　岗位作业指导书可以提高班组的(　　),也提高了企业的管理水平。

A. 工作水平　　B. 管理文化
C. 管理水平　　D. 工作文化

177. AD022　每一岗位都要有一本岗位作业指导书,并下发到岗位员工手中,以便于员工随时学习和查阅。因此,组织学习培训后,岗位作业指导书就成为员工工作的依据,也是企业管理的(　　)。

A. 制度和依据　　B. 基础和规定
C. 制度和规定　　D. 基础和依据

178. AD023　针对不同岗位编制的岗位作业指导书内容也会有不同。因为有的岗位要巡回检查,有的重复性较强,有的随机、临时性工作较多,所以,有的岗位作业指导书内容较多,有的则(　　)。

A. 比较简单　　B. 比较简化
C. 资料简单　　D. 资料简化

179. AD023　岗位描述。这一部分是对一个岗位的基本情况进行描述,其作用是使在该岗位工作的员工能对这个岗位有比较(　　)。这一项包括岗位名称、

工作概述、岗位关系、特殊要求、工作权限、职业资格和工作考察七项内容。

A. 更多的了解　　B. 全面的了解

C. 全面的说明　　D. 更多的说明

180. AD023　管理制度。每个岗位员工都应当遵守法律法规和企业的管理制度。一个员工在(　　),企业首先应当告知这名员工应当遵守的管理制度有哪些,做到什么程度。否则,出了问题,就指责员工违反管理制度,是不合适的。

A. 上岗工作中　　B. 学习工作前

C. 上岗工作前　　D. 学习工作中

181. AD024　根据实践经验,岗位作业指导书一般由(　　)为主组织编制,班组长和部分技术骨干为编制工作人员,在完成危害(隐患)辨识分析的基础上进行编制。

A. 领导干部　　B. 专业人员

C. 主管科室　　D. 普通人员

182. AD024　工作人员先收集相关的资料,然后按作业指导书的项目内容进行筛选整理,最后形成(　　)的岗位作业指导书。

A. 几个完整　　B. 一个完整

C. 一个系统　　D. 几个系统

183. AD024　岗位工作人员对岗位作业指导书内容都应了解,并在工作中切实贯彻落实,才能在工作中做到遵章守纪,又能减少事故的发生和对(　　)。

A. 设备的损坏　　B. 环境的损坏

C. 他人的伤害　　D. 自己的伤害

184. AD025　企业是从业人员安全培训的(　　),要把安全培训纳入企业发展规划。

A. 责任主体　　B. 任务主体

C. 责任单位　　D. 任务单位

185. AD025　健全落实以“一把手”负总责、领导班子成员(　　)为主要内容的安全培训责任体系。

A.“一岗一责”　　B.“一岗双责”

C.“多岗双责”　　D.“多岗多责”

186. AD025　建立健全机构并配备(　　),保障经费需求,严格落实“三项岗位”人员持证上岗和从业人员先培训后上岗制度,健全安全培训档案。

A. 必要人员　　B. 充足设施

C. 充足人员　　D. 必要设施

187. AD026　厂级教育(一级)由安全、生产技术等部门的(　　)参与。

A. 全部人员　　B. 有关人员

C. 有关领导　　D. 全部领导

188. AD026　车间级教育(二级),由车间主任及安全员负责,教育内容包括:本车间生产特点、工艺流程、主要设备的性能、安全生产规章制度和安全操作规程、事故教训、防火防毒设施的使用及安全注意事项等,教育面(　　),并经

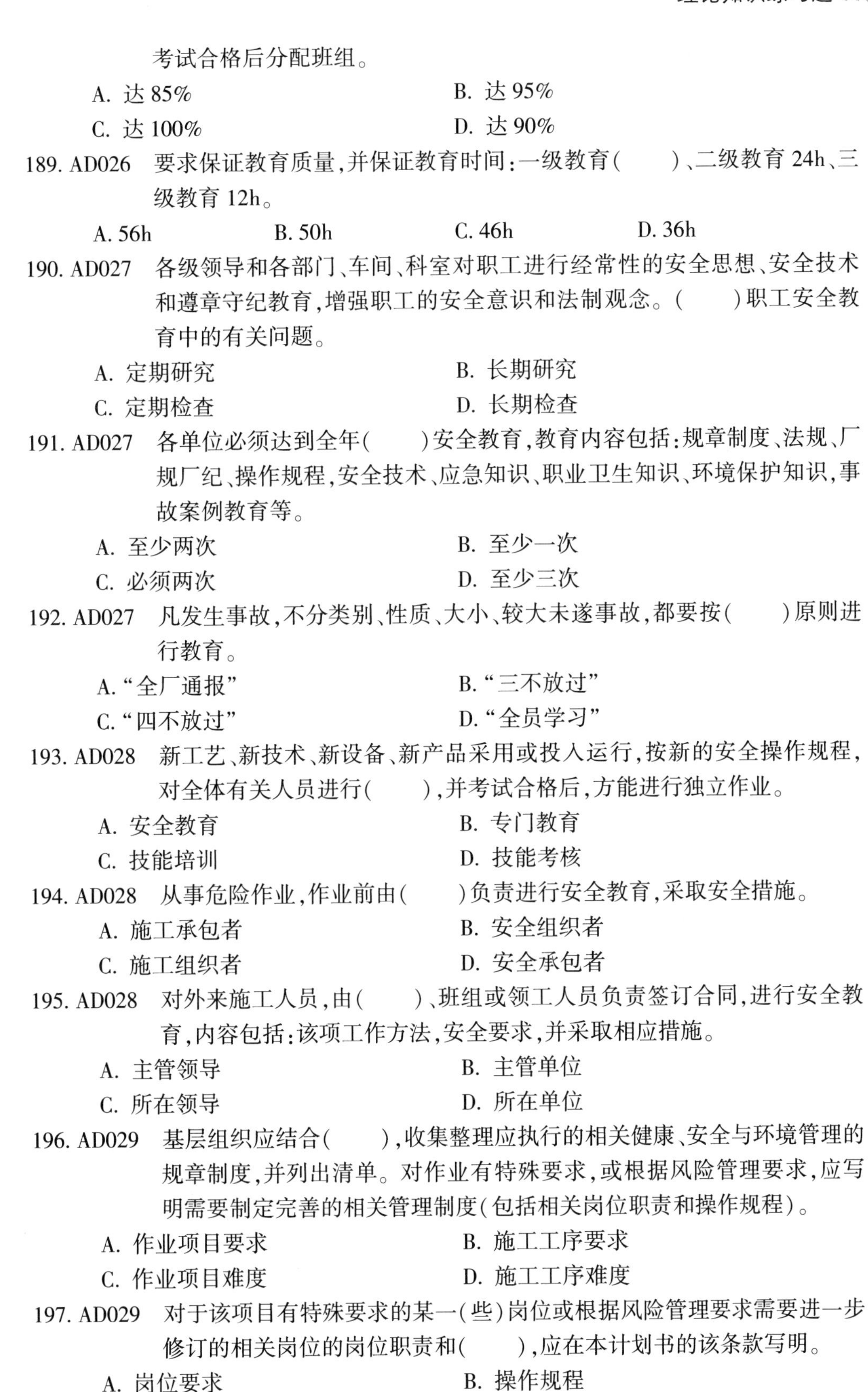

考试合格后分配班组。

A. 达 85%　　B. 达 95%

C. 达 100%　　D. 达 90%

189. AD026　要求保证教育质量，并保证教育时间：一级教育（　　）、二级教育 24h、三级教育 12h。

A. 56h　　B. 50h　　C. 46h　　D. 36h

190. AD027　各级领导和各部门、车间、科室对职工进行经常性的安全思想、安全技术和遵章守纪教育，增强职工的安全意识和法制观念。（　　）职工安全教育中的有关问题。

A. 定期研究　　B. 长期研究

C. 定期检查　　D. 长期检查

191. AD027　各单位必须达到全年（　　）安全教育，教育内容包括：规章制度、法规、厂规厂纪、操作规程，安全技术、应急知识、职业卫生知识、环境保护知识，事故案例教育等。

A. 至少两次　　B. 至少一次

C. 必须两次　　D. 至少三次

192. AD027　凡发生事故，不分类别、性质、大小、较大未遂事故，都要按（　　）原则进行教育。

A. “全厂通报”　　B. “三不放过”

C. “四不放过”　　D. “全员学习”

193. AD028　新工艺、新技术、新设备、新产品采用或投入运行，按新的安全操作规程，对全体有关人员进行（　　），并考试合格后，方能进行独立作业。

A. 安全教育　　B. 专门教育

C. 技能培训　　D. 技能考核

194. AD028　从事危险作业，作业前由（　　）负责进行安全教育，采取安全措施。

A. 施工承包者　　B. 安全组织者

C. 施工组织者　　D. 安全承包者

195. AD028　对外来施工人员，由（　　）、班组或领工人员负责签订合同，进行安全教育，内容包括：该项工作方法，安全要求，并采取相应措施。

A. 主管领导　　B. 主管单位

C. 所在领导　　D. 所在单位

196. AD029　基层组织应结合（　　），收集整理应执行的相关健康、安全与环境管理的规章制度，并列出清单。对作业有特殊要求，或根据风险管理要求，应写明需要制定完善的相关管理制度（包括相关岗位职责和操作规程）。

A. 作业项目要求　　B. 施工工序要求

C. 作业项目难度　　D. 施工工序难度

197. AD029　对于该项目有特殊要求的某一（些）岗位或根据风险管理要求需要进一步修订的相关岗位的岗位职责和（　　），应在本计划书的该条款写明。

A. 岗位要求　　B. 操作规程

C. 操作流程　　D. 岗位规程

198. AD029　实行 HSE 管理,其目的之一就是要求在日常工作中严格遵循(　　)法律法规、制度规章等。因此作为需要依照执行的规章制度,应列出其清单,以便需要时参考查找。

A. 严格的　　B. 过去的

C. 现行的　　D. 特殊的

199. AD030　“HSE 作业计划书批准登记表”要放在《HSE 作业计划书》(　　),内容主要包括 HSE 作业计划书的编写批准、呈报及发放范围等,根据项目情况和有关要求由相关人员签字或填写。

A. 页尾位置　　B. 首页位置

C. 重要位置　　D. 首页书中

200. AD030　基层组织根据所制定出的文件(　　)或方法,进行本项目的文件控制。

A. 规定程序　　B. 控制手段

C. 控制程序　　D. 规定手段

201. AD030　保持对相关文件的控制,对实施 HSE 管理非常重要,一方面可以使文件得以交流贯彻,发挥文件应有的作用,另一方面可以随时掌握文件的流向,这样既可以保证文件在应用时随手可得,便于掌管,更可以随时更新文件版本,保持文件的适用性和(　　)。

A. 重要性　　B. 实效性

C. 超前性　　D. 有效性

202. AD031　法律法规识别方法是一项专业性较强的工作,一般由(　　)完成。

A. 上级领导　　B. 工作人员

C. 上级部门　　D. 专业人员

203. AD031　《中华人民共和国安全生产法》于 2002 年 11 月 1 日实施。共(　　)。

A. 8 章 100 条　　B. 7 章 99 条

C. 6 章 98 条　　D. 5 章 97 条

204. AD031　职工直接进行生产经营作业,是事故隐患和不安全因素的(　　)。

A. 第一当事人　　B. 主要责任人

C. 第一责任者　　D. 当事人

205. AD032　各职能部门根据以下条件确认获得的法律、法规及其他要求的适用性:是否与公司质量、环境和职业健康安全有关;是否为(　　)。

A. 最新的文件　　B. 最新的版本

C. 流行的版本　　D. 流行的文件

206. AD032　各职能部门应经常与政府主管部门、行业协会、社会组织等部门保持联系,(　　)至少交流一次(走访或电话),主动获取相关的法律、法规及其他要求,也可通过出版机构、图书馆、书店、报刊、杂志、互联网进行补充,以确保公司在体系运行中能获取最新的有效版本。

A. 每一年　　B. 每半年

C. 每季度　　D. 每三年

207. AD032 由安全环境管理委员会组织,各部门配合,根据收集到的法律、法规及其他要求确认结果,制定公司相关“法律、法规及其他要求清单”经( )审批,并发放到相关部门。

A. 管理者领导　　B. 选举者代表
C. 有关的领导　　D. 管理者代表

208. AD033 一套行之有效、操作性强的( )对一个企业来讲是非常重要的。

A. 操作规程　　B. 考核制度
C. 激励机制　　D. 规章制度

209. AD033 制订的制度应当遵循一定的格式,内容贴近实际,力求( )。

A. 简单实用　　B. 面广点多
C. 面面具到　　D. 贯彻执行

210. AD033 企业内制定的操作规程根据操作对象的不同所包括的具体内容( )。

A. 完全不同　　B. 有所差异
C. 完全相同　　D. 步骤不同

211. AD034 应急预案因其类别和性质的不同内容有许多不同,其出发点和预案的体例内容都是( )。

A. 基本相同的　　B. 各不相同的
C. 略有差异的　　D. 完全不同的

212. AD034 应急演练的类别和形式很多,其中( )的效果最好。

A. 桌面演练　　B. 实战演练
C. 模拟演练　　D. 现场模拟演练

213. AD034 应急演习的最后一个环节是( )。

A. 演习结束　　B. 人员退场
C. 总结讲比　　D. 做好记录

214. AE001 废气涡轮增压器是利用柴油机排出的具有一定温度和压力的废气能量,经过涡轮转换为转子的回转机械能,从而带动与其同轴的压气机叶轮( ),将新鲜空气加压提高密度后经气管送入气缸,增加了气缸的充气量,从而可以向气缸内喷入更多的柴油提高柴油机的功率。

A. 低速旋转　　B. 高速旋转
C. 中速旋转　　D. 停止旋转

215. AE001 增压是不增加柴油机( )的情况下,提高动力性,改善经济性,降低排气污染的行之有效的手段,也是目前柴油机的发展趋势。

A. 排量　　B. 转速
C. 排量和转速　　D. 耗油量和转速

216. AE001 涡轮增压器在高原运行时随着海拔高度的升高,其转速也会上升,( )了增压压力,可以补偿因海拔高度升高而引起进气密度下降的影响,从而可以减少发动机功率下降的幅度。

A. 提高　　B. 保持　　C. 降低　　D. 平衡

217. AE002 理论上讲,柴油机增压后的功率可以比增压前提高( ),甚至更高。

A. 50%~300%　　B. 50%~60%

C. 50%~100%　　D. 50%~70%

218. AE002　柴油机增压后会有所变化,其中柴油机的(　　)。

A. 机械负荷增加,热负荷降低

B. 机械负荷降低,热负荷增加

C. 机械负荷增加,热负荷增加

D. 机械负荷降低,热负荷降低

219. AE002　涡轮压气机径向间隙测定,用手指从径向压转子轴上自锁螺母后用厚薄塞规测量压气机叶轮叶片与压气机壳之间最小间隙,此间隙应大于(　　)。

A. 0. 01mm　　B. 0. 05mm　　C. 0. 15mm　　D. 0. 1mm

220. AE003　涡论压气机转子轴向最大移动量应小于(　　)。

A. 0. 31mm　　B. 0. 35mm　　C. 0. 02mm　　D. 0. 25mm

221. AE003　涡轮转子轴上两只弹力密封环开口位置应错开(　　),然后在密封环上抹上清洁机油,装配时要注意不要让轴上台阶及螺纹碰伤浮动轴承内孔表面。

A. 45°　　B. 180°　　C. 90°　　D. 135°

222. AE003　为保证柴油机工作可靠,延长使用寿命,增压后压缩比(　　)。

A. 应适当地增加　　B. 应尽量地增加

C. 应适当地减少　　D. 应尽量地减少

223. AE004　增压系统常用的废气涡轮增压器是利用废气能量(　　)。

A. 推动着涡轮旋转,又带动着压气机轮转

B. 推动着压气机旋转,又带动着涡轮转动

C. 分别推动着涡轮和压气机转动

D. 直接带动着压气机转动

224. AE004　增压器内高速旋转的空气在离心力作用下外甩,从叶轮处得到能量,使(　　)都增加。

A. 速度、温度、压力　　B. 速度、温度、流量

C. 速度、压力、流量　　D. 温度、压力、流量

225. AE004　增压器内的空气被叶轮甩出,流经扩压器后,(　　)。

A. 速度升高,而压力和温度降低

B. 速度降低,而压力和温度升高

C. 温度降低,而压力和速度升高

D. 压力降低,而速度和温度升高

226. AE005　目前,使用最广泛的增压器是(　　)增压。

A. 机械式　　B. 废气涡轮

C. 强制　　D. 复合式

227. AE005　增压后气缸内压力提高,为保证燃油良好的雾化和射程,需要(　　)。

A. 加大喷油器压力　　B. 降低压缩比

C. 减小供油提前角　　D. 加大气门重叠角

228. AE005　增压柴油机比原非增压柴油机功率增长程度用字母(　　)表示。

A. P　　B. H　　C. K　　D. L

229. AE006　径流脉冲式废气涡流增压器的构造中,对废气起导向和加速作用的零件是(　　)。

A. 涡轮壳　　B. 喷嘴环

C. 中间壳体　　D. 压风机壳

230. AE006　离心式压气机工作时,压气机内的空气在(　　)轮的带动下一起旋转。

A. 涡　　B. 叶　　C. 风　　D. 导

231. AE006　扩压器的作用是(　　)。

A. 扩大空气流速度

B. 降低空气流速度,使压力和温度降低

C. 降低空气流温度,使压力降低

D. 降低空气流速度,使压力和温度升高

232. AE007　单级轴流式涡轮机工作时,燃气轮经喷嘴环后,发生的变化是(　　)。

A. 压力增高,速度降低　　B. 压力增加,速度增加

C. 压力降低,速度增加　　D. 压力降低,速度降低

233. AE007　柴油机停车后,监听增压器惰转时间应达到(　　)为合格,否则,会使增压器增压压力下降,导致柴油机功率下降,且易使零件磨损加剧。

A. 60s　　B. 30s　　C. 20s　　D. 10s

234. AE007　涡流与涡壳之间间隙太小,出现的故障是(　　)。

A. 增压器压气机喘振　　B. 增压器的杂音

C. 增压机出现强振　　D. 转子转速过高

235. AE008　若涡轮转子轴颈磨损超过使用极限,应采用(　　)方法来修复。

A. 焊补　　B. 轴颈表面镀铬配轴承

C. 轴颈表面镀锰配轴承　　D. 轴颈表面镀铜

236. AE008　柴油机涡轮增压器轴承损坏,阻力增加,会使(　　)。

A. 增压器增压压力下降　　B. 增压器增压压力上升

C. 增压器发生震动　　D. 增压器发生不正常噪声

237. AE008　柴油机进气道有阻塞时,会使涡轮增压器(　　)。

A. 增压压力下降　　B. 增压压力上升

C. 发生震动　　D. 发出不正常噪声

238. AE009　柴油机涡轮增压器压气机部分空气流道污染,会使(　　)。

A. 增压器发生震动　　B. 增压器发生不正常噪声

C. 增压器增压压力下降　　D. 增压器增压压力上升

239. AE009　在拆装和清洗过程中不得碰撞叶轮,如有碰撞,不得将变形的叶片校正后继续使用。清洗剂可用煤油、汽油或(　　)的柴油。

A. 质量较差　　B. 质量较好

C. 质量一般　　D. 质量没有要求

240. AE009 转子径向间隙的检查,检查时用手沿径向压力下压气机叶轮,并用厚薄规测量压气机叶轮与压气机壳之间的最小间隙,此值应小于(　　),若小于此值应调换浮动轴承。

A. 0. 10mm　　B. 0. 20mm　　C. 0. 30mm　　D. 10mm

241. AE010 据实验显示,在相同的空燃比条件下,增压空气温度每下降 10℃,柴油机功率能提高(　　),还能降低排放中的氮氧化合物(NO_x),改善发动机的低速性能。

A. 7%~5%　　B. 3%~5%

C. 1%~5%　　D. 3%~10%

242. AE010 柴油机中间冷却技术的类型分(　　),一种是利用柴油机的循环冷却水对中冷器进行冷却,另一种是利用散热器冷却,也就是用外界空气冷却。

A. 四种　　B. 三种　　C. 二种　　D. 无数种

243. AE010 中间冷却技术不是一项(　　),过热无效果白费工夫,过冷在进气管中形成冷凝水会弄巧成拙。因此要将中冷器和涡轮增压器进行精确的匹配,使得压缩空气达到要求的冷却温度。

A. 普通的技术　　B. 烦琐的技术

C. 高超的技术　　D. 简单的技术

244. AE011 复合式增压器也就是把机械增压器与废气涡轮增压器联合起来工作的增压装置,主要用于某些(　　),借以保证发动机启动和低速负荷时有必要的扫气压力。

A. 四冲程发动机上　　B. 六冲程发动机上

C. 二冲程发动机上　　D. 所有冲程发动机上

245. AE011 复合式增压器还适合于排气背压较高的场合(如水下),但它的结构过于复杂,体积过大,多用于固定式机器,并不适合(　　)。

A. 小型乘用车辆　　B. 中型乘用车辆上

C. 大型乘用车辆　　D. 常用型乘用车辆

246. AE011 惯性增压器是利用空气在进气歧管中的惯性效应、脉冲波动效应及其(　　)来提高发动机气缸充气效率的方法。

A. 简单效应　　B. 综合效应

C. 复杂效应　　D. 多重效应

247. BA001 把几个电阻首尾相接地连接起来的连接方式叫做(　　)。

A. 串联　　B. 关联　　C. 复联　　D. 混联

248. BA001 某导线长为 100m,截面积为 $8mm^2$,电阻率为 $1.7\times10^{-8}\Omega\cdot m$,则该导线的电阻值为(　　)。

A. 4. 7Ω　　B. 0. 2125Ω　　C. 13. 6Ω　　D. 0. 136Ω

249. BA001 在电路图中,符号—▭—代表(　　)。

A. 电阻　　B. 电容　　C. 接地　　D. 线圈

250. BA002 已知某灯泡的电阻值为 484Ω,接在 220V 的电源上,则通过该灯泡的电流值约为(　　)。

A. 2. 2A　　B. 0. 455A　　C. 2. 2A　　D. 4. 55A

251. BA002　有一只线圈,接在 220V 直流电源上,测得通过的电流为 0. 22A,则该线圈的电阻值为(　　)。

A. 44Ω　　B. 100Ω　　C. 1000Ω　　D. 440Ω

252. BA002　电路中一阻值为 2kΩ 的用电器中通过的电流值为 2mA,则该用电器两端的电压为(　　)。

A. 4000V　　B. 1000V　　C. 100V　　D. 4V

253. BA003　已知电阻 $R_1 = 100\Omega$, $R_2 = 200\Omega$, $R_3 = 300\Omega$,现把 R_1 与 R_2 串联后再与 R_3 并联,则其总电阻为(　　)。

A. 150Ω　　B. 300Ω　　C. 600Ω　　D. 400Ω

254. BA003　有一额定值为 220V,60W 的电灯,接在 220V 的电源上,每晚用 3h,问一月消耗多少电能?

A. 1. 8kW · h　　B. 3. 2kW · h　　C. 4. 8kW · h　　D. 5. 4kW · h

255. BA003　电流所流过的路径称为(　　)。

A. 回路　　B. 磁场　　C. 电路　　D. 电场

256. BA004　标有"220V,100W"的两盏灯泡串接在电压为 220V 的电路中,则两盏灯消耗的总功率为(　　)。

A. 200W　　B. 100W　　C. 50W　　D. 25W

257. BA004　教室里一盏电灯消耗功率为 100W,每晚使用 2h,消耗电能为 W_1,办公室有一盏电灯消耗功率为 40W,每晚使用 5h,消耗电能为 W_2,则有(　　)。

A. $W_1 > W_2$　　B. $W_1 < W_2$　　C. $W_1 \geqslant W_2$　　D. $W_1 = W_2$

258. BA004　线路电压为 220V,电路中并联了 10 盏"220V,40W"的电灯,则每盏电灯的实耗功率为(　　)。

A. 40W　　B. 38W　　C. 4W　　D. 41W

259. BA005　变压器一般由闭合铁心和高、低压绕组等组成,利用(　　)原理工作。

A. 磁化　　B. 自感　　C. 互感　　D. 功放

260. BA005　负载运行的变压器,原、副绕阻电流比约为(　　)。

A. 原、副绕组的匝数比

B. 1

C. 原、副绕组的电压比与匝数比的乘积

D. 原、副绕组匝数比的倒数

261. BA005　大容量的变压器的效率可达(　　)。

A. 83%~85%　　B. 90%~93%　　C. 86%~88%　　D. 98%~99%

262. BA006　蓄电池的电解液是由(　　)按一定比例配制的。

A. 硫酸和蒸馏水　　B. 硝酸和蒸馏水

C. 冰醋酸和蒸馏水　　D. 石碳酸和蒸馏水

263. BA006　要定期检查蓄电池电解液液面高度,液面必须高出极板(　　)。

A. 5~10mm　　B. 10~15mm

C. 15~20mm　　D. 20~25mm

264. BA006　蓄电池长期工作在充电不足或放电后长期未充电的状态,极板上会逐渐生成一层(　　),在正常充电时不能转化,这种现象称为硫化。

A. P_bSO_4　　B. P_bO_2　　C. P_b　　D. P_bS

265. BA007　对称负载的三相电路中,电压和电流也都是对称的,中线中的电流为(　　)。

A. 线电流　　B. 相电流

C. 相电流的$\sqrt{3}$倍　　D. 0

266. BA007　当发电机三相绕组连成星形时,相电压 V_p与线电压 V_L 关系为(　　)。

A. $V_L = V_p$　　B. $V_P = \sqrt{3} V_L$

C. $V_L = \sqrt{3} V_P$　　D. $V_p = \frac{\sqrt{3}}{2} V_L$

267. BA007　回路中产生感应电势的条件是穿过该回路的磁通必须(　　)。

A. 强大　　B. 为零

C. 发生变化　　D. 保持稳定

268. BA008　直流发电机中产生感生电动势的部分是(　　)。

A. 磁极　　B. 换向器　　C. 励磁绕阻　　D. 电枢

269. BA008　并励直流发电机中的励磁绕组(　　)。

A. 是由外电源供电的　　B. 与电枢串联

C. 与电枢并联　　D. 为永久磁铁

270. BA008　三相异步电动机异步的含义是指(　　)。

A. 转子转速大于磁场转速　　B. 磁场转速大于转子转速

C. 转子旋转而磁场不转　　D. 转子和磁场转向不同

271. BA009　一般接触(　　)以下的电压时,通过人体的电流不致超过 0.005A,不会有生命危险,故把该电压作为安全电压。

A. 48V　　B. 36V　　C. 24V　　D. 12V

272. BA009　在中性点不接地的系统中,工作接地的目的之一是为了降低触电电压,即当一相接地而人体触及另外两相之时,通电电压就降低到等于或接近于(　　)。

A. 相电压　　B. 线电压

C. 线电压的$\sqrt{3}$倍　　D. 零

273. BA009　发现触电时,电源开关又较远,这时应(　　)断电。

A. 快速跑向开关　　B. 呼叫别人

C. 用干燥的衣物作为工具　　D. 拿起任何物件作为工具

274. BB001　传动可分为(　　)三类。

A. 机械传动、流体传动和电传动

B. 啮合传动、摩擦传动和电传动

C. 机械传动、液压传动和气压传动

D. 啮合传动、液体传动和电传动

275. BB001　常见的机械传动中，(　　)的功率损耗率最小。

A. 齿轮传动　　B. 链传动

C. 三角带传动　　D. 摩擦轮传动

276. BB001　传动装置的传动比等于(　　)。

A. 主动轮与被动轮的直径比

B. 主动轮与被动轮的转速比

C. 被动轮与主动轮的转速比

D. 主被动轮转速比与直径比的乘积

277. BB002　对于锥齿轮，取(　　)为标准模数。

A. 小端模数

B. 大端模数与小端模数代数平均值

C. 大端模数

D. 均可以

278. BB002　斜齿圆柱齿轮的螺旋角 β、法面模数 m_n 与端面模数 m_t 之间的关系为(　　)。

A. $m_t = m_n \cos\beta$　　B. $m_t = m_n \mathrm{tg}\beta$

C. $m_n = m_t \mathrm{tg}\beta$　　D. $m_n = m_t \cos\beta$

279. BB002　相互啮合的两个标准直齿圆柱齿轮，分度圆直径分别为 D_1 和 D_2，模数分别为 m_1 和 m_2，则关系式(　　)成立。

A. $D_1/D_2 = m_1/m_2$　　B. $D_1/D_2 = m_2/m_1$

C. $m_1 = m_2$　　D. $D_1/m_1 = D_2/m_2$

280. BB003　齿轮传动的润滑方式主要取决于(　　)。

A. 齿轮大小　　B. 传递的功率

C. 齿轮的圆周速度　　D. 齿轮的材料

281. BB003　齿轮圆周速度大于 12m/s 的齿轮传动机构，宜采用(　　)。

A. 喷油润滑　　B. 浸油润滑

C. 飞溅润滑　　D. 滴油润滑

282. BB003　适用于浸油润滑的齿轮传动，齿轮浸入油中的深度一般以(　　)为宜。

A. 5～10cm　　B. 10～15cm

C. 3～4 个齿高　　D. 1～2 个齿高

283. BB004　蜗轮蜗杆传动中，蜗杆主动时其传动比为(　　)。

A. 蜗轮与蜗杆的直径比　　B. 蜗杆与蜗轮的直径比

C. 蜗杆头数与蜗轮齿数比　　D. 蜗轮齿数与蜗杆头数比

284. BB004　由于蜗轮和蜗杆之间的相对滑动较大，所以闭式蜗轮蜗杆的主要失效形式为(　　)。

A. 胶合　　B. 点蚀　　C. 断齿　　D. 疲劳磨损

285. BB004　按传动力的方式，机械传动一般分为摩擦传动和(　　)。

A. 啮合传动　　B. 齿轮传动

C. 带传动　　D. 链传动

286. BB005　选用三角形胶带的型号应根据(　　)来确定。
　　A. 带轮尺寸
　　B. 两带轮中心距
　　C. 传递的功率和小带轮角速度
　　D. 传动比和传递的功率
287. BB005　三角形胶带是无端的,每一种型号都有若干公称长度,通常定胶带的(　　)为公称长度。
　　A. 外周长度　　B. 内周长度
　　C. 中性层长度　　D. 强力层长度
288. BB005　三角形胶带已标准化,按截面尺寸分为7种型号,其中(　　)形的截面面积最大。
　　A. F　　B. D　　C. A　　D. O
289. BB006　对于平型带传动,为了防止掉带,通常把大轮轮缘表面制成(　　)。
　　A. 中凹的　　B. 平面的　　C. 带沟槽的　　D. 中凸的
290. BB006　对于开式传动带在大轮上的包角大于在小轮上的包角,所以打滑(　　)。
　　A. 总是在大轮上先开始　　B. 总是在小轮上先开始
　　C. 在两轮上同时开始　　D. 可能在大轮也可能在小轮
291. BB006　带传动的优点之一是(　　)。
　　A. 传动比稳定　　B. 传动效率高
　　C. 结构简单,成本低廉　　D. 使用寿命长
292. BB007　在摩擦轮传动中,由于过载的原因引起的主动轮在被动轮上全面滑动称为(　　)。
　　A. 弹性滑动　　B. 打滑
　　C. 几何滑动　　D. 跳动
293. BB007　两轮中心距较小的(　　),传动比不准确,但可实现无级调速。
　　A. 平型带传动　　B. 链传动
　　C. 摩擦轮传动　　D. 齿轮传动
294. BB007　无相对滑动的摩擦轮传动的传动比等于(　　)。
　　A. 被动轮与主动轮的直径之比
　　B. 主动轮与被动轮的直径之比
　　C. 主动轮与被动轮的圆周速度之比
　　D. 被动轮与主动轮的圆周速度之比
295. BB008　链传动适用于(　　)或工作条件恶劣的场合。
　　A. 中心距较小,只要求平均传动比准确
　　B. 中心距较大,只要求平均传动比准确
　　C. 中心距较小,传动比恒定不变
　　D. 中心距较大,传动比恒定不变
296. BB008　为了使链传动各元件均匀磨损,链轮齿数最好选(　　)。
　　A. 偶数

B. 奇数

C. 质数或不能整除链节数的数

D. 质数或能整除链节数的数

297. BB008 链传动元件润滑不良时,链条的主要失效形式是( )。

A. 疲劳损坏 B. 铰链磨损

C. 冲击破坏 D. 静力拉断

298. BB009 卡车车厢自动翻转卸料机构相当于( )。

A. 摆动滑块机构 B. 导杆机构

C. 定块机构 D. 曲柄滑块机构

299. BB009 在( )中,利用的是曲柄滑块机构可以将直线运动转换为曲柄回转运动的原理。

A. 钻井泵 B. 空气压缩机

C. 柴油机 D. 柴油机和钻井泵

300. BB009 缝纫机踏板机构属于( )。

A. 双曲柄机构 B. 曲柄摇杆机构

C. 摇杆机构 D. 导杆机构

301. BC001 液压传动压力决定于( )。

A. 作用力 B. 负载 C. 液压油 D. 液压缸

302. BC001 液体流动过程中,由于流动方向与流速的改变而施加在固体壁面上的作用力,称为( )。

A. 交变力 B. 冲击 C. 液动力 D. 振动

303. BC001 液压传动的基本理论之一是基于( )。

A. 液体中压力的方向性 B. 液体中压力的无方向性

C. 液体中压力的直线无方向性 D. 液体中压力的直线方向性

304. BC002 液压泵是把电动机或原动机的( )。

A. 液压能转变为机械能 B. 机械能转变为液压能

C. 电能转变为机械能 D. 机械能转变为电能

305. BC002 液压马达输出的运动是( )。

A. 直线运动 B. 旋转运动

C. “S”形运动 D. “Z”形运动

306. BC002 压力 p 和流量 Q 是液压传动中最重要的参数,二者的乘积则是( )。

A. 功率 B. 效率 C. 容积效率 D. 扭矩

307. BC003 我国生产的机械油和液压油采用( )的运动黏度为其标号。

A. 0℃ B. 40℃ C. 80℃ D. 100℃

308. BC003 液压系统中对液压油黏度选用起决定作用的是( )。

A. 液压泵 B. 执行元件

C. 控制元件 D. 辅助元件

309. BC003 液压油的选择与使用时的( )。

A. 环境 B. 场所 C. 工件 D. 条件

310. BC004 液力传动主要靠改变液体( )的大小达到传递和变换能量形式的目的。

A. 压能 B. 动能 C. 势能 D. 机械能

311. BC004 液力传动的基本元件是( )。

A. 液力耦合器和液力变矩器

B. 液压泵和执行元件

C. 液压泵和液力耦合器

D. 液压泵和液力变矩器

312. BC004 YLC-1050 压裂车台上传动机构是采用( )传动机构。

A. 机械 B. 液压 C. 液力 D. 气压

313. BC005 液力耦合器工作时,输出轴转速总是低于输入轴转速,并随外载的变化而升降,输出轴扭矩与输入轴扭矩( )。

A. 不等 B. 相等 C. 基本相等 D. 相差较大

314. BC005 液力耦合器输入力矩与输出力矩方向( )。

A. 相反,大小不等 B. 相反,大小相等

C. 相同,大小不等 D. 相同,大小相等

315. BC005 液力耦合器内充满着( )。

A. 水 B. 油 C. 液体 D. 空气

316. BC006 变矩器和耦合器中的工作液除了作为传递能量的介质外,还起着( )的作用。

A. 减振和减磨 B. 润滑和冷却

C. 减振和润滑 D. 冷却和抗蚀

317. BC006 液力传动元件传递的功率和力矩与工作液密度成( )。

A. 相等 B. 不相等 C. 正比 D. 反比

318. BC006 变矩器的输入力矩与输出力矩间的差值,就是( )作用于液体的力矩。

A. 泵轮 B. 涡轮 C. 外壳 D. 导轮

319. BC007 Y 形密封圈依靠( )贴于密封面而保持密封。

A. 张开的唇边 B. 压缩变形

C. 公称外径 D. 公称内径

320. BC007 油封装在轴上,要有一定过盈量,油封工作温度比工作介质温度一般( )。

A. 相同 B. 低 20~40℃

C. 高 20~40℃ D. 高 0~20℃

321. BC007 通常情况下油封的工作压力不能超过( )。

A. 0. 05MPa B. 0. 5MPa C. 1MPa D. 5MPa

322. BC008 液压马达所标注的压力是( )。

A. 额定压力 B. 工作压力

C. 极限压力 D. 有效压力

323. BC008 液压马达的正反向运动通常靠改变( )实现。

A. 供电正负极　　　　　　　B. 进出油口的位置

C. 变速箱齿轮　　　　　　　D. 传动轴的转向

324. BC008　下面(　　)图形符号表示单向定量液压泵。

A.　　　　　　　　B.

C.　　　　　　　　D.

325. BC009　单活塞杆液压缸运动所占空间长度是行程的(　　)倍。

A. 1　　　B. 1. 5　　　C. 2　　　D. 4

326. BC009　液压缸中存在空气时,会使液压缸产生(　　)。

A. 气蚀　　　B. 锁穴　　　C. 冲击　　　D. 爬行或振动

327. BC009　液压缸在液压系统中是执行元件,带动工作机构实现(　　)。

A. 左右摆动　　　　　　　B. 间歇运动

C. 匀速转动　　　　　　　D. 直线往复运动

328. BC010　DP8962 中“DP”表示的意义(　　)。

A. 传递扭矩为单通路　　　B. 传递扭矩为双通路

C. 变矩器的能力　　　　　D. 变速器的能力

329. BC010　确定传动器工作时油是否充足是(　　)的目的。

A. 热油检查　　　　　　　B. 冷油检查

C. 检查油面　　　　　　　D. 换油

330. BC010　换油的时间间隔依(　　)决定。

A. 工作时间　　　　　　　B. 工作环境

C. 工作条件　　　　　　　D. 工作环境和条件

331. BC011　单向顺序阀可作(　　)用。

A. 缸荷阀　　　　　　　　B. 减压阀

C. 平衡阀及背压阀　　　　D. 溢流阀

332. BC011　下列图形符号(　　)表示溢流阀。

A. 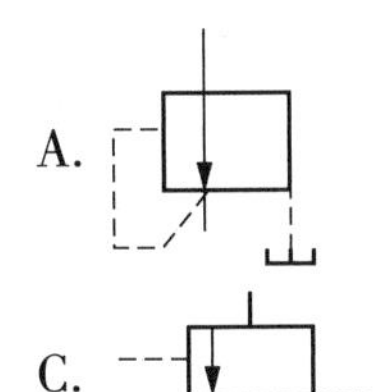　　　　　　　B.

C.　　　　　　　　D.

333. BC011　单向阀大体上可分为三种结构类型即(　　)。

A. 球形阀芯、锥形阀芯和菌形阀芯

B. 球形阀芯、板形阀芯和菌形阀芯

C. 球形阀芯、板形阀芯和片形阀芯
D. 滑阀芯、滑板芯和转盘芯

334. BC012　液力传动器主压力低的原因之一是传力装置内部(　　)严重。
A. 泄漏　B. 堵塞　C. 打滑　D. 失灵

335. BC012　液力传动器在某挡位不工作的原因之一是(　　)失灵。
A. 油路　B. 电磁阀　C. 油面　D. 滤清器

336. BC012　液力变矩器出口压力低的原因之一是:变矩器输入泵(　　)低。
A. 泵压　B. 转速　C. 流速　D. 扭矩

337. BD001　曲柄销:与(　　)连接的部位。
A. 连杆小头　B. 连杆大头
C. 活塞小头　D. 活塞大头

338. BD001　考虑到惯性力和惯性力矩的平衡,各曲柄销与中心互成(　　)。
A. 100°　B. 150°　C. 120°　D. 180°

339. BD001　从大皮带轮方向看,曲轴(　　)方向旋转。
A. 周期性　B. 顺时针
C. 针对性　D. 逆时针

340. BD002　连杆是动力端曲柄连杆机构中连接曲轴和(　　)的部件。
A. 十字头　B. 连杆头
C. 十字销　D. 连杆销

341. BD002　连杆的运动是一种(　　),可以把连杆运动看成是沿液缸中心线移动和绕十字头销摆动的两种简单运动的合成。
A. 三维运动　B. 平面运动
C. 平面活动　D. 三维活动

342. BD002　为防止大头内轴瓦在孔内相对转动,要轴瓦上有定位凸台,连杆盖与杆身上分别制有(　　)。
A. 定位记号　B. 定位凸台
C. 定位凹台　D. 记号凹台

343. BD003　通过十字头把作摇摆运动的连杆和作往复运动的柱塞连接起来并起着力的(　　)。
A. 连接作用　B. 传递作用
C. 同等传递　D. 同等连接

344. BD003　十字头销有两种安装方式,一种是销两端在十字头销孔座内固定,在连杆小头衬套内滑动。这种安装方式可相应地减小小头衬套与销的接触长度,减小比压,提高承载能力。另一种是销在销孔座内均能相对滑动,即所谓(　　)结构。
A. 固定安装　B. 浮式滑动
C. 浮式安装　D. 固定滑动

345. BD003　为防止销轴向窜出,故在销孔座两端装有(　　)。
A. 固定弹簧　B. 弹性钢片

C. 固定钢片　　D. 弹性挡圈

346. BD004　机座是动力端主要部件之一，是安装(　　)、承受或传递泵的作用力和力矩的受力构件。

A. 动力端　　B. 液力端

C. 柴油机　　D. 大泵阀

347. BD004　机座按其毛坯形式可分为铸造机座和(　　)。

A. 模型机座　　B. 焊接机座

C. 焊接模型　　D. 模型加工

348. BD004　密封盒用来密封中间杆，内装有油封，这样中间杆往复运动时，机座内的(　　)就不会被带出来。

A. 零部件　　B. 水分子

C. 润滑油　　D. 润滑件

349. BD005　立式泵头存在(　　)，两垂直孔相交处应力集中很大，常由此而导致泵头疲劳破裂。

A. 十字交叉轴　　B. 十字交叉孔

C. 连接交叉轴　　D. 连接交叉孔

350. BD005　卧式泵头阀处于(　　)，运动导向必须良好，否则会使阀片运动受阻或关闭不良。

A. 立式布置　　B. 水平运动

C. 水平布置　　D. 立式运动

351. BD005　液力端原理是依靠柱塞的往复运动并依次开启(　　)，从而吸入或排出液体。

A. 各个阀门　　B. 进、排气门

C. 各个阀体　　D. 进、排阀

352. BD006　填料函与泵头连接方式有：用泵头压紧、与泵头以法兰及螺栓连接、与泵头(　　)。

A. 螺纹连接　　B. 焊接连接

C. 螺纹快接　　D. 焊接固定

353. BD006　填料密封是靠压紧填料使其与(　　)和函体内表面紧密接触而密封的。

A. 柱塞内表　　B. 柱塞表面

C. 缸体内表　　D. 缸体表面

354. BD006　填料一般为方形或矩形，有成形或带形，有碳素纤维填料、芳纶填料、四氟已烯填料、石墨填料。带形填料接口要切成30°或(　　)。

A. 25°　　B. 35°　　C. 45°　　D. 55°

355. BD007　空心柱塞可减轻重量，从而可减小对密封的偏磨，(　　)的使用寿命。

A. 降低密封　　B. 延长密封

C. 延长柱塞　　D. 降低柱塞

356. BD007　导向套除了导向外，还有支撑(　　)、减小对填料侧压力的作用，可以提高密封的效果。

A. 导向重量　　B. 柱塞活动
C. 柱塞重量　　D. 导向活动

357. BD007　导向套与柱塞配合尺寸应依据匹配材料和被输送(　　)来选择。当材料膨胀系数大、介质温度高时,应取大间隙,反之取小些。
A. 介质用量　　B. 流体温度
C. 流体用量　　D. 介质温度

358. BD008　泵阀的类型有吸入阀和(　　)。
A. 排出阀　　B. 流出阀
C. 强制阀　　D. 开关阀

359. BD008　吸入阀和排出阀靠作用在阀上下压差(　　)。
A. 手动启闭　　B. 自动启闭
C. 自动开启　　D. 手动关闭

360. BD008　环阀的阀隙过流周长较大,较适合于大流量的场合。但刚性较差,不宜在(　　)使用。
A. 低压下　　B. 稳压下
C. 高压下　　D. 变动中

361. BD009　压力表有(　　)压力表和电接点压力表两种。
A. 高压　　B. 普通
C. 低压　　D. 自动

362. BD009　安全阀装在(　　),保证泵在额定工作压力下工作,超压时自行开启,起泄压保护作用。
A. 进口管路上　　B. 排出阀座上
C. 排出管路上　　D. 进口阀体上

363. BD009　柱塞泵保护系统,润滑系统保护:控制泵的油温、油压和(　　)。
A. 水面高度　　B. 液面体积
C. 水面体积　　D. 液面高度

364. BD010　活塞泵的液力端大多是做成(　　)的形式。
A. 双缸双作用　　B. 单缸双作用
C. 双缸单作用　　D. 单缸单作用

365. BD010　卧式双缸双作用活塞泵的液力端,根据吸入阀和排出阀的位置有(　　)两种。
A. 叠式和立式　　B. 叠式和侧式
C. 卧式和侧式　　D. 卧式和立式

366. BD010　立式双缸双作用泵的液力端通常布置在泵的(　　)。
A. 上部　　B. 中部　　C. 下部　　D. 顶部

367. BD011　400 型柱塞泵输入最大扭矩是(　　)。
A. 8045N · m　　B. 9045N · m
C. 7045N · m　　D. 9000N · m

368. BD011　400 型柱塞泵柱塞行程是(　　)。

A. 100mm　　B. 200m
C. 200mm　　D. 300mm

369. BD011　400 型柱塞泵润滑动力端油箱容积是(　　)。
A. 30L　　B. 40L　　C. 50L　　D. 60L

370. BD012　400 型柱塞泵发动机转速 1800r/min,柱塞直径 100mm,Ⅱ挡,冲次 117 次/min 时,排量是(　　)。
A. 551L/min　　B. 551L/h
C. 651L/min　　D. 451L/min

371. BD012　400 型柱塞泵发动机转速 1800r/min,柱塞直径 100mm,Ⅱ挡,冲次 117 次/min 时,压力是(　　)。
A. 27.44MPa　　B. 17.44MPa
C. 10.44MPa　　D. 17.44Pa

372. BD012　400 型柱塞泵发动机转速 1800r/min,柱塞直径 90mm,Ⅱ挡,冲次 117 次/min 时,排量是(　　)。
A. 347L/min　　B. 447L/h
C. 447L/min　　D. 451L/min

373. BD013　400 型柱塞泵水泵总成最大输入转速为(　　)。
A. 2800r/min　　B. 1800r/min
C. 3800r/min　　D. 1000r/min

374. BD013　400 型柱塞泵水泵最大工作压力为(　　)。
A. 2.47MPa　　B. 1.47Pa
C. 1.47MPa　　D. 0.47MPa

375. BD013　400 型柱塞泵水泵质量为(　　)。
A. 205kg　　B. 100kg
C. 150kg　　D. 105kg

376. BD014　车台上所有部件均安装在金属构架上,并用(　　)将构架连接到载运车大梁上。
A. 螺栓　　B. 电焊　　C. 铆钉　　D. 卡箍

377. BD014　车台设备的布置情况从汽车驾驶室后依次安装备胎装置、电瓶箱装置、柴油机装置、离合器、刹车制动系统、传动轴、变速箱、柱塞泵总成、仪表操纵系统及(　　)。
A. 储液罐　　B. 计量罐
C. 阀门体　　D. 安全阀

378. BD014　车台两侧设置入井高压管,吸入软管等,(　　)安放燃油箱,车台后下部安放活动弯头等部件。
A. 车台后下部　　B. 车台前上部
C. 车台前下部　　D. 车台后上部

379. BD015　CV5-340-1 变速箱输入轴上装有(　　)齿轮,分别和中间轴的被动齿轮啮合。

A. 两个直齿圆柱　　B. 两个斜齿圆柱
C. 两个斜齿圆锥　　D. 三个斜齿圆柱

380. BD015　CV5-340-1 变速箱输出轴有(　　)可供输出,因而输出轴和中间轴上设有三对啮合齿轮副。
A. 一个速度　　B. 两个速度
C. 三个速度　　D. 五个速度

381. BD015　CV5-340-1 变速箱的箱体为(　　),材料采用合金铸铁,变速箱的变挡采用杠杆圆球定位式变挡机构。
A. 斜开式　　B. 对闭式
C. 整体式　　D. 对开式

382. BD016　动力端主要由传动轴、曲轴、连杆和十字头等组成。它是将传动轴的(　　)转变成为柱塞往复运动的传动机构。
A. 旋转运动　　B. 热能运动
C. 旋转做功　　D. 热能做功

383. BD016　传动轴、曲轴及滑套分别装于壳体相应支撑部位。而十字头衬套通过其(　　)和液力端的拉杆相连。
A. 外螺纹　　B. 内螺纹
C. 内焊接　　D. 外焊接

384. BD016　传动轴和曲轴均为合金钢锻件,两轴间通过(　　)传动。
A. 大字齿轮　　B. 人字运动
C. 人字齿轮　　D. 大字运动

385. BD017　泵头体为合金钢锻件,通过(　　)和壳体连接。
A. 单头螺栓　　B. 双头螺栓
C. 双头螺母　　D. 单头螺母

386. BD017　阀门总成分为吸入阀和排出阀,吸入和排出阀总成的材料、结构和尺寸(　　),阀门总成由阀体,阀门压盖及螺母等组成。
A. 完全不同　　B. 约有相同
C. 完全一致　　D. 约有不同

387. BD017　阀体的材料为合金钢,表面渗碳淬火,阀体盘直径(　　),锥角为30°。
A. 218mm　　B. 118m
C. 100mm　　D. 118mm

388. BD018　系统中采用(　　)安全阀。
A. 活塞剪销式　　B. 直接作用式
C. 背压平衡式　　D. 非直接作用式

389. BD018　当柱塞泵排出压力超过剪销额定值时,作用于安全阀活塞上的力大于剪销的许用载荷而剪断销钉,使排出液体放空,(　　),对设备起过载保护作用。
A. 泵压上升　　B. 泵压下降
C. 压力下降　　D. 压力升高

390. BD018　安全阀是启闭件,受外力作用下处于(　　),当设备或管道内的介质压力升高超过规定值时,通过向系统外排放介质来防止管道或设备内介质压力超过规定数值的特殊阀门。

A. 常开状态　　B. 自由状态

C. 常闭状态　　D. 开闭状态

391. BD019　柱塞泵润滑系统均为连续压力油式(　　)。分别采用 3/8in 齿轮油泵和 1in 齿轮油泵。

A. 自由润滑　　B. 强制润滑

C. 飞溅润滑　　D. 强制加油

392. BD019　柱塞泵泵壳就是动力端的润滑油池,液力端配备有单独的润滑油箱,位于柱塞泵(　　)。

A. 泵壳上部　　B. 泵头上部

C. 泵壳下部　　D. 泵头下部

393. BD019　通过机械传动,齿轮油泵将润滑油从油箱中抽出,通过滤清器,经润滑管路送到需要润滑的部位,润滑后的油液自然流回油箱,形成(　　)。

A. 开式关闭　　B. 闭式关闭

C. 开式循环　　D. 闭式循环

394. BD020　400 型泵离合器选用美国双环公司的(　　)工程离合器。

A. SP-314　　B. SP-324

C. SB-314　　D. SB-324

395. BD020　400 型泵离合器操纵采用(　　)。

A. 机械方式　　B. 气控方式

C. 电控方式　　D. 电气混合

396. BD020　通过操纵控制面板上的离合器控制阀,给离合器气缸供气,从而带动离合器(　　),脱开离合器摩擦片。

A. 机械动作　　B. 电气控制

C. 曲柄动作　　D. 曲柄机构

397. BD021　400 型泵气压系统需要(　　)。

A. 每周保养　　B. 每天保养

C. 每年保养　　D. 每月保养

398. BD021　各储气筒(　　)从排放口处放水,以避免湿气进入系统而阻碍空气流至各个气动元件使元件锈蚀。

A. 不须定期　　B. 必须随时

C. 必须定期　　D. 不须长期

399. BD021　控制台上的(　　)、油雾器应经常排水和加油,润滑油变质应更换,以保证气路元件正常工作。

A. 分水加速器　　B. 分污滤气器

C. 加水过滤器　　D. 分水滤气器

400. BD022　400 型泵车台上柴油机的启动和停机均由(　　)供给电源。

A. 独立蓄电池　B. 共有蓄电池
C. 独立发电机　D. 共有发电机

401. BD022　400 型泵车台上发电机在发动后给全车供电,电路系统的电压为(　　)。
A. 12V　B. 24V　C. 36V　D. 220V

402. BD022　对蓄电池应(　　)加以保养,以确保蓄电池工作正常。
A. 时刻　B. 长期
C. 定期　D. 不定期

403. BD023　仪表板右侧是一块卡特柴油机自带的控制箱,上面有紧急停机开关、工作小时计、柴油机(　　)、电钥匙和报警灯。
A. 启动开关　B. 升降开关
C. 升降机构　D. 启动机构

404. BD023　故障指示灯:控制箱上设置有故障指示灯,该灯闪烁表示柴油机出现故障,应(　　)进行检查。
A. 延缓停机　B. 工作后停机
C. 立即停机　D. 不必停机

405. BD023　离合器操纵阀:为气控操纵阀,手柄向上为离合器结合状态,手柄向下为离合器(　　)。
A. 打开状态　B. 离合状态
C. 打开离合　D. 分离状态

406. BE001　"运转振动过大"属于井下特种装备故障外表特征中的(　　)。
A. 工作反常　B. 响声反常
C. 外观反常　D. 气味反常

407. BE001　"有漏油、滴漏液、冒烟、刺漏液"等现象是属于井下特种装备故障外表特征中的(　　)。
A. 工作反常　B. 响声反常
C. 外观反常　D. 温度反常

408. BE001　井下特种装备的故障外表特征有工作反常、温度反常、响声反常、气味反常和(　　)等五种。
A. 形象反常　B. 特征反常
C. 状态反常　D. 外观反常

409. BE002　不能排除液力端排出压力低故障的方法是(　　)。
A. 减少井下特种装备的速度(即冲次)
B. 更换柱塞或密封填料
C. 在吸入管线内安装节流装置,降低供给液面
D. 及时更换阀体及阀座总成

410. BE002　排除液力端排出压力低故障的措施是(　　)。
A. 减少供液泵的速度
B. 降低井下特种装备的速度即冲次
C. 降低供液泵压

D. 减少供给液面

411. BE002　液力端排出压力低与(　　)无关。

A. 活塞　　B. 行程　　C. 次数　　D. 流量

412. BE003　液体流阻过大会造成井下特种装备(　　)故障。

A. 泵头刺漏　　B. 动力端异常响声

C. 排出压力低　　D. 吸入压力低

413. BE003　造成液力端吸入压力低的故障原因之一是(　　)。

A. 吸入水头过高　　B. 吸入水头过低

C. 泵阀卡住　　D. 井下特种装备速度过低

414. BE003　排除液力端吸入压力低故障的措施是(　　)。

A. 适当降低供液面　　B. 降低供液泵速度

C. 从吸入管中移去节流装置　　D. 更换阀弹簧

415. BE004　排除井下特种装备液体敲击,管线振动故障的措施是(　　)。

A. 及时更换阀体及阀座总成

B. 扶正阀体及除去支持物

C. 修理或重新平衡吸入稳压器

D. 更换柱塞或柱塞密封圈

416. BE004　造成液体敲击,排出管线振动故障的主要原因是(　　)。

A. 液体流速过快　　B. 液体流动压力过高

C. 液体流动阻力过大　　D. 液体中含有气体

417. BE004　造成井下特种装备液体产生不正常响声的原因之一是(　　)。

A. 吸入阀座跳动　　B. 吸入管线不平稳

C. 排出阀座跳动　　D. 运转速度不正常

418. BE005　造成泵头刺漏故障的原因是(　　)。

A. 阀盖或缸头松动　　B. 泵阀及阀座的磨损

C. 吸入液体压力过高　　D. 排出液体压力过高

419. BE005　上紧阀盖及压体,更换垫片,重新安装缸头压体或更换阀盖及缸头;修复液力端密封是排除(　　)故障的措施。

A. 液体敲击,排出管线振动　　B. 泵头刺漏

C. 阀件寿命短　　D. 液力端有周期敲击声

420. BE005　液力端缸头体安装不正可造成(　　)。

A. 排出压力低　　B. 吸入压力低

C. 泵头刺漏　　D. 液体敲击

421. BE006　防止井下特种装备阀件寿命短的措施之一是(　　)。

A. 增加供液泵速度　　B. 排除节流装置故障

C. 更换柱塞或密封件　　D. 适当提高供液面

422. BE006　造成井下特种装备阀件寿命短的原因之一是(　　)。

A. 走空泵　　B. 泵阀卡住

C. 供液泵容量过小　　D. 液体流阻过大

423. BE006　造成井下特种装备阀件寿命短的原因之一是(　　)。

A. 维护保养　　B. 拆卸检查

C. 使用工具不当　　D. 拆卸方法不对

424. BE007　井下特种装备弹性杆端面与十字头伸出杆端面和柱塞两端面留有间隙,会造成(　　)。

A. 泵头刺漏　　B. 阀件寿命短

C. 液体敲击,排出管线振动　　D. 液力端有周期性敲击声

425. BE007　排除液力端有周期性敲击声故障的措施是(　　)。

A. 上紧弹性杆

B. 上紧阀盖及压体

C. 拧紧或更换柱塞密封圈压紧螺母或密封圈

D. 更换阀体及阀座总成

426. BE007　井下特种装备柱塞弹性杆没上紧会造成(　　)。

A. 动力端异常响声　　B. 液力端有周期性敲击声

C. 排出管线振动　　D. 液体敲击

427. BE008　曲轴销、轴承磨损,曲轴本身磨损,主轴承或支撑轴承磨损,均会造成(　　)。

A. 液力端有周期性敲击声

B. 液体敲击,排出管线振动

C. 阀件寿命短

D. 动力端异常响声

428. BE008　检查泵的安装方向及修正转向是排除(　　)故障的措施之一。

A. 排出压力低　　B. 动力端异常响声

C. 液力端有周期响声　　D. 吸入压力低

429. BE008　十字头销或销衬套磨损严重,间隙松旷或损坏会造成(　　)。

A. 液力端异常响声　　B. 动力端异常响声

C. 液力端有周期响声　　D. 十字头响声

430. BE009　造成井下特种装备离合器发抖的原因是(　　)。

A. 压盘弹簧力不均

B. 止推轴承块缺油式磨损

C. 离合器踏板自由行程过大

D. 分离杠杆或支架销磨损松旷

431. BE009　井下特种装备离合器发出声响的原因是(　　)。

A. 压盘翘曲不平

B. 压板弹簧过软、折断或脱落

C. 离合器踏板自由行程过大

D. 离合器从动盘翘曲

432. BE009　井下特种装备离合器分离不彻底的原因是(　　)。

A. 止推轴承块缺油或磨损

B. 分离杠杆或支架销磨损松旷

C. 离合器与飞轮壳固定螺栓松动

D. 离合器踏板自由行程过大

433. BE010 排除井下特种装备故障的关键是( )。

A. 掌握机器　　B. 了解设备性能

C. 掌握设备结构　　D. 准确判断故障根源

434. BE010 排除井下特种装备故障的办法不外乎( )、清洗、添油和加水以及修复或更换已损坏的零件。

A. 紧固、调整、润滑　　B. 紧固、调整、防腐

C. 紧固、润滑、防腐　　D. 调整、润滑、防腐

435. BE010 凭手指振动情况和机体各部位是否温度异常,这种方法称之为( )。

A. "看"　　B. "听"　　C. "摸"　　D. "嗅"

436. BF001 钳工的画线作业都是在毛坯上进行的,它分为( )两种。

A. 平面画线和立体画线　　B. 手工画线和机械画线

C. 粗略画线和精确画线　　D. 画粗线和画细线

437. BF001 只在工件表面上画线,如在( )画线,称为平面画线。

A. 法兰盘断面上画钻孔加工线

B. 画出矩形各表面的加工线

C. 画出支架表面的加工线

D. 画出箱体表面上的加工线

438. BF001 在几个互成不同角度的表面上画线,如( ),都属于立体画线。

A. 法兰盘断面上画钻孔加工线

B. 画出矩形各表面的加工线

C. 板料表面上画钻孔加工线

D. 条料表面上画钻孔加工线

439. BF002 锉刀是一种切削刃具,按断面形状可以分为( )。

A. 扁锉、圆锉、方锉、空心锉等

B. 扁锉、圆锉、弯形锉、三角锉等

C. 扁锉、圆锉、方锉、三角锉等

D. 扁锉、星形锉、方锉、三角锉等

440. BF002 断面形状是圆的锉刀叫圆锉,它主要用来锉( )。

A. 内角、三角孔、平面　　B. 方孔、长方孔、窄平面

C. 圆孔、半径较小的凹弧面　　D. 平面、外圆面、凸弧面

441. BF002 断面形状是三角形的锉刀叫三角锉,它主要用来锉( )。

A. 内角、三角孔、平面　　B. 方孔、长方孔、窄平面

C. 圆孔、半径较小的凹弧面　　D. 平面、外圆面、凸弧面

442. BF003 钳工作业中,消除金属材料出现的弯曲和扭曲的工作称为( )。

A. 矫正　　B. 弯曲　　C. 修理　　D. 检查

443. BF003 钳工作业中,需要把直的钢材弯成曲线或相当角度,称为( )。

A. 矫正　　B. 弯曲　　C. 修理　　D. 检查

444. BF003　用延展法矫正在扁的方向弯曲的条料,是通过(　　)而完成的。
A. 使其长边延展　　B. 使其短边延展
C. 使其长短边同时延展　　D. 使其长边延展,短边缩短

445. BF004　钢锯作业推锯时,给手锯以适当压力,拉锯时稍抬起,(　　)。
A. 前手、后手一起施力往复运动
B. 前手、后手轻拉轻放一起往复运动
C. 后手施力往复运动,前手压力不要过大
D. 前手施力往复运动,后手压力不要过大

446. BF004　钳工钻孔作业中,上卸钻头(　　)。
A. 可以用錾子打击上紧
B. 可以用榔头敲击上紧
C. 不一定要用随钻所带的专用扳手
D. 一定要用随钻所带的专用扳手

447. BF004　錾子在工作面上的位置和方向要正确,一般要求錾切时的后角为(　　)。
A. 2°~5°　　B. 5°~8°　　C. 8°~11°　　D. 11°~14°

448. BF005　配件修复工作要积极推广(　　)12 字修旧工艺法。
A. 焊,补,喷,镀,铆,镶,配,胀,缩,换,买,造
B. 焊,补,喷,镀,铆,镶,配,胀,缩,校,买,粘
C. 焊,补,喷,镀,铆,镶,配,胀,缩,校,改,造
D. 焊,补,喷,镀,铆,镶,配,胀,缩,校,改,粘

449. BF005　作业机零件的修复方法中常见的有(　　)。
A. 电火花加工、购买新件、配合件互相选配
B. 机械加工、购买新件、配合件互相选配
C. 机械加工、堆焊、配合件互相选配
D. 机械加工、堆焊、电镀等表面补贴

450. BF005　柴油机的运动零件中常采用(　　),来恢复磨损零件再使用。
A. 修理尺寸法　　B. 电弧堆焊法
C. 零件选配法　　D. 附加零件法

451. BF006　经常用来修复零件磨损的金属电镀方法有(　　)。
A. 镀锌、镀钢、镀铜　　B. 镀铬、镀钢、镀铜
C. 镀锌、镀铝、镀铜　　D. 镀锌、镀铝、镀锡

452. BF006　电镀工艺中,要用电流通过电解液,而使用的电源为(　　)。
A. 6~12V 的低压交流电　　B. 6~12V 的低压直流电
C. 110V 的交流电　　D. 110V 的直流电

453. BF006　镀铬时的电解液为(　　)按一定比例的混合物。
A. 铬酐和硝酸　　B. 铬酐和醋酸
C. 铬酐和硫酸　　D. 硫酸和盐酸

454. BF007　在金属喷涂前,要修复的零件表面的准备工作应包括零件的(　　)。

A. 去油、清洁和加热
B. 清洁,不需喷涂的表面绝缘
C. 去油和清洁,使需喷涂的表面粗糙
D. 去油和清洁,使需喷涂的表面光滑

455. BF007 用金属喷涂法修复零件,是一个传统的办法,优点是( )。
A. 零件的温度低,连接强度高
B. 准备工作简单,有很大加厚层
C. 准备工作简单,加厚层不需再加工
D. 零件的温度低,有很大加厚层

456. BF007 用金属喷涂法修复零件,是一个传统的办法,缺点是( )。
A. 零件的温度低,准备工作复杂,涂层硬度低
B. 联结强度低,加厚层太薄,涂层硬度低
C. 联结强度低,准备工作复杂,加厚层太薄
D. 联结强度低,准备工作复杂,涂层易剥落

457. BF008 研磨工艺是两零件表面间( ),形成金属表面的微量切削。
A. 涂以机油使两表面相对运动
B. 涂以磨料使两表面相对运动
C. 涂以黄油使两表面相对运动
D. 涂以柴油使两表面相对运动

458. BF008 做研磨工具的材料要有较高的研磨性,目前多用( )。
A. 低碳钢　　B. 铸铁　　C. 黄铜　　D. 合金钢

459. BF008 一般通常用的研磨液有( )等。
A. 柴油、汽油和水　　B. 机油、煤油和水
C. 柴油、煤油和水　　D. 机油、汽油和水

460. BF009 修理尺寸法就是将轴或孔( ),以消除椭圆形或圆锥形。
A. 机械加工至小于名义尺寸再加套修复
B. 堆焊后再机械加工至所需的尺寸
C. 机械加工至小于(或大于)名义尺寸的尺寸
D. 机械加工再电镀

461. BF009 附加(修理)零件法是将轴或孔( ),以消除椭圆形或圆锥形。
A. 机械加工至小于或大于名义尺寸再加套修复
B. 堆焊后再机械加工至所需的尺寸
C. 机械加工至小于(或大于)名义尺寸的尺寸
D. 机械加工再电镀

462. BF009 附加零件法(镶套法)的优点是( )。
A. 不需考虑结构可高质量地修复磨损严重的零件
B. 修复磨损严重的中间轴径时比较简单
C. 磨损再严重的零件也能修复
D. 不需加热可高质量地修复磨损严重的零件

463. BF010　135 系列柴油机的曲拐 4 缸以上机型有四种结构,差别尺寸在(　　)。

A. 曲柄半径和连杆轴径开当

B. 曲柄半径和连杆轴径

C. 曲柄轴径和连杆轴径开当

D. 曲柄半径和有无平衡铁

464. BF010　135 系列柴油机的气门有两种结构尺寸,它们的区别在(　　)。

A. 锥面角度、阀盘厚度和所用材料

B. 锥面角度、阀盘厚度和阀盘直径

C. 阀杆长度、阀盘厚度和所用材料

D. 阀盘直径、阀盘厚度和所用材料

465. BF010　135 系列柴油机的活塞冲程为(　　)。

A. 130mm　　B. 140mm　　C. 150mm　　D. 160mm

466. BG001　液力变扭器由泵轮、导轮和(　　)组成。

A. 叶轮　　B. 链轮　　C. 涡轮　　D. 飞轮

467. BG001　变扭器内充满油,当柴油机驱动(　　)旋转时,泵轮叶片推动油冲击涡轮叶片,使涡轮旋转,起到传递力矩的作用。

A. 导轮　　B. 泵轮　　C. 链轮　　D. 飞轮

468. BG001　变扭器内充满油,当柴油机驱动泵轮旋转时,泵轮叶片推动油冲击(　　)叶片,使涡轮旋转,起到传递力矩的作用。

A. 导轮　　B. 飞轮　　C. 链轮　　D. 涡轮

469. BG002　泵轮与变矩器壳体(　　),其内部径向装有许多扭曲的叶片,叶片内缘则装有让变速器油液平滑流过的导环。

A. 分开连接　　B. 连成一体

C. 独自一体　　D. 独自连接

470. BG002　涡轮上也装有许多叶片。但涡轮叶片的扭曲方向与泵轮叶片的扭曲的(　　)。

A. 方向相同　　B. 运动相反

C. 方向相反　　D. 运动相同

471. BG002　涡轮中心花键孔与变速器输入轴相联,这是变速器输入轴,涡轮通过花键装在输入轴上,泵轮叶片与涡轮叶片相对安置,中间有(　　)的间隙。

A. 5~6mm　　B. 1~2mm

C. 6~7mm　　D. 3~4mm

472. BG003　行星齿轮为轴转式齿轮系统,与定轴式齿轮系统一样,也可以(　　)。

A. 变速和变矩　　B. 变力和变矩

C. 变速和变力　　D. 变量和变力

473. BG003　行星齿轮机构由太阳轮或称为中心轮、行星齿轮、行星齿轮架,通常简称为行星架、齿圈等组成,是通过固定其中的一个或多个构件来实现(　　)传动比的。

A. 相同的　　B. 不同的

C. 一样的　　D. 高低的

474. BG003　当离合器结合时,控制油压通过输入轴(　　)进入活塞,克服回位弹簧力将钢片和摩擦片压紧,产生摩擦力,这时动力从输入轴经过离合器传到输出轴。

A. 中心轴　　B. 偏心孔

C. 中心孔　　D. 偏心孔

475. BG004　制动带:围在转鼓的(　　),它的外表面是钢带,内表面有摩擦材料,制动带的一端用锁销固定在自动变速器壳体上,另一端与液压油缸的推杆相接触。

A. 内圆上　　B. 外圆上

C. 上圆上　　D. 下圆上

476. BG004　片式制动器组成:固定架,有(　　),它通过螺钉与变速器壳体相连接,固定架上有控制油道孔。

A. 单个槽　　B. 许多孔

C. 许多槽　　D. 单个孔

477. BG004　当需要制动行星架时,控制油压进入活塞油缸,推动活塞压缩(　　),将摩擦片、钢片压紧,由于钢片与自动变速器壳体相连接,所以行星架制动不转。

A. 回位制动　　B. 控制弹簧

C. 控制制动　　D. 回位弹簧

478. BG005　控制系统的工作油压在(　　)的控制下通过高挡油路进入变速机构,使自动变速器挂上高挡,通过低挡油路进入变速机构,使自动变速器挂上低挡。

A. 换挡阀　　B. 换挡钮

C. 控制阀　　D. 控制钮

479. BG005　当车辆负载大,节气门开度大,车速低时,节气门阀输出的节气门油压高,速控阀输出的速控油压低,换挡阀左侧大于右侧油压,阀芯右移,(　　)将通过换挡阀、低挡油路进入变速机构,使低挡离合器或制动器结合,自动变速器挂上低挡。

A. 工作杠杆　　B. 工作油压

C. 制动油压　　D. 制动杠杆

480. BG005　当车辆负载小,车速高时,节气门阀输出的节气门油压低,速控阀输出的速控油压高,换挡阀中左侧油压低于右侧油压,(　　),工作油压将通过换挡阀、高挡油路进入变速机构,使高挡离合器或制动器结合,自动变速器挂上高挡。

A. 阀芯右移　　B. 机构左移

C. 阀芯左移　　D. 机构右移

481. BG006　自动变速器油是特殊的(　　)。

A. 一般润滑油　　B. 高级润滑油

C. 高级润滑脂　　D. 一般润滑脂

482. BG006　自动变速箱油不仅具有润滑、冷却作用,还具有(　　)和液压以控制自动变速器的离合器和制动器工作的性能。

A. 传递能量　　B. 控制力量

C. 传递扭矩　　D. 控制能量

483. BG006　如果对自动变速器油不按规定使用,将影响自动变速器(　　)。

A. 工作能力　　B. 使用功效

C. 工作功效　　D. 使用寿命

484. BG007　实现无级变速,增加发动机牵引力,改善发动机的(　　),防止机械作业时发动机熄火,改善变速器的换挡品质,有利于动力换挡。

A. 工作特性　　B. 启动特性

C. 工作环境　　D. 启动环境

485. BG007　通过变矩器,输出转速可(　　),驱动扭矩能自动适应所需的负载扭矩。

A. 无级转动　　B. 无级变化

C. 自动转动　　D. 自动变好

486. BG007　当涡轮转速达到泵轮转速的 80%时,变矩比接近(　　)时,涡轮扭矩等于泵轮扭矩,此时,变矩器相当于一个耦合器。

A. 2　　B. 0. 5　　C. 1　　D. 1. 5

487. BG008　变矩器低速增扭,靠的是导轮改变液流方向,变矩器内支撑导轮的单向离合器打滑后,导轮没有了单向离合器的支撑,在增扭工况时无法改变(　　)。

A. 前轮的方向　　B. 液流的方向

C. 液流的速度　　D. 前轮的速度

488. BG008　经导轮返回的液流流向和泵轮旋转方向相反,发动机需克服反向液流带来的附加载荷,于是液力变矩器变成了液力耦合器,低速增扭变成了低速降扭,所以汽车在低速区(变矩器增加扭矩工况区域)(　　)。

A. 降速不良　　B. 加速过高

C. 加速不良　　D. 降速过高

489. BG008　发动机热机后,将 4 个车轮用三角木或砖头塞住,拉紧驻车制动器,踩住脚制动踏板,用眼睛盯住发动机转速表,将油门完全踩到底,如发动机的失速转速明显低于规定值,说明液力变矩器内支撑导轮的(　　)打滑。

A. 多向变速器　　B. 双向离合器

C. 单向变速器　　D. 单向离合器

490. BG009　自动变速器不能强制降挡故障现象:当车辆以 3 挡或超速挡行驶时,突然将油门踏板踩到底,自动变速器不能立即降低(　　),致使汽车加速无力。

A. 一个挡位　　B. 两个挡位

C. 三个挡位　　D. 多个挡位

491. BG009　故障原因。节气门拉索或节气门(　　)调整不当,强制降挡开关损坏或安装不当,强制降挡电磁阀损坏或线路短路、断路,阀板中的强制降挡控制阀卡滞。

A. 位置变距器 B. 位置传感器

C. 控制边距器 D. 控制传感器

492. BG009 检查强制降挡开关。在油门踏板踩到底时,强制降挡开关的触点应闭合;松开油门踏板时,强制降挡开关的触点( )。

A. 应闭合 B. 半断开

C. 应断开 D. 半闭合

493. BG010 故障原因:节气门拉线调整不当;D 位主油路( );D 位主要执行元件前进挡离合器 C1 的蓄压器不能执行缓冲控制;前进挡离合器 C1 本身问题;电子控制单元的 N-D 缓冲控制失效。

A. 油压过低 B. 油压过高

C. 油位过高 D. 油压过低

494. BG010 在检查、调整了节气门拉线后,测量了变速器换挡杆在 D 位时的主油压,结果油压值基本处于标准范围内,而且能随着节气门开度的变化而变化,这说明液压( )存在问题的可能性不是很大。

A. 控制油路 B. 使用阀体

C. 控制阀体 D. 控制阀座

495. BG010 为了不扩大维修范围,决定先检查并清洗变速器液压控制阀体。但清洗阀体装车后试车,故障现象并没有明显改观,只好进一步检查其他部分。再按照常规维修程序更换了所有密封元件,更换前进挡离合器 C1 缓冲控制碟形片,并将 C1 离合器间隙调整至规定值( )后,将变速器装复试车,故障排除。

A. 2. 7mm B. 1. 7m

C. 0. 7mm D. 1. 7mm

496. BG011 变速器跳挡故障现象:车辆在行驶中变速杆自动跳回空挡位置。这种现象多发生在中、高速,负荷突然变化或汽车受剧烈振动时,且大多数是在( )跳挡。

A. 高速挡位 B. 低速挡位

C. 超速行驶 D. 低速行驶

497. BG011 变速器跳挡故障产生的原因之一是:由于变速齿轮、齿套或同步器锥盘轮齿磨损过量,沿齿长方向形成雏形,啮合时便产生一个( ),在工作中又受振抖、转速变化的惯性影响,迫使啮合的齿轮沿轴向脱开。

A. 径向推力 B. 轴向推力

C. 活动压力 D. 径向活动

498. BG011 检查齿轮的啮合情况,如齿轮未完全啮合,用手推动跳挡的齿轮或齿套能正确啮合,应检查变速叉是否弯曲或磨损过甚,以及变速叉固定螺钉是否松动,叉端与齿轮投槽间隙是否过大。若变速叉弯曲应校正;如因变速叉( )与滑动齿轮槽过度松旷时应拆下修理。

A. 上端磨损　　B. 前端磨损
C. 下端磨损　　D. 后端磨损

499. BG012　造成系统中液力传动油液工作温度过高的主要原因之一是:散热系统故障,由于冷却器堵塞或通往冷却器的循环管路不畅等问题造成(　　)降低,从而导致散热不良。

A. 吸热强度　　B. 散热强度
C. 散热管线　　D. 吸热管线

500. BG012　造成系统中液力传动油液工作温度过高的主要原因之一是:传动系统中有故障热源,如离合器摩擦片烧蚀挠曲变形,轴承损坏或变矩器叶片(　　)等。

A. 过度变形　　B. 约有磨损
C. 过度磨损　　D. 约有变形

501. BG012　检查轴承和轴的磨损情况,如轴磨损严重,轴承松旷或变速轴沿(　　)时,应拆下修理或更换。

A. 轴向推动　　B. 径向窜动
C. 径向推动　　D. 轴向窜动

502. BG013　变速箱用油如果选用不当,则可导致油液产生气泡外溢并(　　),造成系统内元件磨损加快,甚至工作失常。

A. 乳化变质　　B. 气化变质
C. 油量减少　　D. 油量气化

503. BG013　由于变矩器内的工作油液在工作中要受到(　　)搅拌,因而随意向系统中加入其他品牌的油液易造成油液乳化变质,导致系统内元件腐蚀和磨损。

A. 普通的　　B. 剧烈的
C. 一般的　　D. 全面的

504. BG013　由于该系统中用油既要作为液力传动油使用,同时工作中还要涉及液压传动以及齿轮、离合器片和轴承的润滑,因而对该系统中的工作用油提出了较特殊的要求,即:要求工作油应具有良好的抗乳化能力和抗氧化稳定性,容重尽可能大,同时还应具有适当的黏度和良好的润滑性能,较高的(　　),且腐蚀性要尽可能小。

A. 润滑指数　　B. 黏度指标
C. 黏度指数　　D. 润滑指标

505. BG014　液压系统优点之一是:(　　),适合重载直接驱动。

A. 体积大　　B. 驱动力大
C. 体积小　　D. 驱动力小

506. BG014　液压系统优点之一是:调速(　　),速度控制方式多样。

A. 范围窄　　B. 速度快
C. 范围宽　　D. 速度慢

507. BG014　液压系统缺点之一是:(　　)远距离传输且需液压能源。

A. 适用于　　B. 更适于
C. 要求于　　D. 不适于

508. BG015　由于液体具有黏性,在管路中流动时又不可避免地存在着摩擦力,所以液体在流动过程中必然要损耗一部分能量。这部分能量损耗主要表现为(　　)。
A. 压力损失　　B. 压力集中
C. 能量损失　　D. 能量集中

509. BG015　压力损失有(　　)和局部损失两种。
A. 全部损失　　B. 沿程损失
C. 部分损失　　D. 半数损失

510. BG015　沿程损失是当液体在(　　)的直管中流过一段距离时,因摩擦而产生的压力损失。
A. 流量不变　　B. 直径变化
C. 直径不变　　D. 流量变化

511. BG016　如果间隙的一边为高压油,另一边为低压油,则高压油就会经(　　)低压区从而造成泄漏。
A. 管道流向　　B. 间隙流向
C. 间隙运动　　D. 管道运动

512. BG016　由于液压元件密封不完善,一部分油液也会向外部泄漏。这种泄漏造成的实际流量有所减少,这就是我们所说的(　　)。
A. 油量损失　　B. 流量增加
C. 流量损失　　D. 油量增加

513. BG016　流量损失影响运动速度,而泄漏又难以绝对避免,所以在液压系统中泵的额定流量要略大于系统工作时所需的(　　)。
A. 最大体积　　B. 最小流量
C. 最小体积　　D. 最大流量

514. BG017　液压冲击原因:执行元件换向及阀门关闭使流动的液体因惯性和某些液压元件反应动作不够灵敏而产生瞬时压力峰值,称(　　)。其峰值可超过工作压力的几倍。
A. 液压冲击　　B. 液力冲击
C. 液压流动　　D. 液力流动

515. BG017　液压冲击危害:引起振动,产生噪声;使继电器、顺序阀等压力元件产生错误动作,甚至造成某些元件、密封装置和(　　)。
A. 阀体损坏　　B. 管路损坏
C. 管路畅通　　D. 阀体畅通

516. BG017　液压冲击措施:找出冲击原因避免(　　)的急剧变化。延缓速度变化的时间,估算出压力峰值,采用相应措施。
A. 液体速度　　B. 液流数量
C. 液流速度　　D. 液体数量

517. BG018　空穴原因:液压油中总含有一定量的空气,通常(　　)油中,也可以气泡的形式混合于油中。

A. 不可分离于　　B. 可溶解于

C. 不可溶解于　　D. 可分离于

518. BG018　空穴部位:吸油口及吸油管中低于大气压处,易产生气穴;油液流经节流口等(　　)时,由于速度的增加,使压力下降,也会产生气穴。

A. 较大缝隙处　　B. 较大管路处

C. 狭小缝隙处　　D. 狭小管路处

519. BG018　空穴措施:要正确设计液压泵的结构参数和泵的吸油管路,尽量避免油道(　　),防止产生低压区;合理选用机件材料,增加机械强度、提高表面质量、提高抗腐蚀能力。

A. 过宽和急弯　　B. 狭窄和直线

C. 过宽和直线　　D. 狭窄和急弯

520. BG019　气蚀现象原因:空穴伴随着气蚀发生,空穴中产生的气泡中的氧也会腐蚀金属元件的表面,我们把这种因发生(　　)而造成的腐蚀叫气蚀。

A. 空穴现象　　B. 空气现象

C. 空气腐蚀　　D. 空穴腐蚀

521. BG019　气蚀现象部位:气蚀现象可能发生在油泵、管路以及其他具有(　　)的地方,特别是油泵装置,这种现象最为常见。

A. 引流装置　　B. 节流装置

C. 节流管道　　D. 引流管道

522. BG019　气蚀现象是液压系统产生各种故障的原因之一,特别在高速、高压的(　　)中更应注意。

A. 机械设备　　B. 液压配件

C. 液压设备　　D. 机械配件

523. BG020　液压泵、马达使用时间过长,内部磨损严重,泄漏较大,(　　)导致液压泵输出流量不够,系统压力偏低。

A. 流体速度低　　B. 容积效率低

C. 流体速度高　　D. 容积效率高

524. BG020　工作过程中,若发现(　　)或降不下来的情况,很可能是换向阀失灵,导致系统持续卸荷或持续高压。

A. 流量上不去　　B. 压力下不去

C. 压力上不去　　D. 流体下不去

525. BG020　一旦出现压力失常,液压系统的执行元件将难以执行正常的工作循环,可能出现始终处于(　　)不工作,动作速度显著降低,动作时相关控制阀组常发出刺耳的噪声等,导致机器处于非正常状态,影响整机的使用性能。

A. 运行位置　　B. 运行速度

C. 原始速度　　D. 原始位置

526. BG021　CB—B 型齿轮泵是分离三片式结构,由泵体、泵盖、一对相啮合的齿轮及主动轴、从动轴组成,它的优点主要是(　　)。

A. 对冲击负荷适应性强、惯性小、使用寿命长

B. 噪声小、输油量均匀

C. 泄漏较少,容积效率高

D. 泄油口可以两个方向旋转

527. BG021　液压系统不工作与(　　)无关。

A. 油温低　　B. 滤清器堵塞

C. 油路不畅　　D. 泵不工作

528. BG021　液压系统不工作主要因素是(　　)。

A. 油温低　　B. 系统中有空气

C. 油路漏气　　D. 泵不工作

529. BG022　液压油泵不工作是导致井下特种装备(　　)不工作的原因。

A. 液压系统　　B. 传动系统

C. 冷却系统　　D. 润滑系统

530. BG022　给井下特种装备液压系统足够的预热时间是为了解决液压系统由于(　　)而产生的系统工作缓慢的故障。

A. 油位低　　B. 漏气

C. 油温低　　D. 油路不畅

531. BG022　不属于液压传动优点的是(　　)。

A. 液压装置的工作比较平稳

B. 液压装置成本较低

C. 液压装置能在大范围内实现无级调速

D. 液压传动容易实现自动化

532. BG023　系统的污染直接影响液压系统工作的可靠性和元件的使用寿命,据统计,国内外的的液压系统故障大约有(　　)是由于污染引起的。

A. 70%　　B. 80%　　C. 90%　　D. 100%

533. BG023　高速液流中的固体颗粒对元件的表面冲击引起(　　)。

A. 切削磨损　　B. 冲蚀磨损

C. 疲劳磨损　　D. 疲劳切削

534. BG023　油液中的水和油液氧化变质的生成物对元件产生(　　)。

A. 表面剥蚀　　B. 破坏作用

C. 腐蚀作用　　D. 剥蚀破坏

535. BG024　根据污染物物理形态可分成:固态污染物、液态污染物、(　　)污染物。

A. 固定态　　B. 气态

C. 无形态　　D. 变态

536. BG024　液态污染物通常是不符合系统要求的切槽油液、水、涂料和氯及其卤化物等,通常难以去掉,所以在选择液压油时要选择符合(　　)的液压油,避免一些不必要的故障。

A. 油品标准　　B. 系统合格

C. 系统标准　　D. 合格油品

537. BG024　气态污染物主要是混入系统中的空气。这些颗粒常常非常细小,以至于(　　)下来而悬浮于油液之中,最后被挤到各种阀的间隙之中。

A. 不能漂浮　　B. 可以沉淀

C. 可以漂浮　　D. 不能沉淀

538. BG025　外部侵入的污染物:外部侵入污染物主要是(　　)的沙砾或尘埃,通常通过油箱气孔,油缸的封轴、泵和马达等轴侵入系统的。

A. 大气中　　B. 系统中

C. 油液中　　D. 管路中

539. BG025　内部污染物:元件在加工、装配、调试、包装、储存、运输和安装等环节中(　　)的污染物。

A. 加入　　B. 残留　　C. 放入　　D. 留在

540. BG025　液压系统产生的污染物:系统在(　　)当中由于元件的磨损而产生的颗粒,铸件上脱落下来的砂粒,泵、阀和接头上脱落下来的金属颗粒,管道内锈蚀剥落物以及油液氧化和分解产生的颗粒与胶状物。

A. 加工过程　　B. 运作之前

C. 运作过程　　D. 加工之前

541. BG026　要是系统中使用到电液伺服阀,伺服阀的冲洗板要使油液能从供油管路流向集流器,并直接返回油箱,这样可以让油液(　　),以冲洗系统。

A. 可以流通　　B. 不能流通

C. 单向流通　　D. 反复流通

542. BG026　让油滤滤掉固体颗粒,冲洗过程中,每隔(　　)要检查一下油滤,以防油滤被污染物堵塞,此时旁路不要打开,若是发现油滤开始堵塞就马上换油滤。

A. 5~6h　　B. 3~4h

C. 1~2h　　D. 30min

543. BG026　冲洗的周期由系统的构造和系统(　　)来决定,若过滤介质的试样没有或是很少外来污染物,则装上新的油滤,卸下冲洗板,装上阀工作。

A. 油液流动　　B. 油品程度

C. 油品质量　　D. 污染程度

544. BG027　气动系统的基本构成:组成的气动回路是为了驱动用于各种不同目的的机械装置,其最重要的三个控制内容是:力的大小、(　　)和运动速度。

A. 运动方向　　B. 力的方向

C. 力的支点　　D. 运动支点

545. BG027　井下特种装备气动系统为保证气动元件的润滑,在储气罐出口管路上需要安装(　　)。

A. 冷凝器　　B. 油水分离器

C. 油雾器　　D. 干燥器

546. BG027　井下特种装备气动系统为降低压缩气体内的湿度,保证气动元件的正常工作,一般在储气罐出口管路上安装(　　)。

A. 冷凝器　　B. 油水分离器

C. 雾油器　　D. 干燥器

547. BG028　井下特种装备过载保护是通过气动系统的(　　)的移动来使柴油机的转速降至怠速状态从而降低功率输出。

A. 电磁阀　　B. 气缸

C. 换向阀　　D. 减压阀

548. BG028　井下特种装备气动蝶阀是通过(　　)实现开关的。

A. 扇形气缸　　B. 线性气缸

C. 电磁阀　　D. 减压阀

549. BG028　井下特种装备气动润滑的油量控制是通过气动系统的(　　)实现的。

A. 电磁阀　　B. 单向阀

C. 减压阀　　D. 截止阀

550. BG029　供气管道应按现场实际情况布置,尽量与其他管线(如水灌、煤气罐、暖气管等)、电线等(　　)布置。

A. 统一协调　　B. 统一分开

C. 各自协调　　D. 各自分开

551. BG029　压缩空气主干道应沿墙或柱子架空铺设,其高度不应妨碍运行,又便于排出冷凝水,顺气流方向,管道应向下倾斜,倾斜度为(　　)。

A. 4/100~6/100　　B. 1/100~3/100

C. 8/100~10/100　　D. 20/100~30/100

552. BG029　在管路中装设后冷却器、主管路过滤器、干燥器等时,为便于测试、不停气维修、故障检查和更换元件,应设置必要的旁通管路和(　　)。

A. 安全阀　　B. 溢流阀

C. 截至阀　　D. 开关阀

553. BG030　应避免将电磁阀装在有腐蚀性气体,化学溶液、海水飞沫、雨水、水汽存在的场所及环境温度高于(　　)的场所。

A. 10℃　　B. 60℃　　C. 20℃　　D. 30℃

554. BG030　电磁阀不通电时,才可使用手动按钮对阀进行换向。若用手动按钮切换电磁阀后,不可再通电,否则会烧毁(　　)。

A. 先导式电磁阀　　B. 直动式按钮阀

C. 直动式电磁阀　　D. 先导式按钮阀

555. BG030　若要求长期连续通电,应选用具有长期通电功能的电磁阀,但必须(　　)至少切换一次。

A. 60 日以内　　B. 30 日以外

C. 60 日以外　　D. 30 日以内

556. BG031　气缸超过最大标准行程时,活塞杆应有适当的支撑,支撑的导向轴线与气缸轴线的偏移量应小于(　　),以防止杆端下垂和活塞杆弯曲。

A. 1/500　　B. 1/600

C. 1/700　　D. 1/800

557. BG031　通常活塞杆上只能承受轴向负载。安装时,负载与活塞杆的轴线要一致,避免在活塞杆上施加横向负载和(　　)。

A. 正向负载　　B. 偏心负载

C. 正向正载　　D. 偏心正载

558. BG031　有横向负载时,活塞杆应加(　　)。负载方向有变化时,活塞杆前端与负载最好使用浮动接头连接。

A. 指向装置　　B. 导向杠杆

C. 导向装置　　D. 指向杠杆

559. BG032　管子切断时,应保证(　　),且不变形,管子外部无伤痕。

A. 切口平直　　B. 切口垂直

C. 切断垂直　　D. 切断平直

560. BG032　使用其他的非金属管,要注意(　　)。尼龙管小于±0.1mm,聚氨酯管在-0.2~0.15mm范围内。

A. 内径的精度　　B. 外径的尺寸

C. 外径的精度　　D. 内径的尺寸

561. BG032　使用直插式管接头,必须保证把管子(　　)。

A. 插牢固　　B. 插进去

C. 插中间　　D. 插到底

562. BG033　保证供给洁净的压缩空气,压缩空气中通常都含有水分、油分和粉尘等杂质。水分会使管道、阀和气缸腐蚀;油分会使橡胶、塑料和密封材料变质;粉尘造成阀体(　　)。

A. 动作失灵　　B. 控制失效

C. 控制有效　　D. 动作正规

563. BG033　保持气动系统的密封性。漏气不仅增加了能量的消耗,也会导致供气压力的(　　),甚至造成气动元件工作失常。

A. 上升　　B. 下降　　C. 正常　　D. 泄漏

564. BG033　严重的漏气在气动系统停止运行时,由漏气引起的响声很容易发现;轻微的漏气则(　　),或用涂抹肥皂水的办法进行检查。

A. 利用眼睛　　B. 利用耳朵

C. 利用仪表　　D. 利用电表

565. BG034　冷凝水的排放,一般应当在气动装置(　　)进行。但是当夜间温度低于0℃时,为防止冷凝水冻结,气动装置运行结束后,应开启放水阀门排放冷凝水。

A. 运行之后　　B. 运行之前

C. 运行之中　　D. 安装之前

566. BG034　补充润滑油时,要检查油雾器中油的质量和(　　)是否符合要求。此外,点检还应包括检查供气压力是否正常,有无漏气现象等。

A. 加油量　　B. 滴油数

C. 滴油量　　D. 加油数

567. BG034　气动元件的定检。主要内容是彻底处理系统的(　　)。例如更换密封元件,处理管接头或连接螺钉松动等,定期检验测量仪表、安全阀和压力继电器等。

A. 漏水现象　　B. 漏油现象

C. 漏失部位　　D. 漏气现象

568. BG035　气源的常见故障:(　　)故障,减压阀故障,管路故障,压缩空气处理组件故障等。

A. 空压机　　B. 发动机

C. 发电机　　D. 柴油机

569. BG035　空压机故障有:止逆阀损坏,活塞环磨损严重,进气阀片损坏和(　　)等。

A. 空气过滤器畅通　　B. 空气过滤器堵塞

C. 柴油过滤器堵塞　　D. 机油过滤器堵塞

570. BG035　减压阀的故障有:压力调不高或压力(　　)等。

A. 下降过高　　B. 下降缓慢

C. 上升缓慢　　D. 上升过高

571. BG036　气缸出现内、外泄漏,一般是因活塞杆安装偏心,润滑油供应不足,密封圈和密封环磨损或损坏,气缸内有杂质及活塞杆有伤痕等造成的。所以,当气缸出现内、外泄漏时,应重新调整活塞杆的中心,以保证活塞杆与缸筒的(　　)。

A. 同锥度　　B. 同轴度

C. 相似度　　D. 同孔度

572. BG036　缸的(　　)和动作不平稳,一般是因活塞或活塞杆被卡住、润滑不良、供气量不足,或缸内有冷凝水和杂质等原因造成的。

A. 输入力不足　　B. 输出力充足

C. 输出力不足　　D. 输入力充足

573. BG036　气缸的活塞杆和缸盖损坏,一般是因活塞杆(　　)或缓冲机构不起作用而造成的。对此,应调整活塞杆的中心位置;更换缓冲密封圈或调节螺钉。

A. 设计直线　　B. 安装直心

C. 设计偏心　　D. 安装偏心

574. BG037　换向阀的故障有:阀不能换向或换向(　　),气体泄漏,电磁先导阀有故障等。

A. 动作缓慢　　B. 动作快速

C. 方向缓慢　　D. 方向快速

575. BG037　换向阀不能换向或换向动作缓慢,一般是因(　　)、弹簧被卡住或损坏、油污或杂质卡住滑动部分等原因引起的。

A. 润滑正常　　B. 润滑不良

C. 换向正常　　D. 换向不良

576. BG037　换向阀经长时间使用后易出现(　　)、阀杆和阀座损伤的现象,导致阀内气体泄漏,阀的动作缓慢或不能正常换向等故障。此时,应更换密封圈、阀杆和阀座,或将换向阀换新。

A. 阀体密封圈磨损　　B. 阀芯磨损圈磨损

C. 阀芯密封圈磨损　　D. 阀体密磨损磨损

577. BG038　油雾器的故障有:调节针的调节量太小油路堵塞,管路漏气等都会使液态油滴不能雾化。对此,应及时处理堵塞和漏气的地方,调整滴油量,使其达到(　　)左右。正常使用时,油杯内的油面要保持在上、下限范围之内。对油杯底沉积的水分,应及时排除。

A. 10 滴/min　　B. 5 滴/min

C. 15 滴/min　　D. 25 滴/min

578. BG038　自动排污器内的油污和水分有时不能(　　),特别是在冬季温度较低的情况下尤为严重。此时,应将其拆下并进行检查和清洗。

A. 提前排除　　B. 自动雾化

C. 自动排除　　D. 提前雾化

579. BG038　当换向阀上装的(　　)太脏或被堵塞时,也会影响换向阀的灵敏度和换向时间,故要经常清洗。

A. 过滤器　　B. 消像器

C. 过滤阀　　D. 消声器

580. BG039　井下特种装备自动混浆控制系统不包含的部件是(　　)。

A. 传感器　　B. 显示器

C. 呼吸器　　D. 计算机主机

581. BG039　井下特种装备自动混浆控制系统密度控制所应用的传感器不涉及(　　)。

A. 压力　　B. 密度　　C. 阀位　　D. 流量

582. BG039　井下特种装备自动混浆控制系统不含有以下哪个部件(　　)。

A. 显示器　　B. 处理器

C. 传感器　　D. 混合器

583. BG040　井下特种装备自动混浆控制系统密度计空管(　　)值一般为 4. 0mA。

A. 电压　　B. 电流　　C. 电量　　D. 电感

584. BG040　井下特种装备自动混浆控制系统阀位开度以(　　)表示。

A. 电流值　　B. 电压值

C. 百分比　　D. 电阻值

585. BG040　井下特种装备自动混浆控制系统流量检测是以(　　)计算的。

A. 电流　　B. 电压　　C. 电阻　　D. 频率

586. BG041　井下特种装备自动混浆控制系统密度计检测管内有异物将引起流体检测(　　)不准。

A. 压力　　B. 密度　　C. 温度　　D. 黏度

587. BG041　井下特种装备自动混浆控制系统清水测量涡轮流量传感器卡死将引起清

水(　　)不显示。

A. 黏度　　B. 温度　　C. 压力　　D. 流量

588. BG041　井下特种装备自动混浆控制系统显示器与(　　)无关。

A. 电压低　　B. 线缆断

C. 开关不良　　D. 传感器

589. BG042　井下特种装备自动混浆控制系统正常运行显示器出现621故障码，所有数据显示×××××，可能是(　　)故障。

A. 通信线缆　　B. 传感器

C. 处理器　　D. 输入输出模块

590. BG042　井下特种装备自动混浆控制系统密度一直显示为0或41.7G/CC，可能的故障是(　　)故障。

A. 连接线缆　　B. 密度传感器

C. 变送器　　D. 输入输出模块

591. BG042　利用油液通道的更换来控制油液的流动方向的是(　　)。

A. 方向阀　　B. 流量阀

C. 压力阀　　D. 液压阀

592. BH001　施工设备由地面设备和(　　)两部分组成。

A. 仪表车车组　　B. 管汇车车组

C. 混砂车车组　　D. 压裂车组

593. BH001　压裂液的主要作用一是造缝，二是携砂。支撑剂的作用是支撑裂缝，(　　)的导流能力。

A. 降低裂缝　　B. 增加裂缝

C. 补充裂缝　　D. 还原裂缝

594. BH001　施工设计是指导压裂施工的(　　)文件。

A. 纲领性　　B. 普通性

C. 一般性　　D. 重要性

595. BH002　交联剂：能与聚合物线型大分子链形成新的化学键，使其联结成(　　)。

A. 网状体型结构　　B. 方形状体型结构

C. 三角状体型结构　　D. 连接状体型结构

596. BH002　水力压裂施工过程中压裂液的选择，必须从(　　)上考虑。

A. 地质因素　　B. 工程因素

C. 地质因素和工程因素　　D. 综合因素

597. BH002　随承压时间的延长，陶粒的导流能力的递减速率(　　)，因此会获得较高的稳定产量和更长的有效期。

A. 要高得多　　B. 要低得多

C. 要快得多　　D. 要慢得多

598. BH003　描述水力压裂施工过程中人工裂缝形成的动态过程及最终结果，对压裂施工具有重要的意义，为控制裂缝(　　)的大小、决定施工规模和施工步骤等提供理论依据。

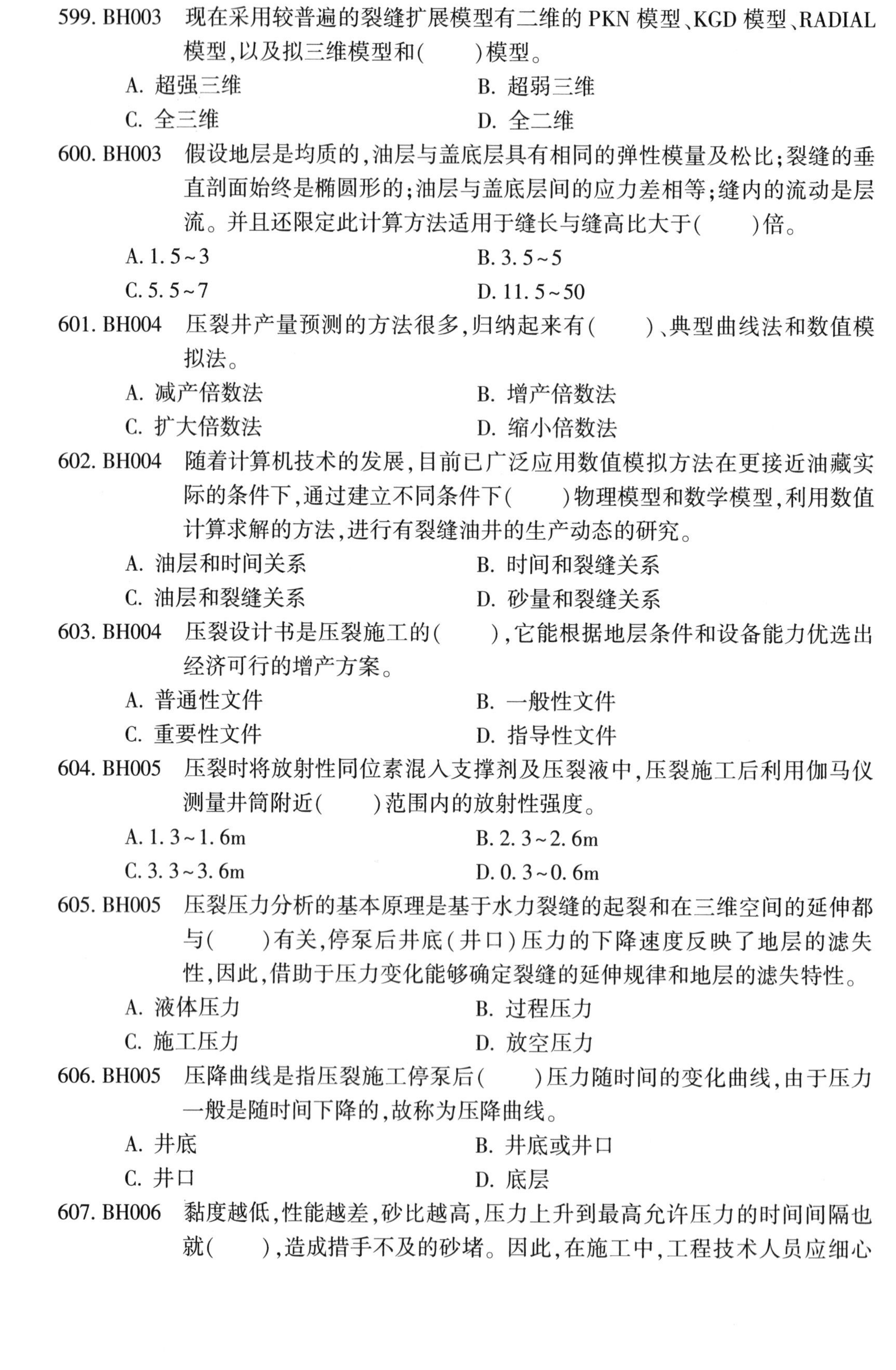

A. 外形尺寸　　B. 长短尺寸

C. 空间尺寸　　D. 几何尺寸

599. BH003　现在采用较普遍的裂缝扩展模型有二维的 PKN 模型、KGD 模型、RADIAL 模型,以及拟三维模型和(　　)模型。

A. 超强三维　　B. 超弱三维

C. 全三维　　D. 全二维

600. BH003　假设地层是均质的,油层与盖底层具有相同的弹性模量及松比;裂缝的垂直剖面始终是椭圆形的;油层与盖底层间的应力差相等;缝内的流动是层流。并且还限定此计算方法适用于缝长与缝高比大于(　　)倍。

A. 1.5~3　　B. 3.5~5

C. 5.5~7　　D. 11.5~50

601. BH004　压裂井产量预测的方法很多,归纳起来有(　　)、典型曲线法和数值模拟法。

A. 减产倍数法　　B. 增产倍数法

C. 扩大倍数法　　D. 缩小倍数法

602. BH004　随着计算机技术的发展,目前已广泛应用数值模拟方法在更接近油藏实际的条件下,通过建立不同条件下(　　)物理模型和数学模型,利用数值计算求解的方法,进行有裂缝油井的生产动态的研究。

A. 油层和时间关系　　B. 时间和裂缝关系

C. 油层和裂缝关系　　D. 砂量和裂缝关系

603. BH004　压裂设计书是压裂施工的(　　),它能根据地层条件和设备能力优选出经济可行的增产方案。

A. 普通性文件　　B. 一般性文件

C. 重要性文件　　D. 指导性文件

604. BH005　压裂时将放射性同位素混入支撑剂及压裂液中,压裂施工后利用伽马仪测量井筒附近(　　)范围内的放射性强度。

A. 1.3~1.6m　　B. 2.3~2.6m

C. 3.3~3.6m　　D. 0.3~0.6m

605. BH005　压裂压力分析的基本原理是基于水力裂缝的起裂和在三维空间的延伸都与(　　)有关,停泵后井底(井口)压力的下降速度反映了地层的滤失性,因此,借助于压力变化能够确定裂缝的延伸规律和地层的滤失特性。

A. 液体压力　　B. 过程压力

C. 施工压力　　D. 放空压力

606. BH005　压降曲线是指压裂施工停泵后(　　)压力随时间的变化曲线,由于压力一般是随时间下降的,故称为压降曲线。

A. 井底　　B. 井底或井口

C. 井口　　D. 底层

607. BH006　黏度越低,性能越差,砂比越高,压力上升到最高允许压力的时间间隔也就(　　),造成措手不及的砂堵。因此,在施工中,工程技术人员应细心观察排量曲线变化，负责加砂人员应密切注意交联液浓度变化，及时调整基胶比。

A. 越长　　B. 越短　　C. 相等　　D. 不确定

608. BH006　大多数油井采用加大生产压差的方法来维持其正常生产，使井筒附近地层压力不断下降，这样地层的上覆压力与地层孔隙流体压力相差越来越大，使地层孔隙度和渗透率下降（压力敏感），含水饱和度（　　）。

A. 下降　　B. 不变　　C. 上升　　D. 不确定

609. BH006　如果支撑剂的浓度太低，并且铺置也不合理，采用不同粒径，不同强度的支撑剂混合支撑，这些也会使有效支撑作用变差，导流能力（　　）。

A. 上升　　B. 不稳定　　C. 相同　　D. 下降

610. BH007　目前，水平井已经成为国内外油田开发的一项（　　）。水平井广泛应用于多种油藏类型，应用无禁区。

A. 重要技术　　B. 超常规技术

C. 高端技术　　D. 常规技术

611. BH007　水平井具有（　　）、回收投资快、提高采收率、改善开发效果的明显优势。

A. 多井产量高　　B. 单层产量高

C. 单井产量高　　D. 多层产量高

612. BH007　水平段长度及在油藏中的（　　）是水平井高效开发的基础和关键。

A. 前后位置　　B. 合理位置

C. 变化位置　　D. 不变位置

613. BH008　国内的支撑剂厂家有十多家，但品种单一，质量也不稳定，且大多数是（　　）的支撑剂。

A. 常规密度　　B. 非常规密度

C. 规定密度　　D. 松软密度

614. BH008　目前国内外对导流能力测试主要是用 API 导流槽进行模拟，可以模拟与地层条件相似的（　　）状态，但没考虑滤饼沉积和清除、多相流动、支撑破碎、非达西流等因素，这与现场实际情况有一定偏差。

A. 压力、湿度和流动　　B. 压力、温度和动态

C. 压力、温度和流动　　D. 压强、温度和流动

615. BH008　第一次连续油管压裂作业开始于于 1993 年，加拿大阿尔伯塔省东南部浅气层，通过 2⅞in 连续油管注入（　　）支撑剂，排量 $3.0m^3/min$。

A. 55t　　B. 45t　　C. 35t　　D. 25t

二、判断题（对的画“√”，错的画“×”）

（　）1. AA001　缸套与活塞外圆严重磨损，是造成环槽平面磨损的主要原因。

（　）2. AA002　连杆弯曲与扭曲的主要原因是由于缺少润滑油。

（　）3. AA003　产生缸套穴蚀的主要原因是由于缸套润滑不良。

（　）4. AA004　为防止过多的润滑油经气门杆与气门导管间隙流入气缸，在气门导管上端装有挡油装置。

（　）5. AA005　进气门在上止点前开启，排气门在上止点关闭。

( )6. AA006 出油阀的作用是保证喷油泵供油急速开始,又能立即停止,以避免因动作迟缓造成喷油器滴漏。

( )7. AA007 柴油不经外界引火而能自燃的最低温度称为柴油的闪点。

( )8. AA008 内燃机的润滑系统的机油压力调节阀通常装在机油泵入口油道上,有的装在机油泵上。

( )9. AA009 闭式循环消耗水量较多,可保持冷却水的清洁。

( )10. AA010 启动机装有单制式调速器,它的主要作用是限制启动机的转速。

( )11. AA011 增压后由于压缩压力和温度增高,使燃料着火后期时间缩短,因而应适当增大供油提前角。

( )12. AA012 柴油机启动后,调整转速在 1200r/min 下运转,并在机油压力正常情况下进行预热。

( )13. AA013 柴油机轴颈与轴承间的摩擦或配合不好,机油不清洁,润滑不良及飞车等都会使轴颈磨损。

( )14. AA014 B2-400 型柴油机左、右排活塞行程相同。

( )15. AB001 检泵的主要工作是起下抽油杆及油管,准确计算油井深度,合理组配抽油杆和油管并准确丈量,下入合格的抽油泵。

( )16. AB002 对于低渗透性的碳酸盐油层及含碳酸盐成分较高的砂岩油层,常用土酸处理方法。

( )17. AB003 油水井大修的目的是解除井下事故,维修油、水井保持良好状况,改善出油及注水条件,恢复和提高单井生产能力。

( )18. AB004 探井内落鱼鱼顶时加压不超过 30kN。

( )19. AB005 对套管穿孔或裂缝的井可采用补贴措施修复,修复后的套管内径不会缩小。

( )20. AB006 对于堵水的油井必须认真选择,并选好堵水方法。

( )21. AB007 负压冲砂时,使井筒液柱压力低于地层压力,能排液解堵但要污染油层。

( )22. AB008 酸化施工前要对施工管线进行试压。

( )23. AB009 在油层压裂加砂过程中若压力突然上升应停止加砂待泵压正常后再加砂,若压力过高,停泵进行洗井。

( )24. AB010 在防砂工艺中,目前以绕丝筛管砾石充填效果好、寿命长、使用最广泛。

( )25. AC001 在测量过程中,只要工作细致就不会出现误差。

( )26. AC002 计量器具的指示值与被测尺寸的实际值之差称为示值误差。

( )27. AC003 游标卡尺读数时,先读出副尺零线所指示的主尺上右边刻线的毫米整数。

( )28. AC004 外径千分尺读数时,活动套筒的刻线上不足一格的小数,可用估算法确定。

( )29. AC005 塞尺使用时,应选择适当的塞尺片,只能单片进行测量。

( )30. AC006 手持式转速表的优点是结构简单,使用方便;缺点是测量精度低。

(　)31. AC007　机械式振动测量仪测量频率为 10~2000Hz，振幅为±0.01~±0.5mm。
(　)32. AC008　螺旋千斤顶使用时，可以选择任何方向受力都能起到作用。
(　)33. AC009　油压千斤顶使用时，首先用手将撑牙推向上升方向，然后开始起重。
(　)34. AC010　使用倒链起重，首先要清楚倒链规定吊起的负荷，不能超载。
(　)35. AC011　19mm、23mm 的手电钻扭矩很大，使用时最好两人操作。
(　)36. AC012　双定电动扳手在拧紧螺栓(螺母)时，能自动控制扭矩和扭转角度。
(　)37. AC013　设计自用工具和夹具时，只需考虑它的实用性。
(　)38. AD001　HSE 管理体系要求组织进行风险分析，确定其自身活动可能发生的危害和后果，从而采取有效的防范手段和控制措施防止其发生，以便减少可能引起的人员伤害、财产损失和环境污染。
(　)39. AD002　管理者不应表明对 HSE 管理的信心和承诺，积极鼓励在一切生产经营活动中满足 HSE 的要求和规定。
(　)40. AD003　实施风险管理，对外部和内部的影响采取积极响应措施。
(　)41. AD004　提高 HSE 信念，不鼓励员工采用安全、健康的生活方式并做好环境保护。
(　)42. AD005　保证与风险有关的资源和材料在被使用之前都应通过评价。
(　)43. AD006　通过评审和审核主要操作活动来评价 HSE 的执行情况，努力使风险提高到合理尽可能低的水平。
(　)44. AD007　所有发现的事故都应进行调查，搞清事故发生原因对预防和应急措施进行检讨。
(　)45. AD008　不定期进行 HSE 内部审核，以便实现持续改进的目标。
(　)46. AD009　HSE 管理体系即健康、安全与环境管理体系。
(　)47. AD010　建立和实施 HSE 管理体系不是一个十分复杂的系统工程。
(　)48. AD011　根据审核的层次和深度上的差异，可以将认证审核的过程大体分为两个阶段：即初始审核和正式审核。
(　)49. AD012　班组安全管理模式，是指企业在班组安全管理过程中，或者在包括安全工作在内的更具体意义上的管理理念、方法、做法和经验，在此基础上形成的管理模式。
(　)50. AD013　传统做法指班组合理化建议活动、班前班后会、不安全事件报告、三级安全教育、无隐患管理、“三标”建设、“5S”管理、“三老四严”作风等。
(　)51. AD014　“两书一表”，不是一种企业基层组织 HSE 管理的一种模式。
(　)52. AD015　“两书一表、一案一本”模式与“两书一表”模式不同的是，它增加和更加强调了应急预案和 HSE 管理记录本两项内容。
(　)53. AD016　“一书两卡一程序，HSE 方案及警示录”模式，其中的“一书”不是指岗位作业指导书。
(　)54. AD017　工作危害分析的主要步骤是先确定待分析的工作，然后将该工作划分为若干个步骤，再辨识出每一步骤的潜在危害，最后确定相应的预防措施。
(　)55. AD018　岗位安全须知卡这种形式能比较简单明了反映岗位上的不重要信息。

( )56. AD019 在“岗位注意事项”这一项内容中,应当列出该岗位人员在出现应急情况时应如何处理。

( )57. AD020 讨论步骤。对这一工作必须成立专门的小组,只是辨识小组在讨论的基础上进行系统整理和总结的结果,根据卡或表中所需的几项内容进行整理汇总。

( )58. AD021 对设备的管理维护保养不到位,属于管理上的漏洞。

( )59. AD022 每一岗位都要有几本岗位作业指导书。

( )60. AD023 有的岗位作业指导书内容较多,有的则比较简单。

( )61. AD024 岗位作业指导书内容较多,班组长一般都能独立完成。

( )62. AD025 健全落实以“一把手”负总责、领导班子成员“一岗双责”为主要内容的安全培训责任体系。

( )63. AD026 新入厂人员(包括新工人、合同工、临时工、外包工和培训人员、实习人员),均不须经过厂级、车间级、班组级安全教育。

( )64. AD027 班组安全活动应有领导、有记录。

( )65. AD028 从事危险作业,作业后由施工组织者负责进行安全教育,采取安全措施。

( )66. AD029 对于该项目有特殊要求的某一(些)岗位或根据风险管理要求需要进一步修订的相关岗位的岗位职责和操作规程,应在本计划书的该条款写明。

( )67. AD030 不应有本作业项目相关文件,以及受控文件保管人清单,并建立控制文件程序或办法。

( )68. AD031 安全环境管理委员会有责任通过各种渠道获取与公司安全、环境和职业健康安全活动、产品或服务有关的法律、法规和其他要求。

( )69. AD032 各职能部门根据以下条件确认获得的法律、法规及其他要求的适用性:是否与公司质量、环境和职业健康安全有关;是否为以前的版本。

( )70. AD033 制订应急预案,要根据各种侵害可能造成的后果,相应的拟定计划,从而使应急预案能在危难时刻充分发挥作用。

( )71. AD034 应急处置培训和演练的指导思想不应以加强基础、突出重点、逐步提高为原则。

( )72. AE001 柴油机增压后可以使柴油机机械效率提高、燃油消耗率降低。

( )73. AE002 增压后柴油机热负荷增加,必须使气门间隙相应减少。

( )74. AE003 径流式增压器的压气机叶轮、涡轮装在同一根轴上构成转子组。

( )75. AE004 径流式增压器的压气机涡壳组是由压气机壳、扩压板和扩压器等组成。

( )76. AE005 径流脉冲式废气涡轮增压器主要由涡轮和压风机两部分组成。二者同装于一根轴上,中间由密封装置隔开。

( )77. AE006 废气涡轮增压器的涡轮用含镍的耐热钢精密铸造而成,用螺母固定在转子轴上。

( )78. AE007 增压器出现强振是正常现象,不必停车检查。

(　)79. AE008　增压器压气机出口压力突然下降,易造成柴油机负荷增大时突然熄火,加速机件磨损。

(　)80. AE009　对于新的柴油机或调换增压器后,在启动前,必须卸下增压器上的进油管接头,加注 50~60mL 的机油,防止启动的瞬间因缺油而烧坏增压器轴承。

(　)81. AE010　空气冷却式中冷器利用管道将压缩空气通到一个散热器中,利用风扇提供的冷却空气冷却。

(　)82. AE011　复合式增压器也就是把机械增压器与废气涡轮增压器联合起来工作的增压装置,主要用于某些四冲程发动机上,借以保证发动机启动和低速负荷时有必要的扫气压力。

(　)83. BA001　电场力在单位时间里所做的功叫电功率,单位为瓦特(W)。

(　)84. BA002　由欧姆定律可知,所用电器的阻值与电压成正比,与电流成反比。

(　)85. BA003　复联电路中并联部分的总电流等于电路的总电流值。

(　)86. BA004　在纯电阻电路里,电功等于电热。

(　)87. BA005　通电导体在均匀磁场中所受磁场力的方向与磁场方向和电流方向都垂直。

(　)88. BA006　蓄电池充放电过程中,电能和化学能的相互转换是依靠极板上的活性物质和电解液间的化学反应来实现的。

(　)89. BA007　三相交流电出现正幅值的顺序称为相序。

(　)90. BA008　直流发电机换向器的作用在于将电刷之间的交变电动势转换成电枢绕组中的极性不变的电动势。

(　)91. BA009　保护接地就是将电气设备的金属外壳接地,宜用于中性点不接地的低压系统中。

(　)92. BB001　机械传动分为啮合传动和摩擦传动;流体传动分为液压传动和气压传动。

(　)93. BB002　介于分度圆与齿顶圆之间的部分称为齿顶,其径向高度称为齿高。

(　)94. BB003　提高齿面硬度,提高表面粗糙度值,采用黏度较低的润滑油,可有效防止或减轻点蚀。

(　)95. BB004　蜗杆螺纹的头数即蜗杆的齿数 z_1,通常 $z_1=1\sim4$,一般多采用单头蜗杆传动,即 $z_1=1$。

(　)96. BB005　为了保证齿形带与轮齿正确啮合,齿形角可以不同,但两者的节距必须相等。

(　)97. BB006　三角带传动适用于短中心距和较大的传动比,在垂直或倾斜的传动中都能工作得很好。

(　)98. BB007　摩擦轮传动是利用两轮相互压紧而产生的摩擦力来工作的。

(　)99. BB008　链条上任意相邻的两内链板或外链板上对应点间的距离称链的节距。

(　)100. BB009　如果连杆机构中所有的杆都在同一平面内或在互相平行的平面内运动,就称为平面连杆机构。

(　)101. BC001　液压系统中最主要的噪声源是液压阀,其次是液压泵。

(　)102. BC002　输出力矩和转速的执行元件是液压马达。
(　)103. BC003　运动速度高或配合间隙小时宜采用黏度较高的液压油以减少摩擦损失。
(　)104. BC004　液力传动系统实际上是离心泵、涡轮机、管道以及其他部件的组合体。
(　)105. BC005　液力偶合器的重要特点之一是偶合器具有变矩功能。
(　)106. BC006　无论在什么条件下,液体进入泵轮、涡轮和导轮的相对速度均沿叶片骨线的切线方向。
(　)107. BC007　O 形密封圈既可用于动密封又可用于静密封。
(　)108. BC008　泵内相对运动的机件之间的摩擦损失,压力越高,摩擦损失越小。
(　)109. BC009　液压泵和马达在原理上可逆,结构上类似,用途结构相同。
(　)110. BC010　热油检查是通过观察位于传动器左侧的油面计进行的。
(　)111. BC011　单向阀的功能是只允许油液向一个方向流动,而不能反向流动。
(　)112. BC012　张力传动箱离合器结合缓慢的原因之一是换挡离合器活塞密封圈磨损。
(　)113. BD001　曲柄:连接连杆轴颈和曲柄销或两相邻曲柄销的部位。
(　)114. BD002　连杆与曲轴相连的一头称为大头,与十字头相连的一头称为小头。
(　)115. BD003　十字头在其滑道内做直线往复运动,不具有导向作用。
(　)116. BD004　柱塞泵的主轴承通常采用圆锥滚子轴承、圆柱滚子轴承或调心滚子轴承。
(　)117. BD005　立式泵头不存在十字交叉孔,两垂直孔相交处应力集中很大,常由此而导致泵头疲劳破裂。
(　)118. BD006　填料一般为方形或矩形,有成形或带形,有碳素纤维填料、芳纶填料、四氟已烯填料、石墨填料。
(　)119. BD007　柱塞不分实心柱塞与空心柱塞两种。
(　)120. BD008　环阀的阀隙过流周长较大,较适合于大流量的场合。
(　)121. BD009　稳压器,泵头排出的高压脉动液体,以稳压器后,变为不平稳的高压液体。
(　)122. BD010　双缸双作用活塞泵又可分成卧式和立式两种。
(　)123. BD011　400 型柱塞泵为四缸单作用卧式泵,它由动力端、液力端、润滑系统、安全管系和壳体组成。
(　)124. BD012　400 型柱塞泵发动机转速 1800r/min,I 挡,62 冲次(n/min),柱塞直径 90mm 时,压力 40.5MPa。
(　)125. BD013　400 型柱塞泵最大驱动功率 39kW。
(　)126. BD014　离合器操纵采用脚踏板控制。百叶窗采用气动控制。
(　)127. BD015　CV5-340-1 变速箱输入轴上装有三个斜齿圆柱齿轮,分别和中间轴的被动齿轮啮合。
(　)128. BD016　连杆材料为优质碳素钢,其大端装有铜铝合金瓦片,小端装有铜铝锌合金的球面组合座,两端均设有润滑油孔。

(　)129. BD017　阀门总成分为吸入阀和排出阀,吸入和排出阀门总成的材料、结构和尺寸不完全一致。

(　)130. BD018　当柱塞泵排出压力超过剪销额定值时,作用于安全阀活塞上的力大于剪销的许用载荷而剪断销钉,使排出液体放空,泵压下降,对设备起过载保护作用。

(　)131. BD019　柱塞泵润滑系统均不采用连续压力油式强制润滑。

(　)132. BD020　离合器选用美国双环公司的 SP-314 工程离合器。

(　)133. BD021　气压系统的压力不高于 0.85MPa。

(　)134. BD022　台上发电机在发动后给全车供电,电路系统的电压为 24V。

(　)135. BD023　400 型泵车进行操作时使用的操纵机构均不位于车台上的仪表控制台上。

(　)136. BE001　由于井下特种装备是在转速载荷、温度、润滑等条件不断变化的复杂情况下工作的,因此,在使用过程中,不可避免地会出现各种故障。

(　)137. BE002　液力端排出压力低的故障有时是压力表显示不准。

(　)138. BE003　吸入水头过高也能造成液力端吸入压力低的故障。

(　)139. BE004　液体敲击是由液体流速过快在管线内受到阻碍而产生的。

(　)140. BE005　管线中有气体能造成泵头刺漏。

(　)141. BE006　泵送介质腐蚀性太大、施工完后没有及时冲洗泵腔,均可以造成泵件腐蚀。

(　)142. BE007　柱塞与密封衬套严重黏拉是造成液力端产生不正常响声的原因之一。

(　)143. BE008　十字头销、销衬套磨损会造成液体敲击或管线振动故障。

(　)144. BE009　摩擦片沾有油污或其他脏物,会造成离合器打滑。

(　)145. BE010　判断故障一般只采用看、听、闻就可以了。

(　)146. BF001　采用划线可以使误差不大的毛坯得以提早发现,不致于加工后成废品。

(　)147. BF002　使用锉刀的原则之一是锉硬金属时要用新锉刀。

(　)148. BF003　板料局部变形凸起的原因,是凸起处在外力的作用下被压缩了。

(　)149. BF004　钳工的手锤手柄一定要装牢,锤柄长度尽量短些。

(　)150. BF005　井下特种装备的维修工作必须坚持在修理车间由专业人员进行的原则。

(　)151. BF006　在电镀时,可将需加厚的零件当作阴极,而阳极通常都为金属。

(　)152. BF007　金属喷涂可以修复零件内外径的磨损面,具有良好的效果。

(　)153. BF008　研磨用的氧化铬磨料比氧化铝磨料的硬度高,氧化铬磨料被广泛应用。

(　)154. BF009　用修理尺寸法修复零件,质量很高,但互换性复杂,且磨损很严重时不行。

(　)155. BF010　400 型大泵柴油机的汽缸套由高磷合金铸铁制成。

(　)156. BG001　目前,绝大多数液力自动变速器都采用行星齿轮系统作为辅助变速器。

( )157. BG002 自动变速器不是由四大部分组成:液力变矩器;齿轮变速机构;控制系统;冷却、润滑系统。

( )158. BG003 离合器由卡环、输出转鼓、钢片、摩擦片、弹簧座卡环组成。

( )159. BG004 带式制动器的工作原理。当液压缸无油压时,制动带与鼓之间不要有一定的间隙,制动鼓可随与它相连的行星排元件一同转动。

( )160. BG005 控制系统的工作油压在换挡阀的控制下通过高挡油路进入变速机构,使自动变速器挂上高挡,通过低挡油路进入变速机构,使自动变速器挂上低挡。

( )161. BG006 如果对自动变速器油按规定使用,将影响自动变速器使用寿命。

( )162. BG007 实现无级变速,增加发动机牵引力,改善发动机的工作特性。

( )163. BG008 当车辆出现在 30~50km/h 以上加速不良,车速上升缓慢,过了低速区后加速良好的故障时,很可能是液力变矩器内支撑导轮的单向离合器打滑。

( )164. BG009 检查强制降挡开关。在油门踏板踩到底时,强制降挡开关的触点应闭合。

( )165. BG010 换挡杆变速器冲击故障现象:在发动机正常工作温度、标准怠速工况时,换挡杆 P→D 及 N→D 时变速器冲击不严重,其他工况良好。

( )166. BG011 在发现某挡跳挡时,仍将变速杆换入该挡,然后拆下变速器盖看齿轮啮合情况,如啮合良好,应检查变速叉轴锁住机构。

( )167. BG012 造成系统中液力传动油液工作温度过高的主要原因之一是管路中有不畅部位:由于存在节流部位,造成全部损失过大,导致生热。

( )168. BG013 由于变矩器内的工作油液在工作中要受到剧烈的搅拌,因而随意向系统中加入其他品牌的油液易造成油液乳化变质,导致系统内元件腐蚀和磨损。

( )169. BG014 液压系统由信号控制和液压动力两部分组成,信号控制部分不用于驱动液压动力部分中的控制阀动作。

( )170. BG015 压力损失有沿程损失和局部损失两种。

( )171. BG016 流量损失影响运动速度,而泄漏又难以绝对避免,所以在液压系统中泵的额定流量要略小于系统工作时所需的最大流量。

( )172. BG017 液压冲击危害:引起振动,产生噪声;使继电器、顺序阀等压力元件产生错误动作,甚至造成某些元件、密封装置和管路损坏。

( )173. BG018 空穴现象:如果液压系统中渗入空气,液体中的气泡随着液流运动到压力较高的区域时,气泡在较低压力作用下将迅速破裂,从而引起局部液压冲击,产成噪声和振动。

( )174. BG019 气蚀现象可能发生在油泵、管路以及其他具有节流装置的地方,特别是油泵装置,这种现象最为常见。

( )175. BG020 工作压力是液压系统最基本的参数之一,工作压力的正常与否会一定程度上影响液压系统的工作性能。

(　　)176. BG021　引起故障的原因是多种多样的,并无固定规律可寻。

(　　)177. BG022　日常查找液压系统故障的最新方法是逻辑分析逐步判断。

(　　)178. BG023　油液中的水和油液氧化变质的生成物对元件产生腐蚀作用。

(　　)179. BG024　污染物是液压系统油液中对系统起危害作用的的物质,它在油液中以相同的形态形式存在。

(　　)180. BG025　内部污染物:元件在加工时、装配、调试、包装、储存、运输和安装等环节中残留的污染物。

(　　)181. BG026　一个系统在正式投入之后一般都要经过冲洗,冲洗的目的就是要清除残留在系统内的污染物、金属屑、纤维化合物、铁心等。

(　　)182. BG027　方向控制阀:包括电磁换向阀、气控换向阀、人控换向阀、机控换向阀、单向阀、梭阀。

(　　)183. BG028　在选用气动元件时,尽可能所有元件选用有油润滑元件,这样既可以避免日常油雾器的维护,同时也节省了能源。

(　　)184. BG029　在管路中装设后冷却器、主管路过滤器、干燥器等时,为便于测试、不停气维修、故障检查和更换元件,应设置必要的旁通管路和截止阀。

(　　)185. BG030　无给油元件因有预润滑,可以不给油。不给油元件也可给油工作。一旦给油,也可以再中止,否则,会导致阀动作不良。

(　　)186. BG031　气缸的运动能量不能完全被吸收时,应设计缓冲回路或外部增设缓冲机构。

(　　)187. BG032　接头及软管安装配管后,应充分吹净管道及接头内的灰尘、油污、切屑末等杂质。

(　　)188. BG033　保证空气中含有适量的润滑油,大多数气动执行元件和控制元件都要求适度的润滑。

(　　)189. BG034　管路系统点检。主要内容不是对冷凝水和润滑油的管理。

(　　)190. BG035　减压阀的故障有:压力调不高或压力上升缓慢等。

(　　)191. BG036　气缸出现内、外泄漏,一般不是因活塞杆安装偏心,润滑油供应不足,密封圈和密封环磨损或损坏,气缸内有杂质及活塞杆有伤痕等造成的。

(　　)192. BG037　若电磁先导阀的进、排气孔被油泥等杂物堵塞,封闭不严,活动铁芯被卡死,电路有故障等,均可导致换向阀不能正常换向。

(　　)193. BG038　自动排污器内的油污和水分有时不能自动排除,特别是在冬季温度较高的情况下尤为严重。

(　　)194. BG039　自动控制系统是指在无人直接参与下可使生产过程或其他过程按期望规律或预定程序进行的控制系统。

(　　)195. BG040　配电柜(箱)内的配线电流回路应采用电压不低于 500V 的铜芯绝缘导线,其截面不应小于 2. 5mm^2。

(　　)196. BG041　有计划地进行主动性维护,保证系统及元件运行稳定可靠,运行环境良好及时检测更换元器件。

(　　)197. BG042　电气控制系统电动机不能启动原因之一是负载过大,检查压缩机、消除负载过小原因。

( )198. BH001 人工裂缝的形态取决于支撑剂地应力的大小和方向。

( )199. BH002 支撑剂选择的依据和方法:以预期获得的压裂效果所需要的裂缝导流能力为根据对支撑剂进行选择。

( )200. BH003 不管是全三维模型还是拟三维模型,其基本方法都是将裂缝进行单元离散后通过数值方法来求解。

( )201. BH004 压裂井产量预测的方法很多,归纳起来有增产倍数法、典型曲线法和数值计算法。

( )202. BH005 在压裂压力分析中,一般都不直接使用实测的井底或井口压力,而是使用井底或裂缝内的净压力,净压力定义为井底或裂缝内的压力与闭合压力之差。

( )203. BH006 如果压裂的规模太小,所形成的裂缝太短,对地层的穿透率低,随开发时间的延长,裂缝的导流能力变小,油井的产量也会减小。

( )204. BH007 水平井限流压裂是利用有限射孔孔眼产生的节流摩阻进行压裂,当注入排量超过射孔孔眼吸液量时,将产生过剩的压力,当过剩的压力大于射孔孔眼处地层破裂压力时,地层将产生破裂,当存在多射孔段时,将产生多条裂缝。

( )205. BH008 针对合适的油藏采用大型压裂是大幅度提高单井产量的关键,目前支撑剂用量达到 $100m^3$ 以上大型压裂技术尚不配套。

答　　案

一、单项选择题

1. B　2. A　3. C　4. C　5. B　6. B　7. A　8. B　9. B　10. A　11. B
12. B　13. A　14. C　15. B　16. D　17. B　18. A　19. D　20. B　21. C　22. A
23. D　24. C　25. C　26. A　27. B　28. C　29. C　30. C　31. B　32. B　33. C
34. B　35. B　36. D　37. B　38. A　39. C　40. A　41. D　42. D　43. A　44. C
45. B　46. B　47. D　48. B　49. D　50. C　51. B　52. C　53. D　54. D　55. B
56. B　57. B　58. C　59. C　60. D　61. A　62. A　63. C　64. A　65. C　66. A
67. D　68. B　69. D　70. C　71. D　72. D　73. C　74. C　75. A　76. D　77. D
78. A　79. B　80. B　81. C　82. C　83. D　84. D　85. B　86. B　87. C　88. B
89. B　90. C　91. D　92. D　93. A　94. A　95. A　96. B　97. C　98. C　99. D
100. D　101. D　102. A　103. B　104. B　105. B　106. C　107. C　108. D　109. B　110. C
111. A　112. A　113. B　114. C　115. B　116. C　117. D　118. A　119. B　120. C　121. B
122. C　123. D　124. A　125. B　126. C　127. B　128. C　129. D　130. A　131. B　132. C
133. B　134. C　135. D　136. A　137. B　138. C　139. B　140. C　141. D　142. A　143. B
144. C　145. B　146. C　147. D　148. A　149. B　150. C　151. B　152. C　153. D　154. A
155. B　156. C　157. B　158. C　159. D　160. A　161. B　162. C　163. B　164. C　165. D
166. A　167. B　168. C　169. B　170. C　171. D　172. A　173. B　174. D　175. B　176. C
177. D　178. A　179. B　180. C　181. B　182. C　183. D　184. A　185. B　186. C　187. B
188. C　189. D　190. A　191. B　192. C　193. B　194. C　195. D　196. A　197. B　198. C
199. B　200. C　201. D　202. D　203. B　204. A　205. B　206. C　207. D　208. D　209. A
210. B　211. A　212. B　213. C　214. B　215. C　216. A　217. B　218. C　219. C　220. D
221. B　222. C　223. A　224. A　225. B　226. B　227. A　228. C　229. B　230. B　231. D
232. C　233. A　234. B　235. D　236. A　237. A　238. C　239. B　240. A　241. B　242. C
243. D　244. C　245. A　246. B　247. A　248. B　249. A　250. B　251. C　252. D　253. A
254. D　255. C　256. C　257. D　258. A　259. C　260. D　261. D　262. A　263. B　264. A
265. D　266. C　267. C　268. D　269. C　270. B　271. B　272. A　273. C　274. A　275. A
276. B　277. C　278. D　279. C　280. C　281. A　282. D　283. D　284. A　285. A　286. C
287. B　288. A　289. D　290. B　291. C　292. B　293. C　294. A　295. B　296. C　297. B
298. A　299. A　300. B　301. B　302. C　303. B　304. B　305. B　306. A　307. B　308. A
309. D　310. B　311. A　312. C　313. C　314. D　315. C　316. B　317. C　318. D　319. A
320. C　321. A　322. A　323. B　324. A　325. C　326. D　327. D　328. B　329. A　330. D

331. C 332. B 333. A 334. A 335. B 336. A 337. B 338. C 339. D 340. A 341. B
342. C 343. B 344. C 345. D 346. A 347. B 348. C 349. B 350. C 351. D 352. A
353. B 354. C 355. B 356. C 357. D 358. A 359. B 360. C 361. B 362. C 363. D
364. A 365. B 366. C 367. B 368. C 369. D 370. A 371. B 372. C 373. B 374. C
375. D 376. A 377. B 378. C 379. B 380. C 381. D 382. A 383. B 384. C 385. B
386. C 387. D 388. A 389. B 390. C 391. B 392. C 393. D 394. A 395. B 396. C
397. B 398. C 399. D 400. A 401. B 402. C 403. B 404. C 405. D 406. A 407. C
408. D 409. C 410. B 411. D 412. D 413. B 414. C 415. C 416. D 417. C 418. A
419. B 420. C 421. B 422. A 423. D 424. D 425. A 426. B 427. D 428. B 429. B
430. A 431. B 432. D 433. D 434. A 435. C 436. A 437. A 438. B 439. C 440. C
441. A 442. A 443. B 444. B 445. C 446. D 447. B 448. D 449. D 450. A 451. B
452. B 453. C 454. C 455. D 456. D 457. B 458. B 459. B 460. C 461. A 462. A
463. A 464. A 465. B 466. C 467. B 468. D 469. B 470. C 471. D 472. A 473. B
474. C 475. B 476. C 477. D 478. A 479. B 480. C 481. B 482. C 483. D 484. A
485. B 486. C 487. B 488. C 489. D 490. A 491. B 492. C 493. B 494. C 495. D
496. A 497. B 498. C 499. B 500. C 501. D 502. A 503. B 504. C 505. B 506. C
507. D 508. A 509. B 510. C 511. B 512. C 513. D 514. A 515. B 516. C 517. B
518. C 519. D 520. A 521. B 522. C 523. B 524. C 525. D 526. A 527. A 528. D
529. A 530. C 531. B 532. A 533. B 534. C 535. B 536. C 537. D 538. A 539. B
540. C 541. B 542. C 543. D 544. B 545. D 546. D 547. B 548. A 549. C 550. A
551. B 552. C 553. B 554. C 555. D 556. A 557. B 558. C 559. B 560. C 561. D
562. A 563. B 564. C 565. B 566. C 567. D 568. A 569. B 570. C 571. B 572. C
573. D 574. A 575. B 576. C 577. B 578. C 579. D 580. C 581. A 582. D 583. B
584. C 585. D 586. B 587. D 588. D 589. A 590. A 591. A 592. D 593. B 594. A
595. A 596. C 597. D 598. D 599. C 600. B 601. B 602. C 603. D 604. D 605. C
606. B 607. B 608. C 609. D 610. D 611. C 612. B 613. A 614. C 615. D

二、判断题

1. √ 2. × 正确答案:连杆弯曲与扭曲的主要原因是由于活塞顶缸。 3. × 正确答案:产生缸套穴蚀的主要原因是由于缸套腐蚀。 4. √ 5. × 正确答案:进气门在上止点前关闭,排气门在上止点开启。 6. √ 7. × 正确答案:柴油不经外界引火而能自燃的最低温度称为柴油的燃点。 8. × 正确答案:内燃机的润滑系统的机油压力调节阀通常装在机油泵上。 9. × 正确答案:闭式循环消耗水量较少,可保持冷却水的清洁。 10. × 正确答案:启动机装有单制式调速器,它的主要作用是不限制启动机的转速。 11. × 正确答案:增压后由于压缩压力和温度增高,使燃料着火后期时间缩短,因而应适当减小供油提前角。 12. × 正确答案:柴油机启动后,调整转速在600r/min下运转,并在机油压力正常情况下进行预热。 13. √ 14. × 正确答案:

B2-400 型柴油机左、右排活塞行程不相同。 15. × 正确答案:检泵的主要工作是起下抽油杆及油管,准确计算油井深度,合理组配抽油杆和油管并准确丈量,下入合格的抽油杆、油管和深井泵。 16. × 正确答案:对于低渗透性的碳酸盐油层及含碳酸盐成分较高的砂岩油层,常用盐酸处理方法。 17. √ 18. √ 19. × 正确答案:对套管穿孔或裂缝的井可采用补贴措施修复,修复后的套管内径要缩小 10mm 左右。 20. √ 21. × 正确答案:负压冲砂时,使井筒液柱压力低于地层压力,能排液解堵且不污染油层。 22. √ 23. √ 24. √ 25. × 正确答案:在测量过程中,几乎都会引起误差。 26. √ 27. × 正确答案:游标卡尺读数时,先读出副尺零线所指示的主尺上左边刻线的毫米整数。 28. √ 29. × 正确答案:塞尺使用时,应选择适当的塞尺片,可用单片或多片组合进行测量。 30. √ 31. × 正确答案:机械式振动测量仪测量频率为 10~200Hz,振幅为±0.01~±2.5mm。 32. √ 33. × 正确答案:油压千斤顶使用时,首先用手柄的开槽端将回油阀关闭,然后开始起重。 34. √ 35. × 正确答案:19mm、23mm 的手电钻扭矩很大,使用时最好用电磁钻孔器,即吸铁电钻架进行钻孔。 36. √ 37. × 正确答案:设计自用工具和夹具时,要保证它的使用可靠性、安全性和经济性。 38. √ 39. × 正确答案:管理者应表明对 HSE 管理的信心和承诺,积极鼓励在一切生产经营活动中满足 HSE 的要求和规定。 40. √ 41. × 正确答案:提高 HSE 信念,鼓励员工采用安全、健康的生活方式并做好环境保护。 42. √ 43. × 正确答案:通过评审和审核主要操作活动来评价 HSE 的执行情况,努力使风险降到合理尽可能低的水平。 44. √ 45. × 正确答案:定期进行 HSE 内部审核,以便实现持续改进的目标。 46. √ 47. × 正确答案:建立和实施 HSE 管理体系是一个十分复杂的系统工程。 48. √ 49. × 正确答案:班组安全管理模式,是指企业在班组安全管理过程中,或者在包括安全工作在内的更广泛意义上的管理理念、方法、做法和经验,在此基础上形成的管理模式。 50. √ 51. × 正确答案:"两书一表",是一种企业基层组织 HSE 管理的一种模式。 52. √ 53. × 正确答案:"一书两卡一程序,HSE 方案及警示录"模式,其中的"一书"指岗位作业指导书。 54. √ 55. × 正确答案:岗位安全须知卡这种形式能比较简单明了反映岗位上的重要信息。 56. √ 57. × 正确答案:讨论步骤。对这一工作不必成立专门的小组,只是辨识小组在讨论的基础上进行系统整理和总结的结果,根据卡或表中所需的几项内容进行整理汇总。 58. √ 59. × 正确答案:每一岗位都要有一本岗位作业指导书。 60. √ 61. × 正确答案:岗位作业指导书内容较多,班组长一般很难独立完成。 62. √ 63. × 正确答案:新入厂人员(包括新工人、合同工、临时工、外包工和培训、实习人员),均须经过厂级、车间级、班组级安全教育。 64. √ 65. × 正确答案:从事危险作业,作业前由施工组织者负责进行安全教育,采取安全措施。 66. √ 67. × 正确答案:应有本作业项目相关文件,以及受控文件保管人清单,并建立控制文件程序或办法。 68. √ 69. × 正确答案:各职能部门根据以下条件确认获得的法律、法规及其他要求的适用性:是否与公司质量、环境和职业健康安全有关;是否为最新的版本。 70. √ 71. × 正确答案:应急处置培训和演练的指导思想应以加强基础、突出重点、逐步提高为原则。

72. √　73. ×　正确答案:增压后柴油机热负荷增加,必须使气门间隙相应增大。　74. √　75. √　76. √　77. ×　正确答案:废气涡轮增压器的涡轮用含镍的耐热钢精密铸造而成,焊接在转子轴上。　78. ×　正确答案:增压器出现强振,应立即停车检查并排除。　79. √　80. √　81. ×　正确答案:空气冷却式中冷器利用管道将压缩空气通到一个散热器中,利用风扇提供的冷却空气强行冷却。　82. ×　正确答案:复合式增压器也就是把机械增压器与废气涡轮增压器联合起来工作的增压装置,主要用于某些二冲程发动机上,借以保证发动机启动和低速负荷时有必要的扫气压力。　83. √　84. ×　正确答案:由欧姆定律可知,所用电器的阻值与电压成反比,与电流成正比。　85. √　86. √　87. √　88. √　89. √　90. ×　正确答案:直流发电机换向器的作用在于将电刷之间的交变电动势转换成电枢绕组中的极性可变的电动势。　91. √　92. √　93. √　94. ×　正确答案:提高齿面硬度,提高表面粗糙度值,采用黏度较高的润滑油,可有效防止或减轻点蚀。　95. √　96. ×　正确答案:为了保证齿形带与轮齿正确啮合,齿形角必须相等,但两者的节距可以不同。　97. √　98. √　99. ×　正确答案:链条上任意相邻的两内链板或外链板上中心点间的距离称链的节距。　100. √　101. ×　正确答案:液压系统中最主要的噪声源是液压泵,其次是液压阀。　102. √　103. ×　正确答案:运动速度高或配合间隙小时宜采用黏度较低的液压油以减少摩擦损失。　104. √　105. ×　正确答案:液力偶合器的重要特点之一是偶合器具有变速功能。　106. ×　正确答案:在稳定运转条件下,液体进入泵轮、涡轮和导轮的相对速度均沿叶片骨线的切线方向。　107. √　108. ×　正确答案:泵内相对运动的机件之间的摩擦损失,压力越高,摩擦损失越大。　109. ×　正确答案:液压泵和马达在原理上可逆,结构上类似,用途结构不相同。　110. ×　正确答案:热油检查是通过观察位于传动器侧面的油面计进行的。　111. √　112. √　113. ×　正确答案:曲柄:连接主轴颈和曲柄销或两相邻曲柄销的部位。　114. √　115. ×　正确答案:十字头在其滑道内做直线往复运动,具有导向作用。　116. √　117. ×　正确答案:立式泵头存在十字交叉孔,两垂直孔相交处应力集中很大,常由此而导致泵头疲劳破裂。　118. √　119. ×　正确答案:柱塞分实心柱塞与空心柱塞两种。　120. √　121. ×　正确答案:稳压器,泵头排出的高压脉动液体,以稳压器后,变为较平稳的高压液体。　122. √　123. ×　正确答案:柱塞泵为三缸单作用卧式泵,它由动力端、液力端、润滑系统、安全管系和壳体组成。　124. √　125. ×　正确答案:400 型柱塞泵最大驱动功率 29kW。　126. √　127. ×　正确答案:CV5-340-1 变速箱输入轴上装有两个斜齿圆柱齿轮,分别和中间轴的被动齿轮啮合。　128. √　129. ×　正确答案:阀门总成分为吸入阀和排出阀,吸入和排出阀门总成的材料、结构和尺寸完全一致。　130. √　131. ×　正确答案:柱塞泵润滑系统均为连续压力油式强制润滑。　132. √　133. ×　正确答案:气压系统的压力不低于 0.85MPa。　134. √　135. ×　正确答案:400 型泵车进行操作时使用的操纵机构均位于车台上的仪表控制台上。　136. √　137. √　138. ×　正确答案:吸入水头过高也能造成液力端吸入压力高的故障。　139. ×　正确答案:液体敲击是由液体流速过慢在管线内受到阻碍而产生的。　140. ×　正确答案:管线中有杂物能造成泵头刺漏。 141. √ 142. √ 143. × 正确答案:十字头销、销衬套磨损不会造成液体敲击或管线振动故障。 144. √ 145. × 正确答案:判断故障一般只采用看、听、闻、摸。 146. × 正确答案:采用划线可以使误差不大的毛坯得到补救,使加工后的零件仍能合格。 147. × 正确答案:使用锉刀的原则之一是锉硬金属时不要使用新锉刀。 148. × 正确答案:板料局部变形凸起的原因,是凸起处在外力的作用下被伸展了。 149. × 正确答案:钳工的手锤手柄一定要装牢,锤柄长度一般为 350mm。 150. × 正确答案:井下特种装备的维修工作必须坚持专业维修和群众维修相结合的原则。 151. √ 152. × 正确答案:金属喷涂可以修复零件较大内径的磨损面,但效果不好。 153. × 正确答案:研磨用的氧化铬磨料比氧化铝磨料的硬度低,氧化铬磨料被广泛应用。 154. √ 155. √ 156. √ 157. × 正确答案:自动变速器由四大部分组成:液力变矩器;齿轮变速机构;控制系统;冷却、润滑系统。 158. √ 159. × 正确答案:带式制动器的工作原理。当液压缸无油压时,制动带与鼓之间要有一定的间隙,制动鼓可随与它相连的行星排元件一同转动。 160. √ 161. × 正确答案:如果对自动变速器油不按规定使用,将影响自动变速器使用寿命。 162. √ 163. × 正确答案:当车辆出现在 30~50km/h 以下加速不良,车速上升缓慢,过了低速区后加速良好的故障时,很可能是液力变矩器内支撑导轮的单向离合器打滑。 164. √ 165. × 正确答案:换挡杆变速器冲击故障现象:在发动机正常工作温度、标准怠速工况时,换挡杆 P→D 及 N→D 时变速器冲击严重,其他工况良好。 166. √ 167. × 正确答案:造成系统中液力传动油液工作温度过高的主要原因之一是管路中有不畅部位:由于存在节流部位,造成局部损失过大,导致生热。 168. √ 169. × 正确答案:液压系统由信号控制和液压动力两部分组成,信号控制部分用于驱动液压动力部分中的控制阀动作。 170. √ 171. × 正确答案:流量损失影响运动速度,而泄漏又难以绝对避免,所以在液压系统中泵的额定流量要略大于系统工作时所需的最大流量。 172. √ 173. × 正确答案:空穴现象:如果液压系统中渗入空气,液体中的气泡随着液流运动到压力较高的区域时,气泡在较高压力作用下将迅速破裂,从而引起局部液压冲击,产成噪声和振动。 174. √ 175. × 正确答案:工作压力是液压系统最基本的参数之一,工作压力的正常与否会很大程度上影响液压系统的工作性能。 176. √ 177. × 正确答案:日常查找液压系统故障的传统方法是逻辑分析逐步判断。 178. √ 179. × 正确答案:污染物是液压系统油液中对系统起危害作用的的物质,它在油液中以不同的形态形式存在。 180. √ 181. × 正确答案:一个系统在正式投入之前一般都要经过冲洗,冲洗的目的就是要清除残留在系统内的污染物、金属屑、纤维化合物、铁心等。 182. √ 183. × 正确答案:在选用气动元件时,尽可能所有元件选用无油润滑元件,这样既可以避免日常油雾器的维护,同时也节省了能源。 184. √ 185. × 正确答案:无给油元件因有预润滑,可以不给油。不给油元件也可给油工作。一旦给油,就不得再中止,否则,会导致阀动作不良。 186. √ 187. × 正确答案:接头及软管安装配管前,应充分吹净管道及接头内的灰尘、油污、切屑末等杂质。 188. √ 189. × 正确答案:管路系统点检。主要内容是对冷凝水和润滑油的管理。 190. √ 191. ×

正确答案:气缸出现内、外泄漏,一般是因活塞杆安装偏心,润滑油供应不足,密封圈和密封环磨损或损坏,气缸内有杂质及活塞杆有伤痕等造成的。 192. √ 193. × 正确答案:自动排污器内的油污和水分有时不能自动排除,特别是在冬季温度较低的情况下尤为严重。 194. √ 195. × 正确答案:配电柜(箱)内的配线电流回路应采用电压不高于500V的铜芯绝缘导线,其截面不应小于2.5mm^2。 196. √ 197. × 正确答案:电气控制系统电动机不能启动原因之一是负载过大,检查压缩机、消除负载过大原因。 198. × 正确答案:人工裂缝的形态取决于油藏地应力的大小和方向。 199. √ 200. √ 201. × 正确答案:压裂井产量预测的方法很多,归纳起来有增产倍数法、典型曲线法和数值模拟法。 202. √ 203. × 正确答案:如果压裂的规模太小,所形成的裂缝太短,对地层的穿透率低,随开发时间的延长,裂缝的导流能力变小,油井的产量也会增加。 204. √ 205. √

高级工理论知识练习题及答案

一、单项选择题(每题四个选项,只有一个是正确的,将正确的填入括号内)

1. AA001　铸铁在作业机上应用很广泛,HT20-40 主要用于制造(　　)。
   A. 各类齿轮
   B. 汽缸、底座、机体、壳体等
   C. 重要的机械零件和工程结构件
   D. 各种传动件、小型的热处理零件
2. AA001　钢的强度比铸铁高,中碳钢主要用来制造(　　)。
   A. 汽缸、底座、机体、壳体等
   B. 要求不高的机械零件和工程结构件
   C. 各种传动件、小型的热处理零件
   D. 螺栓、螺母、垫圈等紧固件
3. AA002　碳钢是指含碳量小于(　　)并含有少量硅、锰、硫、磷杂质的铁碳合金。
   A. 1. 11%　　B. 2. 11%　　C. 3. 11%　　D. 4. 11%
4. AA002　工业用碳钢的含碳量一般为(　　)。
   A. 3. 05%~4. 35%　　B. 2. 05%~3. 35%
   C. 0. 05%~1. 35%　　D. 1. 05%~2. 35%
5. AA003　按钢的含碳量多少分为(　　)三类。
   A. 低碳钢、中碳钢和高碳钢　　B. 下碳钢、中碳钢和上碳钢
   C. 少碳钢、中碳钢和高碳钢　　D. 少碳钢、中碳钢和上碳钢
6. AA003　按钢的质量(即按钢含有害元素 S、P 的多少)分为(　　)三类。
   A. 普通碳素钢、优质碳素钢和高质碳素钢
   B. 普通碳素钢、优质碳素钢和高级碳素钢
   C. 普遍碳素钢、较优质碳素钢和优质碳素钢
   D. 普遍碳素钢、优质碳素钢和较优质碳素钢
7. AA004　低合金钢,合金元素总含量小于(　　)。
   A. 4%　　B. 5%　　C. 6%　　D. 8%
8. AA004　中合金钢,合金元素总含量为(　　)。
   A. 3%~4%　　B. 4%~5%
   C. 5%~10%　　D. 10%~20%
9. AA005　铸铁是含碳量大于(　　)的铁碳合金,它含有比碳钢更多的硅、锰、硫、磷等杂质。
   A. 2. 11%　　B. 0. 11%　　C. 1. 11%　　D. 1. 91%

10. AA005 工业上常用的铸铁含碳量为(　　)。
A. 0.5%~2.0%　　B. 2.5%~4.0%
C. 4.5%~5.0%　　D. 5.5%~6.0%

11. AA006 根据灰口铸铁中石墨存在形式不同,它又可分为普通灰口铸铁、可锻铸铁和(　　)等。
A. 球型铸铁　　B. 球墨铸铁
C. 圆墨铸铁　　D. 方墨铸铁

12. AA006 普通灰口铸铁简称灰口铸铁,其石墨形态(　　)。
A. 呈圆状　　B. 呈柱状
C. 呈片状　　D. 呈型状

13. AA007 铸钢也是一种重要的铸造合金,其应用仅次于(　　)。
A. 铸铁　　B. 钢铁　　C. 合金　　D. 金属

14. AA007 铸钢件的力学性能优于(　　),并具有优良的焊接性能,适于采用铸焊联合工艺制造重型铸件。
A. 各类锻件　　B. 各类铸件
C. 特种铸件　　D. 特种锻件

15. AA008 黄铜是以(　　)为主要合金元素的铜合金。
A. 铜　　B. 锌　　C. 铁　　D. 铝

16. AA008 按照化学成分,黄铜分为普通黄铜和(　　)两种。
A. 重要黄铜　　B. 重点黄铜
C. 特殊黄铜　　D. 非特殊黄铜

17. AA009 铝合金具有较高的强度和良好的(　　)。
A. 加工性能　　B. 焊接性能
C. 加工强度　　D. 焊接强度

18. AA009 根据成分及加工特点,铝合金分为形变铝合金和(　　)铝合金。
A. 制造　　B. 铸造　　C. 锻造　　D. 机造

19. AA010 柴油机的曲轴可用球墨铸铁制造,QT60-2 的抗拉强度可达(　　)。
A. $500N/mm^2$　　B. $200N/mm^2$
C. $1000N/mm^2$　　D. $600N/mm^2$

20. AA010 柴油机的气门常用 40Cr 钢制造,它的抗拉强度可达(　　)。
A. $600N/mm^2$　　B. $200N/mm^2$
C. $800N/mm^2$　　D. $1000N/mm^2$

21. AA011 原油中含沙量较高,离心泵中的叶轮的磨损势必加快,工作寿命急剧缩短。目前叶轮常用材料为球墨铸铁和含(　　)的灰口铸铁等。
A. 17%　　B. 27%　　C. 37%　　D. 47%

22. AA011 球墨铸铁与灰口铸铁相比,具有更好的强韧性,易于通过合金化和热处理得到表面(　　)的使用性能,提高叶轮的使用寿命。
A. 硬度较低　　B. 硬度较高
C. 强度较高　　D. 强度较低

23. AA012 连杆是一个受着多向交变力的构件,多采用合金钢或(　　)制成。
A. 铸铁　　B. 铸钢　　C. 碳钢　　D. 碳铁

24. AA012 缸套是由(　　)钢锻造,经正火以消除内应力。
A. 22CrMo　　B. 32CrMo
C. 42CrMo　　D. 52CrMo

25. AA013 巴氏合金的主要成分有(　　)。
A. 锡、锑、铜、铝　　B. 锡、锑、硅、铝
C. 锡、锑、铜、铅　　D. 锡、锰、硅、铝

26. AA013 铅基轴承合金和锡基轴承合金相比,优点是(　　)。
A. 不易使轴颈发生黏胶
B. 导热性和高温时的机械性能好
C. 耐用强度高,耐磨性和寿命较高,价格便宜
D. 磨合顺应性、抗胶合、嵌藏性、抗腐蚀性

27. AA014 低碳钢的断口特征是(　　)。
A. 有明显塑性变形,呈银白色,能看到结晶颗粒
B. 塑性变形不明显,结晶颗粒比较细
C. 断口呈暗灰色,结晶颗粒粗大
D. 塑性变形很不明显,结晶颗粒很密

28. AA014 中碳钢的断口特征是(　　)。
A. 塑性变形不明显,结晶颗粒比较细
B. 断口呈暗灰色,结晶颗粒粗大
C. 塑性变形很不明显,结晶颗粒很密
D. 有明显塑性变形,呈银白色,有结晶颗粒

29. AA015 热处理是要改变工件(　　)从而达到改善机械性能的目的。
A. 内部化学成分　　B. 内部组织结构
C. 外部形状　　D. 所含元素的比例

30. AA015 由(　　)组合而成并且有金属特性的物质称为合金。
A. 两种以上原子
B. 金属与非金属
C. 两种以上的金属或金属与非金属
D. 两种以上的金属

31. AA016 退火后的工件(　　),消除了内应力,同时还可以使材料的内部组织均匀细化,为进行下一步热处理(淬火等)做好准备。
A. 硬度较高　　B. 硬度较低
C. 精度较高　　D. 精度较低

32. AA016 加热时(　　)应准确。温度过低达不到退火目的,温度过高又会造成过热、过烧、氧化、脱碳等缺陷。
A. 时间控制　　B. 温度加温
C. 温度控制　　D. 加温时间

33. AA017　将工件放到炉中加热到(　　),保温后出炉空冷的热处理方法叫正火。
A. 适当温度　　B. 适当时间
C. 较高温度　　D. 较长时间

34. AA017　正火实质上是退火的另一种形式,其作用与退火相似。与退火不同之处是加热,对碳钢而言,一般加热至(　　),保温后,放在空气中冷却而不是随炉冷却。
A. 600~730℃　　B. 800~930℃
C. 500~630℃　　D. 400~530℃

35. AA018　工件经淬火后可获得(　　)的组织,因此淬火可提高钢的强度和硬度。
A. 高密度　　B. 高硬度
C. 低硬度　　D. 低密度

36. AA018　工件淬火后一般都要及时进行(　　),并在回火后获得适度的强度和韧性。
A. 退火处理　　B. 回火加热
C. 回火处理　　D. 退火加热

37. AA019　将淬火后的工件重新加热到(　　)范围并保温后,在油中或空气中冷却的操作称为回火。
A. 某一温度　　B. 很高温度
C. 很低温度　　D. 很高湿度

38. AA019　低温回火,回火温度为(　　)。
A. 250~350℃　　B. 150~250℃
C. 350~450℃　　D. 450~550℃

39. AA020　表面热处理按处理工艺特点可分为表面淬火和表面(　　)两大类。
A. 物理热处理　　B. 化学热处理
C. 化工热处理　　D. 回火热处理

40. AA020　表面淬火,钢的表面淬火是通过(　　),将钢件表面层迅速加热到淬火温度。然后快速冷却下来的热处理工艺。
A. 快速冷却　　B. 慢速加热
C. 快速加热　　D. 慢速冷却

41. AB001　运用杠杆机构拆卸紧固件,常用的工具有(　　)。
A. 长短撬杠、尖扁撬杠、拉力计、机械切割钢丝等
B. 尖扁撬杠、拉力计、机械切割钢丝、加力杠
C. 拉力计、机械切割钢丝、加力杠、长短撬杠等
D. 长短撬杠、尖扁撬杠、加力杠、机械切割钢丝等

42. AB001　利用螺旋起重作用,可以较容易地拆卸紧固件,例如修井机拆卸链轮使用的(　　)。
A. 拔轮器　　B. 拉力器
C. 压力计　　D. 切割器

43. AB002　在拆卸螺纹连接时,正确的方法是选用的扳手必须使扳手的开口宽度

(　　)螺母的宽度。

A. 小于　　B. 大于　　C. 等于　　D. 近似于

44. AB002　对于氧化生锈的螺纹连接件可采用在煤油中至少浸泡(　　)即可拧出,煤油的渗透力很强,使油渗透到锈层中去使锈层变松,易于拆卸。

A. 20~30min　　B. 20~30h

C. 10~15min　　D. 10~15h

45. AB003　螺纹连接在长期压力作用下产生吸附,啮合现象难拆卸时,可徐徐拧进(　　)再退出,如此反复紧、松即可逐步拧出。

A. 1/8 圈　　B. 1/4 圈　　C. 1/2 圈　　D. 1 圈

46. AB003　对于锈死螺纹连接的紧固件,可用(　　)烧螺母,使螺母受热膨胀,趁螺钉受热时迅速拧松。

A. 电灯　　B. 探照灯　　C. 煤气灯　　D. 喷灯

47. AB004　在拆卸平面螺钉组时,一般都按(　　)对称地拆卸,以防止零件变形而损坏。

A. 中心线　　B. 斜线　　C. 直线　　D. 对角线

48. AB004　拆卸螺栓组时,首先将各螺栓(　　),然后逐一拆卸。

A. 全部松动拧出　　B. 全部松动拧出一半

C. 全部松动 1~2 扣　　D. 不用松动直接逐个拧出

49. AB005　静配合件的拆卸时,加力部位必须正确,例如,从轴上拆下滚动轴承时,受力部位应在(　　)。

A. 轴颈上　　B. 轴孔上

C. 内座圈上　　D. 外座圈上

50. AB005　铆接件属于(　　),修理时一般不拆,只有当铆接件材料需要更换时,才进行拆卸。

A. 临时性连接　　B. 永久性连接

C. 长期性连接　　D. 短期性连接

51. AB006　从轴上拆卸皮带轮时,不正确的方法是敲打铸铁皮带轮的(　　)或轮辐。

A. 外部轮缘　　B. 内部轮缘

C. 中心轴　　D. 整个皮带轮

52. AB006　从机壳中打击轴时,应从(　　)敲击。

A. 大直径端向小直径端　　B. 中间向两边端

C. 小直径端向大直径端　　D. 小直径端和大直径端同时

53. AC001　柴油机不能起动的原因可能是(　　)。

A. 机油泵坏　　B. 供油不均匀

C. 燃油滤清器阻塞　　D. 水泵排量小

54. AC001　柴油机的输油泵不供油时,可以发生(　　)的故障。

A. 机油压力低　　B. 柴油机功率不足

C. 油温高　　D. 柴油机不能启动

55. AC002　柴油机曲轴滚动轴承径向间隙过大时,运转中发出(　　)。

A. 答答声　B. 砰砰声
C. 刺刺声　D. 霍霍声

56. AC002　柴油机运转中气门碰活塞,汽缸盖处发出(　　)的敲击声。
A. 沉重而均匀、有节奏　B. 沉重而无节奏
C. 沉重而有力　D. 不规则的清脆

57. AC003　柴油机水泵转速低,在高负荷下(　　)。
A. 出水温度低,机油温度高　B. 出水温度高,机油温度低
C. 出水、机油温度都低　D. 出水、机油温度都升高

58. AC003　柴油机淡水泵叶轮损坏时,会使(　　)。
A. 出水温度低,机油温度高
B. 出水温度、机油温度都升高
C. 出水温度高,机油温度低
D. 出水、机油温度都低

59. AC004　柴油机启动蓄电池容量太小,会使(　　)。
A. 启动机齿轮伸不出来　B. 启动机不转动
C. 启动机齿轮缩不回来　D. 启动机反转

60. AC004　卡特 3408 发动机,每隔(　　)检查蓄电池的液面。
A. 100h　B. 150h　C. 200h　D. 250h

61. AC005　柴油机喷油嘴偶件咬死时,会出现(　　)的故障。
A. 喷油很少或喷不出油　B. 喷油压力太高
C. 喷油压力低　D. 喷油器漏油

62. AC005　柴油机喷油器的针阀粘住时,会出现(　　)的故障。
A. 喷油压力低　B. 喷油器漏油
C. 喷油很少或喷不出油　D. 喷油压力太高

63. AC006　柴油机喷油泵出油阀座面磨损时,会出现(　　)的故障。
A. 喷油量不足　B. 喷油压力过低
C. 喷油泵不喷油　D. 供油不均匀

64. AC006　卡特 3408 发动机,最低油耗为(　　)。
A. 200g/kW · h　B. 215g/kW · h
C. 230g/kW · h　D. 245g/kW · h

65. AC007　柴油机烧瓦的直接原因是(　　)。
A. 喷油量过大,造成高温
B. 冷却水量不足,机器温度过高
C. 滤清器太脏或破损
D. 润滑失效造成局部高温

66. AC007　润滑系统的(　　)是柴油机烧瓦的原因之一。
A. 离心式滤清器不转　B. 滤清器太脏或破损
C. 油压过高　D. 油压过低

67. AC008　拉缸的原因很多,(　　)是柴油机造成拉缸的原因之一。

A. 各缸喷油量不均匀　B. 初期磨合运转不好
C. 不按时更换机油　D. 调速器不灵、转速不稳定

68. AC008　在装配中,(　　)是柴油机造成拉缸的原因之一。
A. 活塞和缸套之间的间隙过大　B. 活塞和缸套之间的间隙过小
C. 活塞环开口过大　D. 活塞油环方向装错

69. AC009　柴油机运转中,如发现机体通气孔(　　),可能是活塞已经断裂。
A. 排除大量白烟时　B. 排除大量水蒸气时
C. 排除大量浓烟时　D. 排除大量热气时

70. AC009　从运转的负载情况看,柴油机(　　)使用时可能造成活塞断裂。
A. 高速轻载　B. 低负荷
C. 超负荷　D. 空运转

71. AC010　下列选项中,(　　)是造成柴油机震动加剧的原因之一。
A. 喷油提前角大　B. 喷油提前角小
C. 喷油量小　D. 喷油提前角不正确

72. AC010　燃料系统中,(　　)是造成柴油机震动加剧的原因之一。
A. 各缸喷油器的喷油压力不一致　B. 喷油提前角小
C. 各缸喷油器的喷油压力大　D. 各缸喷油器的喷油压力小

73. AC011　柴油机曲轴最常见的故障是(　　)。
A. 曲轴的扭曲　B. 曲轴的断裂
C. 主轴径和连杆轴径的磨损　D. 曲轴的弯曲

74. AC011　柴油机(　　)时,最容易加剧曲轴轴径的磨损。
A. 冷却水温太高　B. 喷油量不均匀
C. 发生飞车　D. 功率不足

75. AD001　累计时间达不到大修期,但因发生事故,主要零部件严重损坏,现场和一般维修单位不能修复,送大修厂家进行整机或总成大修的井下特种装备柴油机属于(　　)的大修机。
A. 正常送修　B. 非正常送修
C. 合理修理　D. 不合理修理

76. AD001　发动机功率明显降低,在标定工况下经测试,功率损失大于标定功率的(　　)应列入井下特种装备柴油机大修条件之一。
A. 15%　B. 20%　C. 25%　D. 30%

77. AD002　井下特种装备进厂必须由(　　)和主修单位双方负责人进行交接、检验,做好记录,为施工提供依据。
A. 主管单位　B. 承包单位
C. 送修单位　D. 主修单位

78. AD002　井下特种装备送修时,对各零部件应尽量保持完整齐全,不得(　　)或漏送。
A. 以旧换新　B. 以好代次
C. 事先拆换　D. 事后拆换

79. AD003　承修单位对井下特种装备的大修理应采用新技术、新工艺、新材料,使大修机质量不断(　　)新机水平。

A. 达到　　B. 接近　　C. 高于　　D. 超过

80. AD003　井下特种装备解体和重新组装时,应根据各零部件技术规格和(　　)选用适当的机具和方法,保证各部件无人为损坏。

A. 装配关系　　B. 配合关系

C. 相互关系　　D. 连接关系

81. AD004　发动机各密封面及各管接处,(　　)漏气、漏油、漏水。

A. 不允许　　B. 允许

C. 可少许　　D. 完全允许

82. AD004　怠速稳定转速在 650r/ min,误差在(　　)。

A. ±3%　　B. ±2%　　C. ±1%　　D. ±4%

83. AD005　空挡分离彻底,各挡液压压力达到(　　)。

A. 0. 1~1. 0MPa　　B. 1. 1~1. 2MPa

C. 1. 3~1. 4MPa　　D. 1. 5~1. 6MPa

84. AD005　倒挡压力应达到(　　),换挡反应灵敏。

A. 1. 5~1. 6 MPa　　B. 1. 6~1. 7MPa

C. 1. 8~1. 9 MPa　　D. 2. 8~2. 9 MPa

85. AD006　轴管全长的弯曲度不得大于(　　),管部凹陷不得超过 4 处,面积不得大于 5cm。

A. 0. 5~1mm　　B. 0. 5~1m

C. 1. 5~2mm　　D. 2. 5~3mm

86. AD006　十字轴无损坏,轴颈磨损沟槽凹陷度不得超过 0. 04mm,轴承孔与钢碗的间隙(　　)。

A. 0. 01mm　　B. 0. 02mm

C. 0. 03mm　　D. 0. 04mm

87. AD007　圆柱主动齿轮、被动齿轮的啮合间隙为(　　)。

A. 0. 15~0. 20mm　　B. 0. 25~0. 40mm

C. 0. 45~0. 50mm　　D. 0. 55~0. 60mm

88. AD007　方向机完好,助力机构液压系统无渗漏,在发动机(　　)时方向盘转动灵活、操作轻便、无阻滞现象。

A. 高速运转　　B. 低速运转

C. 中速运转　　D. 停止运转

89. AD008　支撑桥两边轮胎不得与大梁有摩擦,中心轴线应通过支撑桥居中位置,左右偏差不大于(　　)。

A. 5mm　　B. 6mm

C. 7mm　　D. 9mm

90. AD008　2 只支撑气囊完好、无老化破损、固定牢靠,限压阀压力在(　　)时应排气。

A. 0. 5MPa　　B. 0. 6MPa
C. 0. 7MPa　　D. 0. 9MPa

91. AD009　连续行驶(　　)以上的刹车毂温度不高于60℃或用手触摸不发烫。
A. 20km　　B. 10km　　C. 40km　　D. 30km

92. AD009　以30km/h的速度行驶,其制动距离不大于(　　)。
A. 32m　　B. 22m　　C. 12m　　D. 42m

93. AD010　气路系统无任何漏气现象,当压力达到850kPa时关闭发动机超出5min,压降超过(　　)。
A. 30kPa　　B. 40kPa　　C. 50kPa　　D. 60kPa

94. AD010　当气压达到850kPa时,每按合一次离合器时,其压降不超过(　　),且恢复时间不超过2min。
A. 30kPa　　B. 40kPa　　C. 50kPa　　D. 60kPa

95. AD011　蓄电池完好,电解液液面及密度符合出厂规定和《操作保养规程》要求,单格电压不低于1. 8V,正常电力充足后其充电电流不大于(　　)。
A. 8A　　B. 10A　　C. 12A　　D. 14A

96. AD011　液压系统工作温度35~65℃,条件艰苦地区,液压油箱油温不得高于环境温度(　　)。
A. 20℃　　B. 25℃　　C. 30℃　　D. 35℃

97. AD012　井下特种装备的前大灯、转向灯、防雾灯、屋灯、示觉灯、照明灯等照明设备(　　),性能良好。
A. 齐全完整　　B. 应该都有
C. 齐全不缺　　D. 有所欠缺

98. AD012　艾里逊变速箱的修理要求中规定倒挡压力必须达到(　　),换挡应灵敏。
A. 1. 1~1. 2MPa　　B. 1. 3~1. 5MPa
C. 1. 4~1. 6MPa　　D. 1. 8~1. 9MPa

99. AD013　在保证使用性能和不改变原配合性能的前提下,可适当改变修理件的(　　)。
A. 基本关系　　B. 基本结构
C. 基本尺寸　　D. 基本形状

100. AD013　超出免修尺寸(状态)范围的零部件,而又不能修复时,应按(　　)处理。
A. 报废件　　B. 修理件
C. 免修件　　D. 易换件

101. AE001　井控就是指采取一定的方法控制(　　),基本保持井内压力平衡,以保证井下作业的顺利进行。
A. 井内压力　　B. 井口压力
C. 油管压力　　D. 井外压力

102. AE001　根据井涌的规模和采取的控制方法不同,把井下作业井控分为(　　)。
A. 二级　　B. 三级　　C. 四级　　D. 五级

103. AE002　静液压力的大小取决于(　　)

A. 液柱黏度和高度　B. 液柱密度和垂直高度
C. 液柱密度和黏度　D. 液柱密度和高度

104. AE002　(　　)井底压力等于井筒液柱静液压力。
A. 起管柱时　B. 下管柱时
C. 空井时　D. 循环时

105. AE003　用压力的单位表示。这是一种(　　),如 100kPa,10MPa。
A. 直接表示法　B. 间接表示法
C. 直接表演法　D. 间接表演法

106. AE003　用压力梯度表示。提到某点的压力时,说该点的压力梯度,而不直接说该点的压力,其好处或方便之处是在对比不同深度地层中的压力时,可(　　)的影响。而该点的压力只要把梯度乘上深度即可得到。
A. 消除压力　B. 消除深度
C. 提高深度　D. 降低深度

107. AE004　当下钻时,会给地层施加一个附加的激动压力,激动压力使井底(　　),过大的激动压力会造成井漏。
A. 压力减少　B. 压力增加
C. 压力平衡　D. 液体减少

108. AE004　在提下钻或下套管作业时,要控制(　　)。
A. 提下压力　B. 提上压力
C. 提下速度　D. 提上速度

109. AE005　井底压力(　　)地层压力,造成油、气、水侵入井筒内液体中的现象,即造成井侵。
A. 小于　B. 大于　C. 等于　D. 不小于

110. AE005　侵入井内液体中的油、气、水量与(　　)和时间长短有关。
A. 岩石的大小　B. 岩石的孔隙度
C. 岩石的形状　D. 岩石的硬度

111. AE006　井底压力(　　)是导致溢流发生的最本质原因。
A. 保持平衡　B. 失去平衡
C. 过大　D. 过小

112. AE006　只要压井液静液柱压力(　　)地层压力,井涌就有可能发生。
A. 等于　B. 大于　C. 低于　D. 稍高于

113. AE007　及时发现溢流,并采取正确的操作,迅速控制井口,是防止发生(　　)的关键。
A. 井喷　B. 井漏　C. 井涌　D. 井侵

114. AE007　溢流首先表现为出口管返出的修井液流速加快,随即修井液池液面(　　),然后在地面出现天然气。
A. 变化　B. 升高　C. 降低　D. 不变

115. AE008　(　　)是井喷失控的原因之一。
A. 井口安装防喷器　B. 井口不安装防喷器

C. 井上安装防喷器　　D. 井上不安装防喷器

116. AE008　(　　)是井喷失控的原因之一。

A. 空井时间过短

B. 空井时间过长

C. 空井时间过长,无人观察井口

D. 无人观察井口

117. AE009　井喷失控是井下作业、试油、测井施工中性质(　　)的事故。

A. 最严重　　B. 不严重

C. 最一般　　D. 不一般

118. AE009　井喷失控极容易引起火灾,影响千家万户的生命安全,造成(　　),影响农田水利、渔场、牧场、林场的建设。

A. 河流污染　　B. 环境污染

C. 环境影响　　D. 河流影响

119. AE010　地质设计井控内容包括(　　)的生产情况,当前井内生产管柱。

A. 近二个月　　B. 近三个月

C. 近四个月　　D. 近五个月

120. AE010　地质设计井控内容包括提供井场周围一定范围内环境敏感区域勘察和调查资料:含硫油气田探井井口周围3km,生产井井口周围(　　)范围内。

A. 4km　　B. 3km　　C. 2km　　D. 1km

121. AE011　工程设计是在(　　)的基础上,根据不同的施工项目,优化施工工艺,计算施工参数,合理选择材料、设备和工具,提出井控技术措施,以保证实现施工目的。

A. 三项设计　　B. 井控设计

C. 施工设计　　D. 地质设计

122. AE011　设计中,不需要配置压井与节流管汇进行井下作业的,应明确要求安装简易压井与放(防)喷管线,其通径不小于(　　)。

A. 70mm　　B. 60mm　　C. 50mm　　D. 40mm

123. AE012　试油(气)作业远程液压防喷器控制台距井口为(　　)以外,并摆放在上风头的位置。

A. 13m　　B. 15m　　C. 20m　　D. 25m

124. AE012　取套和侧斜作业时井场备用重晶石粉不得少于(　　)。

A. 30t　　B. 40t　　C. 50t　　D. 60t

125. AE013　井下作业一般是在(　　)的情况下进行起下管柱和处理井下事故的。

A. 井口敞开　　B. 井口关闭

C. 井口半开　　D. 井口作业

126. AE013　压井是井下作业中一项最基本、最常用的工序,是其他作业项目的(　　)。

A. 关键　　B. 前提　　C. 要素　　D. 要求

127. AE014　钻井液用途之一:携带和悬浮钻屑、沉砂、铁屑,防止它们(　　)。

A. 上浮卡住管柱　　B. 下沉卡住管柱
C. 下沉卡住流体　　D. 飘荡卡住管柱

128. AE014　修井泥浆黏度,是指修井泥浆流动时固体颗粒之间、固体颗粒与液体之间以及液体内部分子之间产生的(　　),以阻止修井泥浆流动的综合效应。
A. 内黏度力　　B. 外黏度力
C. 内摩擦力　　D. 外摩擦力

129. AE015　在注水井上进行修井施工时一般需要采取放喷降压或关井降压的方法来代替压井,使井口压力(　　),以便进行作业。
A. 降低为零　　B. 达到要求
C. 降到一个大气压　　D. 保持平衡

130. AE015　降压之后,虽然地层内压力(　　),但敞开井口作业已不至于发生井喷。
A. 不高　　B. 仍较高
C. 降低　　D. 较低

131. AE016　一般在初喷率的条件下,喷出总水量大于喷水管(油管或油套管环形空间)容积的(　　)后,若含砂量仍不上升,即可以逐渐提高喷率,但每次提高幅度不得超过 $1m^3/h$。
A. 1~2 倍　　B. 2~3 倍
C. 3~4 倍　　D. 4~5 倍

132. AE016　在极限喷率下继续喷水(　　)后,若含砂量不降,应立即到极限喷率以下喷水,以减缓井内流体对地层的冲刷,避免造成井底附近地层的坍塌。
A. 50min　　B. 40min
C. 30min　　D. 60min

133. AE017　不压井作业技术是在(　　)由专业技术人员操作特殊设备起下管柱的一种作业方法。
A. 带压环境中　　B. 不带压环境中
C. 常压环境中　　D. 一般情况下

134. AE017　目前不压井设备在国外发展已比较成熟,最高作业井压可达(　　)。
A. 150MPa　　B. 140MPa
C. 130MPa　　D. 120MPa

135. AE018　起下作业装置由三部分组成:井口控制部分、加压部分、(　　)部分。
A. 起下密封　　B. 油管密封
C. 油管压力　　D. 起下压力

136. AE018　井口控制部分包括自封、半封、全封封井器。主要起(　　)作用。
A. 井口控制　　B. 井下密封
C. 井口密封　　D. 井下控制

137. AE019　一口井能否安全施工,设计起着(　　)。
A. 关键作用　　B. 一般作用
C. 普通作用　　D. 重要作用

138. AE019　合格的设计可以(　　)的顺利进行,反之将导致不可弥补的损失。

A. 指导设计　　B. 指导施工

C. 规划设计　　D. 规划施工

139. AE020　检查压井液密度及其它性能是否符合设计要求;是否按设计要求现场(　　)。

A. 备有压井液　　B. 备足压井液

C. 备有施工液　　D. 备足施工液

140. AE020　施工现场必须设置专用(　　)、安全疏散通道和紧急集合点。

A. 风向旗　　B. 观察哨

C. 风向标　　D. 专项点

141. AE021　压井作业的目的是使井筒内液柱压力略大于地层压力,暂时使地层流体在施工过程中不进入井筒,是实现(　　)的重要工序。

A. 一级井控　　B. 二级井控

C. 三级井控　　D. 井控防止

142. AE021　压井(　　),先用节流阀控制放压。

A. 作业中　　B. 作业前

C. 作业后　　D. 施工后

143. AE022　起下油管作业每起(　　)、起下钻杆作业每起 2~3 柱或 1 柱钻铤要向井内灌注一次压井液,并保持液面在井口。

A. 30~20 根　　B. 10~20 根

C. 40~30 根　　D. 40~50 根

144. AE022　在起带封隔器等大直径工具管柱时,在油层(　　)范围内应控制起钻速度(0. 2~0. 3m/s),如出现抽汲现象,要立即停止起管柱作业。

A. 上部 500 m　　B. 下部 300 m

C. 上部 300 m　　D. 下部 500m

145. AE023　在下管柱作业时(　　),由资料员或三岗位(场地工)进行坐岗计量,并填写坐岗记录。

A. 必须连续作业　　B. 不必连续作业

C. 必须适当施工　　D. 不必适当施工

146. AE023　停止下钻时井口(油、套管出口)压井液(　　)说明已发生溢流。

A. 没有外溢　　B. 仍然外溢

C. 没有上升　　D. 仍然下降

147. AE024　冲砂作业必须安装闸板防喷器和自封封井器(有钻台井装导流管),(　　)安装旋塞阀。

A. 冲砂多根　　B. 冲砂单根

C. 压井多根　　D. 压井单根

148. AE024　如循环罐液面升高、出口压井液流速、流量增加、停泵后出口压井液外溢,说明已发生溢流,应立即停止冲砂作业,循环洗井至(　　)。

A. 进口无砂　　B. 进口有砂

C. 出口无砂　　D. 出口有砂

149. AE025　起下管柱作业时,(　　)起下管柱作业程序。
A. 执行　　B. 不执行
C. 避免　　D. 不可以

150. AE025　井口必须有剪断电缆(　　)。
A. 一般钳子　　B. 专用钳子
C. 一般工具　　D. 专用刀子

151. AE026　下(　　)要安装防喷器、压井节流管汇、放喷管线、测试流程并试压合格。
A. 射孔管柱后　　B. 射孔管柱前
C. 射孔管柱中　　D. 钻井管柱前

152. AE026　射孔后起管柱前应根据测压数据或井口压力情况确定(　　)和压井方法进行压井,确保起管柱过程中井筒内压力平衡。
A. 压井液数量　　B. 压井液体积
C. 压井液密度　　D. 流体液密度

153. AE027　钻塞作业必须安装闸板防喷器和自封封井器(安装钻台井应安装导流管),并按标准(　　)。
A. 试压合格　　B. 进行试压
C. 安装合格　　D. 进行安装

154. AE027　如循环罐压井液液面升高、出口压井液流速、流量增加、停泵后出口压井液外溢,说明已发生溢流,应立即停止钻塞作业,将方钻杆提至(　　),循环洗井至出口无灰渣。
A. 钻台面以下　　B. 钻台面以上
C. 二层台以下　　D. 二层台以上

155. AE028　如循环罐压井液(　　)、出口压井液流速、流量增加、停泵后出口压井液外溢,说明已发生溢流,应立即停止套铣、磨铣作业,将方钻杆提至钻台面以上,循环洗井至出口无砂、铁屑等。
A. 液面降低　　B. 液面升高
C. 液面不变　　D. 数量降低

156. AE028　如循环罐液面降低、出口流量小于进口流量或不返液,应停止套铣、磨铣作业,将方钻杆提至钻台面以上,加大排量循环洗井至出口无砂、铁屑等,(　　)、关闭半封,进行堵漏作业后方可继续施工。
A. 关闭上旋塞阀　　B. 打开上旋塞阀
C. 关闭下旋塞阀　　D. 打开下旋塞阀

157. AE029　压井后无溢流且液面在井口时,更换采油(气)树操作。更换采油树全过程要(　　)灌压井液,并保持液面在井口。
A. 连续向井内　　B. 连续向井外
C. 保持向井内　　D. 保持向井外

158. AE029　压井后无溢流且液面在井口时,更换采油(气)树操作。用压井液再次循环压井一周以上,开井(　　),立即拆装采油树。
A. 有溢流显示　　B. 无溢流显示

C. 有液流显示　　D. 无液流显示

159. AE030　缓慢下放吊卡至井口(钻台),抢装旋塞阀。保持液面在井口,油套管(　　)观察,上报上级部门抢修动力。

A. 安装计量表　　B. 安装压力表

C. 连接压力阀　　D. 连接计量表

160. AE030　立即打开放喷闸门,将座在井口(钻台)吊卡上的管柱用管钳卸开,(　　)。管柱居中则关闭防喷器闸板,(如管柱不居中,采取用"拉、撬、别"等方法,使管柱居中后关闭防喷器)。保持液面在井口,油套管安装压力表观察,上报上级部门抢修动力。

A. 安装溢流阀　　B. 抢装溢流阀

C. 抢装旋塞阀　　D. 安装旋塞阀

161. AE031　一旦井喷失控,不准用(　　)敲击,以防引起火花。

A. 铁器　　B. 木器　　C. 石器　　D. 朔料

162. AE031　在发生井喷初始,应停止一切施工,(　　)。

A. 组织现场人员迅速撤离井场　　B. 抢装井口或关闭防喷井控装置

C. 向上级汇报等待指示　　D. 立即向有关部门报警,严阵以待

163. AE032　事故初发时,及时投入抢险排除和初期应急处理,防止事故(　　)。

A. 降低和蔓延　　B. 扩大和蔓延

C. 扩大和延缓　　D. 降低和延缓

164. AE032　要合理区分、有重点的进行一专多能训练,从而达到(　　)能够完成相对多的任务的目的。

A. 较少的队伍　　B. 较多的队伍

C. 较少的人数　　D. 较多的人数

165. AE033　井口装置是油、气井(　　)控制和调节油、气井生产的主要设备。

A. 最上部　　B. 较上部

C. 中下部　　D. 最下部

166. AE033　井口装置由采油(气)树、(　　)和套管头三部分组成。

A. 油管　　B. 油管头　　C. 套管　　D. 连接管

167. AE034　闸板防喷器按闸板数量分为(　　)。

A. 两种　　B. 三种　　C. 四种　　D. 五种

168. AE034　表示防喷器型号的最后两位数所表示的是防喷器的(　　)

A. 公称直径　　B. 最大行程

C. 额定压力　　D. 最大扭力

169. AE035　防喷器是最重要的井控装置,在钻井尤其是(　　)钻井过程中具有重要作用。

A. 欠平衡　　B. 最平衡

C. 欠流动　　D. 最流动

170. AE035　设计防喷器的目的,是要在有压力的情况下(　　),对井保持连续的控制,把进入井中的地层流体循环出来。

A. 打开井眼　　B. 关闭井眼
C. 开闭井眼　　D. 关闭动力

171. AE036　系统按基本参数所定义的名义压力为(　　)。
A. 工作压力　　B. 标称压力
C. 充气压力　　D. 剩余压力

172. AE036　远程台应安装于离井口(　　)远处,井口控制台则安放在井口操作台上便于工人操作的地方。
A. 50m　　B. 40m　　C. 30m　　D. 20m

173. AE037　自封封井器使用。允许管柱所带的下井工具最大外径必须小于(　　);胶皮芯子具有可换性和易换性。
A. 115mm　　B. 215mm
C. 315mm　　D. 415mm

174. AE037　自封封井器使用范围:(　　)油管。
A. 1.5in　　B. 2.5in
C. 3.5in　　D. 4.5in

175. AE038　半封封井器工作压力:(　　)。
A. 5MPa　　B. 6MPa
C. 7MPa　　D. 8MPa

176. AE038　半封封井器全开直径:(　　)。
A. 378mm　　B. 278mm
C. 178mm　　D. 78mm

177. AE039　全封封井器作用:施工中井内无管柱或特殊情况下,在井口封闭(　　)。
A. 整个井筒　　B. 整个井口
C. 半个井筒　　D. 半个井口

178. AE039　全封封井器试验压力:(　　)。
A. 7MPa　　B. 8MPa
C. 9MPa　　D. 10MPa

179. AE040　两用轻便封井器工作压力:(　　)。
A. 20MPa　　B. 18MPa
C. 28MPa　　D. 38MPa

180. AE040　两用轻便封井器最大工作直径:(　　)。
A. 376mm　　B. 276mm
C. 176mm　　D. 76mm

181. AE041　按安装位置,内防喷工具可分为井口内防喷工具,井下内防喷工具和(　　)。
A. 井筒内防喷工具　　B. 井上内防喷工具
C. 套管内防喷工具　　D. 井里内防喷工具

182. AE041　工作筒主体上部为(　　)油管螺纹,可与油管相连接。
A. ϕ60mm　　B. ϕ62mm

C. ϕ64mm　　D. ϕ66mm

183. AE042　加压支架的作用是承受加压钢丝绳的力和转变力的(　　)。

A. 作用　B. 方向　C. 功能　D. 大小

184. AE042　加压吊卡由壳体总成、(　　)、活门等组成。

A. 固定架　B. 固定螺栓

C. 滑轮　D. 滑轮轴

185. AE043　节流管汇通常分为手动节流管汇与(　　)两种。

A. 液动节流管汇　B. 气动节流管汇

C. 全自动节流管汇　D. 机械节流管汇

186. AE043　节流阀其作用是在生产过程中,直接控制油层的合理生产(　　)。

A. 压力　B. 压差　C. 装置　D. 分离

187. AE044　通告程序和报警系统确定现场(　　)的通告和报警方式。

A. 白天　B. 晚上　C. 8h　D. 24h

188. AE044　应急预案的应急行动是一个(　　)。

A. 个体任务　B. 团队任务

C. 个人行为　D. 技术工作

189. BA001　井下特种装备拆卸前,清洗井下特种装备外部,一般采用(　　)种方法。

A. 两　B. 三　C. 四　D. 五

190. BA001　井下特种装备的拆装工艺顺序取决于井下特种装备的(　　)的组织形式。

A. 大小和规格　B. 结构和工作地点

C. 型号和工作地点　D. 结构和型号

191. BA002　井下特种装备零件修复过程中最重要、最常用的方法是(　　)。

A. 喷涂　B. 电镀

C. 机械加工　D. 胶粘

192. BA002　用加工方法修复旧零件,往往是加工余量小,并且常常是(　　)加工。

A. 全面积　B. 全面积　C. 整体　D. 批量

193. BA003　对于磨损较轻的柱塞,可应用外圆磨床将柱塞表面磨圆,再采用表面刷镀(　　)的方法修复。

A. 镍层　B. 银层　C. 铜层　D. 锡层

194. BA003　柱塞表面圆柱度的标准为(　　)以内。

A. 0. 005 mm　B. 0. 01 mm

C. 0. 02 mm　D. 0. 03 mm

195. BA004　当曲轴或主轴颈部分有较严重的磨损或轴颈失圆严重时,则应采用(　　)修理。

A. 镶套法　B. 分级磨削法

C. 表面刷镀法　D. 热喷涂法

196. BA004　拆装过程中,有特殊要求的零件应(　　),如主轴承盖、连杆轴承盖等配合副。

A. 重点放置　　B. 做好标记
C. 清洗干净　　D. 仔细鉴定

197. BA005　泵头体的缸套孔轴线与连接端面的垂直度偏差应控制在(　　)以内。
A. 0. 1 mm　　B. 0. 15 mm　　C. 0. 2mm　　D. 0. 25 mm

198. BA005　泵头体的损坏形式有许多种,其中由于泵体自身铸造的原因及较薄处应力集中而产生的损坏形式是(　　)。
A. 扭曲变形　　B. 磨损超标
C. 疲劳裂缝　　D. 硬度达不到标准

199. BA006　井下特种装备连杆总成在同一泵内的质量差不允许超时(　　)。
A. 300 g　　B. 400 g　　C. 500 g　　D. 600 g

200. BA006　在修理井下特种装备过程中,各自的零件、合件、组合件及总成不互换,除更换报废的零件外,原泵的零件、合件、组合件及总成经修理后仍装回原泵,这种方法称为(　　)。
A. 总成互换修理法　　B. 零件更换修理法
C. 零件报废修理法　　D. 就泵修理法

201. BA007　用厚薄规测量润滑油泵齿轮的啮合间隙时,同时要在相邻 120°的三点上测量,其间隙相差不应超时(　　)。
A. 0. 1 mm　　B. 0. 15 mm　　C. 0. 2 mm　　D. 0. 25 mm

202. BA007　渐开线齿轮的齿侧间隙为(　　)。
A. 0. 02~0. 08 mm　　B. 0. 08~0. 28 mm
C. 0. 28~0. 48 mm　　D. 0. 48~0. 68 mm

203. BA008　井下特种装备试验时,应做到压力显示稳定,波动值不超时(　　)。
A. 1 MPa　　B. 1. 5 MPa　　C. 2 MPa　　D. 2. 5 MPa

204. BA008　润滑油泵被动齿轮中心孔与轴销间隙稍大时,可将轴销压出,调转(　　)再压入使用。
A. 60°　　B. 90°　　C. 180°　　D. 360°

205. BB001　满足互换性的前提是(　　)。
A. 零件的尺寸在允许的公差范围内
B. 零件的粗细必须一致
C. 零件的长短必须一致
D. 零件的外形必须一致

206. BB001　零件经检查属于可用一类的,是指零件磨损后(　　),还可使用。
A. 损伤严重,无法修复或无修复价值
B. 可用可不用的零件
C. 磨损量及几何形状的偏差大于允许值
D. 尺寸及几何形状的偏差都在允许范围内

207. BB002　AC-400B 水泥井下特种装备有(　　)不同直径的活塞缸套可供更换,用来调节压力和排量。
A. ϕ100mm、ϕ115mm、ϕ127mm 三种

B. ϕ90mm、ϕ100mm、ϕ115mm 三种

C. ϕ75mm、ϕ90mm 两种

D. ϕ114.3mm、ϕ127mm 两种

208. BB002 YLC-1050 压裂车的 LT416.9 三缸单作用卧式柱塞泵，其柱塞直径有(　　)两种。

A. ϕ65mm、ϕ80mm　　B. ϕ75mm、ϕ90mm

C. ϕ85mm、ϕ100mm　　D. ϕ95mm、ϕ110mm

209. BB003 同一井下特种装备缸套内径，根据不同用途一般有(　　)种。

A. 2~3　　B. 2~6　　C. 3~7　　D. 4~8

210. BB003 YLC-1000B 型泵有(　　)种内径的缸套。

A. 2　　B. 3　　C. 4　　D. 5

211. BB004 活塞两端橡胶密封圈唇边的直径在自由状态下，应大于公称直径(　　)。

A. 1~2mm　　B. 2~3mm

C. 3~4mm　　D. 4~5mm

212. BB004 井下特种装备阀密封可选用耐油、耐酸合成橡胶或聚氨酯，其肖氏硬度为(　　)。

A. 65~75　　B. 75~85

C. 85~95　　D. 95~99

213. BB005 按照滚动轴承的公差标准规定，公称尺寸精度和旋转精度可分为(　　)。

A. G、E、D、C 四个精度等级

B. E、D、C 三个精度等级

C. E、D、C、B 四个精度等级

D. G、E、D、C、B 五个精度等级

214. BB005 滚动轴承的内外圈和滚动体用合金钢制造，经热处理后硬度很高，可达(　　)左右。

A. HRC45　　B. HRC55

C. HRC65　　D. HRC75

215. BB006 轴承合金是制造(　　)或内衬的一种具有减摩性的耐磨合金。

A. 滚动轴承　　B. 向心推力轴承

C. 滑动轴承瓦片　　D. 压力轴承

216. BB006 井下特种装备的连杆轴承为(　　)轴承。

A. 滚动　　B. 滚针　　C. 滑动　　D. 向心

217. BC001 高压活动弯头有(　　)两种。

A. 一弯和两弯　　B. 两弯和三弯

C. 一弯和三弯　　D. 两弯和四弯

218. BC001 高压管件主要是由(　　)、高压管、活动管接及短接头等组成。

A. 井下特种装备　　B. 阀门

C. 活动弯头　　D. 法兰

219. BC002 WT2×70 高压活动弯头装(　　)钢球。

A. ϕ9.5mm　B. ϕ10mm

C. ϕ11mm　D. ϕ12mm

220. BC002　高压活动弯头是(　　)的,弯管是精铸件,结构紧凑,重量轻。

A. 一弯式　B. 两弯式

C. 三弯式　D. 四弯式

221. BC003　AC-400B 型压裂车用的 ϕ50mm(2in)活动弯头,它的最高工作压力是(　　)。

A. 39.2MPa　B. 40MPa

C. 41MPa　D. 38MPa

222. BC003　WT2×30 是指流通直径(　　),耐压 30MPa。

A. 40mm　B. 45mm　C. 50mm　D. 55mm

223. BC004　WT2×40 的高压活动弯头的耐压值是(　　)。

A. 30 MPa　B. 40 MPa

C. 50 MPa　D. 70 MPa

224. BC004　常用高压活动弯头的型号有(　　)种。

A. 4　B. 5　C. 6　D. 7

225. BC005　高压活动弯头主要是由接头外体套、接头体、(　　)、钢球、密封圈等组成。

A. 活动管接头　B. 压盖

C. 短接　D. 挡圈

226. BC005　压裂时与井口采油树连接用的是(　　)高压活动弯头。

A. 50mm　B. 75mm　C. 38mm　D. 100mm

227. BC006　高压活动弯头的常见故障有(　　)和转动不灵等。

A. 泄漏　B. 断裂　C. 变形　D. 阻塞

228. BC006　WT2×70 高压活动弯头装(　　)钢球。

A. ϕ9.5mm　B. ϕ10mm

C. ϕ11mm　D. ϕ12mm

229. BC007　高压活动弯头(　　)严重磨损变形时应予报废。

A. 油壬　B. 钢球

C. 活动管接头　D. 油壬连接丝扣

230. BC007　高压活动弯头密封部位严重磨损,经多次更换(　　)仍不能解决泄漏问题应予报废。

A. 钢球　B. 挡圈　C. 密封圈　D. 压盖

231. BC008　经检查维护后的活动弯头在试压时,抗压强度应不小于额定工作压力的(　　),达到不渗不漏为合格。

A. 90%　B. 100%　C. 110%　D. 120%

232. BC008　高压活动弯头试压时抗压强度应(　　)额定工作压力的 120%,以达到不渗漏为合格。

A. 等于　B. 小于　C. 不小于　D. 近似于

233. BC009　高压活动管接连接的高压密封有(　　)和端面接触预压式密封两种。
A. 球面密封　　B. 锥面密封
C. 平面密封　　D. 压紧密封

234. BC009　YLC-1050 压裂管系中的高压活动管接头连接采用了(　　),用大卡簧固定。
A. 平式油管螺纹连接　　B. 三片卡瓦式结构
C. 卡箍连接　　D. 法兰连接

235. BC010　高压管线连接必须保证管线有(　　)的余地。
A. 紧固　　B. 弯曲　　C. 摆动　　D. 接触

236. BC010　对于平式油管螺纹连接的活动管接接头,利用(　　)可拆装更换。
A. 管台钳与管钳　　B. 管台钳与大活动扳手
C. 管钳与大活动扳手　　D. 管钳与大锤

237. BC011　两种不同螺纹的活动管接件公称直径和螺距相同的(　　)。
A. 不可混合使用
B. 急需时可互相替换
C. 急需时矩形螺纹可替换梯形螺纹
D. 急需时梯形螺纹可替换矩形螺纹

238. BC011　各种型号的压裂车的高压排出管系是不能互换的,不单纯是连接螺纹不同,材质、尺寸及承受的(　　)都不相同。
A. 垂直　　B. 压力　　C. 密封　　D. 流速

239. BC012　耐压 40MPa 高压管线可以用于(　　)型压裂车。
A. AC-400C　　B. ABD-700
C. W-1500　　D. SNC-300

240. BC012　各种型号的压裂车的高压排出管系是不能互换的,不单纯是连接螺纹不同,材质、尺寸及承受的(　　)都不相同。
A. 垂直　　B. 压力　　C. 密封　　D. 流速

241. BC013　最高泵压为 40MPa,那么需安装测量范围为(　　)的压力表。
A. 0~50MPa　　B. 0~40MPa
C. 0~70MPa　　D. 0~60MPa

242. BC013　AC-400C 型水泥车安全阀属于(　　)式。
A. 安全销　　B. 弹簧式
C. 剪力销　　D. 锁紧式

243. BD001　摩擦按摩擦副运动状态可分为(　　)。
A. 外摩擦与内摩擦　　B. 静摩擦与动摩擦
C. 滑动摩擦与滚动摩擦　　D. 干摩擦与液体摩擦

244. BD001　摩擦力和摩擦系数关系很大,计算时摩擦力的大小和(　　)。
A. 摩擦面积成反比　　B. 摩擦面积成正比
C. 正压力成反比　　D. 正压力成正比

245. BD002　摩擦按摩擦副运动形式可分为(　　)。

A. 外摩擦与内摩擦　　B. 静摩擦与动摩擦
C. 滑动摩擦与滚动摩擦　　D. 干摩擦与液体摩擦

246. BD002　静滑动摩擦是两物体之间(　　)的摩擦。
A. 具有相对滑动趋势时　　B. 没有相对滑动趋势时
C. 只有相对滑动趋势时　　D. 只能相对滑动趋势时

247. BD002　湿摩擦是(　　)之间的相互作用。
A. 流体与流体层或流体与固体表面
B. 固体表面与固体表面
C. 只有流体与流体层
D. 只能在流体与固体表面

248. BD003　一般来说在设计或使用机器时,应力求延长(　　)磨损阶段。
A. 跑合　　B. 剧烈　　C. 稳定　　D. 疲劳

249. BD003　两个互相接触的物体相对运动时,其工作表面不断产生物质损失的现象称为(　　)。
A. 摩擦　　B. 磨损　　C. 摩擦力　　D. 干摩擦

250. BD004　在摩擦表面之间完全没有润滑油或其他润滑介质的摩擦,称为(　　)摩擦。
A. 静　　B. 动　　C. 干　　D. 边界

251. BD004　在摩擦面间存在磨料颗粒而引起的类似金属磨削过程的磨损,称为(　　)磨损。
A. 磨料　　B. 粘附　　C. 腐蚀　　D. 麻点

252. BD005　井下特种装备零件正常的磨损过程是(　　)。
A. 磨料磨损、黏附磨损、麻点磨损、腐蚀磨损
B. 磨料磨损、麻点磨损、腐蚀磨损、黏附磨损
C. 黏附磨损、磨料磨损、腐蚀磨损、麻点磨损
D. 磨料磨损、黏附磨损、腐蚀磨损、麻点磨损

253. BD005　井下特种装备承受动载荷的零件损坏形式有(　　)两种。
A. 腐蚀和疲劳　　B. 磨损和疲劳
C. 腐蚀和磨损　　D. 折断和疲劳

254. BD006　为使磨损率较低,对于组成摩擦副材料的硬度要求一般比磨料硬度高(　　)倍左右。
A. 1　　B. 1.3　　C. 1.5　　D. 2

255. BD006　能够减轻零件腐蚀磨损的材料是(　　)。
A. 铜基合金　　B. 球墨铸铁
C. 普通钢　　D. 不锈钢

256. BD007　拉杆作为动力端和液力端连接的主要零件承受的是(　　)。
A. 冲击应力　　B. 磨损力
C. 吸引力　　D. 拉力

257. BD007　为了防止拉杆在螺纹处断裂,在紧固液力端的固定螺母时一定要(　　)。

A. 加大紧固的力量 B. 减小紧固的力量
C. 用力均匀 D. 达到 200 N · m

258. BD008 PGO5 动力端主轴承瓦盖连接螺栓扭矩为( )。
A. 100 N · m B. 138 N · m
C. 165 N · m D. 218 N · m

259. BD008 主轴承及连杆轴承磨损的主要预防措施是( )。
A. 选用黏度大的润滑油 B. 大修及解体时调整间隙
C. 加大螺母的扭矩 D. 减小螺母的扭矩

260. BD009 井下特种装备液力端阀胶皮的损坏形式是( )。
A. 腐蚀与老化 B. 磨损与老化
C. 变形与老化 D. 磨损与腐蚀

261. BD009 井下特种装备液力端阀与阀座易损坏的原因是( )。
A. 工作压力过高 B. 工作转速过高
C. 输送液体压力过高 D. 液力端走空泵

262. BD010 井下特种装备泵体上、下堵头常见故障是在液力端( )。
A. 易被刺漏 B. 易被磨损
C. 易被冲击断裂 D. 易被冲击变形

263. BD010 造成井下特种装备泵体上、下堵头在液力端易被刺漏的原因是( )。
A. 安装误差和冲击力 B. 安装误差和介质腐蚀
C. 冲击力和介质腐蚀 D. 介质腐蚀和摩擦力

264. BD011 井下特种装备液力端阀弹簧的损坏形式主要是( )和锈蚀。
A. 扭曲 B. 变形 C. 折断 D. 失效

265. BD011 需要以一定压力将润滑油输到摩擦面间隙中,才能形成油膜,保证润滑。这种润滑方式称为( )润滑。
A. 压力 B. 喷淋 C. 飞溅 D. 浸泡

266. BE001 利用管路将润滑油引到需要润滑的部位并淋到齿轮上或运动副上,这种润滑方式称为( )润滑。
A. 压力 B. 喷淋 C. 飞溅 D. 浸泡

267. BE001 目前柴油机使用最广泛的润滑方式是( )。
A. 复合式润滑 B. 飞溅润滑
C. 压力润滑 D. 自动润滑

268. BE002 当摩擦副的两摩擦面,有一层具有一定厚度的黏性流体完全分开,有流体的压力平衡外载负荷,液体层中的分子大部分不受金属表面离子电力场的作用,而可以自由地移动,这种状态称为( )。
A. 边界润滑 B. 润滑
C. 混合润滑 D. 流体润滑

269. BE002 用润滑剂来隔开摩擦表面,防止它们直接接触,就是通常所说的( )。
A. 机械润滑 B. 动压润滑
C. 静压润滑 D. 飞溅润滑

270. BE003　大部分的较轻负荷到中负荷的工业齿轮润滑都属于(　　)。

A. 流体润滑　　B. 弹性流体润滑

C. 边界润滑　　D. 极压润滑

271. BE003　蜗轮、蜗杆传动箱极限温度为(　　),最大温升量为55℃。

A. 80℃　　B. 85℃　　C. 90℃　　D. 95℃

272. BE004　构成润滑油黏度大小的主要成分是(　　)。

A. 石蜡烃　　B. 环烷烃

C. 芳香烃　　D. 环烷—芳香烃

273. BE004　对边界润滑起决定性作用的是润滑油的(　　)。

A. 流变性　　B. 氧化性

C. 润滑性　　D. 表面性

274. BE005　可燃液体(油料)加热到一定温度时,当油蒸汽与空气形成的混合气体在近火焰时,能发生短暂闪火的最低油温称为(　　)。

A. 自燃点　　B. 闪点

C. 燃点　　D. 熔点

275. BE005　石油产品能从标准形式的容器中流出的最低温度称为(　　)。

A. 倾点　　B. 冰点　　C. 滴点　　D. 浊点

276. BE006　利用油的自重向润滑部分滴油进行的润滑称为(　　)。

A. 手工润滑　　B. 滴油润滑

C. 飞溅润滑　　D. 油环或油链润滑

277. BE006　飞溅润滑时,浸在油池中的机件的圆周速度不应超过(　　),否则将产生大量泡沫及油雾使油迅速氧化变质。

A. 12.5m/s　　B. 15m/s

C. 20m/s　　D. 25m/s

278. BE007　针入度越大,则其脂(　　),稠度越小,流动性越好,摩擦阻力越小。

A. 较硬　　B. 硬　　C. 越软　　D. 越好

279. BE007　滴点不但能告诉我们润滑脂流动的温度,而且也决定于润滑脂的(　　)温度。

A. 最低使用　　B. 一般使用

C. 凝固　　D. 最高使用

280. BE008　我国的单级内燃机油,是以(　　)时的运动黏度来划分牌号的。

A. -5℃　　B. 0℃　　C. 100℃　　D. 150℃

281. BE008　润滑油在使用过程中,其黏度也会发生变化,一般油的黏度变化超过(　　)时即应更换。

A. 10%　　B. 20%　　C. 30%　　D. 40%

282. BE009　井下特种装备在油路中起油压调节作用的是(　　)。

A. 润滑油散热器　　B. 润滑油滤清器

C. 溢流阀　　D. 润滑油泵

283. BE009　湿式润滑循环系统是(　　)。

A. 机油不直接储存在油底壳内，通过机油泵沿各润滑管道被输送到各摩擦表面上去

B. 机油不直接储存在油底壳内，通过输油泵沿各润滑管道被输送到各摩擦表面上去

C. 机油直接储存在油底壳内，通过输油泵沿各润滑管道被输送到各摩擦表面上去

D. 机油直接储存在油底壳内，通过机油泵沿各润滑管道被输送到各摩擦表面上去

284. BE010 为保证润滑油温度在（ ），通常在井下特种装备上专设有润滑油散热器。

A. 40～50℃ B. 50～60℃

C. 60～70℃ D. 70～90℃

285. BE010 井下特种装备连杆轴承的润滑形式是（ ）润滑。

A. 喷淋 B. 飞溅 C. 浸泡 D. 压力

286. BE011 从使用要求来说，内燃机油的黏度尽可能（ ）。

A. 因温度的增加而提高

B. 因温度的改变而变化较大

C. 不要因温度的改变而不稳定

D. 不要因温度的改变而变化太大

287. BE011 通常，压裂泵液力端柱塞密封润滑采用（ ）润滑。

A. 强制压力 B. 气动增压泵供油

C. 喷淋 D. 飞溅

288. BF001 位于 Word2010 窗口中央，能够进行文字的输入、编辑文本及图片的区域称为（ ）。

A. 编辑区 B. 文字区

C. 输入区 D. 文档区

289. BF001 位于 Word2010 窗口的底部，能够显示当前的文档信息的区域称为（ ）。

A. 标题栏 B. 工具栏

C. 状态栏 D. 选项卡

290. BF002 在启动 Word2010 以后系统会自动创建一个名为“（ ）”的空白文档。

A. 新文档 B. 文档 1

C. 空白文档 D. 启动文档

291. BF002 如果对 Word2010 做了修改，但还没有保存，那么在（ ）时，系统将会打开提示框，询问用户是否保存对文档所做的修改。

A. 新建文档 B. 复制文档

C. 关闭文档 D. 保存文档

292. BF003 在 Word2010 中，进行文本的录入以前，首先需要将（ ）定位到准备录入文本的位置。

A. 鼠标　　B. 光标　　C. 制表符　　D. 回车符

293. BF003　在 Word2010 中,文本选取的方法有很多种,其中最简单快捷方法是使用(　　)来选取文本。

A. 键盘选定　　B. 鼠标配合键盘选定
C. 鼠标点击选定　　D. 鼠标拖拽选定

294. BF004　在 Word2010 中,为选定文本块设置加粗字符格式的快捷键是(　　)。

A. Ctrl+A　　B. Ctrl+B　　C. Ctrl+C　　D. Ctrl+V

295. BF004　在 Word2010 中,(　　)是指相邻字符间的距离,用户通过调整字符之间的距离,可以改变一行文字的字数。

A. 相邻距离　　B. 字符距离
C. 字符间距　　D. 行间距

296. BF005　在 Word2010 中,段落中每行的第一个文字由左缩进位置向内侧缩进的距离称为(　　)。

A. 首行缩进　　B. 悬挂缩进
C. 内缩进　　D. 侧缩进

297. BF005　在 Word2010 中不管是输入字符、语句或者是一段文字,只要在文本后面加上一个(　　)就构成了一个段落。

A. 分页符　　B. 制表符
C. 手动换行符　　D. 回车符

298. BF006　在 Word2010 中,如果希望插入的图片能够与文字同时复制或移动,需要选择的环绕方式是(　　)。

A. 紧密型　　B. 嵌入型
C. 四周型　　D. 穿越型

299. BF006　在 Word2010 中,有一种主要用于演示流程、层次结构、循环或关系的图形,是信息和观点的视觉表示形式,称为(　　)。

A. 图表　　B. 形状
C. 剪贴画　　D. SmartArt 图形

300. BF007　在 Word2010 中,使用"合并单元格"功能后,原单元格中的文本内容的变化为(　　)。

A. 只保留第一行单元格中的文本
B. 只保留第一列单元格中的文本
C. 保留所有单元格中的文本
D. 只保留第一个单元格中的文本

301. BF007　在 Word2010 中,"拆分表格"功能可以将表格拆分为两个表格,选中的行将会(　　)。

A. 被删除掉
B. 被拆分出来成为新表格
C. 成为原表格的尾行
D. 成为新表格的首行

302. BF008　在 Word2010 中，对表格中输入文字的文字方向设置共有(　　)种。

A. 3 种　　B. 5 种　　C. 8 种　　D. 9 种

303. BF008　在 Word2010 中，可以一键将表格中的所有行设置成相同高度的设置表格行高的方法称为(　　)。

A. 平均分配各行　　B. 自动分布各行

C. 拖动调整行高　　D. 精确设置行高

304. BF009　在 Word2010 的页面设置中，使用(　　)功能可以将文字拆分成两栏或更多栏。

A. 分栏　　B. 断字　　C. 分栏符　　D. 分节符

305. BF009　在 Word2010 中，通常用于表示要将文档特殊对待(如"紧急"或"机密"等)时，在页面内容后面插入的虚影文字叫做(　　)。

A. 水印　　B. 虚印

C. 影印　　D. 半透明文字

306. BF010　在 Excel2010 工作表中的某个单元格输入数据时，(　　)中会显示相应的属性选项。

A. 状态栏　　B. 编辑栏　　C. 工具栏　　D. 标题栏

307. BF010　在 Excel2010 中，由白底黑边框标记、表示当前正在操作的单元格称为(　　)。

A. 独立单元格　　B. 操作单元格

C. 活动单元格　　D. 反向单元格

308. BF011　Excel2010 的基本操作分为工作簿的基本操作、(　　)和单元格的基本操作。

A. 多行的基本操作　　B. 多列的基本操作

C. 多单元格的基本操作　　D. 工作表的基本操作

309. BF011　Excel2010 工作簿的基本操作主要包括新建工作簿、保存工作簿、(　　)以及关闭工作簿等。

A. 打开工作簿　　B. 复制工作簿

C. 剪切工作簿　　D. 编辑工作簿

310. BF012　在 Excel2010 中，如果需要选定不相邻的单元格，可以先用鼠标单击其中某个单元格，然后按住(　　)键单击其他需要选定的单元格即可。

A. "Ctrl"　　B. "Alt"　　C. "Delete"　　D. "Shift"

311. BF012　在 Excel2010 中，如果需要选定一个一屏显示不了的单元格区域，可以先用鼠标单击起始单元格，然后按住(　　)键并拖动窗口边缘的滚动条，在需要的单元格形显示出来后，单击该单元格即可。

A. "Ctrl"　　B. "Alt"　　C. "Delete"　　D. "Shift"

312. BF013　在 Excel2010 中，某一单元格内的输入结束后，需要转到下一行单元格中进行输入时，使用的快捷键是(　　)。

A. "Enter"　　B. "Tab"　　C. "End"　　D. "PageDown

313. BF013　在 Excel2010 中，某一单元格内的输入结束后，需要转到下一列单元格中进行输入时,使用的快捷键是(　　)。

A.“Enter”　　B.“Tab”

C.“End”　　D.“PageDown

314. BF014　在 Excel2010 中,如果需要为单元格修改背景色,则需要在设置单元格格式对话框中选择选项卡的方法是(　　)。

A. 选择“填充→背景色”

B. 选择“填充→图案颜色→背景色”

C. 选择“填充→图案颜色”

D. 选择“填充→填充效果→背景色”

315. BF014　在 Excel2010 中,程序提供的表格样式可以以分为(　　)、套用表格格式和单元格样式三种。

A. 通用格式　　B. 固定格式

C. 自动格式　　D. 条件格式

316. BF015　在 Excel2010 公式中,能够返回单元格区域中所有数值之和的函数是(　　)。

A. AVERAGE　　B. COUNT

C. SUMIF　　D. SUM

317. BF015　在 Excel2010 公式中,能够返回其参数算术平均值的函数是(　　)。

A. AVERAGE　　B. COUNT

C. SUMIF　　D. SUM

318. BF016　在 Excel2010 中,将表格中符合条件的数据显示,而将不符合条件的数据隐藏,从而方便直观地对数据进行查看、对比以及分析的方法称为(　　)。

A. 隐藏数据　　B. 排序数据

C. 筛选数据　　D. 分类数据

319. BF016　在 Excel2010 中,通过为所选单元格自动插入小计和合计,汇总多个相关数据行的方法称为(　　)。

A. 汇总合计　　B. 数据汇总

C. 合并汇总　　D. 分类汇总

320. BF017　在 Excel2010 中,可以通过在(　　)选项卡上的“图表”组中选择要使用的图表类型来将所需数据绘制到图表中。

A.“公式”　　B.“视图”

C.“数据”　　D.“插入”

321. BF017　在 Excel2010 中,可以使用(　　)的功能来交换坐标轴上的数据,将标在 X 轴上的数据移动到 Y 轴上,反之亦然。

A. 切换 X 轴/Y 轴　　B. 切换行/列

C. 交换 X 轴/Y 轴　　D. 交换行/列

322. BF018　在 Excel2010 中,用于区分工作表上的单元格、围绕在单元格四周的淡色线称为(　　)。

A. 边框　　B. 虚框　　C. 网格线　　D. 标尺线

323. BF018　在 Excel2010 中,我们把一组包括一组主题颜色、一组主题字体(包括标题字体和正文字体)和一组主题效果(包括线条和填充效果)的格式选项称为(　　)。

A. 视图　　B. 页面布局

C. 套用表格格式　　D. 主题

二、多选题(每题多个选项,将正确的填入括号内)

1. AA001　含碳量(　　)(　　)的铁碳合金称为钢。

A. 小于　　B. 大于

C. 1%　　D. 2%

E. 3%

2. AA002　钢分为(　　)(简称碳钢)和(　　)两大类。

A. 有色钢　　B. 碳素钢

C. 合金钢　　D. 无色刚

3. AA003　碳素工具钢。碳素工具钢的牌号是用碳字汉语拼音字头(　　)和数字表示。其数字表示钢的平均含碳量的(　　)。

A. T　　B. Z　　C. 十分之几　　D. 百分之几

E. 千分之几

4. AA004　合金工具钢,用于制造各种性能要求更高的(　　)、(　　)和(　　)。

A. 工具　　B. 刃具

C. 量具　　D. 模具

E. 钻具

5. AA005　白口铸铁断口呈(　　),性能(　　),很难进行切削加工,工业上极少用来制造机械零件。

A. 纯白色　　B. 银白色

C. 硬而脆　　D. 软而脆

6. AA006　由于球状石墨对金属基体的割裂作用更小,因此它具有较高的(　　)、(　　)和(　　),所以应用较广,在某些情况下可替代中碳钢使用。

A. 硬度　　B. 强度　　C. 塑性　　D. 韧性

E. 刚性

7. AA007　常用的铸钢有(　　)和(　　)两大类。

A. 元素铸钢　　B. 碳素铸钢

C. 合金铸钢　　D. 有色铸钢

8. AA008　黄铜是以锌为主要合金元素的铜合金。按照化学成分,黄铜分为(　　)和(　　)两种。

A. 化学黄铜　　B. 普通黄铜

C. 特殊黄铜　　D. 一般黄铜

9. AA009　铸造铝合金是用于制造铝合金铸件的材料,按主要合金元素的不同,铸造铝合金分为(　　)。

A. 铝硅合金　　B. 铝铜合金
C. 铝镁合金　　D. 铝锌合金
E. 铝铁合金　　F. 铝钢合金

10. AA010　灰铸铁具有良好的(　　),抗压强度比较好,可以满足大功率柴油机气缸体的设计性能要求。
A. 抗压性能　　B. 铸造性能
C. 耐磨性能　　D. 消振性能
E. 切削加工性能　　F. 焊接性能

11. AA011　泵轴的材料一般选用(　　)并经调质处理。
A. 有色钢　　B. 碳素钢
C. 合金钢　　D. 高速钢

12. AA012　制造齿轮常用的钢有(　　)。
A. 合金钢　　B. 调质钢
C. 淬火钢　　D. 渗碳淬火钢
E. 渗氮钢　　F. 高碳钢

13. AA013　合金工具钢可分为(　　)。
A. 低合金钢　　B. 高合金钢
C. 低合金工具钢　　D. 高合金工具钢

14. AA014　根据钢铁敲击时发出的声音不同,以区别(　　)的方法称为音色鉴别法。
A. 铜　　B. 钢　　C. 铁　　D. 铸铁

15. AA015　含碳量大于(　　)的钢称为(　　)。
A. 0.5%　　B. 0.6%　　C. 高碳钢　　D. 高碳钢

16. AA016　退火后的工件硬度(　　),消除了(　　)。
A. 较高　　B. 较低　　C. 外应力　　D. 内应力

17. AA017　对中碳钢零件而言有时由于正火后的硬度(　　),更适合于(　　)。
A. 适中　　B. 过低
C. 锻压铸造　　D. 切削加工

18. AA018　工件经淬火后可获得高硬度的组织,因此淬火可提高钢的(　　)强度和(　　)硬度。
A. 厚度　　B. 强度　　C. 硬度　　D. 准度

19. AA019　根据回火温度不同,回火操作可分为(　　)。
A. 恒温回火　　B. 低温回火
C. 中温回火　　D. 高温回火
E. 正常回火

20. AA020　表面热处理按处理工艺特点可分为(　　)。
A. 表面淬火　　B. 表面回火
C. 表面化学热处理　　D. 表面物理热处理

21. AB001　运用击震法拆装紧固件,为避免损伤零件,应在需要锤击的部位上垫上(　　)。

A. 较软的金属　　B. 较硬的金属
C. 木质垫块　　D. 铁质垫块

22. AB002　当拆卸困难时,应进行分析,不能盲目动手,对于(　　)的拆卸则必须使用(　　)。
A. 双头螺栓　　B. 单头螺栓
C. 普通工具　　D. 专用工具

23. AB003　在取断头螺钉时、可在螺栓上钻孔(　　),然后用(　　)拧出。
A. 攻反螺纹　　B. 攻正螺纹
C. 丝锥　　D. 反扣螺栓
E. 正扣螺栓

24. AB004　对于从外部不易观察的螺钉,往往容易被疏忽,应仔细检查。当确定螺钉已经被安全拆除后,再改用(　　)等工具将连接件分开,否则容易损坏零件。
A. 螺丝刀　　B. 手锤
C. 撬杆　　D. 大锤

25. AB005　拆卸零部件时应了解(　　)的(　　)。
A. 设计图纸　　B. 机器或部件
C. 结构原理　　D. 材料工艺

26. AB006　对铅封零件,除了在(　　)的修理厂允许拆开修理调整外,一般(　　)拆卸或随意调整。
A. 一般　　B. 专门　　C. 可以　　D. 不应

27. AC001　燃油系统中有空气。检查燃油管路接头是否(　　)松动,排除燃油系统中的(　　)空气。
A. 松动　　B. 齐全　　C. 空气　　D. 水分

28. AC002　气门弹簧(　　),挺杆(　　),推杆套筒(　　)。在气缸盖处发出有节奏的轻微敲击声。
A. 折断　　B. 弯曲
C. 磨损　　D. 润滑不良

29. AC003　对于发动机冷却系统故障的分析可以从两方面着手,一方面是检测冷却水的(　　),另一方面是检查冷却水的(　　)。
A. 温度　　B. 质量　　C. 量　　D. 黏度

30. AC004　直流发电机所匹配的调节器一般都是由(　　)组成。
A. 电压调节器　　B. 电流限制器
C. 截断继电器　　D. 直流控制器

31. AC005　喷油器应具有一定的(　　)、(　　)、合适的(　　)。
A. 喷油能力　　B. 喷射压力
C. 喷射行程　　D. 喷油锥角
E. 喷油时间

32. AC006　对飞车应采取紧急措施。方法有三种,一是(　　),二是(　　),三是(　　)。

A. 断油　　B. 断路　　C. 断气　　D. 憋熄火

33. AC007　柴油机从油底壳把润滑油送到各摩擦表面,一般有(　　)、(　　)、(　　)三种方法。

A. 激溅法　　B. 强制法

C. 压送法　　D. 管道输送法

E. 复式润滑法

34. AC008　冷却不良会使活塞与气缸套过热而过度(　　),失去原来的(　　)而拉缸。

A. 膨胀变形　　B. 冷却收缩

C. 正常间隙　　D. 最小配合

35. AC009　柴油机的(　　)或(　　),会使柴油机过热造成活塞断裂。

A. 缺油　　B. 缺水

C. 温度过低　　D. 水温过高

36. AC010　柴油机安装基础(　　),固定螺栓(　　)是柴油机安装不正确,造成柴油机振动加剧主要原因之一。

A. 不牢固　　B. 硬度不够

C. 不平衡　　D. 松动

37. AC011　连杆轴瓦间隙过大,润滑油(　　),间隙过小,润滑油(　　),轴瓦会咬住轴颈形成“烧瓦”。

A. 不易储存　　B. 容易储存

C. 不足　　D. 充足

38. AD001　正常送修的井下特种装备:整机累计运转(　　)规定的大修期或接近大修期,并(　　)大修条件之一,而现场和一般维修单位又不能修复,需要送大修厂家进行修理的井下特种装备。

A. 达到　　B. 没达到

C. 不符合　　D. 符合

39. AD002　承修单位要根据具体的井下特种装备型号编制完整的(　　)技术文件,并按(　　)批准实施。

A. 特殊修理工艺　　B. 大修理工艺

C. 规定程序　　D. 特殊规定

40. AD003　对规定不能互换或有特殊装配规定的零部件,拆卸时应(　　)、做好(　　),装配时应按原位安装。

A. 混放　　B. 记录

C. 标记　　D. 评价

41. AD004　大修后发动机运转排气声音应(　　)、(　　),各缸排气歧管(　　)。

A. 均匀正常　　B. 燃烧完全

C. 温度相等　　D. 高度相等

42. AD005　大修后变速箱(　　)无渗漏,油底加注液力传动油符合规定,油面在

(　　),颜色正常且无污染。

A. 外部　　B. 内部

C. 规定刻线内　　D. 规定刻线上

43. AD006　装配后两个万向节十字轴中心线在(　　),动平衡试验传动轴不得(　　)。

A. 一个体积内　　B. 一个平面内

C. 震动、发响　　D. 无声、平稳

44. AD007　差速器总成修理后壳体不得有(　　)、(　　)现象,各轴承及齿轮等运动件不得有麻坑、锈蚀等缺陷。

A. 完整　　B. 损坏　　C. 裂纹　　D. 刷漆

45. AD008　支撑悬挂系统总成修理后中桥、后桥平衡梁连接螺钉(　　)、(　　)。

A. 齐全　　B. 合适

C. 紧固牢靠　　D. 整齐摆放

46. AD009　当踏下制动踏板时,各制动分泵及快速放气阀没有漏气的现象,踏下保持(　　),气压不得下降(　　),当松开制动踏板时各制动分泵、总泵及连接拉杆能立即回位,使制动蹄分离刹车。

A. 10min　　B. 5min

C. 0. 05MPa　　D. 5MPa

47. AD010　当气路压力超过(　　)时,空气干燥器应能(　　)排气排污,干燥器性能良好,附件齐全。

A. 1000kPa　　B. 850kPa

C. 自动　　D. 手动

48. AD011　主溢流阀超过(　　)时应灵活可靠溢流稳压,不得有(　　)现象,运转时系统无噪声。

A. 20MPa　　B. 14MPa

C. 超压　　D. 低压

49. AD012　仪表盘上所有的仪表(　　)完好,指示值符合(　　),开关、手柄齐全无损,性能良好。

A. 标签　　B. 指示灯

C. 进厂数据　　D. 出厂规定

50. AD013　认真填写验收项目检验表及交接记录,应由双方签字后交接出厂,内容包括(　　)、(　　)、(　　)及(　　)。

A. 修理费用　　B. 验收项目

C. 验收结果　　D. 存在问题

E. 处理办法　　F. 技术档案

51. AE001　井喷发生后,无法用常规方法控制井口而出现敞喷的现象称之为(　　),这是井下作业中的(　　)。

A. 井喷控制　　B. 井喷失控

C. 较大事故　　D. 严重事故

52. AE002　静液压力是液柱密度和垂直高度的函数,其大小取决于(　　)和(　　)。
　A. 液柱密度　　B. 液柱梯度
　C. 平衡高度　　D. 垂直高度

53. AE003　用压力系数表示。这是某点压力与该点(　　)之比,其数值等于该点的钻井液当量密度。我国现场人员常说某井深处的(　　)是多少,实际仍是当量密度,只不过去掉了密度量纲,只言其数值罢了。
　A. 水柱压力　　B. 水静压力
　C. 液流系数　　D. 压力系数

54. AE004　井底压力与地层压力之差称为压差。按此方法可将井眼压力状况分为(　　)、(　　)和(　　)三种情况。
　A. 上平衡　　B. 过平衡
　C. 欠平衡　　D. 平衡

55. AE005　随着气柱的(　　),井底压力会(　　)。
　A. 上升膨胀　　B. 下降到零
　C. 逐渐变大　　D. 逐渐减小

56. AE006　当井侵发生后,井口返出的钻井液或压井液的量比泵入的(　　),停泵后井口自动地不断往(　　),这种现象称之为溢流。
　A. 要少　　B. 要多　　C. 外溢　　D. 内流

57. AE007　目前采取的关井方法主要是(　　)和(　　)。
　A. 全关闭　　B. 半关闭
　C. 软关井　　D. 硬关井

58. AE008　作业使用的井口(　　),(　　),在发生井喷后(　　)是井喷失控的原因之一。
　A. 更新换代　　B. 年久老化
　C. 强度降低　　D. 失去控制
　E. 有效控制

59. AE009　井喷失控极易造成机械设备毁坏、(　　)和油气井报废,带来巨大的(　　)。
　A. 人员伤亡　　B. 经济收入
　C. 油量损失　　D. 经济损失

60. AE010　钻井情况:钻井显示、(　　)、(　　)及(　　)等资料。
　A. 测录井资料　　B. 中途测试
　C. 泥浆参数　　D. 注灰参数

61. AE011　工程设计中选择的作业管柱应满足井控的需要,(　　)不清及敏感区域采用有利于井控及安全环保的成熟(　　)。
　A. 地下情况　　B. 地上情况
　C. 压力数据　　D. 工艺技术

62. AE012　一切关于井控工作的技术措施和要求,最终都要落实在(　　)中并且由(　　)认真地、不折不扣地去执行。

A. 安全设计　　B. 施工设计
C. 施工单位　　D. 监督单位

63. AE013　压井的原理就是利用井筒内的(　　)来平衡(　　),使地层中的油、气、水能暂时停止流动。
A. 液柱压力　　B. 液体压力
C. 地层压力　　D. 地下压力

64. AE014　修井泥浆黏度,是指修井泥浆流动时固体颗粒之间、固体颗粒与液体之间以及液体内部分子之间产生的(　　),以阻止修井泥浆流动的(　　)。
A. 外摩擦力　　B. 内摩擦力
C. 综合效应　　D. 单一效应

65. AE015　注水井喷水降压工艺比较简单,就是(　　)油管(套管)闸门,使井筒以至地层内的液体不断的喷至(　　)。
A. 打开　　B. 关闭　　C. 地面　　D. 地下

66. AE016　经长时间喷水后压力仍然不降,井口压力异常高且出水量充足,应立即(　　)井口阀门,选用适当(　　)的水基泥浆进行压井作业。
A. 关闭　　B. 打开　　C. 数量　　D. 比重

67. AE017　在高压油井和注水井进行井下作业时,由于井内压力(　　),采压井或放喷的措施是(　　)井口压力,保证在作业施工时不喷,使施工能够顺利进行。
A. 较低　　B. 较高　　C. 降低　　D. 增加

68. AE018　加压下管柱,所有下井油管应(　　),(　　)清楚、准确。
A. 安装牢固　　B. 冲洗干净
C. 连接螺纹　　D. 丈量记录

69. AE019　在编制(　　)时,对射(补)孔层、气层、高压层的方案编制更要周密考虑,并向参加施工人员进行详细的(　　)。
A. 工程设计　　B. 地质设计
C. 技术说明　　D. 技术交底

70. AE020　施工现场必须设置(　　)、(　　)和(　　)。
A. 普通风向标志　　B. 专用风向标
C. 安全疏散通道　　D. 紧急集合点
E. 紧急逃生点

71. AE021　压井作业的目的是使井筒内液柱压力略(　　)地层压力,暂时使地层流体在施工过程中不进入井筒,是实现(　　)井控的重要工序。
A. 大于　　B. 大于　　C. 一级　　D. 二级

72. AE022　施工作业队未接到下步(　　),不得(　　)。
A. 施工钻探　　B. 作业方案
C. 起管柱作业　　D. 下管柱作业

73. AE023　在下(　　)和(　　)作业时,必须配备与防喷器闸板(　　)的防喷单根和变扣接头。

A. 组合管柱　　B. 单个管柱
C. 工具串管柱　　D. 打捞串管柱
E. 尺寸相符合

74. AE024　如循环罐液面升高、出口压井液流速、流量(　　)、停泵后出口压井液(　　),说明已发生溢流,应立即停止冲砂作业,循环洗井至出口(　　)。
A. 增加　　B. 减少　　C. 外溢　　D. 无砂
E. 无水

75. AE025　起下电泵机组时,发现溢流,若井架高度能起出电泵机组的,(　　)电泵机组,否则将电泵机组(　　),按空井关井程序关井。
A. 直接起出　　B. 不能起出
C. 落入井外　　D. 落入井内

76. AE026　射孔后起管柱前应根据测压数据或井口压力情况确定(　　)和(　　)进行压井,确保起管柱过程中井筒内(　　)。
A. 压井液密度　　B. 压井液数量
C. 压井方法　　D. 起管柱方法
E. 压力平衡

77. AE027　钻塞作业必须安装(　　)和(　　)(安装钻台井应安装导流管),并按标准试压合格。
A. 闸板防喷器　　B. 闸板封井器
C. 自封封井器　　D. 自封防喷器

78. AE028　钻塞作业时资料员或三岗位(场地工)坐岗观察、计量循环罐(　　),并填写(　　)。
A. 压井液量　　B. 压井压力
C. 坐岗记录　　D. 观察感受

79. AE029　更换采油树全过程要(　　)向井内灌压井液,并保持液面在(　　)。
A. 保持　　B. 连续　　C. 井内　　D. 井口

80. AE030　不连续起下作业时,用上部带旋塞阀的提升短节,将油管悬挂器(　　)采油树四通,(　　)全部顶丝,(　　)旋塞阀。
A. 坐入　　B. 挂在　　C. 顶紧　　D. 关闭
E. 打开

81. AE031　压井时出现泵压(　　),进口排量(　　)出口排量,说明地层油气已进入井内,是井喷的预兆。
A. 下降　　B. 上升　　C. 小于　　D. 大于

82. AE032　抢险队伍应按照积极兼容、确能胜任的原则组建,应在企业相关(　　),以企业专业(　　)及(　　)为主体,组建应急队伍。
A. 普通的单位　　B. 专业的单位
C. 技术骨干　　D. 岗位操作工
E. 领导干部

83. AE033　井口装置:包括(　　)装置(套管头、油管　头及采油树三部分)和以

(　　)为主体的防喷装置。

A. 完井井口　　B. 上井井内

C. 防喷器　　D. 封隔器

84. AE034　防喷器作为最重要的井控设备,在钻井作业中一旦发生(　　)、(　　)、(　　)等紧急状况,防喷器需要迅速启动关井,此时防喷器一旦失效,将会导致井喷等恶性事故。

A. 外流　　B. 溢流　　C. 井涌　　D. 井喷

85. AE035　环形防喷器的类型按其密封胶芯的形状可分为(　　)锥型环形防喷器和(　　)球型环形防喷器,其结构主要由壳体、顶盖、胶芯及活塞四大件组成。

A. 锥型　　B. 柱型　　C. 球型　　D. 圆型

86. AE036　远程控制台配有两套相互独立的动力源。根据配置不同,提供不同排量的(　　)油泵,(　　)油泵或者(　　)油泵。

A. 电动　　B. 油动　　C. 气动　　D. 手动

87. AE037　自封封井器起下作业时(　　)油管;刮掉(　　)的油污;防止小件落物。

A. 扶正　　B. 控制　　C. 油管外　　D. 油管内

88. AE038　半封封井器使用中,不能使(　　)关在油管接箍或封隔器等井下工具上,只能关闭在(　　)上,否则就关不严。

A. 闸板　　B. 芯子

C. 油管外体　　D. 油管本体

89. AE039　全封封井器由(　　)、(　　)、(　　)组成。

A. 壳体　　B. 外壳　　C. 闸板　　D. 丝杠

90. AE040　两用轻便封井器试验压力:(　　),工作压力:(　　)。

A. 25MPa　　B. 15MPa

C. 18MPa　　D. 28MPa

91. AE041　在打钻进入油气层前,投入式单向阀的工作筒预先装在钻具管串的钻铤柱(　　);当钻进及起下管柱过程中发生井喷时,根据作业需要将心轴组件投入钻具管串坐落在(　　),封闭井液上窜。

A. 顶部　　B. 下部

C. 工作筒上　　D. 工作管上

92. AE042　带压作业装置根据作业井别不同而有所不同,但其核心部分包括三大系统,分别是(　　)、(　　)、(　　)。

A. 井口密封系统　　B. 设备密封系统

C. 减压动力系统　　D. 加压动力系统

E. 附属配套系统

93. AE043　液动节流管汇一般通径不小于(　　),放喷管汇不小于(　　)。

A. 50mm　　B. 60mm　　C. 70mm　　D. 76mm

94. AE044　发现溢流或井喷后,应立即关井,然后制定(　　),正确压井,建立井下新的(　　)。

A. 压井方案　　B. 修井方案
C. 压力平衡　　D. 动力平衡

95. BA001　井下特种装备的拆装顺序取决于井下特种装备的结构,一般是(　　),当然,可根据现场(　　)制定出更合理的拆装顺序。
A. 先复杂后简单　　B. 复杂简单同时进行
C. 先简单后复杂　　D. 实际情况

96. BA002　机械加工是井下特种装备零部件修复过程中(　　)、(　　)的方法。
A. 不重要　　B. 最重要
C. 最常用　　D. 不常用

97. BA003　采用(　　)刷镀镍层的方法修复磨损的柱塞,刷镀的镍层厚度可达(　　)以上。
A. 表面　　B. 端面
C. 0. 3mm　　D. 0. 2mm

98. BA004　当轴颈磨损严重,采用(　　)不能达到修理效果时,应采用(　　)修复后再磨削至规定的尺寸或修理尺寸。
A. 修理尺寸法　　B. 振动堆焊修复
C. 涂层技术　　D. 焊接技术

99. BA005　泵头体常采用(　　)铸造而成,是(　　)。
A. 低碳合金钢　　B. 中碳合金钢
C. 一个整体　　D. 一个分体

100. BA006　用榔头轻击或用撬杆拨动检查轴承时,应松紧适度。过松表明(　　),过紧表明(　　)。间隙过大、过小都应(　　)。
A. 间隙大　　B. 间隙小　　C. 有间隙　　D. 调整
E. 紧固

101. BA007　用(　　)测量润滑油泵轴和轴承的间隙,超过规定值,应将其(　　),查清磨损部位及程度,采取相应办法予以修复。
A. 百分表及千分尺　　B. 厚薄规及百分表
C. 拆卸分解　　D. 拆卸打开

102. BA008　润滑油泵齿轮磨损主要是在(　　)齿厚部位,而齿轮端面和齿顶的磨损都(　　)相对较轻。
A. 齿薄部位　　B. 齿厚部位
C. 相对较轻　　D. 相对较重

103. BB001　在机械制造和仪器仪表中,互换性可分为(　　)和(　　)。
A. 完全互换性　　B. 装配互换性
C. 内互换性　　D. 功能互换性

104. BB002　YLC－1050 压裂车的 LT416. 9 三缸单作用卧式柱塞泵,其柱塞直径有(　　)、(　　)两种。
A. ϕ75mm　　B. ϕ85mm
C. ϕ90mm　　D. ϕ100mm

105. BB003　AC-400B 水泥车的 3PC-250 三缸单作用卧式柱塞泵，其缸套直径为(　　)、(　　)、(　　)三种。

A. ϕ90mm　　B. ϕ100mm

C. ϕ110mm　　D. ϕ115mm

106. BB004　井下特种装备阀密封可选用(　　)、(　　)合成橡胶或聚氨酯，其肖氏硬度为 85~95。

A. 耐油　　B. 耐酸　　C. 耐火　　D. 耐水

107. BB005　滚动轴承外圈内径、内圈外径与滚动体之间，由于大都采用(　　)，所以它们之间的互换性通常为(　　)互换性。

A. 整体装配　　B. 分组装配

C. 不完全　　D. 完全

108. BB006　根据滑动轴承的具体要求可选择(　　)、(　　)、(　　)和(　　)四种润滑剂。

A. 气体　　B. 液体　　C. 半液体　　D. 固体

E. 半固体

109. BC001　在压裂和固井作业中，高压管件连接在井下特种装备(　　)和(　　)之间。

A. 出口　　B. 入口　　C. 井口　　D. 油管

110. BC002　活动弯头具有(　　)、(　　)、(　　)、(　　)的特点。

A. 灵活　　B. 固定　　C. 抗冲击　　D. 抗震动

E. 流量大　　F. 流量小

111. BC003　在拧紧翼形螺母时，不得使用使翼形螺母(　　)或(　　)的锤击力拧紧力。

A. 变形　　B. 变紧　　C. 损失　　D. 损坏

112. BC004　通径 3in 冷工作压力(　　)，端部连接方式为 Fig 602 由壬 F×M，颜色为(　　)。

A. 52MPa　　B. 42MPa　　C. 蓝色　　D. 红色

113. BC005　高压活动弯头接头(　　)与(　　)均为 90°弯头。

A. 外体套　　B. 内体套

C. 接头体　　D. 接尾体

114. BC006　球面接头(　　)或(　　)，是造成高压活动弯头从与外部联接处渗漏原因之一。

A. 下球面磨损　　B. 上球面磨损

C. 密封面点蚀　　D. 密封面完好

115. BC007　弯头体使用寿命的主要因素是弯头体的(　　)及(　　)的机械性能。

A. 材质　　B. 形状

C. 热处理前　　D. 热处理后

116. BC008　活动弯头在(　　)及(　　)时如表面涂漆有些剥落，应重新涂漆。

A. 装配　　B. 存放　　C. 使用　　D. 运输

117. BC009　由壬内部的密封面有(　　)(带垫)、(　　)、(　　)等。
A. 平面　B. 斜面　C. 球面　D. 锥面
E. 柱面

118. BC010　对于卡瓦式连接的活动管接接头,可先将(　　),退出连接活动(　　),取下(　　)即可更换。
A. 螺栓取下　B. 卡簧取下
C. 管接头　D. 卡瓦

119. BC011　活动管接的锁紧螺母与活动管接接头的螺纹部位形状有(　　)和(　　)两种。
A. 矩形螺纹　B. 三角螺纹
C. 锯齿螺纹　D. 梯形螺纹

120. BC012　停机完工后打开防空阀,空泵运转(　　)左右停泵,放净(　　)及(　　)积水。
A. 30s　B. 30min　C. 泵内　D. 泵外
E. 管线内　F. 管线外

121. BC013　抗震压力表外壳为(　　)结构,能有效地保护(　　)免受环境影响和污秽侵入。
A. 液密型　B. 气密型
C. 内部机件　D. 外部机件

122. BD001　当物体与另一物体沿接触面的(　　)运动或有(　　)的趋势时,在两物体的接触面之间有阻碍它们相对运动的作用力,这种力叫摩擦力。
A. 切线方向　B. 垂线方向
C. 绝对运动　D. 相对运动

123. BD002　干摩擦和边界摩擦属(　　),流体摩擦属(　　)。
A. 外摩擦　B. 滑动摩擦
C. 滚动摩擦　D. 内摩擦

124. BD003　腐蚀磨损:零件表面在摩擦的过程中,(　　)与周围介质发生化学或电化学反应,因而出现的(　　)。
A. 内部金属　B. 表面金属
C. 物质完整　D. 物质损失

125. BD004　跑合磨损阶段多采取在(　　)或(　　)下进行。
A. 空车　B. 满车
C. 低负荷　D. 高负荷

126. BD005　零件的磨擦与使用(　　)和使用(　　)有关。
A. 环境　B. 时间　C. 强度　D. 过程

127. BD006　热处理是要改变工件(　　)从而达到改善(　　)的目的。
A. 内部化学成分　B. 内部组织结构
C. 机械性能　D. 所含元素的比例

128. BD007　井下特种装备拉杆油封密封装置的作用是(　　),防止(　　)的润滑油从拉杆处漏失。

A. 密封拉杆　　B. 密封柱塞

C. 曲轴箱　　D. 变速箱

129. BD008　曲轴上用的轴承有(　　)滑动轴承和(　　)两种。

A. 推力轴承　　B. 滑动轴承

C. 压力轴承　　D. 滚动轴承

130. BD009　分体式阀体因其设计上的不足,导致了阀体各组件在施工中受到恶劣的交变载荷作用,(　　)、(　　),极大的影响了阀体的(　　),也影响到了泵效和施工质量。

A. 用力影响　　B. 互相影响

C. 互相作用　　D. 使用寿命

131. BD010　堵头为泵体上的常用部件之一,现有的堵头大多为(　　),再在连接处加一个(　　)防止漏水。

A. 焊接结构　　B. 螺纹结构

C. 密封圈　　D. 阀门

132. BD011　将阀体分体设计变为一体设计,从设计上精简了(　　)、(　　)两部分。

A. 压板　　B. 胶皮

C. 紧固螺栓　　D. 阀门上盖

133. BE001　一般来说,在摩擦副之间加入(　　),用来控制摩擦、降低磨损以达到(　　)使用寿命的措施叫作润滑。

A. 某种物质　　B. 某种效果

C. 延长　　D. 缩短

134. BE002　润滑形成的油膜可起到缓冲作用,避免两表面直接接触,减轻(　　)与(　　)。

A. 振动　　B. 润滑　　C. 静音　　D. 噪声

135. BE003　按齿轮的齿廓曲线分类,可分为(　　)、(　　)和(　　)。

A. 圆柱齿轮　　B. 渐开线齿轮

C. 圆弧齿轮　　D. 摆线齿轮

136. BE004　黏度指数表示油品黏度随温度变化的程度。黏度指数(　　),表示油品黏度受温度的影响(　　),其黏温性能(　　),反之越差。

A. 越高　　B. 越小　　C. 越好　　D. 越低

137. BE005　要求润滑油具有很好的与酸中和能力,减少(　　)产生的(　　)物质对发动机的损害。

A. 燃烧　　B. 运动　　C. 酸性　　D. 碱性

138. BE006　脂润滑的作用使减少摩擦并防止摩擦表面(　　),还能防止进入(　　),转速低,不经常工作的摩擦面常采用脂润滑。

A. 接触　　B. 腐蚀　　C. 杂物　　D. 水分

139. BE007　润滑脂的主要组成是(　　)、(　　)和添加剂(添加剂和填料)。

A. 基础油　　B. 动植物油

C. 钙皂　　D. 稠化剂

140. BE008　不要用(　　)或(　　)容器包装润滑脂,防止失油变硬、混入水分或被污染变质,并且应存放于阴凉干燥的地方。

A. 木制　　B. 铁制　　C. 纸制　　D. 钢制

141. BE009　干式润滑循环系统是机油(　　)储存在柴油机(　　)的机油箱内;机油通过机油箱内的机油泵送到柴油机各(　　)上去。

A. 单独　　B. 混合　　C. 外部　　D. 内部

E. 摩擦表面

142. BE010　在油井作业过程中,只有泵低速运行时泵才能输出(　　)和(　　)。

A. 最低压力　　B. 最高压力

C. 最小负荷　　D. 最大负荷

143. BE011　液力端(　　)、(　　)采用气压式连续压力润滑。

A. 柱塞　　B. 曲轴　　C. 小瓦　　D. 盘根

144. BF001　在 Word2010 中,单击文件按钮,在弹出的下拉菜单中可以(　　),并可查看可对文档执行相关的操作。

A. 打开文档　　B. 删除文档

C. 保存文档　　D. 打印文档

145. BF002　启动 Word2010 的方法非常灵活,通常可以使用(　　)等方法。

A. 从“开始”菜单启动　　B. 从桌面快捷图标启动

C. 从应用文档启动　　D. 从其他程序链接启动

146. BF003　输入与编辑 Word2010 的主要操作是(　　)。

A. 文本的页面设置　　B. 文本的录入和选取

C. 文本的复制、移动和删除　　D. 文本的查找和替换

147. BF004　在 Word2010 中,字符格式主要包括(　　)、颜色、字符间距、字符边框和底纹等。

A. 字体　　B. 字号　　C. 字形　　D. 字数

148. BF005　在 Word2010 中,段落对齐方式可以分为(　　)、两端对齐和分散对齐。

A. 左对齐　　B. 前对齐

C. 居中对齐　　D. 右对齐

149. BF006　在 Word2010 中可以插入(　　),从而进行图文混排,使文档更加美化。

A. 幻灯片　　B. 剪贴画

C. 艺术字　　D. 图片文件

150. BF007　在 Word2010 中使用表格时,在表格中选择对象可以分为(　　)几种方法。

A. 选择单元格　　B. 选择行

C. 选择列　　D. 选择表格

151. BF008　在 Word2010 中,创建好表格后,会激活(　　)的选项卡。

A.“表格”　　B.“布局”　　C.“视图”　　D.“设计”

152. BF009　在 Word2010 的页面背景中,有(　　)等选项。

A. 水印　　B. 页面颜色
C. 页面大小　　D. 页面边框

153. BF010　Excel2010 的工作界面由文件按钮、标题栏、(　　)、工作簿窗口和状态栏等几部分组成。

A. 选项卡　　B. 标尺按钮
C. 工具栏　　D. 编辑栏

154. BF011　退出 Excel2010 可以使用(　　)等方法。

A. 鼠标左键单击程序窗口右上角的“关闭”按钮退出 Excel2010
B. 通过“文件按钮”菜单退出 Excel2010
C. 按下“Ctrl+Alt+Del”组合键退出 Excel2010
D. 按下“Alt+F4”组合键退出 Excel2010

155. BF012　在 Excel2010 中,合并单元格可以分为(　　)等合并方式。

A. 合并后居中　　B. 按列合并
C. 跨越合并　　D. 合并单元格

156. BF013　在 Excel2010 中,输入到单元格中的内容超出单元格宽度时可以使用(　　)的方法使输入的内容在单元格中换行。

A. 按“Alt+Enter”组合键插入硬回车
B. 在工具栏点击“自动换行”按钮
C. 按“Shift+Enter”组合键插入硬回车
D. 在工具栏点击“合并居中”按钮

157. BF014　在 Excel2010 设置单元格格式对话框中有文本控制选项,该选项有(　　)等子选项。

A. 自动增加单元格列宽　　B. 自动换行
C. 缩小字体填充　　D. 合并单元格

158. BF015　在 Excel2010 的公式中,运算符是指一个标记或符号,能够指定表达式内执行的计算的类型,运算符分为(　　)等。

A. 数学运算符　　B. 比较运算符
C. 逻辑运算符　　D. 引用运算符

159. BF016　在 Excel2010 中,使用自动筛选可以创建(　　)的筛选类型。

A. 按值列表筛选　　B. 按格式筛选
C. 按混合存储筛选　　D. 按条件筛选

160. BF017　在 Excel2010 中插入的图表有很多种类型,其中经常使用的是(　　)。

A. 柱形图　　B. 折线图
C. 饼图　　D. 曲面图

161. BF018　在 Excel2010 的页面布局选项卡中包含(　　)、调整为合适大小、工作表选项和排列等子选项卡。

A. 主题　　B. 页面设置
C. 对齐方式　　D. 批注

三、判断题(对的画√,错的画×)

( )1. AA001 金属材料来源丰富,并具有优良的使用性能和加工性能,不是机械工程中应用最普遍的材料。

( )2. AA002 钢分为碳素钢(简称碳钢)和合金钢两大类。

( )3. AA003 按钢的含碳量多少分类,碳钢分为四类。

( )4. AA004 特殊性能钢,具有特殊物理和化学性能的钢,如不锈钢、耐热钢、耐磨钢等。

( )5. AA005 铸铁是含碳量小于2.11%的铁碳合金,它含有比碳钢更多的硅、锰、硫、磷等杂质。

( )6. AA006 球墨铸铁中石墨形态呈球状。由于球状石墨对金属基体的割裂作用更小,因此它具有较高的强度、塑性和韧性,所以应用较广,在某些情况下可替代中碳钢使用。

( )7. AA007 铸钢不是一种重要的铸造合金,其应用仅次于铸铁。

( )8. AA008 青铜原指铜锡合金,但工业上都习惯称含铝、硅、铅、铍、锰等的铜合金也为青铜。

( )9. AA009 铝中加入纯金元素就形成了铝合金。

( )10. AA010 柴油机的曲轴可用铬钢制造。

( )11. AA011 叶轮不是离心泵的核心部分,它转速高输出力大,叶轮上的叶片又起到主要作用,叶轮在装配前要通过静平衡实验。

( )12. AA012 曲轴是整个往复泵的核心传动部件,它将原动机的功经连杆和十字头传给活塞,推动活塞作往复运动并做功。

( )13. AA013 巴氏合金(包括锡基轴承合金和铅基轴承合金)是最广为人知的轴承材料,不具有减摩特性的锡基和铅基轴承合金。

( )14. AA014 根据钢铁敲击时发出的声音不同,以区别钢和铸铁的方法称为音色鉴别法。

( )15. AA015 热处理就是通过对固态金属的加热、保温和冷却,来固定金属的显微组织及其形态,从而提高或改善金属的机械性能的一种方法。

( )16. AA016 退火后的工件硬度较低,消除了内应力,同时还可以使材料的内部组织均匀细化,为进行下一步热处理(淬火等)做好准备。

( )17. AA017 将工件放到炉中加热到适当温度,保温后出炉空冷的热处理方法叫正火。

( )18. AA018 工件淬火后一般都要及时进行回火处理,并在回火后获得适度的强度和韧性。

( )19. AA019 回火的温度大大高于退火、正火和淬火时的加热温度,因此回火并不使工件材料的组织发生转变。

( )20. AA020 表面热处理按处理工艺特点可分为表面淬火和表面化学热处理两大类。

( )21. AB001 运用杠杆机构拆卸紧固件是利用杠杆的原理,$F \cdot L = W \cdot R$,即重臂长于力臂的倍数等于拆装紧固件时省力的倍数。

( )22. AB002 在螺纹连接的紧固件中有时由于碰撞或不正确的拆装,使螺纹头部变细或使螺纹松扣,这些都是造成螺纹连接难拆的原因。
( )23. AB003 在取断头螺栓时,可在断头螺钉上钻孔攻反螺纹,然后用丝锥或反螺纹螺钉拧出。
( )24. AB004 静配合件的拆卸前要检查连接有无销钉、螺钉等补充固定装置,以防零件被拆坏。
( )25. AB005 铆接件属于半永久性连接,若修理时一定要拆卸,拆卸时一般是将铆钉凿除或钻除,但要注意防止损坏零件基体。
( )26. AB006 对重要的偶合件,拆下后应将偶合件成套存放。
( )27. AC001 排除燃油系中的空气,首先要从放气螺丝放气,直至无气泡时为止。
( )28. AC002 活塞与缸套间隙过大时,响声在高速、轻负荷、启动后更显著。
( )29. AC003 柴油机出水温度过高,可能是温度表失灵。
( )30. AC004 充电发电机的调节器电压调整偏低,会使发电机发热。
( )31. AC005 柴油机喷油器喷孔堵塞时,会使喷油压力太高。
( )32. AC006 柴油机喷油泵柱塞偶件磨损,会使喷油泵供油量不均匀。
( )33. AC007 柴油机润滑系统机油泵的故障造成烧瓦,可能原因是齿轮磨损。
( )34. AC008 柴油机活塞环开口间隙过小,是造成拉缸的原因之一。
( )35. AC009 柴油机缸内漏入冷却水,产生顶缸现象,但不会造成活塞断裂。
( )36. AC010 轴承,特别是曲轴轴承间隙过大时,会加剧柴油机的震动。
( )37. AC011 柴油机经常超负荷工作,会加剧磨损,但不会使曲轴弯曲。
( )38. AD001 井下特种装备大修条件之一是液压系统工作极不正常,内外泄漏严重,控制阀损坏严重,液缸不动作等。
( )39. AD002 底盘大梁扭曲变形严重,变形量超过规定的极限也属于井下特种装备大修理条件之一。
( )40. AD003 在井下特种装备大修理技术规定中,对规定不能互换或有特殊装配规定的零部件,拆卸时应记录,做好标记,装配时应按原位安装。
( )41. AD004 怠速稳定转速在 650r/min,误差在 ±10%。
( )42. AD005 外部无渗漏,油底加注液力传动油符合规定,油面在规定刻线内,颜色正常且无污染。
( )43. AD006 万向节叉应能在十字轴上转动自如,不得有卡滞现象,允许十字轴有轴间窜动感觉。
( )44. AD007 各轴承及齿轮等运动件不得有麻坑、锈蚀等缺陷。
( )45. AD008 方向盘的自由空回量不大于 50°。
( )46. AD009 当松开制动踏板时各制动分泵、总泵及连接拉杆能立即回位,使制动蹄分离刹车。
( )47. AD010 当气路压力达 2000kPa 时,空气干燥器应能自动排气、排污,干燥器性能良好,附件齐全。
( )48. AD011 各压力表指示正确无误,校验压力表使其性能良好、准确,各液压阀件灵活可靠。

( )49. AD012 仪表盘上所有的仪表指示灯完好,指示值不符合出厂规定,开关、手柄齐全无损,性能良好。

( )50. AD013 底盘车车门玻璃及其升降机构,车门锁、驾驶室玻璃齐全、性能良好。

( )51. AE001 井下作业井控技术是保证井下作业安全的一般技术。

( )52. AE002 井底压力随作业不同而变化。

( )53. AE003 用压力的单位表示。这不是一种直接表示法。

( )54. AE004 井底压力与地层压力之差称为压差。按此方法可将井眼压力状况分为过平衡、欠平衡和平衡三种情况。

( )55. AE005 在井下作业过程中,气层中的天然气不会向井筒内的液体中扩散。

( )56. AE006 在起管柱过程中,管柱起出井筒,井内液面就会下降。

( )57. AE007 在浅气井作业时,气侵使井底压力的减小程度比深井小。

( )58. AE008 发现井口出现溢流后处理措施不当是井喷失控的原因之一。

( )59. AE009 井喷失控是井下作业、试油、测井施工中性质一般的事故。

( )60. AE010 在地质设计中标注和说明井场周围一定范围内(含硫化氢油气田探井井口周围 3km、生产井井口周围 2km 范围内)的居民住宅、学校、厂矿(包括开采地下资源的矿业单位)、国防设施、高压电线和水资源情况以及风向变化等情况。

( )61. AE011 工程设计中不应提供目前井下地层情况、套管的技术状况。

( )62. AE012 普通大修作业井应有发生井喷后的应急措施。

( )63. AE013 压井的原理是利用井筒内的液柱压力来平衡井口压力。

( )64. AE014 修井泥浆密度。是指一定体积修井泥浆的重量与 4℃纯水重量之比。现场常用测量修井泥浆密度的仪器是修井泥浆密度计。

( )65. AE015 放喷降压期间不需专人负责监控,打开油管(套管)闸门即可。

( )66. AE016 经长时间喷水后压力仍然不降,井口压力异常高且出水量充足,应立即关闭井口阀门,选用适当比重的水基泥浆进行压井作业。

( )67. AE017 不压井作业机一次性投入小,工作量小,技术简单。

( )68. AE018 起下作业装置由三部分组成:井口控制部分、加压部分、油管密封部分。

( )69. AE019 一口井能否安全施工,设计不起关键作用。

( )70. AE020 按照相关标准进行自查自改合格后向上级主管部门提出检查验收申请。

( )71. AE021 压井作业后,先用节流阀控制放压。

( )72. AE022 在起组合管柱和工具串管柱作业时,必须配备与防喷器闸板尺寸相符合的防喷单根和变扣接头。

( )73. AE023 在下组合管柱和工具串管柱作业时,不必配备与防喷器闸板尺寸相符合的防喷单根和变扣接头。

( )74. AE024 冲砂至设计井深后循环洗井一周以上,停泵观察 30min 以上,井口无溢流时方可进行下步作业。

( )75. AE025 起下电泵作业井口不必有剪断电缆专用钳子。

( )76. AE026 射孔前应根据设计提供的压井液及压井方法进行压井,压井后方可进行电缆射孔。
( )77. AE027 钻井口灰塞作业不应使用带压作业装置进行作业。
( )78. AE028 套铣、磨铣作业必须安装闸板防喷器和导流管,并按标准试压合格。
( )79. AE029 压井前无溢流且液面在井口时,更换采油(气)树操作。
( )80. AE030 立即打开放喷闸门,将座在井口(钻台)吊卡上的管柱用管钳卸开,抢装旋塞阀。
( )81. AE031 尽量避免白天进行井喷失控处理施工。
( )82. AE032 抢险队伍应按照积极兼容、确能胜任的原则组建,应在企业相关专业的单位,以企业专业技术骨干及岗位操作工为主体,组建应急队伍。
( )83. AE033 采油树上的总闸门在正常生产时总是关闭的。
( )84. AE034 手动闸板防喷器是常规井下作业专用防喷器。
( )85. AE035 防喷器不是最重要的井控装置,在钻井尤其是欠平衡钻井过程中具有重要作用。
( )86. AE036 三弯管可与防喷器本体连接,也可以用在远程台出口和管排架相连。
( )87. AE037 自封封井器使用。允许管柱所带的下井工具最大外径必须大于115mm;胶皮芯子具有可换性和易换性。
( )88. AE038 半封封井器原理:依靠闸板胶皮对油管的附着力来密封油、套管环空。
( )89. AE039 全封封井器使用要求,使用时可以超过安全压力。
( )90. AE040 两用轻便封井器高度:255 mm。
( )91. AE041 井口旋塞阀是管柱循环系统中的自动控制阀,专用于防止井喷的紧急情况。
( )92. AE042 安全卡瓦是依靠卡瓦卡住油管,防止油管上顶飞出的不压井起下安全设备。
( )93. AE043 平板阀只能半开半关,不允许全开全关。
( )94. AE044 预防、预测和预警是应急预案的重点工作之一。
( )95. BA001 总成互换修理法是指井下特种装备在修理过程中除主体部分外,其余需修的总成或组合件都可以换用单独贮备的总成或组合件。
( )96. BA002 井下特种装备零件修复加工的对象是损坏和磨损的旧件。
( )97. BA003 磨损的柱塞中采用镀层工艺修理后寿命比较长,采用渗氮处理的柱塞寿命比较短。
( )98. BA004 在拆除井下特种装备的主轴及小齿轮轴的过程中,如果轴承取不下来可以用榔头直接敲击。
( )99. BA005 修复后的泵头体急用时可直接投入使用。
( )100. BA006 某些有较高配合要求的零件,为保持其良好的配合特性,在拆卸时应在相配合的各零件上做好号,以便修理后安装,避免因搞乱顺序而破坏原有的配合。
( )101. BA007 磨损严重是造成润滑油泵技术指标恶化的关键所在。
( )102. BA008 在观察机油压力表时,如压力忽高忽低,这表明机油泵工作正常,机

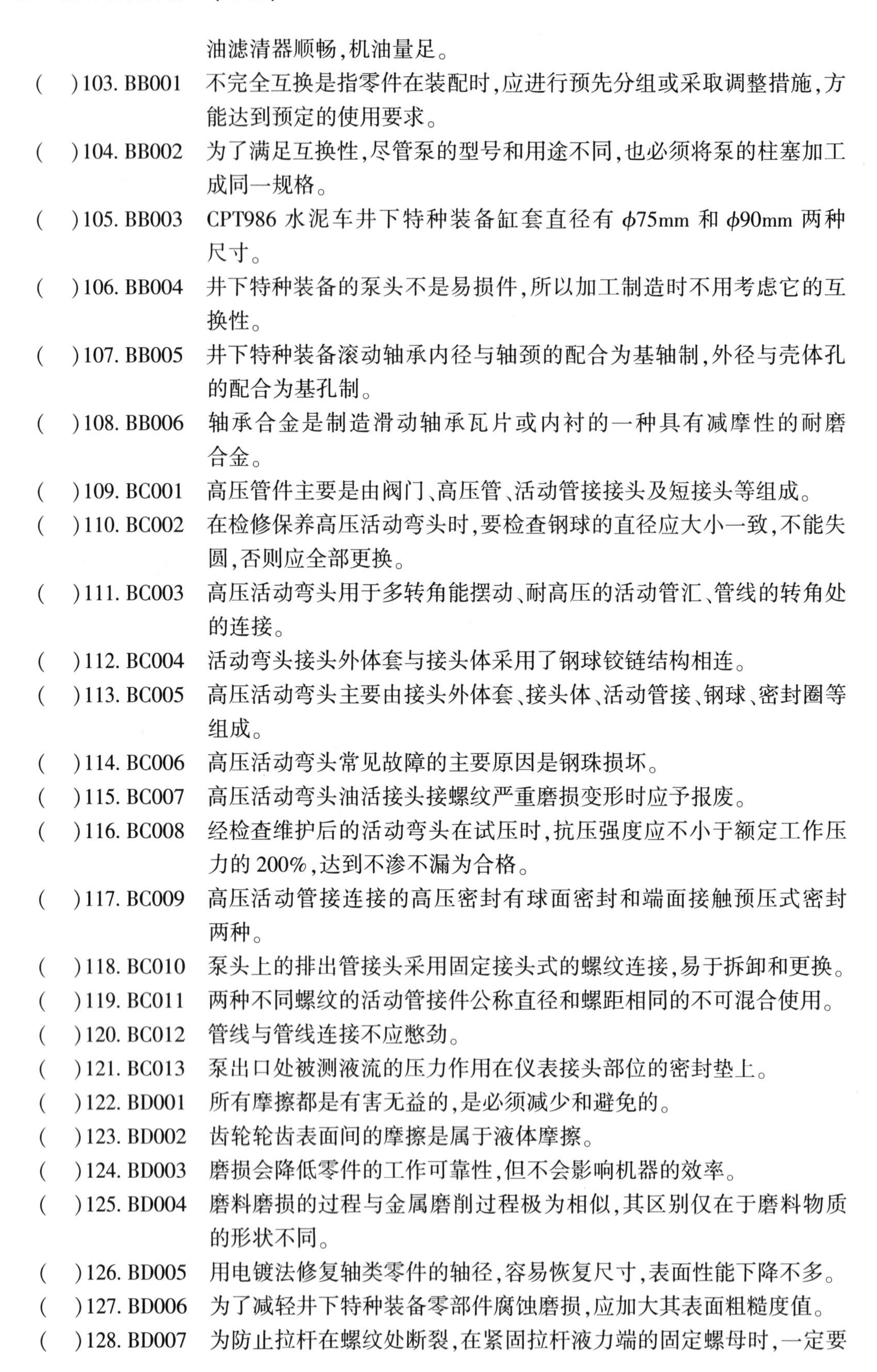

油滤清器顺畅,机油量足。

(　)103. BB001　不完全互换是指零件在装配时,应进行预先分组或采取调整措施,方能达到预定的使用要求。

(　)104. BB002　为了满足互换性,尽管泵的型号和用途不同,也必须将泵的柱塞加工成同一规格。

(　)105. BB003　CPT986 水泥车井下特种装备缸套直径有 ϕ75mm 和 ϕ90mm 两种尺寸。

(　)106. BB004　井下特种装备的泵头不是易损件,所以加工制造时不用考虑它的互换性。

(　)107. BB005　井下特种装备滚动轴承内径与轴颈的配合为基轴制,外径与壳体孔的配合为基孔制。

(　)108. BB006　轴承合金是制造滑动轴承瓦片或内衬的一种具有减摩性的耐磨合金。

(　)109. BC001　高压管件主要是由阀门、高压管、活动管接接头及短接头等组成。

(　)110. BC002　在检修保养高压活动弯头时,要检查钢球的直径应大小一致,不能失圆,否则应全部更换。

(　)111. BC003　高压活动弯头用于多转角能摆动、耐高压的活动管汇、管线的转角处的连接。

(　)112. BC004　活动弯头接头外体套与接头体采用了钢球铰链结构相连。

(　)113. BC005　高压活动弯头主要由接头外体套、接头体、活动管接、钢球、密封圈等组成。

(　)114. BC006　高压活动弯头常见故障的主要原因是钢珠损坏。

(　)115. BC007　高压活动弯头油活接头接螺纹严重磨损变形时应予报废。

(　)116. BC008　经检查维护后的活动弯头在试压时,抗压强度应不小于额定工作压力的 200%,达到不渗不漏为合格。

(　)117. BC009　高压活动管接连接的高压密封有球面密封和端面接触预压式密封两种。

(　)118. BC010　泵头上的排出管接头采用固定接头式的螺纹连接,易于拆卸和更换。

(　)119. BC011　两种不同螺纹的活动管接件公称直径和螺距相同的不可混合使用。

(　)120. BC012　管线与管线连接不应憋劲。

(　)121. BC013　泵出口处被测液流的压力作用在仪表接头部位的密封垫上。

(　)122. BD001　所有摩擦都是有害无益的,是必须减少和避免的。

(　)123. BD002　齿轮轮齿表面间的摩擦是属于液体摩擦。

(　)124. BD003　磨损会降低零件的工作可靠性,但不会影响机器的效率。

(　)125. BD004　磨料磨损的过程与金属磨削过程极为相似,其区别仅在于磨料物质的形状不同。

(　)126. BD005　用电镀法修复轴类零件的轴径,容易恢复尺寸,表面性能下降不多。

(　)127. BD006　为了减轻井下特种装备零部件腐蚀磨损,应加大其表面粗糙度值。

(　)128. BD007　为防止拉杆在螺纹处断裂,在紧固拉杆液力端的固定螺母时,一定要加大力量。

(　　)129. BD008　主轴及连杆轴承通常处于润滑条件良好的环境中,因此不会产生异常和损坏。

(　　)130. BD009　装配液力端阀胶皮时,应注意胶皮与阀体平齐,不得高于阀体。

(　　)131. BD010　在井下特种装备泵体上、下堵头的安装过程中,应选用适当的 O 形圈,还应注意衬圈应装在承压的前部。

(　　)132. BD011　在井下特种装备的例行维护时应及时更换失效的阀弹簧,组装时不能使阀弹簧倾倒。

(　　)133. BE001　利用井下特种装备工作时运动件带起来的油滴或油雾润滑摩擦表面称为飞溅润滑。

(　　)134. BE002　液体润滑的特点是相互接触的金属表面被油膜隔开,油膜由许多层油分子构成。流体层中的分子大部分受金属表面离子电场作用,不能自由移动。

(　　)135. BE003　由于圆弧齿廓沿接触线法线方向的诱导曲率半径大,至使其接触强度高,所以其承载能力大。

(　　)136. BE004　高转速的机动设备要求粘度小的润滑油。

(　　)137. BE005　精制程度越深的油颜色越深,透明度也差,使用过的油,其颜色会逐渐变深。

(　　)138. BE006　工作负荷大,运动速度快,工作条件刻苛的表面需要采用飞浅润滑。

(　　)139. BE007　向润滑部位注入钙基脂时,可以加热注入。

(　　)140. BE008　润滑油斑点试验中整滴油呈深黑褐色,且均匀无颗粒,则表明已严重变质要更换。

(　　)141. BE009　井下特种装备润滑油泵的吸入口处应安装阻力较大的精细过滤装置,以防止各种杂质进入润滑油泵,保证润滑油泵正常工作。

(　　)142. BE010　石墨钙基脂使用于工作温度 60℃以下的粗糙、重负荷的摩擦部位润滑。

(　　)143. BE011　气动润滑油泵在工作时不允许有响声,如果发出有节奏的响声就说明气动润滑油泵出现了故障。

(　　)144. BF001　Word2010 的标题栏能够显示通过分类组织的程序命令,使用鼠标单击某个选项卡,便会出现对应的工具栏窗口。

(　　)145. BF002　Word2010 是文本、图片等对象的载体,新建文档只能是空白文档。

(　　)146. BF003　在 Word2010 中,如果输入文本时发生错误,可以通过键盘删除文本内容,也可以通过鼠标删除文本内容。

(　　)147. BF004　在 Word2010 中,对字符格式的设置必须在输入之前进行设置,输入完毕后无法改变。

(　　)148. BF005　在 Word2010 中输入文本时,按下回车键可以开始另外一个新的段落,但是新的段落需要重新设置段落的格式,才能与之前的段落格式保持一致。

(　　)149. BF006　在 Word2010 中,插入的图片都是矢量图,可以随意放大、缩小这些图片,而图片不会失真。

( )150. BF007 在 Word2010 中,只能插入普通表格,无法使用 Excel 电子表格。

( )151. BF008 在 Word2010 中提供了许多美观的表格样式,用户可以直接套用表格样式,但是不能修改表格样式。

( )152. BF009 在 Word2010 中,当输入本到达页面末尾时,会自动插入分页符,如果需要在其他位置分页,可以插入分节符。

( )153. BF010 在 Excel2010 中,滚动条分为水平滚动条和垂直滚动条,水平滚动条和垂直滚动条分别在水平方向和垂直方向分割窗口。

( )154. BF011 在 Excel2010 中,选定的工作表只能移动或复制到已经打开的工作簿中。

( )155. BF012 在 Excel2010 中,如果需要选中不连续的行或列,单击第一行行号或第一列列号之后,按住"Shift"键单击其他需要选中的行号或列号即可。

( )156. BF013 在 Excel2010 中,选定多个单元格后,在活动单元格中输入数据,输入结束后,按"Enter"键,可以对选定同时输入与复制单元格相同的内容。

( )157. BF014 在 Excel2010 中,设置单元格样式时,如果通过选择预定义样式快速设置单元格格式,则无法定义自己的单元格样式。

( )158. BF015 在 Excel2010 中,运算符是预先编写的公式,可以对一个或多个值执行运算,并返回一个或多个值。

( )159. BF016 在 Excel2010 中,使用"查找"对话框搜索筛选数据时,在搜索所显示的数据的同时也搜索未显示的数据。

( )160. BF017 在 Excel2010 中创建图表以后,无法修改图表中的部分元素。例如,坐标轴的显示方式、图表标题等。

( )161. BF018 在 Excel2010 中设置打印区域时,可以创建多个打印区域,相邻的打印区域可以在同一页打印。

四、简答题

1. 泵的定义是什么?
2. 离心泵主要由哪些部件组成?
3. 离心泵有哪些性能参数?
4. 往复泵主要由哪些部件组成?
5. 动力端和液力端由哪些部件组成?
6. 阀门的基本参数有哪些?
7. 四冲程柴油机主要由哪些部件组成?
8. 燃油供给系统的作用是什么?
9. 涡轮增压器的作用是什么?
10. 增压发动机如何正确停机?
11. 压裂的目的和作用是什么?
12. 目前常用的井下工具主要包括哪几大类?

13. 油井常用封隔器有哪些?
14. 柴油机不能启动存在哪几个方面的原因?
15. 发动机冷却系统发生故障会造成什么后果?
16. 柴油机飞车的原因及如何处理?
17. 预防拉缸的主要措施有哪些?
18. 什么是铸铁?
19. 什么是热处理,有哪些方法?
20. 设备事故分哪几类?事故性质有几种?

五、计算题

1. 已知某泵的有效功率为10.33kW,泵的效率为70%,是求该泵轴功率大小?
2. 已知某泵扬程为250m,转速为2900r/min,求转速降为1450r/min时的扬程?
3. 某水泵出口扬程为80米水柱,换算成压力为多少兆帕?
4. 在平地上,把重100N的箱子匀速举高1.5m,他做了多少功?
5. 甲乙两地相距70km,一辆汽车从甲地向乙地开出,速度是15m/s,一辆自行车同时从乙地出发驶向甲地,他们在离甲地54km处相遇。求自行车的速度是多少?
6. 当你用0.2N的力从地面上拣起一只铅笔,如果你把它举到1.5m处,请问你做了多少功?
7. 某企业每年消耗原煤2000t,折合多少吨标准煤?(原煤折算标准煤系数为:0.7143)
8. 有一块长方形麦地,长200m,宽50m,这块麦地的面积有多少公顷?
9. 一个正方形游泳池,周长是2400m,它的占地面积是多少公顷?
10. CA6102型发动机,标准缸径为101.6mm,活塞行程为114.3mm,压缩比为7.4,求该发动机的排量和燃烧室容积。
11. 6100Q发动机,活塞行程为115mm,各缸燃烧室容积之和为0.95L,求该发动机的压缩比。
12. 某用户装有220V,1000W白炽灯二盏。若正常供电,每天每盏用电4h,一个月(30d),该用户用电多少kW·h。
13. 一个电热器的额定电压是220V,额定功率是300W,若通电0.5h可产生多少焦耳的热量?
14. 某值班室内有额定电压$U_n=220V$、额定功率$P_n=60W$日光灯8盏,每日平均开灯时间$t=2h$,求一个月(30d)所消耗的电能多少。
15. 某用户有功功率P为2.06kW,供电电压U为220V,工作电流I为10A,则该户的功率因数为多少。
16. 蓄电池组的电源电压$E=6V$,将$R_1=2.9\Omega$电阻接在它两端,测出电流$I=1.8A$,求它的内阻。
17. 某柴油机的油耗率为186g/(hp·h),请问在使用功率为1000hp负荷下工作3h,需要多少柴油?
18. 某井压裂加砂50m^3,平均砂比25%,设计前置液为100m^3,顶替液为30m^3,求携砂液量、用液量为多少?
19. 某井压裂加砂40m^3,平均砂比20%,设计前置液为100m^3,顶替液为15m^3,求携砂液量、用液量为多少?

20. 某井压裂设计加砂 $10m^3$,砂比 25%,排量为 $4m^3/min$。问需要多少方混砂液?加砂需用几分钟?

21. 某井压裂设计加砂 $7m^3$,砂比为 25%,排量为 $3m^3/min$,问需要多少方混砂液?加砂需用几分钟?

22. 某井进行压裂,压裂层位深 3000m,破裂压力为 60MPa,计算破裂梯度是多少?

23. 某井进行压裂,压裂层位深 1000m,破裂压力梯度为 0.02MPa/m,计算油层压开破裂压力是多少?

24. 某井进行压裂,压裂层位深 2000m,破裂压力梯度为 0.019MPa/m,计算油层压开破裂压力是多少?

答　案

一、单项选择题

1. B　2. C　3. B　4. C　5. A　6. B　7. B　8. C　9. A　10. B　11. B
12. C　13. A　14. B　15. B　16. C　17. A　18. B　19. D　20. D　21. A　22. B
23. B　24. C　25. C　26. C　27. A　28. A　29. B　30. C　31. B　32. C　33. A
34. B　35. B　36. C　37. A　38. B　39. B　40. C　41. D　42. A　43. C　44. A
45. B　46. D　47. D　48. C　49. C　50. B　51. A　52. C　53. C　54. D　55. D
56. A　57. D　58. B　59. B　60. D　61. A　62. A　63. D　64. B　65. D　66. D
67. B　68. B　69. C　70. C　71. D　72. A　73. C　74. C　75. B　76. C　77. C
78. C　79. B　80. A　81. A　82. C　83. B　84. C　85. A　86. B　87. B　88. C
89. A　90. B　91. B　92. C　93. B　94. C　95. B　96. B　97. A　98. D　99. C
100. A　101. A　102. B　103. B　104. C　105. A　106. B　107. B　108. C　109. A　110. B
111. B　112. C　113. A　114. B　115. B　116. C　117. A　118. B　119. B　120. C　121. D
122. C　123. B　124. C　125. A　126. B　127. B　128. C　129. A　130. B　131. B　132. C
133. A　134. B　135. B　136. C　137. A　138. B　139. B　140. C　141. A　142. B　143. B
144. C　145. A　146. B　147. B　148. C　149. A　150. B　151. B　152. C　153. A　154. B
155. B　156. C　157. A　158. B　159. B　160. C　161. A　162. B　163. B　164. C　165. A
166. B　167. B　168. C　169. A　170. B　171. B　172. C　173. A　174. B　175. B　176. C
177. A　178. B　179. B　180. C　181. A　182. B　183. B　184. C　185. A　186. B　187. D
188. B　189. B　190. B　191. C　192. B　193. A　194. C　195. B　196. B　197. A　198. C
199. C　200. D　201. A　202. B　203. C　204. C　205. A　206. D　207. B　208. B　209. B
210. B　211. B　212. C　213. D　214. C　215. C　216. C　217. B　218. C　219. A　220. B
221. A　222. C　223. B　224. B　225. A　226. B　227. A　228. A　229. D　230. C　231. D
232. C　233. A　234. B　235. C　236. A　237. A　238. B　239. A　240. B　241. D　242. C
243. B　244. D　245. C　246. A　247. A　248. C　249. B　250. C　251. A　252. D　253. B
254. B　255. A　256. A　257. C　258. B　259. B　260. D　261. D　262. A　263. B　264. C
265. A　266. B　267. A　268. D　269. A　270. B　271. D　272. B　273. C　274. B　275. A
276. B　277. A　278. C　279. D　280. C　281. B　282. C　283. D　284. D　285. D　286. D
287. B　288. A　289. C　290. B　291. C　292. B　293. D　294. B　295. C　296. B　297. D
298. B　299. D　300. C　301. D　302. B　303. A　304. A　305. A　306. B　307. C　308. D
309. A　310. A　311. D　312. A　313. B　314. A　315. D　316. D　317. A　318. C　319. D
320. D　321. B　322. C　323. D

二、多选题

1. AD 2. BC 3. AE 4. BCD 5. BC 6. BCD 7. BC 8. BC 9. ABCD 10. BCDE 11. BC 12. BCDE 13. CD 14. BD 15. BC 16. BD 17. AD 18. BC 19. BCD 20. AC 21. AC 22. AD 23. ACD 24. AC 25. BC 26. BD 27. AC 28. ABC 29. AC 30. ABC 31. BCD 32. ACD 33. ACE 34. AC 35. BD 36. AD 37. AC 38. AD 39. BC 40. BC 41. ABC 42. AC 43. BC 44. BC 45. AC 46. BC 47. AC 48. BC 49. BD 50. BCDE 51. BD 52. AD 53. BD 54. BCD 55. AD 56. BC 57. CD 58. BCD 59. AD 60. ABC 61. AD 62. BC 63. AC 64. BC 65. AC 66. AD 67. BC 68. BD 69. AD 70. BCD 71. AC 72. BC 73. ACE 74. ACD 75. AD 76. ACE 77. AC 78. AC 79. BD 80. ACD 81. BC 82. BCD 83. AC 84. BCD 85. AC 86. ACD 87. AC 88. BD 89. ACD 90. AC 91. AC 92. ADE 93. AD 94. AC 95. CD 96. BC 97. AD 98. AC 99. BC 100. ABD 101. AC 102. BC 103. BD 104. AC 105. ABD 106. AB 107. BC 108. ABCD 109. AC 110. ACDE 111. AD 112. BC 113. AC 114. BC 115. AD 116. AC 117. ACD 118. BCD 119. AD 120. ACE 121. BC 122. AD 123. AD 124. BD 125. AC 126. BC 127. BC 128. AC 129. BD 130. BCD 131. BC 132. AC 133. AC 134. AD 135. BCD 136. ABC 137. AC 138. BC 139. AD 140. AC 141. ACE 142. BD 143. AD 144. ACD 145. ABC 146. BCD 147. ABC 148. ACD 149. BCD 150. ABCD 151. BD 152. ABD 153. ACD 154. ABD 155. ACD 156. AB 157. BCD 158. ABCD 159. ABD 160. ABC 161. AB

三、判断题

1.× 正确答案:金属材料来源丰富,并具有优良的使用性能和加工性能,是机械工程中应用最普遍的材料。 2.√ 3.× 正确答案:按钢的含碳量多少分类,碳钢分为三类。 4.√ 5.× 正确答案:铸铁是含碳量大于2.11%的铁碳合金,它含有比碳钢更多的硅、锰、硫、磷等杂质。 6.√ 7.× 正确答案:铸钢也是一种重要的铸造合金,其应用仅次于铸铁。 8.√ 9.× 正确答案:铝中加入合金元素就形成了铝合金。 10.× 正确答案:柴油机的曲轴可用球墨铸铁制造。 11.× 正确答案:叶轮是离心泵的核心部分,它转速高输出力大,叶轮上的叶片又起到主要作用,叶轮在装配前要通过静平衡实验。 12.√ 13.× 正确答案:巴氏合金(包括锡基轴承合金和铅基轴承合金)是最广为人知的轴承材料,具有减摩特性的锡基和铅基轴承合金。 14.√ 15.× 正确答案:热处理就是通过对固态金属的加热、保温和冷却,来改变金属的显微组织及其形态,从而提高或改善金属的机械性能的一种方法。 16.√ 17.× 正确答案:将工件放到炉中加热到适当温度,保温后随炉子降温而冷却热处理方法叫正火。 18.√ 19.× 正确答案:回火的温度大大低于退火、正火和淬火时的加热温度,因此回火并不使工件材料的组织发生转变。 20.√ 21.× 正确答案:运用杠杆机构拆卸紧固件是利用杠杆作用的原理。 22.× 正确答案:在螺纹连接的紧固件中有时由于碰撞或不正确的拆装,使螺纹头部墩粗或螺纹乱扣,这些都是造成螺纹连接难拆的原因。 23.√ 24.√ 25.× 正确答案:铆接件属于永久性连接,修理时一般不拆,只有当铆接材料需要更换时,才进行拆卸,拆卸时一般是将铆钉凿除或钻除,但要注意防止损坏零件基体。 26. √ 27. √ 28. × 正确答案:活塞与缸套间隙过大时,响声在低速、大负荷、冷起动时更显著。 29. √ 30. × 正确答案:充电发电机的调节器电压调整偏低,会使充电不足。 31. √ 32. × 正确答案:柴油机喷油泵柱塞偶件磨损,会使喷油泵供油量不足。 33. × 正确答案:柴油机润滑系统机油泵的故障造成烧瓦,可能原因是齿轮不转。 34. √ 35. × 正确答案:柴油机缸内漏入冷却水,产生顶缸现象,会造成活塞断裂。 36. √ 37. × 正确答案:柴油机经常超负荷工作,会加剧磨损,同时也会使曲轴弯曲。 38. × 正确答案:井下特种装备大修条件之一是液压系统不正常工作,内外泄漏严重,控制阀损坏严重,液缸不动作等。 39. √ 40. √ 41. × 正确答案:怠速稳定转速在 650r/min,误差在 ±1%。 42. √ 43. × 正确答案:万向节叉应能在十字轴上转动自如,不得有卡滞现象,也不允许十字轴有轴间窜动感觉。 44. √ 45. × 正确答案:方向盘的自由空回量不大于 30°。 46. √ 47. × 正确答案:当气路压力达 1000kPa 时,空气干燥器应能自动排气、排污,干燥器性能良好,附件齐全。 48. √ 49. × 正确答案:仪表盘上所有的仪表指示灯完好,指示值符合出厂规定,开关、手柄齐全无损,性能良好。 50. √ 51. × 正确答案:井下作业井控技术是保证井下作业安全的关键技术。 52. √ 53. × 正确答案:用压力的单位表示。这是一种直接表示法。 54. √ 55. × 正确答案:在井下作业过程中,气层中的天然气会向井筒内的液体中扩散。 56. √ 57. × 正确答案:在浅气井作业时,气侵使井底压力的减小程度比深井大。 58. √ 59. × 正确答案:井喷失控是井下作业、试油、测井施工中性质最严重的事故。 60. √ 61. × 正确答案:工程设计中应提供目前井下地层情况、套管的技术状况。 62. √ 63. × 正确答案:压井的原理是利用井筒内的液柱压力来平衡地层压力。 64. √ 65. × 正确答案:放喷降压期间要有专人负责监控,及时根据喷出水量及水质情况调节喷水方案。 66. √ 67. × 正确答案:不压井作业机一次性投入大,井场就位安装工作量大,技术复杂。 68. √ 69. × 正确答案:一口井能否安全施工,设计起着关键作用。 70. √ 71. × 正确答案:压井作业前,先用节流阀控制放压。 72. √ 73. × 正确答案:在下组合管柱和工具串管柱作业时,必须配备与防喷器闸板尺寸相符合的防喷单根和变扣接头。 74. √ 75. × 正确答案:起下电泵作业井口必须有剪断电缆专用钳子。 76. √ 77. × 正确答案:钻井口灰塞作业应使用带压作业装置进行作业。 78. √ 79. × 正确答案:压井后无溢流且液面在井口时,更换采油(气)树操作。 80. √ 81. × 正确答案:尽量避免夜间进行井喷失控处理施工。 82. √ 83. × 正确答案:采油树上的总闸门在正常生产时总是打开的。 84. √ 85. × 正确答案:防喷器是最重要的井控装置,在钻井尤其是欠平衡钻井过程中具有重要作用。 86. √ 87. × 正确答案:自封封井器使用。允许管柱所带的下井工具最大外径必须小于 115mm;胶皮芯子具有可换性和易换性。 88. √ 89. × 正确答案:全封封井器使用要求,使用时不得超过安全压力。 90. √ 91. × 正确答案:井口旋塞阀是管柱循环系统中的手动控制阀,专用于防止井喷的紧急情况。 92. √ 93. × 正确答案:平板阀只能全开全关,不允许半开半关。 94. √ 95. √ 96. × 正确答案:井下特种装备零件修复加工的对象是磨损的旧件。 97. × 正确答案:磨损的柱塞中采用镀层工艺修理后寿命比较短,采用渗氮处理的柱塞寿命比较长。 98. × 正确答案:在拆除井下特种装备的主轴及小齿轮轴的过程中,如果轴承取不下来不可以用榔头直接敲击。 99. × 正确答案:修复后的泵头体不可直接投入使用。 100. √ 101. × 正确答案:油泵齿轮磨损严重是造成润滑油泵技术指标恶化的关键所在。 102. × 正确答案:在观察机油压力表时,如压力忽高忽低,这表明机油泵工作不良,说明是机油滤清器堵塞,或机油量不足等造成的。 103. √ 104. × 正确答案:为了满足互换性,必须将同型号泵的柱塞加工成同一规格,如尺寸大小、几何形状、相互位置、表面粗糙度等。 105. × 正确答案: CPT986 水泥车井下特种装备缸套直径有直径 ϕ114mm 和 ϕ127mm 两种尺寸。 106. × 正确答案:由于钻井、酸化、压裂等工艺的进一步强化,井下特种装备经常处于满载甚至超载状态,泵头容易产生疲劳裂纹和工作表面刺坏,因而制造时必须确保泵头的互换性。 107. × 正确答案:井下特种装备滚动轴承内径与轴颈的配合为基孔制,外径与壳体孔的配合为基轴制。 108. √ 109. × 正确答案:高压管件主要是由活动弯头、高压管、油壬头及短接头等组成。 110. √ 111. √ 112. √ 113. √ 114. × 正确答案:高压活动弯头常见故障的主要原因是 V 形密封圈失效。 115. √ 116. × 正确答案:经检查维护后的活动弯头在试压时,抗压强度应不小于额定工作压力的 120%,达到不渗不漏为合格。 117. √ 118. × 正确答案:泵头上的排出管接头采用活接头式的螺纹连接,易于拆卸和更换。 119. √ 120. √ 121. √ 122. × 正确答案:所有摩擦并非都是有害无益的,某些情况下是有益的。 123. × 正确答案:齿轮轮齿表面间的摩擦是属于滑动摩擦。 124. × 正确答案:磨损会降低零件的工作可靠性,会影响机器的效率。 125. √ 126× 正确答案:用电镀法修复轴类零件的轴径,容易恢复尺寸,表面性能下降较多。 127. × 正确答案:为了减轻井下特种装备零部件腐蚀磨损,应减小其表面粗糙度值。 128. × 正确答案:为防止拉杆在螺纹处断裂,在紧固拉杆液力端的固定螺母时,要按标准扭矩紧固。 129. × 正确答案:主轴及连杆轴承通常处于润滑条件良好的环境中,但也会产生异常和损坏。 130. × 正确答案:装配液力端阀胶皮时,应注意胶皮与阀体平齐,要得高于阀体。 131. × 正确答案:在井下特种装备泵体上、下堵头的安装过程中,应选用适当的 O 形圈,还应注意衬圈应装在承压的后部。 132. √ 133. √ 134. × 正确答案:液体润滑的特点是相互接触的金属表面被油膜隔开,油膜由许多层油分子构成。流体层中的分子大部分受金属表面离子电场作用,能自由移动。 135. √ 136. √ 137. × 正确答案:精制程度越深的油颜色越浅,透明度越好,使用过的油,其颜色会逐渐变深。 138. × 正确答案:工作负荷大,运动速度快,工作条件刻苛的表面需要采用压力润滑。 139. × 正确答案:向润滑部位注入钙基脂时,不可以加热注入。 140. √ 141. × 正确答案:井下特种装备润滑油泵的吸入口处应安装阻力较小的精细过滤装置,以防止各种杂质进入润滑油泵,保证润滑油泵正常工作。 142. √ 143. × 正确答案:气动润滑油泵在工作时允许有响声,如果发出有节奏的响声就说明气动润滑油泵工作正常。 144. × 正确答案:Word2010 的选项卡能够显示通过分类组织的程序命令,使用鼠标单击某个选项卡,便会出现对应的工具栏窗口。 145. × 正确答案:Word2010 是文本、图片等对象的载体,新建文档可以是空白文档,也可以是基于模板的文档。 146. × 正确答案:在 Word2010 中,如果输入文本时发生错误,可以通过键盘删除文本内容,鼠标不具备删除文本功能。 147. × 正确答案:在 Word2010 中,对字符格式的设置可以边输入边设置,也可以输入完毕后统一进行设置。 148. × 正确答案:在 Word2010 中输入文本时,按下回车键可以开始另外一个新的段落,并且在插入段落的同时会把上一个段落的格式应用到这个新的段落中。 149. × 正确答案:在 Word2010 中,剪贴画里所有的图片都是矢量图,可以随意放大、缩小这些图片,而图片不会失真。 150. × 正确答案:在 Word2010 中,不仅可以插入普通表格,还可以插入 Excel 电子表格。 151. × 正确答案:在 Word2010 中提供了许多美观的表格样式,用户可以直接套用表格样式,也可以根据需要修改表格样式。 152. × 正确答案:在 Word2010 中,当输入本到达页面末尾时,Word 会自动插入分页符,如果需要在其他位置分页,您可以插入手动分页符。 153. × 正确答案:在 Excel2010 中,滚动条分为水平滚动条和垂直滚动条,单击滚动条上的上、下、左、右箭头按钮,可以使工作表内容上、下、左、右移动。 154. × 正确答案:在 Excel2010 中,可以将选定的工作表移动或复制到已经打开的工作簿中,也可以在移动或复制时选择新工作簿,并将选定的工作表移动或复制到新工作簿中。 155. × 正确答案:在 Excel2010 中,如果需要选中不连续的行或列,单击第一行行号或第一列列号之后,按住"Ctrl"键单击其他需要选中的行号或列号即可。 156. × 正确答案:在 Excel2010 中,选定多个单元格后,在活动单元格中输入数据,输入结束后,按"Ctrl+Enter"键,可以对选定同时输入与复制单元格相同的内容。 157. × 正确答案:在 Excel2010 中,设置单元格样式时,可以通过选择预定义样式快速设置单元格格式,也可以定义自己的单元格样式。 158. × 正确答案:在 Excel2010 的公式中,函数是预先编写的公式,可以对一个或多个值执行运算,并返回一个或多个值。 159. × 正确答案:在 Excel2010 中,使用"查找"对话框搜索筛选数据时,将只搜索所显示的数据,而不搜索未显示的数据。 160. × 正确答案:在 Excel2010 中创建图表以后,可以修改图表的任何一个元素。例如,更改坐标轴的显示方式、添加图表标题、移动或隐藏图例,或者显示更多图表元素。 161. × 正确答案:在 Excel2010 中设置打印区域时,可以创建多个打印区域,每个打印区域都将作为一个单独的页打印。

四、简答题

1. 答:通常把提升液体、输送液体或使液体增加压力,即把原动机的机械能变为液体的能量从而达到抽送液体目的的机器统称为泵。

2. 答:离心泵主要由吸入室、叶轮、泵壳、轴和轴承和密封装置等部件组成。

3. 答:离心泵的主要性能参数有:流量、扬程、功率、效率、转速和汽蚀余量等。

4. 答:往复泵主要由泵缸、活塞、活塞杆、单向开启的吸入阀和排出阀组成。泵缸内活塞与阀门间的空间为工作室。

5. 答:动力端由曲轴、连杆、十字头、小连杆、轴承和机架组成;液力端由液缸、柱塞或活塞、阀、填料函、集合管和缸盖组成。

6. 答:阀门的基本参数包括公称直径、公称压力和使用介质,这三者是阀门设计和选用中不可缺少的因素。

7. 答:四冲程柴油机主要由机体组件、曲柄连杆机构、配气机构和进排气系统、润滑系统、燃油供给系统、冷却系统、启动系统组成。

8. 答:燃油供给系统的作用是按照各缸爆发过程的需要,定时地向各缸内喷入一定量的雾化燃油,与空气形成均匀的可燃混合气。

9. 答:废气涡轮增压器是利用发动机排出的具有一定能量的废气进入涡轮并膨胀做功,废气涡轮的全部功率用于驱动与涡轮机同轴旋转的压气机工作叶轮,在压气机中将新鲜空气压缩后再送入气缸。废气涡轮与压气机通常装成一体,便称为废气涡轮增压器。可提高功率30%~50%,降低比油耗5%左右,有利于改善整机动力性能、经济性能及排放品质。

10. 答:增压发动机停机前必须怠速运转3~5min再停机,因为突然停机,机油泵停止运转,不再向增压器供给机油,而增压器的转子转速很高,在惯性作用下要自转一段时间才能停下,增压器会处于短期无机油润滑状态,极易使转子轴和轴承磨损而损坏。同时由于涡轮增压器热负荷高,加之排气管中高温燃气传导给涡轮和转子轴,如果立即停车会使转子轴形成较大的温度梯度。在没有机油循环的情况下突然停车,极易会因转子轴过热产生热膨胀而使转子轴与轴承咬死。

11. 答:油层压裂的目的。在于改造油层的物理结构和性质,在油层中形成一条或数条高渗透的通道,从而改变油流在油层中的流动状况,降低流动阻力,增大流动面积,使油井得到增产,水井得到增注。其作用:通过压裂可改造低渗透油层,解决油田层间矛盾,解除油层堵塞等。

12. 答:目前常用的井下工具主要包括六大类,井控类设备工具、油水层封隔类工具、井下动力钻具及钻头、打捞大修类工具、试油排液类工具、抽油泵及其附件。

13. 答:油井常用封隔器有Y111封隔器、Y211封隔器、Y221封隔器、Y445型封隔器等。

14. 答:柴油机不能启动主要从下列几个方面的查找原因:燃油系统故障、电启动系统故障、喷油提前角故障、配气相位不对、环境温度过底等。

15. 答:当发动机冷却系统发生故障时,发动机会过热或过冷,以至产生发动机功率下降,油消耗增加或工作不平稳等不良现象,严重时产生受力零件损坏,活塞环烧死在活塞上或拉缸等现象。

16. 答:柴油机飞车主要是高压油泵油量及调速器的油量调节装置失控造成的,处理不及时会发生严重后果。其原因有喷油泵油量调节齿杆卡死或连接销脱落,调速弹簧断裂等。

对飞车应采取紧急措施。方法有三种,一是断油,二是断气,三是憋熄火。

(1)断油:把油门拉到停车位置,既断油位置,并立即松脱喷油泵进油管,切断燃油油路。

(2)断气:立即堵住柴油机进气口,切断气路,迫使柴油机熄火。

(3)憋熄火:迅速挂上高挡,利用内部制动或外部制动的方法强制柴油机熄火。

柴油机如果有减压装置,还应立即拉动减压装置手柄,降低汽缸压缩压力。在制止柴油机飞车后,应检查并排除故障。

17. 答:预防拉缸的主要措施有:

(1)新启用和大修后的发动机,一定要先经过磨合,即在保持良好润滑的条件下,按照转速由低到高、负荷从小到大的原则,认真按磨合规程操作,然后才能投入正式的负荷运转。

(2)按照使用说明书的规定,正确选配活塞裙部与汽缸套之间的间隙,以及活塞环的开口间隙和边间隙。另外,在维修时还要把住活塞偏缸这一关,同时要保证汽缸套的尺寸精度。

(3)保持玲却水的正常温度(70～95℃),避免发动机过热。冬季启动前应采取预热措施。

(4)合理操作使用发动机,不要超负荷作业,不要乱踏节气门,不要缺水启动。

(5)加强空气滤清器的维护保养,严防灰尘被吸入汽缸内。

(6)维护好润滑系统,防止机械杂质和积炭混入润滑油内而加剧缺陷缸套的磨损。

18. 答:铸铁是含碳量大于2.11%的铁碳合金,它含有比碳钢更多的硅、锰、硫、磷等杂质。工业上常用的铸铁含碳量为2.5%～4.0%。

根据铸铁中碳的存在形式不同,铸铁可分为白口铸铁和灰口铸铁两大类。

19. 答:热处理就是通过对固态金属的加热、保温和冷却,来改变金属的显微组织及其形态,从而提高或改善金属的机械性能的一种方法。

热处理方法很多,常用的有退火、正火、淬火、回火和表面热处理等。

20. 答:按设备损坏程度将设备事故分为特大事故、重大事故、大型事故、一般事故和小型事故。

设备事故根据起因分为责任事故、机械事故、自然事故。

五、计算题

1. 解:$N_{轴}=N_{有效}/\eta=10.33\div0.7=14.76(kW)$

答:该泵的轴功率为14.76kW。

2. 解:$\because H_1/H_2=(n_1/n_2)^2$

$\therefore H_2=(n_2/n_1)^2\cdot H_1=(1450\div2900)^2\times250=62.5(m)$

答:该泵转速改变后扬程为62.5m。

3. 解:1MPa=1020mH_2O。

80÷1020=0.784(MPa)。

答:换算成压力为0.784MPa。

4. 解:已知$G=100N$,$h=1.5m$。

$W=Gh=100\times1.5=150(J)$。

答:举箱子做功150J。

5. 解:15m/s=54km/h。

$t=54/54=1h$。

$v=s/t=(70-54)/1=16(km/h)$。

答:自行车的速度是16km/h。

6. 解:已知$F=0.2N$,$S=1.5m$。

则$W=FS=0.2\times1.5=0.3(J)$。

答:做了0.3J的功。

7. 解:2000t×0.7143=1426.8t(标准煤)。

答:折合1426.8tce。

8. 解:200×50=10000(m^2)。

10000平方米=1hr。

答:麦地的面积是1hr。

9. 解:2400÷4=600(m)。

$600×600=360000(m^2)$。

$360000m^2=36hr$。

答:它的占地面积是 36hr。

10. 解:已知:$D=101.6mm$,$S=114.3mm$,$\varepsilon=7.4$。

$V_h=\pi D^2\cdot S/4=3.14×101.6^2×114.3/4=0.926(L)$。

$V_L=6V_h=6×0.926=5.556(L)$。

$V_C=V_h/(\varepsilon-1)=0.926/(7.4-1)=0.145(L)$。

答:该发动机的排量为 5.556L,单缸燃烧室容积为 0.145L。

11. 解:已知:$D=100mm$,$S=115mm$,$V_c=0.95L$,$i=6$。

$V_n=\pi D_2\cdot S/4=3.14×100^2×115/4$

$=902750(mm^3)$

$=0.90275(L)$

$\varepsilon=(6V_n+V_c)/V_c=(6×0.90275+0.95)/0.95=6.7$。

答:该发动机的压缩比为 6.7。

12. 解:$W=pt=1.000×2×4×30=240(kW\cdot h)$。

答:该用户每月用电 240kW·h。

13. 解:电热器所产生的热量为:

$Q=12Rt=Pt=300×0.5×60×60=540000(J)$。

答:电热器可产生 540000J 的热量。

14. 解:$W=60×8×2×30=28.8kW\cdot h$。

答:求一个月(30d)所消耗的电能 28.8kW·h。

15. 解:注意是单相用电设备。

$\cos\varphi=P/S=P/UI=2060/(220×10)=0.94$。

答:该户的功率因数为 0.94。

16. 解:$R_{总}=E/I=6/1.8=3.33333(\Omega)$。

$r=R_{总}-R=3.33333-2.9=0.43333(\Omega)$。

答:它的内阻是 0.43333Ω。

17. 解:柴油量=油耗率×功率×工作时间=186×1000×3=558000(g)=558(kg)。

答:需要 558kg 柴油。

18. 解:(1)携砂液量=50/25%=200(m^3)。

(2)设计用液量=100+200+30=330(m^3)。

答:携砂液为 200m^3,设计用液量为 330m^3。

19. 解:(1)携砂液量=40/20%=200(m^3)。

(2)设计用液量=100+200+15=315(m^3)。

答:携砂液为 200m^3,设计用液量为 315m^3。

20. 解:(1)混砂液量为 10/25%=40m^3。

(2)加砂时间为 40/4=10min。

答:需要 40m^3 混砂液,加砂需用 10min。

21. 解:(1)混砂液量为 7/25%=28(m^3)。

(2)加砂时间为 28/3 = 9.3(min)。

答:需要 $28m^3$ 混砂液;加砂需用 9.3min。

22. 解:破裂压力梯度为 60/3000 = 0.02(MPa/m)。

答:破裂压力梯度为 0.02MPa/m。

23. 解:$p_{破裂} = 0.02 \times 1000 = 20$(MPa)。

答:油层压开破裂压力是 20MPa。

24. 解:$p_{破裂} = 2000 \times 0.019 = 38$(MPa)。

答:油层压开破裂压力是 38MPa。

技师理论知识练习题及答案

一、单项选择题(每题四个选项,只有一个是正确的,将正确的填入括号内)

1. AA001　员工培训有员工技能培训和员工(　　)培训。
   A. 素质　　B. 身体　　C. 记忆　　D. 脑力
2. AA001　职工教育培训是指一定组织为开展业务及培育人才的需要,采用各种方式对员工进行有目的、有计划的培养和训练的(　　),公开课、内训等均为常见的员工培训及企业培训形式。
   A. 能力活动　　B. 管理活动
   C. 管理方法　　D. 能力方法
3. AA002　谈话法也叫(　　),它是启发式教学经常运用的一种方式。
   A. 讲授法　　B. 问答法　　C. 练习法　　D. 示范法
4. AA002　学员在教师指导下,运用知识、巩固知识和形成技能、技巧的教学方法称为(　　)。
   A. 谈话法　　B. 示范法　　C. 讲授法　　D. 练习法
5. AA003　案例研讨法。通过向培训对象提供相关的(　　),让其寻找合适的解决方法。
   A. 背景资料　　B. 音频资料
   C. 背景图案　　D. 音频图案
6. AA003　案例研讨法这一方式使用(　　),反馈效果好,可以有效训练学员分析解决问题的能力。
   A. 费用高　　B. 费用低　　C. 方法高　　D. 方法低
7. AA004　角色扮演法。由于信息传递多向化,反馈效果好、实践性强、费用低,因而多用于(　　)能力的训练。
   A. 师生关系　　B. 人际关系
   C. 师生工作　　D. 人际工作
8. AA004　网络培训法。是一种新型的计算机网络信息培训方式,(　　)。
   A. 作用较大　　B. 作用较小
   C. 投入较大　　D. 投入较小
9. AA005　师徒传承也叫“师傅带徒弟”“学徒工制”“个别指导法”,是由一个在年龄上或经验上资深的员工,来支持一位较资浅者进行(　　)或生涯发展的体制。
   A. 个人发展　　B. 个人工作
   C. 企业发展　　D. 企业工作
10. AA005　身为教练,会帮助资浅者发展其技能,身为顾问,会提供支持并帮助他们(　　)。

A. 建立机会　　B. 建立自信

C. 适应岗位　　D. 适应机会

11. AA006 培训不仅提高了职工的技能,而且提高了职工对自身价值的认识,对(　　)有了更好的理解。

A. 岗位性质　　B. 工作目标

C. 工作水平　　D. 岗位水平

12. AA006 不少企业采取自己培训和委托培训的办法。这样做容易将培训融入企业文化,因为企业文化是企业的灵魂,它是一种以价值观为核心对全体职工进行企业意识教育的(　　)。

A. 微观文化动态　　B. 直观文化体系

C. 微观文化体系　　D. 直观文化体系

13. AA007 有效的企业培训,其实是提升企业(　　)竞争力的过程。

A. 综合　　B. 一般　　C. 特殊　　D. 重点

14. AA007 重视培训需求分析,这个过程既是确定培训目标、设计培训规划的前提,也是进行培训评估的(　　)。

A. 手段和基础　　B. 标准和基础

C. 标准和考核　　D. 手段和考核

15. AA008 不断提高培训的质量和(　　),使培训内容与受训者要求获得的知识、能力和技巧协调一致。

A. 单一性　　B. 针对性　　C. 全面性　　D. 综合性

16. AA008 不同的教育与培训机构之间、企业与培训机构之间要学会交流培训发展的(　　)和经验。

A. 传统知识　　B. 动态知识

C. 信息知识　　D. 传统动态

17. AA009 技师对初、中级员工的系统培训应从(　　)阶段的学习开始。

A. 操作知识　　B. 基础知识

C. 处理故障　　D. 设备保养

18. AA009 技师对中级员工培训中增加了采油系统常用设备的(　　)和简单的故障处理等。

A. 大修知识　　B. 二保知识

C. 工作原理　　D. 操作知识

19. AA010 生产总结报告是生产单位每年(阶段)对其完成企业所下达的经营目标和生产管理进行的(　　)的回顾和对下一年的工作进行展望。

A. 有目的性　　B. 有计划性

C. 有决策性　　D. 有阶段性

20. AA010 生产单位每年(阶段)对其完成企业所下达的经营目标和生产管理进行的有目的性的回顾和对下一年的工作进行展望是(　　)。

A. 科研论文　　B. 技术报告

C. 生产总结报告　　D. 安全总结报告

21. AA011　好的总结是在做好总结工作的基础上写出来的,更是人民群众在(　　)干出来的。

A. 实际中　　B. 理论中　　C. 会议中　　D. 资料中

22. AA011　搞好总结,是企业管理的一项(　　),是增强干部、职工凝聚力的一种重要手段,需要认真对待。

A. 一般工作　　B. 重要工作

C. 简单工作　　D. 综合过程

23. AA012　情况回顾。这是总结的开头部分,叫前言或小引,用来交代总结的缘由,或对总结的内容、范围、目的作限定,对所做的工作或过程作扼要的概述、评估。这部分文字篇幅(　　),只作概括说明,不展开分析、评议。

A. 宜于过长　　B. 不宜过长

C. 贯穿始终　　D. 宜于复杂

24. AA012　经验体会。这部分是总结的(　　),在第一部分概述情况之后展开分述。

A. 概要　　B. 部分　　C. 主体　　D. 开始

25. AA013　总结涉及本单位工作的方方面面,但不能不分主次、轻重、面面俱到,而必须(　　)。

A. 抓住重点　　B. 抓住要点

C. 全部写到　　D. 重点写到

26. AA013　什么是重点?是指工作中取得的主要经验,或发现的主要问题,或探索出来的(　　)。

A. 主观规律　　B. 客观规律

C. 主观论断　　D. 客观论断

27. AA014　技术报告标题的准确性就是用词要恰如其分,反映实质,表达出所研究的(　　)。

A. 难易程度　　B. 领域范围

C. 范围和重要性　　D. 范围和达到的深度

28. AA014　技术报告标题的拟定:标题应具备准确性、(　　)。

A. 完整性　　B. 生动性

C. 简洁性和鲜明性　　D. 简洁性和灵活性

29. AB001　计算机网络是指将(　　)的具有独立功能的多台计算机及其外部设备,通过通信线路连接起来的计算机系统。

A. 设备性能不同　　B. 设备性能相同

C. 地理位置不同　　D. 地理位置相同

30. AB001　计算机网络的组成基本上包括计算机、(　　)、传输介质以及相应的应用软件四部分。

A. 网络安全系统　　B. 网络传输系统

C. 数据处理系统　　D. 网络操作系统

31. AB002　能够跨接很大的物理范围、连接多个城市或国家,并能提供远距离通信,形成国际性的远程网络称为(　　)。

A. 局域网　　B. 广域网　　C. 地域网　　D. 国际网

32. AB002　Wi-Fi是一种可以将个人计算机、手持设备等终端以无线方式互相连接的技术,事实上它是一个(　　)。

A. 红外线信号　　B. 蓝牙信号

C. 高频无线电信号　　D. 光信号

33. AB003　Internet起源于美国的(　　),它的前身是美国国防部高级研究计划局主持研制的ARPAnet。

A. 帝国大厦　　B. 五角大楼

C. 白宫　　D. 国会大楼

34. AB003　1974年出现了连接分组网络的协议,其中最著名的是Internet上的计算机使用的(　　)。

A. NetBIOS协议　　B. IPX/SPX协议

C. NetBEUI协议　　D. TCP/IP协议

35. AB004　近年来,(　　)的优点日益突出,逐渐成为一种重要的购物形式。

A. 电视购物　　B. 网络购物

C. 移动购物　　D. 超市购物

36. AB004　目前Internet上最为流行的通信方式是(　　),各种各样的通信软件更是层出不穷,服务提供商也提供了越来越丰富的通信服务功能。

A. E-mail通信　　B. 卫星通信

C. 数字通信　　D. 即时通信

37. AB005　计算机病毒是指编制者在计算机程序中插入的破坏计算机功能或者破坏数据,影响计算机使用并且能够(　　)的一组计算机指令或者程序代码。

A. 自我隐藏　　B. 自我复制

C. 自我消亡　　D. 自我编写

38. AB005　计算机病毒不是天然存在的,而是某些人利用计算机软件和硬件所固有的脆弱性编制的(　　)。

A. 一些大型应用软件　　B. 一些小型应用软件

C. 一组指令或程序代码　　D. 一组软件集合

39. AB006　判断某段程序为计算机病毒的首要条件是这段程序是否具有(　　)的特征。

A. 繁殖性　　B. 可触发性

C. 破坏性　　D. 潜伏性

40. AB006　计算机病毒传染的无毒对象可以是一个程序或者(　　)。

A. 用户的信息资料　　B. 计算机操作者

C. 一组指令　　D. 系统中的某一个部件

41. AB007　通过一段特定的程序来控制另一台计算机的计算机病毒称为(　　)。

A. 木马病毒　　B. 蠕虫病毒

C. 入侵型病毒　　D. 引导型病毒

42. AB007　所谓的源码型病毒、入侵型病毒、操作系统型病毒和外壳型病毒是根据计算机病毒的(　　)进行划分的。

A. 破坏能力　　B. 算法

C. 传染方式　　D. 连接方式

43. AB008　能够集成监控识别、病毒扫描和清除、自动升级病毒库和主动防御等功能的软件是(　　)。

A. 杀毒软件　　B. Office 软件

C. 系统软件　　D. 修复软件

44. AB008　通过动态仿真反病毒专家系统对各种程序动作的自动监视,自动分析程序动作之间的逻辑关系,综合应用病毒识别规则知识,实现自动判定病毒的技术称为(　　)。

A. 修复技术　　B. 自我保护技术

C. 脱壳技术　　D. 主动防御技术

45. AC001　变压器是一种静止的电气设备,它通过(　　)的作用,把一种电压的交流电能变换成频率相同的另一种电压的交流电能。

A. 电热能　　B. 电磁感应

C. 电能　　D. 电动能

46. AC001　变压器按相数可分为(　　)。

A. 单相、多相　　B. 单相、三相

C. 三相、多相　　D. 单相、三相和多相

47. AC002　变压器不仅有变换电压的功能,还具有变换(　　)、阻抗和改变相位的多种功能。

A. 频率　　B. 功率　　C. 电流　　D. 电感

48. AC002　整流变压器的任务是将(　　)变换成一定大小和相数的电压,然后再经过整流元件整流,以满足直流输出的要求。

A. 直流电压　　B. 交流电压

C. 直流电流　　D. 交流电流

49. AC003　在变压器型号 SJ-500/10 中 500 表示(　　)。

A. 高压侧额定电流　　B. 高压侧额定电压

C. 额定容量　　D. 输出的有功功率

50. AC003　变压器的绕组是,初级和次级在同一条绕组上,这样的变压器称为(　　)。

A. 互感器　　B. 单向变压器

C. 多绕组变压器　　D. 自耦变压器

51. AC004　电工指示仪表用(　　)来表示仪表对被测量的反应能力。

A. 灵敏度　　B. 基本误差

C. 附加误差　　D. 读数的方法

52. AC004　电工指示仪表按被测电工量分为:电压表、(　　)、功率表、电度表、功率因数表、频率表、欧姆表等。

A. 指示表　　B. 电流表

C. 安装式仪表　　D. 便携式仪表

53. AC005　直流电动机由定子和(　　)两大部分构成。

A. 转子　　B. 销子　　C. 电刷　　D. 线圈

54. AC005　直流电动机定子用来产生磁通和构成(　　),并作为电动机的支架。

A. 电路　　B. 磁路　　C. 通　　D. 线路

55. AC006　电力系统电压通常通过(　　)测试。

A. 万用表　　B. 电压表

C. 电压互感器　　D. 电流互感器

56. AC006　由于线圈中流过电流的变化而在线圈中产生感应(　　)的现象称为自感现象。

A. 电动势　　B. 电流　　C. 电阻　　D. 电感

57. AC007　交流接触器的(　　)是发热的主要部件。

A. 线圈　　B. 铁芯　　C. 触头　　D. 外壳

58. AC007　直流接触器(　　)是发热的主要部件。

A. 线圈　　B. 触头　　C. 铁芯　　D. 灭弧罩

59. AC008　中间继电器的输出信号为(　　)的动作。

A. 线圈　　B. 铁芯　　C. 触头　　D. 电阻

60. AC008　中间继电器当线圈两端接上额定电压时,动铁心被吸向电磁铁的静铁心,使动触点与静触点(　　)。

A. 断开　　B. 闭合　　C. 离开　　D. 黏接

61. AC009　电子式时间继电器是采用(　　)充放电再配合电子元件的原理来实现延时动作。

A. 电流　　B. 电力　　C. 电阻　　D. 电容

62. AC009　空气阻尼式时间继电器,空气室造成的故障主要是(　　)。

A. 延时不准确　　B. 触头瞬动

C. 触头误动　　D. 触头拒动

63. AC010　单轮旋转式行程开关能自动(　　)。

A. 限位　　B. 停止　　C. 复位　　D. 恢复

64. AC010　行程开关的工作原理是:根据运动部件的(　　)而切换电路。

A. 通电时间　　B. 行程位置

C. 电压变化　　D. 电流转换

65. AC011　晶体二级管具有(　　)电极。

A. 一个　　B. 二个　　C. 三个　　D. 四个

66. AC011　最大整流电流是指二极管长时间使用时,允许流过二极管的(　　)。

A. 最大正向平均电流　　B. 最大反向平均电流

C. 最小正向平均电流　　D. 最小反向平均电流

67. AC012　日光灯电磁声较大是由于(　　)引起的。

A. 电压低　　B. 电流高

C. 镇流器出现问题　　D. 灯丝断

68. AC012　电路电流适当增大时,电路中灯泡会(　　)。

A. 烧毁　　B. 变暗　　C. 变亮　　D. 不亮

69. AC013　熔断器的熔断丝因(　　)烧断时,是瞬时烧坏,响声较大,熔断丝有多处熔断,断口较宽。

A. 机械损坏　　B. 过载电流

C. 断路　　D. 短路

70. AC013　接触器的主触点过热或熔焊通常是由于接触不良,或通过(　　)所致。

A. 高电压　　B. 大电流　　C. 大电阻　　D. 磁通

71. AD001　实施目标管理的重点放在(　　)的积极性上,实行职工自我管理,自觉完成目标规定的任务。

A. 调动每个环节中人　　B. 发挥每个人

C. 调动群众　　D. 提高职工工作

72. AD001　设备目标管理体系按各项工作取得的效果及工作效率,可分为(　　)两大体系。

A. 前期目标和预测目标　　B. 设计目标和实施目标

C. 效果目标和效率目标　　D. 实施目标和评价目标

73. AD002　全面经济核算的三个特点是(　　)。

A. 全面的、全员的、全方位的

B. 全企业的、全过程的、全面的

C. 全体的、全流程的、全过程的

D. 全面的、全体的、全部的

74. AD002　全面经济核算中,队、站核算是重点,(　　)核算是经济核算的基础。

A. 分公司　　B. 班组

C. 单台设备　　D. 报表

75. AD003　网络技术也称网络(　　)。

A. 计划规划　　B. 计划技术

C. 设计技术　　D. 设计规划

76. AD003　正交试验是根据(　　)原理,以大量试验挑选出适量的具有代表性的典型的试验点,根据"正交表"来合理安排试验的一种科学方法。

A. 物理统计　　B. 数理化学

C. 数理统计　　D. 物理化学

77. AD004　价值工程是以功能分析为主要手段,以(　　)产品寿命周期成本(总成本)和可靠地实现用户所需要的必要功能为目的所进行的有组织活动。

A. 最低的　　B. 最高的　　C. 最优的　　D. 最贵的

78. AD004　价值工程的目的是能获得最低的总成本,并使产品或作业获得必要功能,使用户和企业都得到(　　)经济效益。

A. 最低的　　B. 最大的　　C. 最小的　　D. 最贵的

79. AD005　设备综合管理工程学,是一门以(　　)为研究对象的学科。

A. 设备整个寿命　　B. 设备前期选型

C. 设备综合管理　　D. 设备维修费用

80. AD005　影响设备管理工作流程的因素是(　　)。

A.“人流”“物流”“信息流”

B. 企业、单位和个人

C. 设备的前期、中期和后期的管理

D. 设备使用和保养管理

81. AD006　评定产品是否满足规定的质量要求所支付的费用称为(　　)。

A. 预防成本　　B. 鉴定成本

C. 内部损失成本　　D. 外部损失成本

82. AD006　产品交货后因不满足规定的质量要求,导致索赔或返工,更换零部件或信誉损失的费用称为(　　)。

A. 预防成本　　B. 鉴定成本

C. 内部损失成本　　D. 外部损失成本

83. AD007　综述或概述(前言)这部分的内容要包括任务(课题)的来源、立项背景、研究工作(　　)、完成单位基本概况。

A. 时间限制　　B. 起止年限

C. 需要时间　　D. 起止限制

84. AD007　任务要求:依据计划书或合同书、设计书中的研究任务及计划进度安排与达到的效果 进行(　　)。

A. 成功书写　　B. 复杂描述

C. 简要描述　　D. 成功描述

85. AD008　技术论文总结报告应反映成果技术研究工作的全貌,阐明该技术的方案论证,技术特征,总体性能指标与国内外同类先进技术的(　　),技术的先进性、创新性、成熟性、科学性,已达到的技术指标等。

A. 比较情况　　B. 比较优点

C. 优点情况　　D. 优点缺点

86. AD008　每个阶段的试验结果用(　　)相结合的方法阐述。

A. 定时和定性　　B. 定量和定性

C. 定量和定稿　　D. 定时和定稿

87. AD009　鉴定依据:主要是根据(　　)或合同(批复,下达计划文件)和有关技术条件或产品标准。

A. 计划说明书　　B. 计划任务书

C. 合作任务书　　D. 合作说明书

88. AD009　鉴定内容之一:提交(　　)的技术文件,技术资料完整、数据准确、图样规范、能够用于指导生产。

A. 资料完整　　B. 齐全材料

C. 齐全完整　　D. 资料材料

89. AE001　石油工业对设备实行分级管理,具体分为(　　)级管理。

A. 大队、小队、班组　　B. 处、大队、小队

C. 局、处、大队　　D. 部(总公司)、局、厂(处)

90. AE001　设备管理要坚持(　　)相结合的原则。

A. 日常维护保养和计划检修

B. 日常使用和计划检修

C. 日常维护保养和突击检修

D. 突击保养和计划检修

91. AE002　设备操作人员必须达到“四懂三会”的要求,其中三会是(　　)。

A. 会修理、会保养、会排除故障

B. 会修理、会使用、会排除故障

C. 会操作、会保养、会排除故障

D. 会操作、会保养、会修理

92. AE002　设备的使用必须实行(　　)的责任制。

A. 定人、定岗、定保养　　B. 定人、定机、定保养

C. 定人、定机、定岗位　　D. 定人、定机、定用途

93. AE003　各石油企业和二级单位,按分级管理的原则,(　　)。

A. 分级建立主要设备单台设备档案

B. 分级建立设备综合档案

C. 二级单位建立单台设备档案

D. 分级建立单台设备档案

94. AE003　在以下四类设备中,(　　)的技术档案,是设备管理的基础工作之一。

A. 主要专业设备　　B. 所有专业设备

C. 所有设备　　D. 所有辅助设备

95. AE004　按照损失价值划分,直接损失数额(　　)为小型事故。

A. 三千元以内　　B. 两万元以内

C. 千元以内　　D. 百元以内

96. AE004　按照损失价值划分,直接损失数额(　　)为特大事故。

A. 四十万元以内　　B. 三十万元以上

C. 二十万元以上　　D. 十万元以上

97. AE005　按照价值划分,直接损失金额(　　)为一般事故。

A. 五千元至三万元以内　　B. 一万元至五万元以内

C. 十万元以下两万元以上　　D. 五千元至两万元以内

98. AE005　作业设备由于维修保养及管理不善,缺油、缺水等造成的设备事故称为(　　)。

A. 责任事故　　B. 机械事故

C. 自然事故　　D. 突发事故

99. AE006　根据设备事故分析处理的权限规定,发生大型事故由(　　)组织分析、调查和处理。

A. 事故单位　　B. 机动安全部门

C. 公司主管领导　　D. 上级机动部门

100. AE006 机动车辆因交通事故造成损坏,以及报废,事故处理由( )处理。

A. 事故单位 B. 公司机动部门

C. 上级主管领导 D. 交通管理部门

101. AE007 设备事故发生后,( )未受到教育不放过是“三不放过”原则之一。

A. 职工、干部、群众

B. 事故责任者和干部、群众

C. 事故责任者和干部、肇事双方

D. 工人、群众、司机

102. AE007 上报事故分析就是在查清事故原因的基础上,分清事故主次责任,按照( )的原则,总结经验教训,制定防范措施。

A. 四不放过 B. 三不放过

C. 二不放过 D. 事故性质

103. BA001 柴油机发生故障时,根据听觉来判断工作元件发出的声音及其变化情况来确定异响部位。是指常用的诊断方法中的( )。

A. 望 B. 闻 C. 触 D. 嗅

104. BA001 柴油机发生故障时,靠手的感觉检查各部件表面温度。是指常用的诊断方法中的( )。

A. 闻 B. 望 C. 触 D. 嗅

105. BA002 下列柴油机属于电喷类的是( )。

A. CAT3406 B. DDC S60 C. KT19C-450 D. CCAT C13

106. BA002 井下特种装备车台常用的发动机型号不常用的是( )。

A. 卡特 CAT3406 B. 底特律 DDC S60

C. 康明斯 KT19C-450 D. 奔驰 OM501

107. BA003 井下特种装备气动润滑系统内无油不可能引起( )。

A. 水泥浆密度过高 B. 水泥浆密度过低

C. 水泥浆发泡 D. 离心泵泵效低

108. BA003 井下特种装备液压系统温度过高通常不会引起( )故障。

A. 油泵排量下降 B. 电动机转速降低

C. 下灰阀控制失效 D. 离心泵泵效下降

109. BA004 柴油机( )就是通常所说的柴油机没有“力量”。

A. 工作不稳定 B. 功率不足

C. 压缩力不足 D. 飞车

110. BA004 柴油机空气滤清器堵塞,可能产生进入气缸内的( )不足,而气缸内废气排不干净,排气冒黑烟。

A. 氧气 B. 二氧化碳

C. 新鲜空气 D. 混合气体

111. BA005 不会导致柴油机工作不稳定及熄火现象的选项是( )。

A. 调速器 B. 燃料供给系统

C. 中冷器 D. 柴油质量不好

112. BA005　中冷器的故障,不会导致柴油机(　　)现象的产生。
A. 过热　　B. 工作不稳定及熄火
C. 效率低　　D. 散热不好

113. BA006　柴油机燃油中含有水分或温度低将引起柴油机排烟为(　　)。
A. 黑烟　　B. 白烟　　C. 淡灰色　　D. 蓝烟

114. BA006　柴油机排气冒(　　)的原因是由于大量机油窜入气缸,蒸发后未燃烧的结果。
A. 黑烟　　B. 白烟　　C. 淡灰色　　D. 蓝烟

115. BA007　引起柴油机在工作时出现沿气缸上下各处均有敲击的声音的故障原因可能是(　　)。
A. 活塞与气缸套间隙过大　　B. 活塞环与环槽间隙过大
C. 连杆轴承间隙过大　　D. 齿轮磨损、间隙过大

116. BA007　为了消除柴油机突然出现敲击声而更换气门弹簧,是为了解决(　　)的故障。
A. 连杆螺丝松动　　B. 气门弹簧断裂
C. 连杆轴承烧毁　　D. 主轴承烧毁

117. BA008　飞车是指柴油机失去控制,转速大大超过了规定的(　　)。
A. 工作转速　　B. 额定转速
C. 怠速转速　　D. 临界转速

118. BA008　柴油机飞车事故紧急处理的有效方法是(　　)。
A. 检查修复　　B. 检查调整
C. 切断油、气路　　D. 断电

119. BA009　由于柴油机超载运转使柴油机突然停止运转时,应立即(　　)。
A. 减小使用负载　　B. 增加使用负载
C. 添加燃油　　D. 更换配件

120. BA009　在进行柴油机突然停车事故处理时,拆检喷油泵,清洗柱塞,是为了解决燃料供给系统的(　　)故障。
A. 燃油管路堵塞　　B. 油管破裂或接头松脱
C. 油泵柱塞卡死　　D. 油泵弹簧断裂

121. BA010　柴油机温度过高的原因正确的是(　　)。
A. 压力表损坏　　B. 水箱缺水
C. 低负荷运行　　D. 燃油油路堵塞

122. BA010　节温器故障是柴油机(　　)的原因之一。
A. 压力表损坏　　B. 转速过高
C. 温度过高　　D. 风扇皮带打滑

123. BA011　柴油机机油压力过低的原因叙述错误的是(　　)。
A. 机油变质　　B. 机油冷却器堵塞
C. 风扇皮带打滑　　D. 油路堵塞

124. BA011　机油中混入柴油和水,使机油黏度过低,是导致柴油机机油(　　)的原因

之一。

A. 震动加剧　　B. 机油压力低

C. 水温过热　　D. 不正常响声

125. BA012　柴油机功率不足的原因可能是(　　)。

A. 机油压力低　　B. 缺冷却水

C. 电路故障　　D. 喷油泵供油不足

126. BA012　柴油机空气滤清器堵塞可以发生(　　)的故障。

A. 柴油机功率不足　　B. 柴油机不能起动

C. 机油压力低　　D. 水温高

127. BA013　柴油机机油泵内进空气,会使(　　)。

A. 机油压力增加,压力表平隐　　B. 机油压力减少,压力表平稳

C. 机油压力下降,压力表波动　　D. 压力增加,压力表波动

128. BA013　柴油机油底壳内机油量不足,会使(　　)。

A. 机油压力增加,压力表平稳　　B. 机油压力下降,压力表波动

C. 机油压力减少,压力表平稳　　D. 压力增加,压力表波动

129. BA014　柴油机负荷过重时,机油的变化是(　　)。

A. 温度过高,耗量增大　　B. 温度微升,耗量增大

C. 温度过高,耗量不变　　D. 温度微升,耗量不变

130. BA014　柴油机机油量不足时,机油的变化是(　　)。

A. 耗量太大,温度太高　　B. 温度不高,耗量太大

C. 温度不高　　D. 温度过高

131. BA015　柴油机启动蓄电池容量太小,会使(　　)。

A. 启动机齿轮伸不出来　　B. 启动机不转动

C. 启动机齿轮缩不回来　　D. 启动机反砖

132. BA015　柴油机启动蓄电池连接线接触不良,会使(　　)。

A. 启动机齿轮伸不出来　　B. 启动机齿轮缩不回来

C. 启动机空转但无力启动　　D. 启动机不转动

133. BA016　柴油机喷油泵油门齿杆连接销松动时,会发生(　　)的故障。

A. 无怠速　　B. 容易飞车

C. 达不到标定转速　　D. 转速不稳定

134. BA016　柴油机调速器飞铁销孔磨损松动时,会有(　　)的故障。

A. 达不到标定转速　　B. 转速不稳定

C. 无怠速　　D. 容易飞车

135. BA017　柴油机(　　)时,最容易加剧曲轴轴径的磨损。

A. 冷却水温太高　　B. 喷油量不匀

C. 发生飞车　　D. 功率不足

136. BA017　主轴径和连杆轴径的磨损是柴油机(　　)最常见的故障。

A. 缸盖　　B. 瓦片　　C. 曲轴　　D. 活塞

137. BA018　气门组的故障直接影响柴油机(　　),甚至导致重大事故。

A. 功率不足,启动困难　　B. 运转不稳,启动困难
C. 温度升高,效率下降　　D. 油耗增加,发生异响

138. BA018　柴油机的气门烧损与变形后,应(　　)。
A. 用配磨方法修复　　B. 更换新气门再研磨修复
C. 更换气门座再研磨修复　　D. 更换新气门及气门座再研磨修复

139. BA019　清除喷油器积碳可用的工具是(　　)。
A. 砂布和钢制刮刀　　B. 砂布和木制刮刀
C. 木制和铜制刮刀　　D. 铜制和钢制刮刀

140. BA019　单孔轴针式喷油器,柴油喷射的角度一般为45°±3°,喷射角度的偏差不大于(　　)。
A. 1°　　B. 2°　　C. 3°　　D. 4°

141. BA020　柴油机运行不平稳与(　　)无关。
A. 燃油含气　　B. 油管渗漏
C. 油滤不畅　　D. 冷却液不足

142. BA020　燃油管渗漏可能使燃油内含有空气引起柴油机运行(　　)。
A. 不平稳　　B. 温度高　　C. 油压低　　D. 油压高

143. BA021　柴油机(　　)油管渗漏,会使机油压力降低。
A. 冷却系统　　B. 润滑系统
C. 燃油系统　　D. 排气系统

144. BA021　柴油机油底壳内机油量不足,主要导致(　　)。
A. 机油压力下降　　B. 机油压力升高
C. 机油温度升高　　D. 机油温度下降

145. BA022　柱塞泵动力端曲轴和(　　)间润滑不良过度磨损导致动力端冒烟的原因之一。
A. 齿轮　　B. 连杆　　C. 连杆瓦　　D. 拉杆

146. BA022　会造成柱塞泵动力端出现油烟的现象的选项是(　　)。
A. 连杆变形　　B. 十字头销子衬套严重磨损
C. 曲轴和连杆轴承间隙过大　　D. 十字头与导板偏磨

147. BA023　柱塞泵动力端润滑油乳化变质的原因是(　　)。
A. 油温高　　B. 油内进水
C. 油内进空气　　D. 油内含粉末物

148. BA023　柱塞泵动力端润滑油内含有水泥的原因是(　　)。
A. 加油口不严　　B. 输入轴密封不严
C. 十字头密封渗漏　　D. 减速器密封不好

149. BA024　柱塞泵上水不良与(　　)无关。
A. 柱塞磨损　　B. 密封填料渗漏
C. 泵阀密封不严　　D. 拉杆倒扣

150. BA024　柱塞泵动力端油压过低与(　　)无关。
A. 液力端工作不良　　B. 润滑油泵磨损

C. 润滑油路限压阀失灵　　D. 泵曲轴轴瓦磨损

151. BA025　阀弹簧损坏,可能导致柱塞泵(　　)的故障。
A. 无泵压　　B. 开动后不排液
C. 液力端不正常响声　　D. 压力表失灵

152. BA025　不会导致柱塞泵液力端不正常响声的选项是(　　)。
A. 排出阀座跳动　　B. 阀箱内有空气
C. 吸入管线堵塞　　D. 阀弹簧损坏

153. BA026　柱塞泵动力端柱塞和十字头连接处松动故障的排除方法是(　　)。
A. 更换连杆及轴承　　B. 检查更换十字头销子
C. 检修十字头　　D. 紧固柱塞与十字头连接

154. BA026　柱塞泵连杆变形,轴承磨损严重、松旷会造成柱塞泵(　　)故障。
A. 上水效率低　　B. 压力与排量波动
C. 动力端产生异响　　D. 液力端不正常的响声

155. BA027　清洗调节阀,检查、重新组装柱塞泵传动箱润滑压力调节阀,是为了清除调节阀内的脏物,排除(　　)的故障。
A. 阀损坏　　B. 阀常闭
C. 阀常开　　D. 压力低

156. BA027　检查润滑油泵供油情况及管路有无堵塞是为了排除柱塞泵传动箱(　　)的故障。
A. 柱塞泵工作噪声过大　　B. 润滑压力调节阀垫片损坏
C. 润滑压力调节阀弹簧损坏　　D. 润滑压力调节阀阀常开

157. BB001　乳化压裂液集水基压裂液和油基压裂液的优点于一身,具有流变性好、低滤失、(　　)、易返排等优点。
A. 高密度　　B. 中密度
C. 低密度　　D. 可变密度

158. BB001　乳化压裂液配方体系(　　)岩心的水化膨胀能力,有效地保护储层,减少伤害。
A. 提高了　　B. 降低了　　C. 保持了　　D. 使用了

159. BB002　微聚压裂液体系由于具有良好的流变特性,(　　)向地层的滤失。滤失低,在滤失过程中不产生滤饼。
A. 保持了　　B. 使用了　　C. 降低了　　D. 提高了

160. BB002　交联条件为中性或(　　),容易控制生滤饼。
A. 酸性　　B. 微酸性　　C. 碱性　　D. 微碱性

161. BB003　小分子无伤害压裂液是在多年现场施工经验的基础上,依据先进的分子结构设计理论和丰富的有机合成能力而设计生产的一种全新结构的压裂液体系。该压裂是由(　　)的化合物混合在一起通过相互之间的分子缠绕、相互压缩、彼此连接、互相键合而形成的一种高黏弹性体系。
A. 多种小分子质量　　B. 多种大分子质量
C. 一种小分子质量　　D. 多种小分子质量

162. BB003　该压裂液体系最适用于敏感性强的低渗油气藏的压裂改造,还可用于(　　)的压裂防砂系。

A. 中低渗油藏　　B. 中高渗油藏

C. 超高渗油藏　　D. 超低渗油藏

163. BB004　高温清洁压裂液适合于配制从低密度泡沫压裂液到高密度盐水压裂液体系,适应的温度范围从常温到(　　)高温。

A. 110℃　　B. 120℃　　C. 130℃　　D. 1300℃

164. BB004　高温清洁压裂液利用其在(　　)发生较强分子链间可逆的多元疏水缔合作用形成超分子聚集体,具有类似于交联聚合物的空间网络结构,所以不需要交联即可具有压裂液的全部性能。

A. 稠溶液中　　B. 稀溶液中

C. 低溶液中　　D. 高溶液中

165. BB005　新型醇基压裂液,借助于具有一定特性和浓度的稠化剂,在一定环境条件下,相互联结缠绕形成稳定的特殊(　　)来增加液体黏弹特性以达到压裂液携砂悬砂的目的。

A. 小分子团　　B. 大分子团

C. 大小分子团　　D. 分子团

166. BB005　新型醇基压裂液以一定含量的(　　)作为溶液,加入稠化剂和交联剂而形成的,具有良好的水溶性、较低的表界面特性、良好的破胶返排性能,还可以借助地下水和原油稀释破胶,破胶彻底。

A. 单组分混合醇　　B. 小组分混合醇

C. 多组分混合醇　　D. 有组分混合醇

167. BB006　由于酸冻胶交联后(　　),因此冻胶与碳酸岩接触初期几乎不反应,滤失很小,当其破胶后,大量的 H^+ 被释放出来,使得酸液能够和不同孔渗的储层进行充分反应,从而在储层中能够达到均匀布酸的目的。

A. 黏度不高　　B. 黏度很高

C. 黏度很低　　D. 黏度高低

168. BB006　酸冻胶体系由于交联后成网状结构并可挑挂,其初始黏度大于100mPa·s,因此能够满足造(　　)的施工要求。

A. 无缝　　B. 短缝　　C. 长缝　　D. 任何缝

169. BB007　投球暂堵分压施工时,将堵球置入管线内,堵球在流体携带下选择性地流经强渗透层,被吸附在(　　),形成柱塞,堵塞强渗透层。

A. 合适渗透层内　　B. 低渗透层内

C. 超低渗透层内　　D. 高渗透层内

170. BB007　堵球在流过渗透层后,还有可能在回流区流体的作用下调转方向,被"吸"回到渗透层上。所以用堵球封堵是(　　)。

A. 不行的　　B. 不用的

C. 可行的　　D. 选者用的

171. BB008　显著改变返排过程中气流和处理液的相对渗透率,有效排出低渗地层微

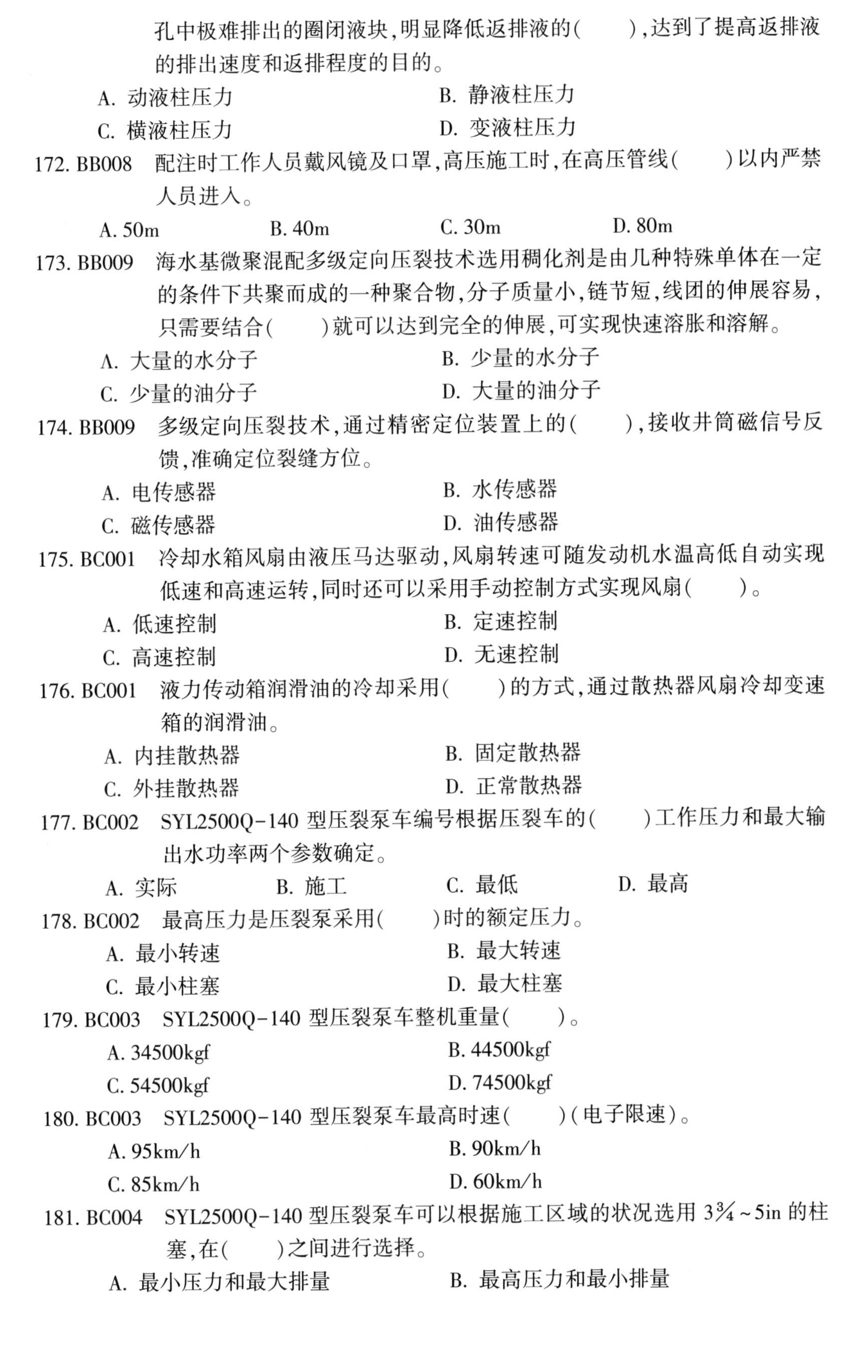

孔中极难排出的圈闭液块，明显降低返排液的(　　)，达到了提高返排液的排出速度和返排程度的目的。

A. 动液柱压力　　B. 静液柱压力
C. 横液柱压力　　D. 变液柱压力

172. BB008　配注时工作人员戴风镜及口罩，高压施工时，在高压管线(　　)以内严禁人员进入。

A. 50m　　B. 40m　　C. 30m　　D. 80m

173. BB009　海水基微聚混配多级定向压裂技术选用稠化剂是由几种特殊单体在一定的条件下共聚而成的一种聚合物，分子质量小，链节短，线团的伸展容易，只需要结合(　　)就可以达到完全的伸展，可实现快速溶胀和溶解。

A. 大量的水分子　　B. 少量的水分子
C. 少量的油分子　　D. 大量的油分子

174. BB009　多级定向压裂技术，通过精密定位装置上的(　　)，接收井筒磁信号反馈，准确定位裂缝方位。

A. 电传感器　　B. 水传感器
C. 磁传感器　　D. 油传感器

175. BC001　冷却水箱风扇由液压马达驱动，风扇转速可随发动机水温高低自动实现低速和高速运转，同时还可以采用手动控制方式实现风扇(　　)。

A. 低速控制　　B. 定速控制
C. 高速控制　　D. 无速控制

176. BC001　液力传动箱润滑油的冷却采用(　　)的方式，通过散热器风扇冷却变速箱的润滑油。

A. 内挂散热器　　B. 固定散热器
C. 外挂散热器　　D. 正常散热器

177. BC002　SYL2500Q-140 型压裂泵车编号根据压裂车的(　　)工作压力和最大输出水功率两个参数确定。

A. 实际　　B. 施工　　C. 最低　　D. 最高

178. BC002　最高压力是压裂泵采用(　　)时的额定压力。

A. 最小转速　　B. 最大转速
C. 最小柱塞　　D. 最大柱塞

179. BC003　SYL2500Q-140 型压裂泵车整机重量(　　)。

A. 34500kgf　　B. 44500kgf
C. 54500kgf　　D. 74500kgf

180. BC003　SYL2500Q-140 型压裂泵车最高时速(　　)(电子限速)。

A. 95km/h　　B. 90km/h
C. 85km/h　　D. 60km/h

181. BC004　SYL2500Q-140 型压裂泵车可以根据施工区域的状况选用 $3\frac{3}{4}$～5in 的柱塞，在(　　)之间进行选择。

A. 最小压力和最大排量　　B. 最高压力和最小排量

C. 最小压力和最小排量　　D. 最高压力和最大排量

182. BC004　SYL2500Q-140 型压裂泵车柱塞直径 3¾in 的最大排量:(　　)(对应工作压力 51.5 MPa)　。

A. 4.17m^3/min　　B. 3.17m^3/min

C. 2.17m^3/min　　D. 1.17m^3/min

183. BC005　进气系统内嵌式与驾驶室一体设计,带预除尘,进气系统(　　),适合恶劣环境工况设计排气尾管向上排气。

A. 两级湿式滤芯　　B. 两级干式滤芯

C. 三级干式滤芯　　D. 三级湿式滤芯

184. BC005　油箱 400L(右边)+960L(左边)各一个,均配油箱锁和滤网,两个油箱通过(　　)的管线联通,通过球阀关断。

A. 45mm　　B. 35mm　　C. 25mm　　D. 65mm

185. BC006　动力系统主要由车台(　　)和液力传动箱、消音器安装、传感器和液力传动箱附件以及安装支座等组成。

A. 发电机　　B. 空压机

C. 冷气机　　D. 发动机

186. BC006　整套系统通过发动机前后支座和变速箱前后支座与底盘副梁连接。发动机和变速箱两部分通过(　　)进行连接。

A. 取力器　　B. 液压机

C. 传动轴　　D. 齿轮箱

187. BC007　在液压系统(　　)管路上装有滤清器,这样保证了液压油清洁,减少液压系统故障。

A. 进油　　B. 进油和回油

C. 回油　　D. 运转过程

188. BC007　在油箱进油口和回油口分别装有(　　),从而更加方便对液压系统进行维护。

A. 单向阀　　B. 球阀

C. 球阀和单向阀　　D. 各种阀门

189. BC008　变扭器与变速箱之间采用前传动轴连接,变速箱与压裂泵之间采用(　　)连接。

A. 机械传动　　B. 齿轮动轴

C. 前传动轴　　D. 后传动轴

190. BC008　以保证操作者的安全,每个传动轴周围均安装有(　　)。

A. 可拆卸的铁板　　B. 固定的铁板

C. 可拆卸的护罩　　D. 固定的护罩

191. BC009　为适应压裂泵车间歇式工作的要求,采用开关风扇离合器,在冷却循环系统中安装传感器,风扇可以在(　　)两种状态下进行手动和自动控制。

A. 中速和高速　　B. 低速和高速

C. 低速和中速　　D. 低速和无速

192. BC009 每次作业前应检查散热器冷却液液位,保证液位不低于最低液位或者液位最高位置离膨胀水箱顶部(不含加水口)距离不超过(　　)。

A. 30cm　　B. 20cm　　C. 10cm　　D. 50cm

193. BC010 压裂泵是整个压裂车的心脏,SYL2500Q-140 型压裂车所使用的 5ZB-2800 泵是一种往复、容积式、单作用、(　　)。

A. 立式三缸柱塞泵　　B. 立式五缸柱塞泵

C. 卧式三缸柱塞泵　　D. 卧式五缸柱塞泵

194. BC010 该泵可以更换不同的泵头体以适应装在几种不同规格的柱塞以获得不同(　　)。

A. 转速和排量　　B. 压力和流量

C. 压力和排量　　D. 压力和转速

195. BC011 在油井作业过程中只有泵低速运行时泵才能输出(　　)。

A. 最高压力　　B. 最高压力和最大负荷

C. 最大负荷　　D. 最高压力和最小负荷

196. BC011 当发动机(　　)时不管泵是否低速运行润滑油泵均能输出最多的润滑油。

A. 低速运行　　B. 中速运行

C. 高速运行　　D. 任意速度运行

197. BC012 SYL2500Q-140 型压裂车根据配置柱塞的大小可以选用 FIG 2002 或者 FIG 1502 扣型,(　　)的排出管汇。

A. 8in 或者 9in　　B. 6in 或者 7in

C. 4in 或者 5in　　D. 2in 或者 3in

198. BC012 当最大排量大于 $1.5m^3/min$ 时,通常采用(　　)的排出管汇。

A. 5in　　B. 4in　　C. 3in　　D. 2in

199. BC013 通常情况下根据车辆布置情况只需要连接一个接口,在采用 5in 柱塞或高冲次作业时,为保证泵的吸入性能,可以连接(　　)上水管线。

A. 三个　　B. 两个　　C. 四个　　D. 五个

200. BC013 每个接口包括:(　　)和外扣或者内扣活接头,扣型根据不同的用户要求确定,通常统一为 FIG206F。

A. 3in 球阀　　B. 3in 蝶阀

C. 4in 蝶阀　　D. 4in 球阀

201. BC014 为保证泵车能够在冬天或高寒地区正常作业,SYL2500Q-140 型压裂车配有加热装置。在车台柴油机的(　　)装有加热器,为车台柴油机的冷却液及润滑油进行加热。

A. 中部　　B. 尾端　　C. 上端　　D. 前端

202. BC014 待温度达到要求后,需关闭电源,(　　)加热器会自动停止工作。

A. 1min 后　　B. 2min 后　　C. 3min 后　　D. 10min 后

203. BC015 在压裂车的(　　)安装有气压表,可以观察气压的大小。

A. 副控箱上　　B. 主控箱上

C. 动力端上　　D. 液力端上

204. BC015　液力端的润滑供气系统具有自动控制功能。当(　　)发动机后,系统自动开启液力端润滑气源,推动润滑气泵为压裂泵密封填料提供润滑油。

A. 启动底车　　B. 关闭底车

C. 启动车台　　D. 关闭车台

205. BC016　本地自动控制箱安装于主驾驶室一侧,可以实现(　　)压裂泵车的操作控制。

A. 三台　　B. 单台

C. 多台　　D. 单台或者多台

206. BC016　SYL2500Q-140 型压裂泵车电气控制系统由(　　)、仪表箱、网络遥控箱以及各传感器、插接件等组成。

A. 台上自动变速箱　　B. 台下自动变速箱

C. 台上自动控制箱　　D. 台下自动控制箱

207. BC017　采用压力传感器,将施工中的压力变化转化为电流或电压的变化。该装置采用输出(　　)电流信号。

A. 1~4mA　　B. 4~20mA

C. 20~30mA　　D. 30~40mA

208. BC017　采用机械式安全阀,产品在出厂时根据设备的承压(　　)进行调定。

A. 额定值　　B. 最低值　　C. 最高值　　D. 工作值

209. BC018　变速箱采埃夫(ZF)16S-252OD 全同步变速箱 16 个前进挡,(　　)。

A. 1 个倒挡　　B. 4 个倒挡

C. 3 个倒挡　　D. 2 个倒挡

210. BC018　前桥及前悬挂,前桥 VOG-09/VPD-09,驱动桥配(　　)抛物线钢板悬挂。

A. 7. 5t　　B. 8. 5t　　C. 9. 5t　　D. 10. 5t

211. BC019　检查发动机和传动箱的(　　)的连接状态。

A. 软管　　B. 软管及电线

C. 电线　　D. 螺栓

212. BC019　检测动力系统散热器防冻液液位,不低于(　　)要求。

A. 中间液位　　B. 最高液位

C. 最低液位　　D. 油尺液位

213. BC020　检查泵动力端润滑油箱油面,油面应位于油池的(　　)。

A. 上部　　B. 前部　　C. 下部　　D. 中部

214. BC020　检查泵液力端润滑油箱油面,油面应位于油池的(　　)。

A. 上部　　B. 前部　　C. 中部　　D. 下部

215. BC021　检查液压油泵吸油口球阀是否打开,应(　　),以防油泵空转,发生干摩擦,出现烧泵现象。

A. 半程打开　　B. 全程打开

C. 半程关闭　　D. 全程关闭

216. BC021　检查(　　)液压系统各参数显示仪表是否完好。

A. 底车仪表板　　B. 底车电路板

C. 车台仪表板　　D. 台车电路板

217. BC022　电气系统与机械和相比,(　　)的差异。

A. 存在较小　　B. 没有太大

C. 基本没有　　D. 存在较大

218. BC022　电气元件和电缆一般,相比机械部件都(　　),所以在保养和工作工应注意保护电气元件,并采取相应的保护措施。

A. 较坚硬　　B. 非常坚硬

C. 较脆弱　　D. 非常脆弱

219. BC023　从压裂泵的工作曲线可以看出:压裂泵在最高工作压力 80%(110MPa)以上的合理工作时间只占整个工作时间的(　　)。

A. 15%　　B. 25%　　C. 35%　　D. 45%

220. BC023　长期在(　　)下施工作业的压裂泵损坏程度将明显加大。

A. 中压环境　　B. 低压环境

C. 高压环境　　D. 无压环境

221. BC024　将底盘发动机变速器置于(　　),并保证底盘刹车。

A. 低速挡　　B. 高速挡

C. 中间挡　　D. 空挡

222. BC024　油门调节到 1000r/min,运转发动机直到工作温度达(　　)。

A. 91℃　　B. 81℃　　C. 71℃　　D. 51℃

223. BC025　离合器结合之后,底盘的转速稳定在(　　)。

A. 900 r/min　　B. 800 r/min

C. 700 r/min　　D. 600 r/min

224. BC025　可以通过底盘的巡航系统提高底盘的取力输出转速,调速范围(　　)。

A. 300~600r/min　　B. 400~800r/min

C. 800~1600r/min　　D. 1600~2600r/min

225. BC026　设备上带"警示标志"的"重要"是指,对产品的正确理解和和重要的应用说明,手册中的(　　)字部分是要特别加以注意的问题或提示。

A. 红体　　B. 黄体　　C. 蓝体　　D. 黑体

226. BC026　设备上带"警示标志"的"注意"是指,如果不遵守有关要求,不采取相应的措施,就存在(　　)的人身伤害的潜在危险,财产损失,或经济损失。

A. 重度或中度　　B. 重度或轻度

C. 轻度或中度　　D. 无风险

227. BC027　控制箱密闭防水防尘;防护等级可以达到(　　)。

A. 44 级别　　B. 54 级别

C. 64 级别　　D. 74 级别

228. BC027　报警灯指示信号,依次是(　　)报警显示。

A. 大泵、传动箱、发动机　　B. 发动机、大泵、传动箱

C. 发动机、传动箱、大泵　　D. 传动箱、发动机、大泵

229. BC028　显示仪可以通过(　　)与计算机进行连接,修改发动机参数和检测发动机故障。

A. 内部线路　　B. 外部线路

C. 内部接口　　D. 外部接口

230. BC028　压裂车所选用的发动机配置有综合显示仪,它可以(　　)发动机水温、油压、转速、进气压力、故障代码等多项参数。

A. 连续显示　　B. 单独显示

C. 同时显示　　D. 不同显示

231. BC029　便携式远程控制器可以实现(　　)的停机、油门调节、换挡、故障检测、一键怠速等控制功能。

A. 多台压裂车　　B. 单台压裂车

C. 多台混砂车　　D. 单台混砂车

232. BC029　便携式远程控制器采用具有防振、防潮功能的军用(　　)电脑。

A. 固定平板　　B. 固定台式

C. 手持平板　　D. 手持台式

233. BC030　PT124B-2521 型应变式高压压力传感器是集国外先进技术与国内传感器制造技术为一体的新产品。该传感器采用进口高精度大阻值应变计和国内独特的变厚度膜片技术,其测量范围可达(　　)。

A. 150MPa　　B. 140MPa

C. 130MPa　　D. 120MPa

234. BC030　泵压力超保护压力后,实际压力值显示处背景变为(　　),字体变为白色并闪烁。

A. 黄色　　B. 绿色　　C. 红色　　D. 橙警

235. BC031　编组控制就是将某些泵车设置为一组,选定该组后同时控制其(　　)。

A. 速度和油门　　B. 挡位和油门

C. 挡位和速度　　D. 排量和油门

236. BC031　泵车自动定排量定压力控制就是将某些泵车设置为自动模式,然后设定一个排量值,设定一个压力值,根据设定的压力值,划分为(　　)。

A. 一个区间　　B. 二个区间

C. 三个区间　　D. 四个区间

237. BC032　信息屏面是系统的初始屏面,该屏面显示控制软件的(　　)信息。

A. 图纸号与版本号　　B. 零件号与图纸号

C. 总成号与版本号　　D. 零件号与版本号

238. BC032　主运行屏面:该屏面显示各重要作业(　　)以及各种警告或信息提示,并显示井口数据的曲线。

A. 固定值和变动值　　B. 参数值和变动值

C. 参数值和设定值　　D. 固定值和设定值

239. BC033　电控系统的电源部分采用底盘车电瓶提供(　　)左右的直流电源,发动

机自带的直流发电机以及底盘车均能为底盘电瓶充电。

A. 21~24V　　B. 24~27V

C. 27~30V　　D. 30~33V

240. BC033　每一条电路都是先开关,后保险再至各个用电装置,保险为被保护端的最大额定电流的(　　)。

A. 1.0~1.1 倍　　B. 1.1~1.2 倍

C. 1.2~1.5 倍　　D. 1.5~1.8 倍

241. BC034　电气系统与机械和相比,存在(　　)差异。

A. 不大的　　B. 较小的

C. 没有的　　D. 较大的

242. BC034　在日常使用后,定期对设备电气系统做一些(　　)维护和保养,这样可以提高设备的可靠性和使用寿命。

A. 彻底的　　B. 大规模

C. 必要的　　D. 微小的

243. BC035　在泵送或工作完成,用下述程序关闭设备:检查台上发动机、传动箱及泵上的各仪表,保证设备运行在正常限制范围内。各仪表应稳定在(　　)它们的全功率设定值的位置。

A. 稍大于　　B. 稍小于

C. 超大于　　D. 超小于

244. BC035　在泵送或工作完成,用下述程序关闭设备:关闭控制箱内的(　　)。

A. 电脑开关　　B. 电视开关

C. 电源开关　　D. 无线开关

245. BC036　传动箱在连续工况下的最高工作温度为(　　)。

A. 12℃　　B. 21℃　　C. 110℃　　D. 121℃

246. BC036　为保证传动箱的正常工作,安装有节温器,节温器的开启温度为(　　)。

A. 76℃　　B. 86℃　　C. 96℃　　D. 100℃

247. BC037　频繁使用的设备要求(　　)的总体维护保养,因为在作业前或作业后的程序中,有很多项目已按规定进行了检查和维护。

A. 较多　　B. 较少　　C. 很多　　D. 很少

248. BC037　日常或作业前的维护保养程序,在每次(　　)应予完成。

A. 作业后　　B. 作业中

C. 作业前　　D. 大修前

249. BC038　周维护保养程序应(　　)至少进行一次。

A. 每日　　B. 每月　　C. 每年　　D. 每周

250. BC038　周维护保养程序,除完成日常或作业前维护保养程序外,还要完成(　　)。

A. 例检　　B. 回检　　C. 周检　　D. 日检

251. BC039　清洁各系统粗、细滤清器或更换滤芯(包括机油、液压油和柴油滤清器),清洁吹扫(　　)。

A. 氧气滤清器 B. 空气滤清器
C. 空气清洁器 D. 油品滤清器

252. BC039 检查空气进气电磁阀门的( )程度,确保其在测试中应自动关闭。
A. 完好及打开 B. 打开及灵活
C. 完好及灵活 D. 完好及关闭

253. BC040 底盘包括卡车发动机、传动器、汽车大梁、支架、( )。
A. 轮网及悬挂系 B. 轮胎及横直拉杆
C. 横直拉杆及悬挂系 D. 轮胎及悬挂系

254. BC040 检查冷却系中节温器,在1个大气压下水温在82±2℃时节温器应开启,在( )时应全开。
A. 80℃ B. 85℃ C. 92℃ D. 99℃

255. BC041 泵在运转时,随时观察大泵的润滑油的油压和油温。润滑油应该保持清洁,每1000h或( )更换一次油,并且经常检查软管、接头和阀等。
A. 2个月 B. 4个月 C. 6个月 D. 9个月

256. BC041 设备"三零"是指设备的( )、零故障、零事故。
A. 零缺点 B. 零缺勤
C. 零缺陷 D. 零工作

257. BC042 5ZB-2800型五缸柱塞泵是一种往复式、容积式、卧式单作用五缸柱塞泵,用于( )油井作业,如酸化、压裂和压井等。
A. 连续性 B. 整体性
C. 完整性 D. 间断性

258. BC042 该泵体外置密封盒,当压裂泵在( )工况下,密封圈与阀箱的接触部位在较短时间内就会产生一个沟槽而失效。
A. 80MPa B. 90MPa C. 100MPa D. 50MPa

259. BC043 定期紧固,液压设备在工作中由于设备振动,液压冲击、管路自振等,使管接头、紧固螺栓松动,应定期紧固,紧固周期( )。
A. 每周一次 B. 每月一次
C. 每日一次 D. 每年一次

260. BC043 定期清洗、更换滤芯,正常情况下,( )清洗一次,环境粉尘较大,清洗周期应适当缩短。
A. 每四个月 B. 每三个月
C. 每二个月 D. 每一个月

261. BC044 液压油的黏度合适,黏度随( )。
A. 强度的变化大 B. 强度的变化小
C. 温度的变化大 D. 温度的变化小

262. BC044 压裂泵车液压系统用油为抗磨液压油,抗磨液压油的制备与普通液压油( )。
A. 相反 B. 相差很大
C. 相似 D. 不相似

二、多选题(每题多个选项,将正确的填入括号内)

1. AA001 员工素质培训是企业对员工素质方面的要求,主要有( )、( )、( )等的素质培训。

A. 心理素质　　B. 健康素质
C. 个人工作态度　　D. 工作习惯

2. AA002 小组讨论法的特点是信息交流时方式为( ),学员的( ),( )。

A. 单向传递　　B. 多向传递
C. 参与性高　　D. 参与性低
E. 费用较高　　F. 费用较低

3. AA003 案例研讨法局限性之一:与( )的资料有时可能不甚明了,影响分析的( )。

A. 问题相关　　B. 问题程度
C. 结果　　D. 原因

4. AA004 互动小组法也称敏感训练法。此法主要适用于( )的实践训练与沟通训练。让学员在培训活动中的亲身体验来提高他们处理( )的能力。

A. 操作人员　　B. 管理人员
C. 工作关系　　D. 人际关系

5. AA005 师徒传承也叫“师傅带徒弟”“学徒工制”“个别指导法”,是由一个在年龄上或经验上资深的员工,来支持一位较资浅者进行( )或( )的体制。

A. 个人发展　　B. 个人技术
C. 生涯发展　　D. 专业发展

6. AA006 不少企业采取( )和( )的办法。

A. 相互培训　　B. 自己培训
C. 上级培训　　D. 委托培训

7. AA007 变单一的工作能力培训为( ),在对工作能力和技能进行培训的同时,还必须注重对学习态度、创新能力等进行( )。

A. 全天候教育　　B. 综合型培训
C. 协同性开发　　D. 共同性开发

8. AA008 不断提高培训的质量和针对性,使培训内容与受训者要求获得的( )协调一致。

A. 速度　　B. 知识　　C. 能力　　D. 技巧

9. AA009 技师对中级员工培训中增加常用设备的( )和简单的( )等内容。

A. 理论基础　　B. 工作原理
C. 故障处理　　D. 技能操作

10. AA010 按总结的时间分,有( )。

A. 长期总结　　B. 年度总结
C. 半年总结　　D. 季度总结

11. AA011 总结的最终目的是( )得出经验,( ),找出做好工作的规律。

A. 得出经验　　B. 找出毛病

C. 吸取教训 D. 重新开始

12. AA012 情况回顾,这是总结的开头部分,叫前言或小引,用来交代总结的缘由,或对总结的(　　)作限定,对所做的工作或过程作扼要的概述、评估。

A. 内容 B. 范围 C. 目的 D. 计划

13. AA013 什么是重点? 是指工作中取得的(　　),或发现的(　　),或探索出来的(　　)。

A. 主要经验 B. 普遍问题

C. 主要问题 D. 客观规律

14. AA014 技术报告标题的拟定:标题应具备(　　)。

A. 准确性 B. 复杂性 C. 简洁性 D. 鲜明性

15. AB001 计算机网络是通过通信线路连接起来,在(　　)的管理和协调下运行的计算机系统。

A. 网络操作系统 B. 网络管理软件

C. 网络通信协议 D. 网络管理人员

16. AB002 计算机网络按网络的交换方式可以划分为(　　)。

A. 独立交换 B. 电路交换

C. 报文交换 D. 分组交换

17. AB003 1992 年,美国的(　　)公司联合组建了一个高级网络服务公司,建立 SNS-net。

A. IBM B. MCI C. MERIT D. Intel

18. AB004 Internet 的应用层协议包括(　　)、POP3、SMTP 和 Telnet 等。

A. DNS B. WWW C. FTP D. HTTP

19. AB005 计算机病毒激活是将病毒放在内存,并设置触发条件,触发条件是多样化的,可以是(　　)等。

A. 时钟 B. 系统日期

C. 用户标识符 D. 系统一次通信

20. AB006 计算机病毒具有(　　)等生物病毒特征。

A. 自我繁殖 B. 互相传染

C. 导致疾病 D. 激活再生

21. AB007 计算机病毒按其传染方式可以分为(　　)。

A. 引导区型病毒 B. 文件型病毒

C. 混合型病毒 D. 宏病毒

22. AB008 杀毒软件是指用于消除(　　)等计算机威胁的一类软件。

A. 重复文件 B. 电脑病毒

C. 特洛伊木马 D. 恶意软件

23. AC001 常用变压器的浸渍漆有较好(　　)。

A. 导电性 B. 绝缘性

C. 散热性 D. 耐油性

24. AC002 在输电方面,利用变压器可以将电压(　　)

A. 变大　　B. 变小
C. 不变　　D. 忽大忽小

25. AC003　变压器的型号通常由表示相数、冷却方式、调压方式、绕组线芯等材料的符号,以及(　　)组成。

A. 变压器容量　　B. 额定电流
C. 额定电压　　D. 绕组连接方式

26. AC004　电工指示仪表按测量对象分为:(　　)和万用表。

A. 电流表　　B. 电压表　　C. 电能表　　D. 功率表

27. AC005　直流电动机定子包括:机座、(　　)和前后端盖等部件组成。

A. 主磁极　　B. 换向极
C. 电源　　D. 电刷装置

28. AC006　下列选项中,关于自感电动势正确的是(　　)。

A. 当电流增大时,自感电动势与原来电流方向相同
B. 当电流增大时,自感电动势与原来电流方向相反
C. 当电流减小时,自感电动势与原来电流方向相同
D. 当电流减小时,自感电动势与原来电流方向相反

29. AC007　接触器是由(　　)及其他部件四部分组成。

A. 电磁机构　　B. 触点系统
C. 灭弧装置　　D. 磁力机构

30. AC008　下列选项中,关于中间继电器功率消耗正确的是(　　)。

A. 直流回路不小于4W　　B. 直流回路不大于4W
C. 交流回路不小于5W　　D. 交流回路不大于5W

31. AC009　时间继电器按其工作原理与构造不同可分为(　　)等类型。

A. 电流式　　B. 空气阻尼式
C. 电动式　　D. 晶体管式

32. AC010　在电气控制系统中,行程开关的作用是实现(　　),用于控制机械设备的行程及限位保护。

A. 顺序控制　　B. 定位控制
C. 位置状态的检测　　D. 温度大小

33. AC011　二极管按结构分(　　)。

A. 点接触型　　B. 面接触型
C. 线接触型　　D. 球体接触型

34. AC012　照明线路断路的常见原因有(　　)和人为因素等。

A. 负荷过大使熔断丝烧断
B. 开关触点松动、接触不良
C. 导线接头处压接不实
D. 恶劣天气

35. AC013　造成刀开关触点过热甚至熔焊的主要原因不是开关的刀片下刀座(　　)引起的。

A. 材料硬度差　　B. 接触不良
C. 电流过大　　D. 电压过大

36. AD001　目标达到与否要按照目标要求期限进行(　　),督促检查目标的(　　)。
A. 效果评价　　B. 过程评价
C. 实施情况　　D. 实施时间

37. AD002　全面经济核算,力求以最少的(　　)取得最大的(　　)。
A. 消耗　　B. 人力
C. 经济效益　　D. 轰动效益

38. AD003　网络图能比较直观地反映出各项工作之间的(　　)的关系,它既是一种计划,又是一种控制手段。
A. 相互制约　　B. 相互合作
C. 相互依存　　D. 相互抵制

39. AD004　在实际应用中,ABC 管理正被(　　),提出了(　　)ABC 管理法。
A. 拓展　　B. 复杂
C. 单一式　　D. 复合式

40. AD005　全效率。就是追求设备的投资和维持费用(　　)而综合效率(　　)这个目的。
A. 最适用　　B. 最经济　　C. 最低　　D. 最高

41. AD006　产品交货前因不满足规定的(　　)所损失的费用称为(　　)。
A. 质量要求　　B. 运行要求
C. 内部损失成本　　D. 外部损失成本

42. AD007　任务要求:依据(　　)或(　　)中的研究任务及计划进度安排与达到的效果进行简要描述。
A. 计划书　　B. 合同书　　C. 设计书　　D. 工程书

43. AD008　已推广应用的情况及存在不足,主要叙述该成果在(　　)的应用情况,以及应用中发现的问题和原因,以及(　　)的意见或建议。
A. 实践中　　B. 设计中
C. 科研中　　D. 今后改进

44. AD009　鉴定依据:主要是根据计划任务书或合同(批复,下达计划文件)和有关(　　)或(　　)。
A. 生产条件　　B. 技术条件
C. 安全标准　　D. 产品标准

45. AE001　设备管理应依靠科技进步,坚持"五个结合"的原则。(　　)与(　　)相结合是其中之一。
A. 技术管理　　B. 设计管理
C. 经济管理　　D. 经费管理

46. AE002　认真操作和保养好设备,严格执行各项规章制度,保障设备的(　　)运行。
A. 完好　　B. 安全　　C. 高效　　D. 高速度

47. AE003　设备管理的统计指标主要包括:季度、半年及年度(　　)。

A. 设备完好率　　B. 设备使用系数
C. 设备利用率　　D. 设备新度系数

48. AE004　凡正式投用的机动设备、辅助动力设备在运行过程中造成设备或设备的零部件(　　),造成设备停机或性能降低,停机修理影响运行,修理费用达到或超过(　　)时,统称为设备事故。
A. 非正常损坏　　B. 正常损坏
C. 非规定标准　　D. 规定标准

49. AE005　由于设备(　　)或(　　)等造成的设备事故称之为机械事故。
A. 本身的原因　　B. 正常磨损
C. 非正常磨损　　D. 疲劳过度

50. AE006　责任事故:由于(　　)、超压、超温、超速、超负荷运转,(　　)、缺油、缺水等造成的设备事故,称为责任事故。
A. 违反操作规程　　B. 擅离工作岗位
C. 加工工艺不合理　　D. 维修保养及管理不善

51. AE007　由于发生工程事故造成设备事故的,设备管理部门要参与事故的(　　)工作。
A. 调查　　B. 分析　　C. 处理　　D. 赔付

52. BA001　温度反常:(　　)温度过高,(　　)机体过热,(　　)温度过高等。
A. 散热器　　B. 动力端　　C. 润滑油　　D. 轮胎

53. BA002　YLC105-1490 型压裂车(2000 型)台上使用的是 CAT3512B,DDC12V4000 型柴油机,由美国卡特彼勒公司生产,额定功率(　　),额定转速(　　)。
A. 1680kW　　B. 2680kW
C. 2800r/min　　D. 1800r/min

54. BA003　柴油机故障的发生往往是通过一些现象表现出来,直接影响柴油机的正常运转,破坏柴油机的(　　)。
A. 动力性　　B. 经济性　　C. 可靠性　　D. 使用性

55. BA004　柴油机功率不足与进排气系统有关的故障是(　　)。
A. 喷油器不良　　B. 涡轮增压器阻力大
C. 供油压力不足　　D. 供油压力太大

56. BA005　熄火时,发动机功率突然下降,转速急剧降低,并伴有异常响声,此故障的主要原因有:(　　)等。
A. 曲轴或活塞销折断
B. 连杆螺栓折断或螺母松动
C. 气门弹簧折断或气门杆尾端折断等
D. 气门推杆弯曲

57. BA006　柴油机排气异常的烟色一般体现为(　　)。
A. 黑烟　　B. 白烟　　C. 蓝烟　　D. 红烟

58. BA007　发动机运转时怠速不稳,在突然加速或大负荷运转时,气缸中发出“嗒嗒”的金属敲击声,而且发动机带不上负荷,这就是暴震敲击声,是可燃混合气在气缸内(　　),导致(　　)所致。

A. 燃烧速度过快　　B. 燃烧速度过慢

C. 缸内压力急剧升高　　D. 缸内压力急剧降低

59. BA008　引起柴油机飞车的原因很多,但基本分为两类:一是(　　);二是(　　)。

A. 燃油超供　　B. 窜烧机油

C. 机油润滑　　D. 进气量过大

60. BA009　按柴油机突然停车的原因进行诊断。对(　　),可拆开喷油泵放气螺钉,或松开柴油滤放气螺塞来检查;对(　　),运动阻力大,可用人工转动柴油机时用力情况和困难情况判断。

A. 是否缺油　　B. 是否缺气

C. 运动件是否卡滞　　D. 固定件是否卡滞

61. BA010　柴油机温度过高可能的原因有(　　)等。

A. 缸垫刺漏　　B. 散热器翅片脏

C. 水泵故障　　D. 油路堵塞

62. BA011　柴油漏入油底壳。喷油器(　　),造成燃烧不好,柴油沿气缸壁进入油底壳,造成油质稀薄,机油压力下降。

A. 工作性能不良　　B. 雾化不好

C. 喷油量过大　　D. 喷油量过小

63. BA012　柴油机功率不足由曲柄连杆机构引起的方面有(　　)与(　　)磨损严重。

A. 活塞　　B. 缸套　　C. 活塞环　　D. 曲轴

64. BA013　机油压力过高会使泄漏增加,多发生于(　　)等处。

A. 螺栓接头　　B. 油管接头

C. 曲轴前后油封　　D. 传动前后连接

65. BA014　柴油机机油温度发生异常与润滑系统相关的因素有:(　　)等。

A. 油量不足　　B. 油路有气堵

C. 机油泵故障　　D. 冷却不良

66. BA015　充电电流不稳定原因之一是(　　)。

A. 碳刷沾污　　B. 磨损

C. 接触不良　　D. 碳刷弹簧压力不足

67. BA016　调速器怠速调节螺钉(　　),使调速弹簧(　　)是怠速过高原因之一。

A. 调整不当　　B. 调整适当

C. 预紧力过大　　D. 预紧力过小

68. BA017　烧瓦有3个部位,即(　　)。

A. 前主轴颈　　B. 后主轴颈

C. 下主轴颈　　D. 连杆轴颈

69. BA018　柴油机喷油器常见的故障有(　　)等。

A. 喷孔不通　　B. 喷孔过大

C. 针阀偶件磨损　　D. 针阀卡死

70. BA019　当喷油压力过低，喷孔磨损有积碳，弹簧端面磨损或弹力下降时，都会致使喷油器(　　)，(　　)，并形成喷油雾化不良的现象。

A. 延迟开启　　B. 提前开启

C. 提前关闭　　D. 延迟关闭

71. BA020　(　　)，使喷油泵供油不连续，或多或少，引起循环作功不一致，转速时快时慢。

A. 进油管道堵塞　　B. 柴油滤清器堵塞

C. 空气滤清器　　D. 油路中有空气

72. BA021　机油里漏进了(　　)或(　　)，使机油薪度显著降低而失去润滑性能。

A. 空气　　B. 水　　C. 黄油　　D. 柴油

73. BA022　柱塞泵动力端润滑系统工作不良可能引起(　　)和(　　)磨损。

A. 曲轴　　B. 轴瓦

C. 密封填料　　D. 柱塞

74. BA023　在用油时，有些油没有到换油周期就已经劣化，但没有引起重视，从而导致失去(　　)；有的到了换油周期，就直接换油，但油并没有劣化，而产生(　　)。

A. 润滑数量　　B. 润滑能力

C. 润滑油的浪费　　D. 润滑油的节约

75. BA024　柱塞泵液力端常见故障有(　　)及(　　)。

A. 安全阀失灵　　B. 柱塞与密封组件刺漏

C. 泵阀损坏　　D. 动力端润滑压力低

76. BA025　导致柱塞泵液力端不正常响声的原因之一是阀箱内有(　　)相碰或(　　)等。

A. 硬质物体　　B. 软体物体

C. 阀体跳出　　D. 阀体没跳出

77. BA026　导致柱塞泵动力端不正常响声的原因之一是(　　)。

A. 连杆变形　　B. 轴承磨损严重

C. 间隙松旷　　D. 泵阀损坏

78. BA027　柱塞泵动力端润滑油压力低原因之一是润滑油泵(　　)。

A. 齿轮磨损正常　　B. 齿轮磨损严重

C. 装配符合要求　　D. 装配不符合要求

79. BB001　乳化压裂液由于使用了原油，(　　)。

A. 滤失量低　　B. 液体效率高

C. 流动高　　D. 防膨效果好

80. BB002　微聚压裂液体系只有两种即(　　)，因此配液相比胍胶简单。

A. 稀化剂　　B. 稠化剂　　C. 活化剂　　D. 固化剂

81. BB003　小分子无伤害压裂液是在多年现场施工经验的基础上，依据先进的分子结构(　　)和丰富的有机(　　)而设计生产的一种(　　)的压裂液体系。

A. 设计理论　　B. 合成能力

C. 现有结构　　D. 全新结构

82. BB004　高温清洁压裂液破胶不需要破胶剂,在大量地层水的稀释下可实现完全(　　),凝胶溶液破胶后完全(　　),是理想的清洁压裂液体系。

A. 自动破胶　　B. 手动破胶

C. 无水不溶物　　D. 有水不溶物

83. BB005　试验表明,新型醇基压裂液使用于大多数地层,对(　　)地层尤为适用。

A. 低压　　B. 高渗透　　C. 低渗透　　D. 强水敏

84. BB006　酸冻胶稠化剂中的高分子在聚合反应过程中引入了大量的(　　)和(　　)。

A. 耐酸基团　　B. 耐碱基团

C. 羧基　　D. 盐敏

85. BB007　通过实验验证:在(　　),目标层的初始流量比例较高时,无论目标层的位置如何,堵球都可以顺利而有效地封堵目标层,所以用堵球封堵(　　)的方法来实现压裂液的分层压裂是完全可行的,也是十分有效的。

A. 较高的流速下　　B. 低渗透层

C. 较低的流速下　　D. 高渗透层

86. BB008　返排化学液体体系主要有(　　)三种产品构成。

A. 生成剂　　B. 引发剂　　C. 分散剂　　D. 合并剂

87. BB009　海水基微聚混配多级定向压裂技术选用稠化剂是由几种特殊单体在一定的条件下共聚而成的一种聚合物,(　　),只需要结合少量的水分子就可以达到完全的伸展,可实现快速溶胀和溶解。

A. 分子量小　　B. 链节短

C. 线团的伸展不容易　　D. 线团的伸展容易

88. BC001　冷却水箱风扇由(　　)驱动,风扇转速可随发动机(　　)自动实现低速和高速运转,同时还可以采用手动控制方式实现风扇定速控制。

A. 机械马达　　B. 液压马达

C. 水温高低　　D. 油温高低

89. BC002　SYL2500Q-140 型压裂泵车编号根据压裂车的(　　)和(　　)两个参数确定。

A. 最高工作压力　　B. 最低工作压力

C. 最大输出水功率　　D. 最小输出水功率

90. BC003　SYL2500Q-140 型压裂泵离去角(　　),接近角(　　)。

A. 18°　　B. 28°　　C. 27°　　D. 37°

91. BC004　SYL2500Q-140 型压裂泵车柱塞直径 5in 的最大排量(　　),对应工作压力(　　)。

A. 3.861m^3/min　　B. 4.861m^3/min

C. 39MPa　　D. 29MPa

92. BC005　SYL2500Q-140 型压裂泵车装载底盘选用“MAN”TGS41.480 8X6,第一前桥承重(　　),第二前桥承重(　　),后两桥承重(　　),允许总重(　　)。

A. 9000 kg　　B. 9000 kg

C. 18000 kg　　D. 32000 kg

E. 48000 kg

93. BC006　变速箱内部设有自动刹车装置。其功能是防止(　　)由于惯性带动(　　)。

A. 输出轴　　B. 输入轴

C. 压裂泵运转　　D. 液压泵运转

94. BC007　当(　　)其中任何一个温度达到设定温度后,其温度开关发出电信号。

A. 发动机水温　　B. 传动箱油温

C. 液压系统油温　　D. 液压系统水温

95. BC008　(　　)与(　　)之间采用前传动轴连接。

A. 变扭器　　B. 扭力器

C. 变速箱　　D. 传动箱

96. BC009　卧式散热器系统分为(　　)等相互独立的冷却系统。

A. 发动机钢套水冷系统　　B. 中冷器冷却系统

C. 燃油冷却系统　　D. 液压油冷却系统

E. 压裂泵动力端冷却系统

97. BC010　压裂泵是整个压裂车的心脏,SYL2500Q-140 型压裂车所使用的 5ZB-2800 泵是一种(　　)五缸柱塞泵。

A. 往复　　B. 容积式　　C. 单作用　　D. 卧式

98. BC011　气动润滑泵型号 HUSKY 307 D31255,通过仪表板上气压调节阀控制气动润滑泵流量和压力,使每根柱塞润滑油流量每小时不少于(　　),泵压不得超过(　　)。

A. 573. 41mL　　B. 473. 41mL

C. 0. 175MPa　　D. 1. 175MPa

99. BC012　在压裂泵的另一端出口装有(　　),与控制箱的(　　)进行连接。

A. 压力传感器　　B. 电动传感器

C. 超压保护装置　　D. 低压保护装置

100. BC013　在吸入管汇的 2 根吸入歧管的交汇处安装有吸入缓冲器(PPM-E-725-6C),其作用是(　　)。

A. 空气缓冲　　B. 减少噪声

C. 震动　　D. 移动

101. BC014　在车台柴油机的前端装有加热器,为车台柴油机的(　　)及(　　)进行加热。

A. 冷却液　　B. 液压油　　C. 润滑油　　D. 润滑脂

102. BC015　压裂车气压系统由(　　)储气罐提供气源,其功能是为压裂泵液力端(　　)提供动力。

A. 汽车底盘　　B. 台上柴油机

C. 冷却系统　　D. 润滑系统

103. BC016　此自动控制系统使得 2500 型压裂泵车更符合油田现场的作业要求，(　　)。

A. 安全性更高　　B. 功能更强大

C. 操作更便捷　　D. 操作不便捷

104. BC017　采用压力传感器，将施工中的压力变化转化为(　　)或(　　)的变化。

A. 电阻　　B. 电流　　C. 电压　　D. 电表

105. BC018　操作前的检查，载车底盘方面，检查燃油软管是否(　　)或(　　)，按要求予以更换。

A. 开裂　　B. 大小　　C. 泄漏　　D. 连接

106. BC019　操作前的检查，动力链方面，检查(　　)是否牢固拧紧并处于良好状态。按要求定期给传动轴加注润滑脂。

A. 底盘取力器　　B. 台上取力器

C. 传动轴的联接　　D. 固定轴的联接

107. BC020　操作前的检查，5ZB-2800 压裂泵方面，检查泵动力端润滑油箱(　　)，油面应位于油池的(　　)。

A. 重量　　B. 油面　　C. 底部　　D. 中部

108. BC021　操作前的检查，液力系统方面，检查液压油泵吸油口球阀是否打开，应(　　)，以防(　　)，发生(　　)，出现烧泵现象。

A. 全程打开　　B. 半程打开

C. 油泵空转　　D. 干磨擦

109. BC022　从压裂泵到井口的高压管线在压裂过程中，管线的抖动较大。所以在(　　)需对高压管线进行支撑，不允许有(　　)。

A. 压裂操作后　　B. 压裂操作前

C. 固定现象　　D. 悬空现象

110. BC023　压裂泵在最高工作压力(　　)以上的合理工作时间只占整个工作时间的(　　)。

A. 80%　　B. 50%　　C. 25%　　D. 5%

111. BC024　蓄电池电解液液面一般应高出极板(　　)，电解液密度夏季：(　　)，冬季：(　　)。

A. 5~10mm　　B. 10~15mm

C. 1. 24~1. 25　　D. 1. 27~1. 28

112. BC025　打开驾驶室控制面板上的取力器开关 Ⅰ 和 Ⅱ，此时的开关指示灯将(　　)，表明取力器已经(　　)，可以(　　)。

A. 点亮　　B. 接合成功

C. 放开离合器　　D. 连接离合器

113. BC026　渤海 2500 型压裂泵车电气控制系统由(　　)等组成。

A. 本地自动控制箱　　B. 仪表箱

C. 各传感器　　D. 插接件

114. BC027　本地自动控制箱采用(　　),并使用了(　　)钢丝绳减震器,以确保箱内的电气元件安全不受振动的损坏。

A. 高钢材料　　B. 不锈钢材料

C. 顶部　　D. 底部

115. BC028　台上仪表箱内置发动机、传动箱、大泵油压表各一块、发动机(　　)、传动箱直感式油温表各一块,启动油压表一块、密封填料润滑气压表一块、密封填料润滑气压调节阀一个、(　　)。

A. 直感式水温　　B. 电感式水温

C. 风扇主油压表　　D. 风扇补油压表

116. BC029　便携式远程控制器可以实现单台压裂车的(　　)等控制功能。

A. 停机　　B. 油门调节

C. 换挡　　D. 故障检测

E. 一键怠速

117. BC030　温度/压力一体变送器,此传感器用于(　　),将信号输给计算机模块进行逻辑分析。

A. 发动机　　B. 传动箱

C. 大泵采集温度/压力数据　　D. 大泵采集强度/高度数据

118. BC031　机组编组控制:编组控制就是将某些泵车设置为一组,选定该组后同时控制其挡位和油门。编组后的控制包括(　　)。

A. 挡位控制　　B. 油门控制

C. 固定停控制　　D. 快捷停控制

119. BC032　主运行屏面:该屏面显示各(　　)作业参数值和设定值以及各种警告或信息提示,并显示井口数据的(　　)。

A. 重要　　B. 一般　　C. 曲线　　D. 直线

120. BC033　电控系统包括(　　)三大件的仪表和报警显示以及相关控制装置。

A. 发动机　　B. 传动箱　　C. 大泵　　D. 底盘

121. BC034　定期对设备电气系统做一些必要的维护和保养,这样可以提高设备的(　　)和(　　)。

A. 可靠性　　B. 抗震性

C. 使用寿命　　D. 使用功能

122. BC035　在泵送或工作完成,关闭设备时:让发动机在怠速状况下运转 3~5min,检查台上(　　)的各仪表,保证设备运行在正常限制范围内。各仪表应稳定在稍小于它们的全功率设定值的位置。

A. 发动机　　B. 传动箱

C. 大泵　　D. 行走

123. BC036　各管线内和五缸柱塞泵内的(　　)排放干净,并冲洗直至(　　)流出为止。

A. 压裂液　　B. 压裂砂

C. 混合液　　D. 清水

124. BC037　在设备上进行电弧焊可能毁坏或严重损坏操作压裂车的(　　)。

A. 计算机　　B. 控制面板

C. 传感器　　D. 电子控制装置

125. BC038　冬季使用(　　)锂基脂(黄油),夏季使用(　　)锂基脂(黄油)。

A. 2 号　　B. 3 号　　C. 4 号　　D. 5 号

126. BC039　每(　　)进行月维护保养任务。详细说明见设备的维护保养手册。除其他的维护保养检查外,还要执行(　　)。

A. 四周　　B. 五周　　C. 月检　　D. 周检

127. BC040　要求操作维护保养人员根据上述各周期规定的保养内容,详细做好各周期各项目的维护保养检查(　　),做好各部存在(　　),以备进行针对性维护修理。

A. 运转记录　　B. 会议内容

C. 解决的问题　　D. 遗留的问题

128. BC041　检查(　　)的空气—油冷却器是否磨损、有裂缝或异常情况。

A. 散热器芯子　　B. 风扇

C. 液力系统　　D. 动力系统

129. BC042　5ZB-2800 型压裂泵采用 5 缸柱塞结构,是目前世界上(　　)最大的新型压裂泵。其中液力端阀箱(也称泵头体)是核心部件,内腔设计承受的最高压力(　　),设计寿命为(　　)。

A. 输出功率　　B. 输入功率

C. 140MPa　　D. 245h

130. BC043　清洗滤芯时,应使用(　　)或(　　)清洗,不得用(　　);滤芯清洗后用(　　)吹干净。

A. 柴油　　B. 煤油

C. 汽油　　D. 压缩空气

E. 湿气

131. BC044　目前统一使用 SJ-68 抗磨液压油,该抗磨液压油(　　)和(　　),不易出现酸化和稠化等现象,建议不要随意更换液压油型号。

A. 抗氧化性好　　B. 抗酸化性好

C. 高的热稳定性　　D. 低的热稳定性

三、判断题(对的画√,错的画×)

(　)1. AA001　员工技能培训不是企业针对岗位的需求,对员工进行的岗位能力培训。

(　)2. AA002　教师在学员已有的知识和经验的基础上,通过师生问答或对话,巩固已有的知识和进一步掌握新知识的方法,称为讲授法。

(　)3. AA003　案例研讨法。通过向培训对象提供相关的背景资料,让其寻找不一样的解决方法。

(　)4. AA004　角色扮演法局限性之一:人员数量不宜太多。

(　)5. AA005　个别指导法优点之一:不利于传统的优良工作作风的传递。

(　)6. AA006　企业管理人员和员工认同企业文化,不仅会自觉学习掌握科技知识和技能，而且会增强主人翁意识、质量意识、创新意识。

(　　)7. AA007　对员工的培训不应该是终身过程。

(　　)8. AA008　不断提高培训的质量和针对性，使培训内容与受训者要求获得的知识、能力和技巧协调一致。

(　　)9. AA009　技师培训中，对初级工需要掌握的理论知识和基本操作技能的内容很少。

(　　)10. AA010　按总结的时间分，有年度总结、半年总结、季度总结。

(　　)11. AA011　总结的对象不是过去做过的工作或完成的某项任务。

(　　)12. AA012　经验体会，这部分是总结的主体，在第一部分概述情况之后展开分述。

(　　)13. AA013　总结中的经验体会不是从实际工作中，也就是从大量事实材料中提炼出来的。

(　　)14. AA014　技术报告在科研发展与管理工作中的作用是促使广大科技工作者在所从事的科研实践中，不断获得新的成果。

(　　)15. AB001　计算机网络的最简单定义是：一些相互连接的、以共享资源为目的的、自治的计算机的集合。

(　　)16. AB002　计算机网络按所采用的拓扑结构可以分为星形网、总线网、环形网、树形网和网形网。

(　　)17. AB003　目前美国高级网络服务公司所建设的 ANSnet 为 Internet 的主干网。

(　　)18. AB004　奇虎 360 致力于通过提供高品质的免费安全服务，为中国互联网用户解决上网时遇到的各种安全问题。

(　　)19. AB005　计算机病毒能把自身附着在各种类型的文件上，当文件被复制或从一个用户传到另一个用户时，它们就随同文件一起蔓延开来。

(　　)20. AB006　是否具有传染性是判别一个程序是否为计算机病毒的最重要条件。

(　　)21. AB007　CIH 病毒是第一个能破坏硬件的病毒，主要是通过篡改主板 BIOS 里的数据，造成电脑开机就黑屏，从而让用户无法进行任何数据抢救和杀毒的操作。

(　　)22. AB008　有一些杀毒软件还带有数据恢复、防范黑客入侵、网络流量控制等功能。

(　　)23. AC001　从电源一端经过负载再回到电源另一端的电路称外电路。

(　　)24. AC002　电功率是单位时间内电流所做的功，用字母 P 表示。

(　　)25. AC003　电动势是衡量电源转换本领大小的物理量。

(　　)26. AC004　一段导体的电流与其两端所加的电压无关。

(　　)27. AC005　习惯上把负电荷移动的方向定为电流的方向。

(　　)28. AC006　电容器的作用主要是储存电荷和磁场能量。

(　　)29. AC007　磁通经过的闭合回路叫作磁路。

(　　)30. AC008　线圈中感应电动势的大小与线圈中磁通大小成正比。

(　　)31. AC009　叠加原理适用于简单的直流电路。

(　　)32. AC010　在纯电阻直流电路中，电压与电流的相量关系为 $I=U/R$。

(　　)33. AC011　串联电路的等效电阻等于各串联电阻之和。

(　)34. AC012　将 29.5Ω 的电阻接到电动势为 6V,内阻为 0.5Ω 的电源两端,则流过电阻的电流为 0.3A。

(　)35. AC013　半导体在温度升高或强光照射下,其导电能力增强,故半导体可做热敏或光敏元件。

(　)35. AC014　在一般情况下,人体能忍受的安全电流可按 30mA 考虑。

(　)37. AD015　极限分断能力反映了熔断器分断短路电流的能力。

(　)38. AC016　三相异步电动机电磁转矩的方向与旋转磁场的方向不一致。

(　)39. AC017　MSB 系列电磁启动器主要用于交流 50Hz、额定工作电压 660V 的三相异步电动机的直接启动、停止、反向运转,具有过载保护功能。

(　)40. AD001　设备系统的目标是对本系统未来工作成果的期望值。

(　)41. AD002　全面经济核算就是力求以最少的消耗取得最大的经济效益。

(　)42. AD003　网络图中应标明关键线路,在关键线路上的工序称为关键工序,是一般控制的工序。

(　)43. AD004　价值工程是以经济分析为主要手段,以最高的产品寿命周期成本(总成本)和可靠地实现用户所需要的必要功能为目的所进行的有组织活动。

(　)44. AD005　ABC 管理法是根据事物在技术或经济方面表现的一些特征,进行分类排队,分清重点和一般,划分为 ABC 三个部分,从而有区别地确定管理方式的一种管理方法。

(　)45. AD006　质量成本管理是企业对质量成本进行的预测、核算、分析、控制和考核等一系列有组织的活动。

(　)46. AD007　所谓基本概况,主要是阐述申报单位的资金、设备、技术、力量、主要技术或产品、经营状况等基本情况。

(　)47. AD008　试验过程与结果。整个阶段的试验结果用定量和定性相结合的方法阐述。

(　)48. AD009　鉴定内容之一:考核各项技术经济指标,评价经济社会效益。

(　)49. AE001　油田公司的设备管理工作不是实行统一领导、分级管理的原则。

(　)50. AE002　设备在使用前和使用中,操作人员应当认真执行巡回检查和维护保养管理规定,发现问题及时处理。

(　)51. AE003　各单位不应建立健全设备的验收、档案、使用、事故、奖励与惩罚及报废更新等管理规定。

(　)52. AE004　一次事故造成设备直接经济损失在 30 万元以上的属于特大事故。

(　)53. AE005　设备在运行过程中或生产过程中发生的设备事故,由安全部门负责组织调查鉴定,由机动部门给予协助,提出处理意见并上报。

(　)54. AE006　设备事故发生后,事故单位应在 24h 内写出事故的书面报告,应在一日内写出处理意见、防范措施,填写事故报告上报上级有关部门。

(　)55. AE007　针对设备薄弱环节和部位,从设备的结构、零件材质和制造工艺方面去分析属于专题分析。

(　)56. BA001　井下特种设备混浆过程中循环泵泵效不影响混浆工作的。

(　)57. BA002　卡特 KAT3406C 柴油发动机属于工程用发动机。

(　)58. BA003　机油压力是表示柴油机润滑工作状况的重要指标。一定的机油压力是保证柴油机可靠润滑，使柴油机正常运行不可缺少的条件。

(　)59. BA004　柴油机功率不足就是通常所说的柴油机没有“力量”。

(　)60. BA005　打开柴油机系统各部件放气螺栓放掉内部空气是因为燃料供给系统内有空气。

(　)61. BA006　柴油机排气正常的烟色一般为白烟。

(　)62. BA007　当柴油机转速变化时，汽缸上部可听到尖锐的冲击响声，产生这种故障的原因是因为活塞销与连杆小头衬套间隙过大。

(　)63. BA008　检查调整是对飞车事故紧急处理的有效方法之一。

(　)64. BA009　在进行柴油机突然停车事故处理时，拆检清洗柱塞，是为了解决燃料供给系统的燃油管路堵塞故障。

(　)65. BA010　柴油机过热现象主要表现为转速过高，配合间隙小，容易造成零件卡死或断裂事故。

(　)66. BA011　机油中混入柴油和水，使机油黏度过低，是导致柴油机机油不正常响声的原因之一。

(　)67. BA012　活塞环磨损使汽缸压力不足时，应更换活塞环。

(　)68. BA013　柴油机凸轮轴轴承泄油严重时，会使压力表压力下降。

(　)69. BA014　柴油机冷却水量不足时，会使机油温度下降。

(　)70. BA015　充电发电机的碳刷弹簧压力不足，可以使发电机不发电。

(　)71. BA016　柱塞套和柱塞之间的间隙很小，经过研磨选配成对，不能互换。

(　)72. BA017　柴油机发生飞车事故后，容易造成曲轴弯曲。

(　)73. BA018　柴油机气门杆卡住的主要原因是气门杆和导管的配合间隙不当。

(　)74. BA019　不能用钢制刮刀来清除喷油器的积碳。

(　)75. BA020　柴油机燃油管路存在渗漏将影响柴油机运行的平稳性。

(　)76. BA021　柴油机凸轮轴轴承泄油严重时，会使压力表压力下降。

(　)77. BA022　十字头与导板偏磨不会造成柱塞泵动力端出现油烟的故障。

(　)78. BA023　柱塞泵动力端润滑油变质将引起动力端运动部件的损坏。

(　)79. BA024　柱塞泵运行过程中上水不良管线跳动可能的原因是柱塞密封不良。

(　)80. BA025　吸入管线堵塞可能导致柱塞泵液力端不正常响声。

(　)81. BA026　柱塞泵动力端柱塞和十字头连接处松动故障的排除方法是上紧柱塞与十字头连接螺纹，检查润滑是否可靠。

(　)82. BA027　检查润滑油泵供油情况及管路有无堵塞是为了排除柱塞泵传动箱主压力低的故障。

(　)83. BB001　乳化压裂施工结束后采用强制闭合技术快速返排，降低返排效率。

(　)84. BB002　微聚压裂液体系只有两种，稠化剂和活化剂，因此配液相比胍胶复杂。

(　)85. BB003　小分子无伤害压裂是由多种小分子量的化合物混合在一起通过相互之间的分子缠绕、相互压缩、彼此连接、互相键合而形成的一种低黏弹性体系。

( )86. BB004 高温清洁压裂液破胶不需要破胶剂,在大量地层水的稀释下可实现完全自动破胶,凝胶溶液破胶后完全无水不溶物,是理想的清洁压裂液体系。

( )87. BB005 新型醇基压裂液,借助于具有一定特性和浓度的稠化剂,在一定环境条件下,相互联结缠绕形成稳定的特殊大分子团来增加液体黏弹特性以达到压裂液携砂悬砂的目的。

( )88. BB006 酸冻胶体系由于交联后成网状结构并可挑挂,其初始黏度大于100mPa·s,因此能够满足造短缝的施工要求。

( )89. BB007 多级分层压裂通常采用机械分压,优点是目的层明确,能使目的层得以充分改造。

( )90. BB008 施工简单,在压裂施工后注入返排剂,可开井正常放压返排。

( )91. BB009 破胶后形成的小分子残渣电性与岩石表面电性相同,克服和降低了在岩石表面的吸附,易于返排,对地层伤害大。

( )92. BC001 吸入管汇采用140MPa或105MPa的高压直管和活动弯头,施工作业时可以将直管移动到地面并与地面管汇或其他设备进行连接。

( )93. BC002 S表示江汉石油管理局第四机械厂。

( )94. BC003 SYL2500Q-140型压裂车底盘轮距1800mm+5000mm+1400mm。

( )95. BC004 柱塞直径4in最大排量:2.47m^3/min(对应工作压力45.3 MPa)。

( )96. BC005 MAN BrakeMatic智能电子制动系统,单回路制动。

( )97. BC006 动力系统主要由车台发动机和液力传动箱、消音器、传感器、发动机和液力传动箱附件以及安装支座等组成。

( )98. BC007 底盘变速箱取力器NH/1C不带法兰,取力器口PTO的传动比$F=1.09$,垂直安装。

( )99. BC008 变扭器与变速箱之间采用前传动轴连接,变速箱与压裂泵之间采用前传动轴连接。

( )100. BC009 为适应压裂泵车间歇式工作的要求,采用开关风扇离合器,在冷却循环系统中安装传感器,风扇可以在低速和高速两种状态下进行手动和自动控制。

( )101. BC010 5ZB-2800卧式五缸柱塞泵由一个动力端总成和一个液力端总成组成。

( )102. BC011 为了保证润滑系统在安全的范围下工作,采用溢流阀与叶片泵直接安装。

( )103. BC012 当最大排量大于1.5m^3/min时,通常采用2in的排出管汇。

( )104. BC013 为适应CO_2作业,整个吸入管汇需保证承压2.45MPa以上。吸入主管汇直径为68mm,尾部通过快速卡箍与堵盖连接,可以快速实现管汇的清理。

( )105. BC014 加热器通过主控台上的开关开启,加热器自带水泵循环发动机冷却液,直到冷却液的温度达到发动机启动的( )要求。

( )106. BC015 当启动车台发动机后,系统自动开启液力端润滑气源,推动润滑气泵为压裂泵密封填料提供润滑油。

(　　)107. BC016　该系统具备泵车车台启动发动机、远程启动发动机、车台远控启动互锁、一键回怠、车台远控停机、定压力自动作业、定排量自动作业等新型实用功能。

(　　)108. BC017　施工作业前,根据施工工艺要求,在控制系统中设定工作安全压力,当工作压力达到设定压力值时,控制系统输出信号给发动机控制器,发动机在得到控制信号后会立即回到怠速状况,同时变速箱回到空挡。位置并启动传动箱刹车装置,终止压裂泵的工作。

(　　)109. BC018　检查车架、撑臂、挡泥板、保险杠和灯光,按需要予以修理或更换。

(　　)110. BC019　检查台上发动机机油液面,液面应位于测油杆上的“上面”段内。

(　　)111. BC020　检查泵动力端润滑油箱油面,油面应位于油池的上部。

(　　)112. BC021　对于寒冷天气作业,启动前要检测液压油温,如果油温低于 0℃,液压油需要预热。

(　　)113. BC022　气路软管及接头是完好的,且牢固可靠无泄漏。

(　　)114. BC023　长期在低压环境下施工作业的压裂泵损坏程度将明显加大。

(　　)115. BC024　将底盘发动机传动器置于重载,并保证底盘刹车。

(　　)116. BC025　离合器结合之后,底盘的转速稳定在 400 r/min,可以通过底盘的巡航系统提高底盘的取力输出转速,调速范围 800~1600r/min。

(　　)117. BC026　该系统具备泵车车台启动发动机、远程启动发动机、车台远控启动互锁、快捷停(一健怠速,空挡,刹车)、车台远控双停机、定压力自动作业、定排量自动作业等新型实用功能。

(　　)118. BC027　本地自动控制箱能对整机组进行定压力自动作业操作和定排量自动作业操作,控制箱具有防震和防潮功能。

(　　)119. BC028　台上仪表箱安装于主驾驶室一侧且远离台上自动控制箱。

(　　)120. BC029　便携式远程控制器可以实现单台压裂车的停机、油门调节、换挡、故障检测、一键怠速等控制功能。

(　　)121. BC030　温度/压力一体变送器,此传感器用于发动机、传动箱、大泵采集温度/压力数据,将信号输给计算机模块进行逻辑分析。

(　　)122. BC031　编组控制就是将某些泵车设置为一组,选定该组后同时控制其挡位和油门。编组后的控制包括挡位控制、油门控制、快捷停控制。

(　　)123. BC032　主运行屏面:该屏面显示各重要作业参数值和设定值以及各种警告或信息提示,并显示井口数据的直线。

(　　)124. BC033　根据压裂作业要求将挡位开关拨动至需要设定的挡位,降低油门直至锁定指示灯亮方可带负荷作业。

(　　)125. BC034　由于油田的特殊环境,在设备的使用前、中、后三个阶段都必须对传感器、插头等做相应的处理,这样可以延长设备的使用使命,也使利用率降到最低。

(　　)126. BC035　在泵送或工作完成,用下述程序关闭设备。在驾驶室内关闭打开取力器开关。

(　　)127. BC036　打开五缸泵上水阀门,排尽柱塞泵内和管路的积水。

(　　)128. BC037　压裂车的维护保养是一个连续过程。频繁使用的设备要求较少的总体维护保养,因为在作业前或作业后的程序中,有很多项目已按规定进行了检查和维护。

(　　)129. BC038　做好以下预防措施之前严禁在压裂车上进行焊接。断开设备上连接两个电瓶的全部接线。

(　　)130. BC039　检查空气进气电磁阀门的完好及灵活程度,确保其在测试中应手动关闭。

(　　)131. BC040　将设备停放在比较水平的地面,检查液压油箱的油位计,确定液压油在油箱中的油面高度保持在60%。

(　　)132. BC041　检查散热器芯子、风扇及液力系统的空气—油冷却器是否磨损、有裂缝或异常情况。

(　　)133. BC042　研制的5ZB-2800型压裂泵在75MPa压力下工作114h,液力端阀箱工作正常。

(　　)134. BC043　在向油箱加油时,必须经液压空气滤清器进行过滤,严禁关闭人孔口,直接加油。

(　　)135. BC044　液压油的黏度合适,黏度随温度的变化大。

四、简答题

1. 员工培训按内容来划分可以分为哪两种?有哪些培训方法?
2. 什么是技术报告?
3. 井下特种装备大修前的交接与准备有哪些内容?
4. 现代企业技术管理主要包括哪些内容?
5. 什么是技术论文?
6. 什么是全面质量管理中PDCA循环?
7. 什么是班组安全管理模式?
8. 什么是井控?
9. 什么是溢流?产生的原因有哪些?
10. 硫化氢及二氧化硫对人体造成哪些伤害?
11. 什么是摩擦?
12. 润滑的作用有哪些?
13. 如何正确分析故障外表特征?
14. 柴油机排气管冒蓝烟的原因?
15. 柱塞泵液力端异响故障原因有哪些?如何排除?
16. 柱塞泵动力端冒油烟原因有哪些?如何排除?
17. SYL2500Q-140型压裂泵车由哪些部分组成?
18. 简要介绍SYL2500Q-140型压裂车使用的压裂泵情况?
19. SYL2500Q-140型压裂车停泵有哪些程序?
20. SYL2500Q-140型压裂车操作后如何检查和清洗设备?
21. 简要介绍压裂返排技术?

22. 简要介绍海水基微聚混配多级定向压裂技术?

五、计算题

1. 已知一台输送水的往复泵,生产能力 $10m^3/h$,扬程 62m,此泵效率为 75%,求该泵的轴功率和有效功率。

2. 用水柱压力计测出某容器内压力低于大气压 $400mmH_2O$,若测得大气压力为 763mmHg,试求容器的绝对压力?

3. 在平地上,用 50N 的水平推力推动一个箱子,前进了 10m,推箱子的职工做了多少功?

4. 重为 100N 的物体在光滑水平面上匀速移动 80m,则重力对物体做的功是多少?

5. 一列火车以 20m/s 的速度在平直的轨道上匀速地行驶,整列火车受到的阻力是 9000N,求这列火车行驶 1min 机车做了多少功?

6. 一辆压裂车用 70km/h 的速度追赶在它前面 10km 的一辆管汇车,压裂车追了 280km,恰好赶上管汇车,求管汇车的速度?

7. 一个占地 6hr 的长方形植物园,宽是 200m,它的长是多少米?

8. 一个粮食专业户在一块长 400m,宽 300m 的地里收小麦 72000kg,平均每公顷的产量是多少千克?

9. 已知某六缸发动机的排量为 5.24L,压缩比为 7,求其燃烧室容积和气缸工作容积?

10. 已知东风 EQ140 型汽车主减速装置中,主动园锥齿轮的齿数为 6,从动园锥齿轮的齿数为 38,变速器二挡传动比为 4.31,求主传动比和使用二挡时的总传动比?

11. 一台星形接法的三相电动电动机,接到相电压为 220V 的三相电源上,其每相电流是 8A,电动机的功率因数为 0.72,试求电动机的有功功率。

12. 某用户装有 220V,40W 和 25W 白炽灯各三盏,若正常供电,按每盏灯每天用电 3h,一个月(30d)该用户消耗电能多少度?若每度电费用 0.68 元,一个月应交电费多少?

13. 已知一台变压器,它的输入电压为 220V,输出电压为 20V,原线圈为 600 匝,测得原线圈的电流为 0.6A,求副线圈的匝数及电流?

14. 某客户,5 月份用电量为 3600000kW·h,月中最大负荷为 7537kW,求 5 月份该客户最大负荷利用小时是多少、月均负荷率是% 几?【T_{max} = 477.643624784397, β = 66.33939233116625】

15. 某井压裂加砂 $30m^3$,平均砂比 20%,设计前置液为 $100m^3$,顶替液为 $10m^3$,求携砂液量、用液量为多少?

16. 某井压裂加砂 $20m^3$,平均砂比 20%,设计前置液为 $80m^3$,顶替液为 $10m^3$,求携砂液量、用液量为多少?

17. 某井压裂设计加砂 $15m^3$,砂比为 25%,排量为 $3m^3/min$,问需要多少方混砂液?加砂需用几分钟?

18. 某井压裂设计加砂 $15m^3$,砂比为 40%,排量为 $3m^3/min$,问需要多少方混砂液?加砂需用几分钟?

19. 某压裂井需加砂 $30m^3$,砂比为 25%,设计前置液为 $100m^3$,顶替液为 $35m^3$,施工排量为 $4m^3/min$,求混砂液用量及整个压裂需的时间?

20. 某井进行压裂,压裂层位深 2500m,破裂压力为 50MPa,计算破裂压力梯度是多少?

21. 某井进行压裂,压裂层位深1200m,破裂压力梯度为0.022MPa/m,计算油层压开破裂压力是多少?

22. 一台泵车,它们输入功率为1800hp,在所要求的600kg/cm^{2}压力下,理论上它的排量可达多少方?

23. 某压裂井需加砂40m^3,砂比为25%,设计前置液为120m^3,顶替液为40m^3,施工排量为4m^3/min,求混砂液用量及整个压裂需用的时间?

24. 某井压裂加砂60m^3,平均砂比为30%,设计前置液为120m^3,顶替液为40m^3,按设计用量的1.2倍备液,求总的设备液量?

答　　案

一、单项选择题

1. A　2. B　3. B　4. D　5. A　6. B　7. B　8. C　9. A　10. B　11. B
12. C　13. A　14. B　15. B　16. C　17. B　18. C　19. A　20. C　21. A　22. B
23. B　24. C　25. A　26. B　27. D　28. C　29. C　30. D　31. B　32. C　33. B
34. D　35. B　36. D　37. B　38. C　39. A　40. D　41. A　42. D　43. A　44. D
45. B　46. D　47. C　48. B　49. C　50. D　51. A　52. B　53. A　54. B　55. C
56. A　57. B　58. B　59. C　60. B　61. D　62. C　63. C　64. B　65. B　66. A
67. C　68. C　69. B　70. B　71. B　72. C　73. B　74. B　75. B　76. C　77. A
78. B　79. A　80. A　81. B　82. D　83. B　84. C　85. A　86. B　87. B　88. C
89. D　90. A　91. C　92. C　93. D　94. A　95. B　96. B　97. C　98. A　99. C
100. D　101. B　102. B　103. B　104. C　105. B　106. D　107. A　108. C　109. B　110. C
111. C　112. B　113. B　114. D　115. B　116. B　117. B　118. C　119. A　120. C　121. B
122. C　123. C　124. B　125. D　126. A　127. C　128. B　129. A　130. D　131. B　132. D
133. D　134. B　135. C　136. C　137. A　138. B　139. C　140. C　141. D　142. A　143. B
144. A　145. C　146. D　147. B　148. C　149. D　150. A　151. C　152. C　153. D　154. C
155. C　156. D　157. C　158. B　159. C　160. B　161. A　162. B　163. C　164. B　165. B
166. C　167. B　168. C　169. D　170. C　171. B　172. C　173. B　174. C　175. B　176. C
177. D　178. C　179. B　180. C　181. D　182. C　183. B　184. C　185. D　186. C　187. B
188. C　189. D　190. C　191. B　192. C　193. D　194. C　195. B　196. C　197. D　198. C
199. B　200. C　201. D　202. C　203. B　204. C　205. D　206. C　207. B　208. C　209. D
210. C　211. B　212. C　213. D　214. C　215. B　216. C　217. D　218. C　219. B　220. C
221. D　222. C　223. B　224. C　225. D　226. C　227. B　228. C　229. D　230. C　231. B
232. C　233. D　234. C　235. B　236. C　237. D　238. C　239. B　240. C　241. D　242. C
243. B　244. C　245. D　246. C　247. B　248. C　249. D　250. C　251. B　252. C　253. D
254. C　255. B　256. C　257. D　258. C　259. B　260. C　261. D　262. C

二、多选题

1. ACD　2. BCF　3. AC　4. BD　5. AC　6. BD　7. BC　8. BCD　9. BC　10. BCD
11. AC　12. ABC　13. ACD　14. ACD　15. ABC　16. BCD　17. ABC　18. ACD
19. ABCD　20. ABD　21. ABCD　22. BCD　23. BD　24. AB　25. ACD　26. ABCD
27. ABD　28. BC　29. ABC　30. BD　31. ABCD　32. ABC　33. AB　34. ABCD
35. ACD　36. BC　37. AC　38. AC　39. AD　40. BD　41. AC　42. ABC　43. AD

44. AD 45. AC 46. ABC 47. ACD 48. AD 49. ABD 50. ABCD 51. ABC 52. ABC 53. AD 54. ABC 55. BC 56. ABC 57. ABC 58. AC 59. AB 60. AC 61. ABC 62. ABC 63. AB 64. BC 65. ABCD 66. ABCD 67. AC 68. ABD 69. ABCD 70. BD 71. ABD 72. BD 73. AB 74. BC 75. BC 76. AC 77. ABC 78. BD 79. ABD 80. BC 81. ABD 82. AC 83. ACD 84. AC 85. AD 86. ABC 87. ABD 88. BC 89. AC 90. AC 91. AD 92. ABDE 93. AC 94. ABC 95. AC 96. ABCDE 97. ABCD 98. BC 99. AC 100. ABC 101. AC 102. AD 103. ABC 104. BC 105. AC 106. AC 107. BD 108. ACD 109. BD 110. AC 111. BCD 112. ABC 113. ABCD 114. BD 115. ACD 116. ABCDE 117. ABC 118. ABD 119. AC 120. ABC 121. AC 122. ABC 123. AD 124. ABCD 125. AB 126. AC 127. AD 128. ABC 129. ACD 130. ABCD 131. AC

三、判断题

1. × 正确答案:员工技能培训是企业针对岗位的需求,对员工进行的岗位能力培训。 2. × 正确答案:教师在学员已有的知识和经验的基础上,通过师生问答或对话,巩固已有的知识和进一步掌握新知识的方法,称为谈话法。 3. × 正确答案:案例研讨法。通过向培训对象提供相关的背景资料,让其寻找合适的解决方法。 4. √ 5. × 正确答案:个别指导法优点之一:有利于传统的优良工作作风的传递。 6. √ 7. × 正确答案:对员工的培训应该是终身过程。 8. √ 9. × 正确答案:技师培训中,对初级工需要掌握的理论知识和基本操作技能的内容很多。 10. √ 11. × 正确答案:总结的对象是过去做过的工作或完成的某项任务。 12. √ 13. × 正确答案:总结中的经验体会是从实际工作中,也就是从大量事实材料中提炼出来的。 14. √ 15. √ 16. √ 17. √ 18. √ 19. √ 20. √ 21. √ 22. √ 23. √ 24. √ 25. √ 26. × 正确答案:一段导体的电阻与其两端所加的电压无关。 27. × 正确答案:习惯上把正电荷移动的方向定为电流的方向。 28. × 正确答案:电容器的作用主要是储存电荷和电场能量。 29. √ 30. × 正确答案:线圈中感应电动势的大小与线圈中磁通大小无关。 31. × 正确答案:叠加原理适用于复杂的直流电路。 32. × 正确答案:在纯电阻交流电路中,电压与电流的相量关系为 $I=U/R$。 33. √ 34. × 正确答案:将29.5Ω的电阻接到电动势为6V,内阻为0.5Ω的电源两端,则流过电阻的电流为0.2A。 35. √ 36. √ 37. √ 38. × 正确答案:三相异步电动机电磁转矩的方向与旋转磁场的方向一致。 39. √ 40. √ 41. √ 42. × 正确答案:网络图中应标明关键线路,在关键线路上的工序称为关键工序,是重点控制的工序。 43. × 正确答案:价值工程是以经济分析为主要手段,以最高的产品寿命周期成本(总成本)和可靠地实现用户所需要的功能为目的所进行的有组织活动。 44. √ 45. √ 46. √ 47. × 正确答案:试验过程与结果。每个阶段的试验结果用定量和定性相结合的方法阐述。 48. √ 49. × 正确答案:油田公司的设备管理工作实行统一领导、分级管理的原则。 50. √ 51. × 正确答案:各单位应建立健全设备的验收、档案、使用、事故、奖励与惩罚及报废更新等管理规定。 52. √ 53. × 正确答案:设备在运行过程中或生产过程中发生的设备事故,由机动部门负责组织调查鉴定,由安全部门给予协助,提出处理意见并上报。 54. × 正确答案:设备事故发生后,事故单位应在三日内写出事故的书面报告,应在10日内写出处理意见、防范措施,填写事故报告上报上级有关部门。 55. √ 56. × 正确答案:

井下特种装备混浆过程中循环泵泵效影响混浆系统工作的。 57. √ 58. √ 59. √ 60. √ 61. √ 62. √ 63. × 正确答案：切断油、气路是对飞车事故紧急处理的有效方法之一。 64. × 正确答案：在进行柴油机突然停车事故处理时，拆检清洗柱塞，是为了解决燃料供给系统的油泵柱塞卡死故障。 65. × 正确答案：柴油机过热现象主要表现为水温过高，配合间隙小，容易造成零件卡死或断裂事故。 66. × 正确答案：机油中混入柴油和水，使机油黏度过低，是导致柴油机机油压力低的原因之一。 67. √ 68. √ 69. × 正确答案：柴油机冷却水量不足时，会使机油温度上升。 70. × 正确答案：充电发电机的碳刷弹簧压力不足，可以使发电机发电不稳定。 71. √ 72. √ 73. × 正确答案：气门杆卡住的主要原因是气门杆和导管的配合间隙不当或导管内有积碳。 74. √ 75. √ 76. √ 77. × 正确答案：十字头与导板偏磨会造成柱塞泵动力端出现油烟的故障。 78. √ 79. × 正确答案：柱塞泵运行过程中上水不好、管线跳动可能的原因是泵阀密封不良。 80. × 正确答案：排出阀座跳动可能导致柱塞泵液力端不正常响声。 81. √ 82. √ 83. × 正确答案：乳化压裂施工结束后采用强制闭合技术快速返排，提高返排效率。 84. × 正确答案：微聚压裂液体系只有两种，稠化剂和活化剂，因此配液相比胍胶简单。 85. × 正确答案：小分子无伤害压裂是由多种小分子量的化合物混合在一起通过相互之间的分子缠绕、相互压缩、彼此连接、互相键合而形成的一种高黏弹性体系。 86. √ 87. √ 88. × 正确答案：酸冻胶体系由于交联后成网状结构并可挑挂，其初始黏度大于100mPa · s，因此能够满。 89. √ 90. × 正确答案：施工简单，在压裂施工后注入返排剂，反应2h后可开井正常放压返排。 91. × 正确答案：破胶后形成的小分子残渣电性与岩石表面电性相同，克服和降低了在岩石表面的吸附，易于返排，对地层伤害小。 92. × 正确答案：排出管汇采用140MPa或105MPa的高压直管和活动弯头，施工作业时可以将直管移动到地面并与地面管汇或其他设备进行连接。 93. √ 94. × 正确答案：SYL2500Q-140型压裂车底盘轮距1800mm+5400mm+1400mm。 95. √ 96. × 正确答案：MAN BrakeMatic智能电子制动系统，双回路制动。 97. √ 98. × 正确答案：底盘变速箱取力器NH/1C不带法兰，取力器口PTO的传动比$F=1.09$，水平安装。 99. × 正确答案：变扭器与变速箱之间采用前传动轴连接，变速箱与压裂泵之间采用后传动轴连接。 100. √ 101. √ 102. × 正确答案：为了保证润滑系统在安全的范围下工作，采用溢流阀与叶片泵直接安装。 103. × 正确答案：当最大排量大于$1.5m^3/min$时，通常采用3in的排出管汇。104. × 正确答案：为适应CO_2作业，整个吸入管汇需保证承压2.45MPa以上。吸入主管汇直径为168mm，尾部通过快速卡箍与堵盖连接，可以快速实现管汇的清理。 105. √ 106. √ 107. √ 108. √ 109. √ 110. × 正确答案：检查台上发动机机油液面，液面应位于测油杆上的“中间”段内。 111. × 正确答案：检查泵动力端润滑油箱油面，油面应位于油池的中部。 112. × 正确答案：对于寒冷天气作业，启动前要检测液压油温，如果油温低于10℃，液压油需要预热。 113. √ 114. × 正确答案：长期在高压环境下施工作业的压裂泵损坏程度将明显加大。 115. × 正确答案：将底盘发动机传动器置于空转，并保证底盘刹车。 116. × 正确答案：离合器结合之后，底盘的转速稳定在800 r/min，可以通过底盘的巡航系统提高底盘的取力输出转速，调速范围800～1600r/min。 117. √ 118. √ 119. × 正确答案：台上仪表箱安装于主驾驶室一侧且紧挨台上自动控制箱。 120. √ 121. √ 122. √ 123. × 正确答案：主运行屏面：该屏面显示各重要作业参数值和设定值以及各种警告或信息提示,并显示井口数据的曲线。 124. × 正确答案:根据压裂作业要求将挡位开关拨动至需要设定的挡位,提升油门直至锁定指示灯亮方可带负荷作业。 125. × 正确答案:由于油田的特殊环境,在设备的使用前、中、后三个阶段都必须对传感器、插头等做相应的处理,这样可以延长设备的使用使命,也使故障率降到最低。 126. × 正确答案:在泵送或工作完成,用下述程序关闭设备。在驾驶室内关闭关闭取力器开关。 127. √ 128. √ 129. √ 130. × 正确答案:检查空气进气电磁阀门的完好及灵活程度,确保其在测试中应自动关闭。 131. × 正确答案:将设备停放在比较水平的地面,检查液压油箱的油位计,确定液压油在油箱中的油面高度保持在70%~85%。 132. √ 133. × 正确答案:研制的5ZB-2800型压裂泵在75MPa压力下工作114h,液力端阀箱出现开裂失效。 134. × 正确答案:在向油箱加油时,必须经液压空气滤清器进行过滤,严禁打开人孔口,直接加油。 135. × 正确答案:液压油的黏度合适,黏度随温度的变化小。

四、简答题

1. 答:员工培训按内容来划分,可以分为两种:员工技能培训和员工素质培训。培训方法有讲授法、视听技术法、讨论法、案例研讨法、角色扮演法、自学法、互动小组法、网络培训法、场景还原法等。

2. 答:技术报告是描述科学研究过程、进展和结果,或者科研过程中遇到问题的文档,与期刊论文或会议论文等科技论文不同,技术报告在发表前很少经过独立审稿过程,即使审稿,也是机构内部审稿。所以对于技术报告,并没有专门的发表刊物等,往往是内部发表或者非正式发表。

3. 答:井下特种装备大修前的交接与准备包括下列内容:

(1)井下特种装备进厂必须由送修单位和主管单位双方负责人进行交接、检验,做好记录,为施工提供依据。

(2)对各零部件应尽量保持完整齐全,不得事先拆换或漏送。

(3)对所送井下特种装备发生的故障和事故情况应提供详细的书面报告。

(4)送修单位要详细填写送修单和大修计划书。

(5)承修单位要根据具体的修井机型号编制完整的大修工艺技术文件,并按规定程序批 准实施。

(6)整机大修为恢复性修理,应符合制造厂产品使用说明书和有关技术文件的要求。

(7)承修单位对井下特种装备的大修应采用新技术、新工艺、新材料,使大修机质量不断接近新机水平。

4. 答:现代企业技术管理主要包括目标管理、全面经济核算、网络技术、正交试验、价值工程、ABC管理法、全员设备管理、质量成本管理等。

5. 答:技术论文一般是指研究工作总结报告和技术研究报告的总称。作为技师,要经常把工作中的经验、现场设备的技术革新和技术改造成果以报告的形式向有关部门呈送。代表公司或大队向上级科技管理部门申请科技成果奖,这不仅仅是个人业绩的体现,重要的是宣传和推广新技术、新工艺、新产品,从而提高工人掌握新技术、新工艺的能力。

6. 答:P是计划,D是实施,C是检查,A是处理。任何一个有目的有过程的活动都可按照这四个阶段进行。

(1)计划(P)阶段:包括四个步骤,即找出存在的问题,分析产生问题的原因,找出主要原因、制定对策。

(2)执行(D)阶段:按照制定的对策实施,并收集相应的数据。

(3)检查(C)阶段:检查取得的效果,对改进的效果进行评价,看实际结果与原定目标是否吻合。

(4)处理(A)阶段:即制定巩固措施,防止问题发生;提出遗留问题和下一步打算。

7. 答:班组安全管理模式,是指企业在班组安全管理过程中或者在包括安全工作在内的更广泛意义上(例如:安全、健康和环境管理方面)的管理理念、方法、做法和经验,在此基础上形成的管理模式。这一模式的应用将有助于班组安全管理长效机制的建立。

8. 答:井控,即井涌控制或压力控制。各种叫法本质上是相同的,都是要说明要求采取一定的方法控制地层压力,基本上保持井内压力平衡,保证作业施工的顺利进行。目前井控技术已从单纯的防喷发展成为保护油气层,防止破坏资源,防止环境污染的重要保证。

9. 答:当井侵发生后,井口返出的钻井液或压井液的量比泵入的要多,停泵后井口自动地不断往外溢,这种现象称之为溢流。溢流由下列原因产生:

(1)钻井液密度不够。

(2)起钻时不灌或不认真灌钻井液。

(3)过大的抽汲压力。

(4)井漏。

(5)人为因素。

10. 答:硫化氢及二氧化硫对人体造成的主要伤害有:

(1)中枢神经系统:接触较高浓度的硫化氢后可出现头痛、头晕、乏力、供给失调等症状,可发生轻度意识障碍。

接触高浓度的硫化氢后可出现头痛、头晕、易激动、烦躁、意识模糊,可突然发生昏迷。

接触极高浓度的硫化氢后可发生电击样死亡。

(2)呼吸系统损害:流涕、咽痒、咽痛、咽干、皮肤黏膜青紫、胸闷、咳嗽剧烈、呼吸困难、有窒息感、支气管炎、肺炎、肺水肿、急性呼吸道综合症等。

(3)心肌损害:心律失常、心肌炎。

(4)眼:双眼刺痛、流泪、畏光、充血、灼热、视力模糊、角膜水肿。

急性硫化氢中毒一般发病迅速,出现以脑和呼吸系统损害为主的临床表现,亦可伴有心脏等器官功能障碍。

11. 答:当物体与另一物体沿接触面的切线方向运动或有相对运动的趋势时,在两物体的接触面之间有阻碍它们相对运动的作用力,这种力叫摩擦力。接触面之间的这种现象或特性叫"摩擦"。

12. 答:润滑有以下作用:

(1)减磨作用:在相互运动表面保持一层油膜以减小摩擦,这是润滑的主要作用。

(2)冷却作用:带走两运动表面因摩擦而产生的热量以及外界传来的热量,保证工作表面的适当温度。

(3)清洁作用:冲洗运动表面的污物和金属磨粒以保持工作表面清洁。

(4)密封作用:产生的油膜同时可起到密封作用。如活塞与缸套间的油膜除起到润滑作用外,还有助于密封燃烧室空间。

(5)防腐作用:形成的油膜覆盖在金属表面使空气不能与金属表面接触,防止金属锈蚀。

(6)减轻噪音作用:形成的油膜可起到缓冲作用,避免两表面直接接触,减轻振动与噪声。

(7)传递动力作用:如推力轴承中推力环与推力块之间的动力油压。

13. 答:正确分析故障外表特征有下面几方面:

(1)工作反常:转速变化异常,运转振动过大,自动停机,再启动困难或不能启动。

(2)响声反常:井下特种装备在运转时有刺漏声、喘啸声和金属敲击声等。

(3)气味反常:有焦味、烟味和臭味等。

(4)温度反常:散热器温度过高,动力端机体过热,润滑油温度过高等。

(5)外观反常:有滴漏液、冒烟、漏油、刺漏液等现象。

实践经验证明了解设备性能、结构及工作原理,对判断故障极为重要。排除故障的关键是准确判断故障的根源,继而通过拧紧、调整、润滑、清洗、添加油和水以及修复或更换已损坏的零部件来解决问题。

14. 答:柴油机蓝烟的产生机理为润滑油进入燃烧室内受热蒸发成为蓝色油气随废气一起排出,常见原因是:

(1)当柴油机机油油量过多,由于激溅润滑,机油沿气缸壁窜入燃烧室,随废气排出形成蓝烟。

(2)活塞环对口、活塞环装反、卡死或磨损过大,机油窜入燃烧室,随废气排出形成蓝烟。

(3)气门杆与导管间隙太大、气门杆油封损坏,气门室内润滑油沿气门杆与导管之间进入燃烧室,形成蓝烟。

15. 答:(1)故障原因。

①排出阀座跳动。

②阀箱内有空气。

③阀箱内有硬质物体相碰(如石块、金属块)或阀体跳出等。

④柱塞与密封衬套严重粘拉。

⑤阀弹簧损坏或弹簧疲乏。

(2)排除方法。

①检查、清洁座孔、更换阀座。

②向阀箱内灌满水、驱除空气。

③打开阀盖,检查清除被碰物体或重新安装阀体。

④更换柱塞付磨损件。

⑤更换阀弹簧。

16. 答:柱塞泵动力端冒油烟主要是温度高造成的。

(1)主要原因。

①油质变坏。

②油量过少或过多。

③曲轴和连杆瓦间润滑不良过度磨损。

④十字头与导板偏磨。

⑤润滑系统工作不良可能引起曲轴和轴瓦磨损。

(2)排除方法。

①更换润滑油。

②增减油量,使油量到达规则需求。

③检查曲轴与连杆瓦间隙,按要求进行装配。

④重新组装。

⑤检修润滑系统,排除工作不良故障。

17. 答:SYL2500Q-140 型压裂泵车是将泵送设备安装在自走式卡车底盘上,用来执行高压力、大排量的油井增产作业。该装置由底盘车和上装设备两部分组成。底盘车除完成整车移运功能外还为车台发动机启动液压系统和压裂车风扇冷却系统提供动力;上装部分是压裂泵车的工作部分:主要由发动机、液力传动箱、压裂泵、吸入排出管汇、安全系统、燃油系统、压裂泵润滑系统、电路系统、气路系统、液压系统、仪表及控制系统等组成。

18. 答:压裂泵是整个压裂车的心脏,SYL2500Q-140 型压裂车所使用的 5ZB-2800 泵是一种往复、容积式、单作用、卧式五缸柱塞泵,该泵的最大输入额定制动功率为 2080kW (2800hp)。5ZB-2800 卧式五缸柱塞泵由一个动力端总成和一个液力端总成组成。可以更换不同的泵头体以适应装在几种不同规格的柱塞以获得不同压力和排量。用户可选用不同的密封填料总成、阀门总成、排出法兰、吸入管汇来进行各种配套布置,泵送各种特殊的液体,在各种不同环境下工作。

19. 答:在泵送或工作完成,用下述程序关闭设备。

(1)让发动机在怠速状况下运转 3~5min。

(2)检查台上发动机、传动箱及泵上的各仪表,保证设备运行在正常限制范围内。各仪表应稳定在稍小于它们的全功率设定值的位置。

(3)巡视设备并检查是否有异常情况。

(4)关闭控制箱内的电源开关。

(5)在驾驶室内关闭关闭取力器开关。

(6)底盘发动机熄火。

20. 答:(1)按操作检查项目逐项检查,若有故障,立即排除。

(2)检查各处有无渗漏现象,如有排除之。

(3)将各管线内和五缸柱塞泵内的压裂液排放干净,并冲洗直至清水流出为止。

(4)清洗该设备的外部脏物。

(5)打开五缸泵上水阀门,排尽柱塞泵内和管路的积水。

21. 答:一般的压裂施工,压裂液进入地层后,当井底的压力大于地层的破裂压力时,就会形成裂缝,支撑剂支撑裂缝,达到压裂效果,但压裂液残液还滞留在裂缝中。压裂液体系中虽然加有破胶剂等添加剂,但由于复杂的地层因素和施工因素,往往不能在设计时间内完全破胶,残留在地层中的残液,会造成地层伤害。该技术是在压裂施工裂缝闭合后,在一定设计时间内快速注入一组化学液,该组化学液内与压裂残液发生化学反应,降低压裂液的 pH 值,破坏液中的分子链,改变分子内部结构,使之加速分解,迅速破胶,并能迅速溶解压裂液残渣,该化学液体系同时产生大量的安全气体,所产生气体在地层形成强大的压力场,把残液快速返排出油井,达到理想的设计返排效果。

22. 答:海水基微聚混配多级定向压裂技术选用稠化剂是由几种特殊单体在一定的条件下共聚而成的一种聚合物,分子量小,链节短,线团的伸展容易,只需要结合少量的水分子就可以达到完全的伸展,可实现快速溶胀和溶解。由于短分子链节之间是缔合缠绕的物理连接,在外力的作用下,缔合可以打开,外力失去后又可以重新缔合,表现出来良好的耐高温、抗剪切性能,克服了长链大分子聚合物在外力作用下发生的不可恢复性分子链断裂所导致的性能永久下降。同时由于分子量小,溶解快速,可自行破胶,也可加入常规破胶剂可加快其破胶速度,破胶更为彻底。破胶后形成的小分子残渣电性与岩石表面电性相同,克服和降低了在岩石表面的吸附,易于返排,对地层伤害小。

五、计算题

1. 解:已知 $Q=10m^3/h$,$H_1=62m$,$\eta=75\%$。

$$\eta=\frac{Q \cdot H_1}{75N_{轴}}$$

$$N_{轴}=\frac{Q \cdot H_1}{75\eta}=\frac{10\times62\times1000}{75\times0.75\times3600}=3.06(hp)$$

$$N_{有}=\eta \cdot N_{轴}=0.75\times3.06=2.30(hp)$$

答:此泵的轴功率 3.06hp,有效功率 2.30hp。

2. 解:$1mmHg=13.6mmH_2O$

$400mmH_2O=400\div13.6=29.41(mmHg)$

$p_{绝}=763-29.41+763=1496.59(mmHg)$

答:此容器的绝压为 1496.59mmHg。

3. 解:已知 $F=50N$,$s=10m$。

则 $W=Fs=50N\times10m=500J$。

答:推箱子做功 500J。

4. 解:$W=Gh=100\times0=0$

答:力对物体做功,必须有力作用在物体上,且物体在力的方向上通过距离。如果有作用力,但在力的方向上没发生移动,或者不受作用力,物体静止或匀速直线运动,都没有力对物体做功。

5. 已知:$v=20m/s$,$f=9000N$,$t=1min=60s$。

求:机车所做的功 W?

解:根据做功的两个基本因素分析,本题没有明显指出机车的牵引力以及在力的方向上所通过的距离。因此要根据题内的已知来探求这两个基本因素。一是阻力为 9000N,列车的运动状态为匀速直线运动,那么,根据二力平衡是物体保持匀速直线运动的条件,故机车的牵引力也必定等于 9000N。此外,题内虽没有明确指出机车在力的作用下沿力的方向所移动的距离,但间接告诉我们车速以及车的运行时间,这样根据速度的计算公式可求出所通过的距离,两个因素都具备之后,再代入公式求解。

$W=Fs$。

因为机车做匀速直线运动,故 $F=f$。

得 $W=f \cdot vt=9000N\times20m/s\times60s=1.08\times107J=115.56(J)$。

答：机车所做的功是 115.56J。

6. 解：$t=s/v=280/70=4(h)$。

设管汇车的速度为 V，则 280km=4 · V+10km

$V=67.5(km/h)$。

答：管汇车的速度是 67.5km/h。

7. 解：6hr=60000m^2。

60000÷200=300(m)。

答：它的长是 300m。

8. 解：400×300=120000(m^2)。

120000m^2=12hr。

72000÷12=6000(kg/hr)。

答：平均每公顷的产量是 6000kg。

9. 解：已知：$VL=5.24$，$\varepsilon=7$，$i=62$。

$V_h=V_L/6=5.24/6=0.87(L)$。

$\varepsilon=(V_h+V_c)/V_c$。

$\therefore V_c=V_h/(\varepsilon-1)=0.87/(7-1)=0.145(L)$

答：燃烧室容积为 0.145L，气缸工作容积为 0.87L。

10. 解：已知：$Z_1=6$，$Z_2=38$，$i_k=4.31$。

$i_0=Z_2/Z_1=38/6=6.33$。

$i=i_k \cdot i_0=4.31\times6.33=27.28$。

答：主传动比和使用二挡时的总传动比分别是 6.33 和 27.28。

11. 解：$P=3U_{相}I_{相}\cos\Phi=3\times220\times8\times0.72=3802(W)$。

答：电动机的有功功率为 3802W。

12. 解：用户每月(30d)用电。

$W=Pt=(40+25)\times10-3\ \times3\times3\times30=17.55(kW \cdot h)$。

应交电费用 17.55×0.68=11.93(元)。

答：一个月(30d)该用户消耗电能 17.55kW · h，一个月应交电费 11.93 元。

13. 解：$U_1/U_2=220/20=11/1$。

根据 $N_1/N_2=U_1/U_2$ 得：

$N_2=N_1\times U_2/U_1=600\times20/220=54.5$ 匝≈55(匝)。

根据 $I_1/I_2=N_2/N_1$ 得：

$I_2=I_1\times N_1/N_2=0.6\times600/55=6.5(A)$。

答：副线圈的匝数为 55 匝，电流为 6.5A。

14. 解：(1) $T_{max}=W/P_{max}=3600000/7537=477.6436248h$。

(2)月平均负荷：$W=PT/P_{平均}=3600000/(24\times30)=5000(W)$。

月平均负荷：$\beta=P_{平均}/P_{最大}=(5000/7537)\times100\%=66.3393923\%$。

答：5 月份该用户最大负荷利用 477.64h，月均负荷率是 66.339%。

15. 解：(1)携砂液量=30/20%=150(m^3)。

(2)设计用液量=100+150+10=260(m^3)。

答:携砂液为 150m^3,设计用液量为 260m^3。

16. 解:(1)携砂液量=20/20%=100m^3。

(2)设计用液量=80+100+10=190m^3。

答:携砂液为 100m^3,设计用液量为 190m^3。

17. 解:(1)混砂液量为 15/25%=60(m^3)。

(2)加砂时间为 60/3=20(min)。

答:需要混砂液 60m^3,加砂需用 20min。

18. 解:(1)混砂液量为 15/40%=37.5(m^3)。

(2)加砂时间=37.5/3=12.5(min)。

答:需要混砂液 37.5m^3,加砂需用 12.5min。

19. 解:(1)混砂液用量:30/25%=120(m^3)。

(2)总液量=前置液+混砂液+顶替液=100+120+35=255(m^3)。

(3)时间=总液量/排量=255/4=64(min)。

答:混砂液用量为 120m^3,整个压裂需 64min。

20. 解:破裂压力梯度=50/2500=0.02(MPa/m)。

答:破裂压力梯度为 0.02MPa/m。

21. 解:$p_{破裂}$=0.022×1200=26.4(MPa)。

答:油层压开破裂压力是 26.4MPa。

22. 解:$N=PQ/450$ 得:

$Q=450N/P$=450×1800/600=1350(L/m^3)=1.35(m^3/min)。

答:理论上它的排量可达 1.35m^3/min。

23. 解:(1)混砂液用量:40/25%=160(m^3)。

(2)总液量=前置液+混砂液+顶替液=120+160+40=320(m^3)。

(3)时间 t=总液量/排量=320/4=80(min)。

答:混砂液用量为 320m^3;整个压裂需的时间为 80min。

24. 解:携砂液量=60÷30%=200(m^3)。

设计用液量=120+200+40=360(m^3)。

备液总量=1.2×360=432(m^3)。

答:总的设备液量为 432m^3。

附　录

附录1　职业技能等级标准

1. 工种概况

1.1　职业名称

井下特种装备操作工。

1.2　职业定义

操作车载式或橇装式泵送设备、混砂设备、控制设备、车载锅炉等设备，进行压裂、酸化、化堵、气举、增产增注等施工作业的人员。

1.3　职业等级

本职业共设4个等级，分别为：初级（国家职业资格五级）、中级（国家职业资格四级）、高级（国家职业资格三级）、技师（国家职业资格二级）。

1.4　职业环境

室外作业，部分岗位为高处作业或有严重噪声。

1.5　职业能力特征

身体健康，具有一定的理解、表达、分析、判断能力，动作协调灵活。

1.6　基本文化程度

初中、高中毕业（或同等学力）。

1.7　培训要求

1.7.1　培训期限

全日制职业学校教育，根据其培养目标和教学计划确定。晋级培训期限：初级不少于120标准学时；中级不少于180标准学时；高级不少于210标准学时。

1.7.2　培训教师

培训初级、中级、高级的教师应具有本职业高级以上职业资格证书或中级以上专业技术职务任职资格；培训技师教师应具有本职业高级技师职业资格证书或具有相应专业高级技术职务任职资格。

1.7.3　培训场地设备

理论培训应具有可容纳30名以上学员的教室；实际操作培训场所应具有相应的设备、工具、安全设施完善的场地。

1.8　鉴定要求

1.8.1　适用对象

（1）新入职的操作技能人员；

（2）在操作技能岗位工作的人员；

(3)其他需要鉴定的人员。

1.8.2 申报条件

具备以下条件之一者可申报初级工:

(1)新入职完成本职业(工种)培训内容,经考核合格人员。

(2)从事本工种工作 1 年及以上的人员。

具备以下条件之一者可申报中级工:

(1)从事本工种工作 5 年以上,并取得本职业(工种)初级工职业技能等级证书。

(2)各类职业、高等院校大专及以上毕业生从事本工种工作 3 年及以上,并取得本职业(工种)初级工职业技能等级证书。

具备以下条件之一者可申报高级工:

(1)从事本工种工作 14 年以上,并取得本职业(工种)中级工职业技能等级证书的人员。

(2)各类职业、高等院校大专及以上毕业生从事本工种工作 5 年及以上,并取得本职业(工种)中级工职业技能等级证书的人员。

技师需取得本职业(工种)高级工职业技能等级证书 3 年以上,工作业绩经企业考核合格的人员。

高级技师需取得本职业(工种)技师职业技能等级证书 3 年以上,工作业绩经企业考核合格的人员。

1.8.3 鉴定方式

分理论知识考试和技能操作考试。理论知识考试采取闭卷笔试方式,操作技能考试采用现场实际操作方式,理论知识考试和技能操作考试均实行百分制,成绩皆达 60 分及以上者为合格。

根据不同工种,其中有关内容可调整为:

“操作技能考试采用笔试、现场实际操作方式”;

“操作技能考试采用笔试、模拟现场操作方式”;

“操作技能考试采用笔试、仿真操作方式”等。

1.8.4 考评员与考生配比

理论知识考试考评人员与考生配比为 1∶20,每个标准教室不少于 2 名考评人员;技能操作考核考评人员与考生配比为 1∶5,且不少于 3 名考评人员。

1.8.5 鉴定时间

理论知识考试 90 分钟,操作技能考试不少于 60 分钟。

1.8.6 鉴定场所设备

理论知识考试在标准教室进行。技能操作考试在具有相应的设备、工具和安全设施完善的场地进行。

2. 基本要求

2.1 职业道德

(1)遵守法律、法规和有关规定。

(2)爱岗敬业,忠于职守,自觉认真履行各项职责。
(3)工作认真负责,严于律已,能吃苦耐劳。
(4)刻苦学习,钻研业务技术。
(5)谦虚谨慎,团结协作。
(6)严格执行操作规程,加强安全环保质量意识。
(7)坚持文明生产。

2.2 基础知识

2.2.1 泵的基础知识

(1)泵的基本常识。
(2)离心泵的基本常识。
(3)往复泵的基本常识。
(4)其他常见泵的基本知识。

2.2.2 井下特种装备及柴油机有关知识

(1)井下特种装备阀的检查及保养。
(2)大泵与柴油机的拆卸与安装技术。
(3)四冲程柴油机基本构造。
(4)柴油机增压知识。

2.2.3 井下作业相关知识

(1)井下作业、修井及大修知识。
(2)法定计量单位。
(3)常用井下工具。
(4)常用量具及设备辅助工具。

2.2.4 设备修理理论知识

(1)柴油机故障原因分析与排除。
(2)金属材料的知识。
(3)电工基础。
(4)计算机基础。

2.2.5 设备管理

(1)设备事故管理知识。
(2)职工教育培训。
(3)井下特种装备大修理技术及管理。
(4)技术管理与技术革新。

2.2.6 安全及 QHSE 管理

(1)新《中华人民共和国安全生产法》和新《中华人民共和国环境保护法》解读。
(2)全面质量管理知识。
(3)HSE 管理。

(4)井下作业井控技术。
(5)硫化氢防护。

3. 工作要求

3.1 初级

职业功能	工作内容	技能要求	相关知识
一、启动井下特种装备前的检查	(一)检查维护井下特种装备	1. 能进行AC-400C型压裂泵工作前的检查与准备、巡回检查AC-400C型水泥车台上设备及保养; 2. 能检查保养ACF-700B型压裂泵安全阀及柴油机滤子、清洗ACF-700B型压裂泵机油滤清器及过滤筒、AC-400C型柱塞泵柱塞的更换; 3. AC-400C型水泥泵的一级保养、阀座液力拔取器的使用方法、AC-400C型水泥泵泵阀的检修	1. 常用燃油与冷却液的常识; 2. 压裂固井(水泥)泵的操作及维护保养(以400型为例)
	(二)井下特种装备及附件维护保养	1. 能拆装及保养高压活动弯头、修保高压针形阀、修保水柜阀门,使用黄油枪给台上设备加注黄油; 2. 能更换AC-400C型变速箱机油、更换AC-400C型柱塞拉杆密封圈、更换ACF-700B型压裂泵阀胶皮与阀座、更换调整ACF-700B型压裂泵柱塞密封圈	柴油机的工作原理
	(三)检查维护传动部分	能进行压裂(固井)泵及传动系例行保养作业内容	施工液基本知识
二、操作井下特种装备	(一)井场管线连接及试压	1. 能连接酸化施工管线并完成管线试压; 2. 能进行压裂(固井)泵的一般操作规程	1. 井下作业常规工艺及使用工具附件; 2. 压裂车机组
	(二)根据施工要求操作井下特种装备	1. 能进行气井酸化施工的方法步骤; 2. 能在施工时对遥控面板检查和放置	压裂施工工作流程

3.2　中级

职业功能	工作内容	技能要求	相关知识
一、维护保养井下特种装备	(一)维护保养柴油机	1. 能进行柴油机机油滤清器的清洗、把四只12V电瓶连接成24V； 2. 能保养传动轴、更换12V-150柴油机启动机	1. 电学基本知识； 2. 机械传动机构
	(二)维护保养井下特种装备	1. 能清洗ACF-700B型泵曲轴箱、检查启动前井下特种装备发动机、清洗注水泥浆施工后的水泥车、检修FMC-2in高压活动弯头； 2. 能进行AC-400C型泵修复后的试泵、压裂(固井)泵及传动系一级保养周期及作业内容、闸阀的检修及注意事项	1. 液力传动常识； 2. 井下作业特种装备结构与400型泵的技术性能
二、操作与维修井下特种装备	(一)正确操作井下特种装备	1. 能进行水泥车注灰的实际操作； 2. 能进行水力喷射地面施工的步骤及要求	井下特种装备的一般故障判断
	(二)维修井下特种装备	1. 能进行水泥泵十字头销子的更换、能更换柱塞泵压力表、更换柱塞泵泵阀阀座； 2. 调整固井水泥车发动机风扇皮带张紧度、往复泵的拆卸顺序	1. 钳工作业及零件的修复； 2. 液力变速箱及液压系统和自动系统管理
	(三)基本技能	1. 能合理使用外径千分尺和内径百分表； 2. 能测绘支承板零件草图	水力压裂技术

3.3　高级

职业功能	工作内容	技能要求	相关知识
一、维护保养井下特种装备	(一)保养周期及内容	1. 能进行压裂(固井)泵及传动系二级保养周期及作业内容； 2. 能进行压裂(固井)泵及传动系三级保养周期及作业内容	井下特种装备用高压弯头及管件
	(二)日常维护井下特种装备及所属附件	1. 能检查ACF-700B型压裂泵动力端润滑情况并调整机油压力、更换调整ACF-700B型压裂泵柱塞密封、多片式摩擦离合器行程间隙的调整； 2. 能清洗多片式摩擦离合器片、闸阀的组装及检验方法	井下特种装备配件磨损与预防

续表

职业功能	工作内容	技能要求	相关知识
二、操作与修理井下特种装备	(一)操作井下特种装备	1. 能进行固井的施工工序; 2. 能进行压裂施工前的准备及注意事项; 3. 能进行压裂时注替置液和排空的步骤及注意事项	井下特种装备的润滑系统
	(二)修理井下特种装备	1. 能更换 AC-400C 型柱塞泵拉杆密封填料,使用钢锯锯割圆钢、柱塞及密封填料常见故障发生原因的判断、拆装 3PCF-300 型泵高压旋塞阀; 2. 能调整 12V-150 柴油机气门间隙	井下特种装备易损件的互换性
	(三)基本技能	1. 能使用游标卡尺测量工件; 2. 能用千分尺测量曲轴连杆轴颈; 3. 能使用手电钻,用丝锥攻内螺纹	井下特种装备零件的修理工艺及技术要求
	(四)方法	1. 能进行蜗轮传动齿面啮合的调整方法; 2. 能进行可调手用铰刀的结构和使用方法; 3. 能进行十字头导向板间隙调整方法	计算机简单操作(GBJ)

3.4 技师

职业功能	工作内容	技能要求	相关知识
一、使用井下特种装备	(一)检查保养井下特种装备	1. 能检查柱塞泵泵阀、检查井下特种装备发动机运行、检查调整 AC-400C 型泵连杆瓦间隙、检查柱塞泵柱塞密封组件、检查液力变速器的运行、检查液压系统的运行; 2. 能调整 12V-150 柴油机供油提前角、保养柱塞泵动力端、检查 AC-400C 型泵十字头滑板与导板的间隙	井下特种装备及柴油机常见故障分析与排除
	(二)修理井下特种装备及故障排除	1. 能处理柱塞泵密封组件冒烟的故障、处理柱塞泵上水不良的故障; 2. 能分析发动机冷却液温度高的原因、分析液压系统工作不平稳的原因; 3. AC-400C 型压裂车台上变速器中间轴的装配、刮合大泵连杆瓦、能进行 YLC—1000D 型压裂泵阀总成拆卸方法	

续表

职业功能	工作内容	技能要求	相关知识
二、管理井下特种装备	(一)管理	1. 能编写新使用井下特种装备操作规程; 2. 能识别施工现场的风险	SYL2500-140 压裂车知识
	(二)培训	1. 能制订培训计划; 2. 能培训测绘零件图	压裂工艺

4. 比重表

4.1 理论知识

项目			初级 %	中级 %	高级 %	技师 %
基本要求		基础知识	59	40	58	39
相关知识	启动井下特种装备前的检查	常用燃油与水的常识	3			
		压裂固井(水泥)泵的操作及维护保养	5			
		柴油机的工作原理	4			
		施工液基本知识	3			
	操作井下特种装备	压裂车机组	3			
		井下作业常规工艺及使用工具附件	15			
		压裂施工工作流程	8			
	维护保养井下特种装备	电学基本常识		4		
		机械传动机构		4		
		液力传动常识		6		
		井下特种装备井下特种装备结构与400 型泵的技术性能		12		
		井下特种装备用高压弯头及管件			8	
		井下特种装备配件磨损与预防			7	
	操作与维修井下特种装备	井下特种装备的一般故障判断		5		
		钳工作业及零件的修复		5		
		液力变速箱及液压系统和自动系统管理		20		
		水力压裂技术		4		
		井下特种装备的润滑系统			7	
		井下特种装备易损件的互换性			4	

续表

项目			初级 %	中级 %	高级 %	技师 %
相关知识	操作与维修井下特种装备	井下特种装备零件的修理工艺及技术要求			5	
		计算机简单操作			11	
	使用井下特种装备	井下特种装备及柴油机常见故障分析与排除			20	
	管理井下特种装备	压裂工艺			6	
		SYL2500Q-140 型压裂泵车知识			34	
合　　计			100	100	100	100

4.2　操作技能

项目		初级 %	中级 %	高级 %	技师 %
操作技能	启动井下特种装备前的检查	80			
	操作井下特种装备	20			
	维护保养井下特种装备		60	40	
	操作与维修井下特种装备		40	60	
	使用井下特种装备				80
	管理井下特种装备				20
合计		100	100	100	100

附录2　初级工理论知识鉴定要素细目表

行业:石油天然气　　工种:井下特种装备操作工　　等级:初级工　　鉴定方式:理论知识

行为领域	代码	鉴定范围	鉴定比重	代码	鉴定点	重要程度	备注
基础知识 A (59%)	A	泵的基本常识 (3∶2∶1)	3%	001	泵的定义	Y	
				002	泵的性能	X	
				003	泵的分类	Y	
				004	泵的配件组成方式	X	
				005	泵的使用范围	X	
				006	泵的参数	Z	
	B	离心泵的基本常识 (3∶3∶1)	3%	001	离心泵的基本原理	Y	
				002	离心泵的分类	X	
				003	离心泵的结构	Y	
				004	离心泵的性能	X	
				005	离心泵的吸上高度和汽蚀	Z	
				006	离心泵的组成	X	
				007	离心泵的特点	Y	
	C	往复泵的基本常识 (7∶5∶3)	7%	001	往复泵的工作原理	X	
				002	往复泵的分类	Y	
				003	往复泵的性能特点	X	
				004	往复泵的流量	Y	
				005	往复泵的压头和压力	X	
				006	往复泵的功率及效率	X	
				007	往复泵动力端的构成	X	
				008	往复泵液力端的构成	X	
				009	柱塞的结构、参数及作用	Z	
				010	往复泵泵阀的结构	Y	
				011	往复泵十字头的结构	X	
				012	往复泵连杆的结构及参数	Y	
				013	往复泵缸套的结构	Y	
				014	往复泵缸套的参数	Z	
				015	往复泵泵阀的参数	Z	
	D	其他常见泵 (6∶4∶1)	5%	001	齿轮泵的结构	X	
				002	齿轮泵的工作原理	Y	

续表

行为领域	代码	鉴定范围	鉴定比重	代码	鉴定点	重要程度	备注
基础知识 A (59%)	D	其他常见泵 (6∶4∶1)	5%	003	齿轮泵的性能、特点及参数	Z	
				004	叶片泵的工作原理及应用	X	
				005	试压泵的特点及工作原理	Y	
				006	叶片泵的结构	X	
				007	轴流泵	X	
				008	手摇泵	Y	
				009	螺杆泵	X	
				010	计量泵	X	
				011	真空泵	Y	
	E	压裂固井(水泥)泵阀的检查及保养 (14∶10∶5)	14%	001	阀的分类及用途	Y	
				002	阀的基本参数	Z	
				003	闸阀的结构及作用	X	
				004	截止阀的结构及作用	X	
				005	截止阀的分类	X	
				006	旋塞阀的结构及作用	X	
				007	球阀的结构及作用	Y	
				008	蝶阀的结构及作用	Y	
				009	隔膜阀的结构和作用	X	
				010	止回阀的结构及作用	X	
				011	节流阀的结构及作用	Z	
				012	安全阀的结构及作用	Y	
				013	安全阀的分类	Y	
				014	减压阀的结构及作用	X	
				015	疏水阀的结构及作用	X	
				016	阀门部件的组成	Y	
				017	启闭件与阀座密封结构	Y	
				018	阀杆与阀杆密封结构	Y	
				019	阀门的主要连接方式	Y	
				020	法兰连接结构	X	
				021	法兰连接阀门的安装方法	X	
				022	螺纹连接结构	X	
				023	焊接式连接结构	X	
				024	卡套及卡箍连接结构	X	

续表

行为领域	代码	鉴定范围	鉴定比重	代码	鉴定点	重要程度	备注
基础知识 A (59%)	E	压裂固井(水泥)泵阀的检查及保养 (14：10：5)	14%	025	阀门的安装	Z	
				026	阀门安装的技术要求	Z	
				027	阀门常见的故障分析及维修方法	X	
				028	阀门检修程序	Y	
				029	阀门保养维护的措施	Z	
	F	法定计量单位 (4：2：1)	3%	001	计量知识	Z	
				002	长度、面积、体积的单位	Y	
				003	力、压力、扭矩的单位	X	
				004	功、功率的单位	X	
				005	质量、密度的单位	X	
				006	温度的单位	X	
				007	时间及其他计量单位	Y	
	G	常用井下工具 (7：6：2)	7%	001	有杆抽油泵	X	
				002	无杆采油泵	X	
				003	油井封隔器	Z	
				004	水井封隔器	Y	
				005	滤砂管	Y	
				006	防砂充填工具	Y	
				007	油管锚定工具	X	
				008	气锚	X	
				009	泄油器	Y	
				010	脱接器	Y	
				011	防顶卡瓦	Y	
				012	分水开关	X	
				013	配水器	X	
				014	气举阀	X	
				015	洗井器	Z	
	H	中华人民共和国安全生产法和环境保护法解读(2014 版) (7：4：2)	6%	001	新《中华人民共和国安全生产法》修改的必要性和过程	Z	上岗要求
				002	新《中华人民共和国安全生产法》的十大亮点	Y	上岗要求
				003	新《中华人民共和国安全生产法》内涵及构建思路	X	上岗要求
				004	新《中华人民共和国安全生产法》与其他相关法律的关系	X	上岗要求
				005	新《中华人民共和国安全生产法》涉及的配套法规和标准制度	Y	上岗要求

续表

行为领域	代码	鉴定范围	鉴定比重	代码	鉴定点	重要程度	备注
基础知识 A (59%)	H	中华人民共和国安全生产法和环境保护法解读(2014 版) (7:4:2)	6%	006	新《中华人民共和国环境保护法》的出台背景	Z	上岗要求
				007	新《中华人民共和国环境保护法》的突破	X	上岗要求
				008	新《中华人民共和国环境保护法》六大亮点	Y	上岗要求
				009	按日计罚	X	上岗要求
				010	实施查封扣押	X	上岗要求
				011	限产停产整治	Y	上岗要求
				012	行政拘留	X	上岗要求
				013	信息公开	X	上岗要求
	I	全面质量管理 (8:5:2)	7%	001	质量管理概述	X	
				002	现场质量管理	X	
				003	建立质量预防体系	X	
				004	人、机、料、法、环、测各项工作管理	Y	
				005	现场质量管理对人员的要求	Y	
				006	三全	Z	
				007	四一切	X	
				008	全面质量控制的具体实施	Y	
				009	全面质量管理的要求及要领	Y	
				010	全面质量管理的来源	X	
				011	实施全面质量管理的作用	X	
				012	全面质量管理体系的理念及专业术语	X	
				013	品质管理的六大系统项目	X	
				014	全面质量管理与 ISO 9000 的区别	Z	
				015	基层实行全面质量管理应注意的问题	Y	
	J	硫化氢防护 (4:3:2)	4%	001	硫化氢及二氧化硫的危害和特性	X	
				002	救援技术和急救方法	X	
				003	正确使用呼吸保护设备	Y	
				004	限制空间和封闭设施的进入程序	Y	
				005	硫化氢及二氧化硫的来源和暴露征兆	X	
				006	硫化氢及二氧化硫的监测仪器	Y	
				007	工作场所中的预防	X	
				008	海上作业	Z	
				009	施工和作业的应急预案	Z	

续表

行为领域	代码	鉴定范围	鉴定比重	代码	鉴定点	重要程度	备注
专业知识 B （41%）	A	常用燃油与水的常识 （4∶2∶1）	3%	001	汽油的规格及性能	Y	
				002	汽油的选用	Z	
				003	柴油的规格及性能	X	
				004	柴油的选用	X	
				005	其他燃料的规格及应用	X	
				006	冷却液基本知识	X	
				007	发动机冷却液的选择	Y	
	B	压裂固井（水泥）泵的操作及维护保养 （5∶4∶2）	5%	001	柴油机启动前的检查、调整	X	上岗要求
				002	柴油机启动	X	上岗要求
				003	柴油机的运转	X	上岗要求
				004	柴油机的停车	Y	上岗要求
				005	离合器变速箱的使用	Y	上岗要求
				006	卧式三缸柱塞泵使用前的检查、准备	Z	上岗要求
				007	齿轮清水泵工作前检查、准备工作	X	上岗要求
				008	水泥车操作规程及安全操作事项	X	上岗要求
				009	维护与保养	Y	上岗要求
				010	柴油机和大泵的一级保养	Y	上岗要求
				011	柴油机和大泵的二级保养	Z	上岗要求
	C	柴油机的工作原理 （5∶2∶1）	4%	001	柴油机的工作过程	Y	
				002	上止点和下止点	Z	
				003	气缸容积	Y	
				004	四个工作过程	X	
				005	单缸四冲程柴油机的工作过程	X	
				006	工作循环	X	
				007	单缸二冲程柴油机的工作原理	X	
				008	四冲程柴油机的组成	X	
	D	施工液基本知识 （4∶2∶1）	3%	001	压裂液性能及应用	X	
				002	顶替液	X	
				003	压裂液的种类和应用	X	
				004	酸化液	X	
				005	盐酸	Y	
				006	土酸	Y	
				007	王水	Z	

续表

行为领域	代码	鉴定范围	鉴定比重	代码	鉴定点	重要程度	备注
专业知识 B (41%)	E	井下作业常规工艺及使用工具附件 (20∶8∶1)	15%	001	修井检泵基础知识	X	
				002	试油基础知识	X	
				003	套管的分类	X	
				004	套管的用途	Y	
				005	套管的钢级	X	
				006	套管的识别	Y	
				007	套管的螺纹形式	X	
				008	吊卡的定义及用途	X	
				009	吊卡的分类	Y	
				010	吊卡的使用方法	X	
				011	吊卡的保养与维护	X	
				012	吊钳的分类与用途	Y	
				013	吊钳的技术要求	X	
				014	吊钳的安全操作规程	Y	
				015	吊钳的维护保养方法	X	
				016	引鞋的定义与作用	X	
				017	引鞋的分类	Y	
				018	引鞋的结构特点	X	
				019	引鞋使用的技术条件	X	
				020	引鞋的使用要求	Y	
				021	浮箍的定义与作用	X	
				022	浮箍的使用要求	X	
				023	套管鞋的定义及作用	X	
				024	套管鞋的分类与结构	Z	
				025	套管鞋使用的技术条件	X	
				026	变径短节的应用	X	
				027	套管短节的应用	X	
				028	套管通径规的定义	X	
				029	套管通径规的使用	Y	
	F	压裂车机组 (4∶2∶1)	3%	001	压裂车机组的组成	X	
				002	YL70-670 型压裂车(700 型)	X	
				003	BL1600 型压裂车(1650 型)	X	
				004	YL105-1490 型压裂车(2000 型)	Y	

续表

行为领域	代码	鉴定范围	鉴定比重	代码	鉴定点	重要程度	备注
专业知识 B (41%)	F	压裂车机组 (4:2:1)	3%	005	HS360 型混砂车	X	
				006	SEV5151TYB 型仪表车	Z	
				007	GHC105 型管汇车	Y	
	G	压裂施工工作流程 (8:4:1)	8%	001	压裂施工工作流程	Y	
				002	安排生产任务	X	
				003	接受生产任务	X	
				004	查看施工井场道路	X	
				005	落实井场准备情况	X	
				006	按照施工设计配备施工设备	Y	
				007	检查施工设备	Y	
				008	召开出车前的安全会议	X	
				009	施工前勘查	X	
				010	施工前准备	Y	
				011	施工交底	X	
				012	施工操作	Z	
				013	施工收尾	X	

注:X—核心要素;Y——般要素;Z—辅助要素。

附录3 初级工操作技能鉴定要素细目表

行业:石油天然气　　工种:井下特种装备操作工　　等级:初级工　鉴定方式:操作技能

行为领域	鉴定范围			鉴定点		
	代码	名称	鉴定比重	代码	名称	重要程度
技能操作 A (100%)	A	启动井下特种装备前的检查 (7:7:2)	80%	001	拆装及保养高压活动弯头	X
				002	清洗压裂泵机油滤清器及过滤筒(以ACF-700B型为例)	X
				003	检修保养高压针形阀	Y
				004	检修保养水柜阀门,使用黄油枪给台上设备加注黄油	X
				005	检查保养压裂泵安全阀及柴油机滤子(以ACF-700B型为例)	Z
				006	进行压裂(固井)泵及传动系例行保养作业	Y
				007	更换柱塞泵柱塞(以AC-400C型为例)	Y
				008	进行压裂泵工作前的检查与准备(以AC-400C型为例)	X
				009	更换水泥泵车台上变速箱机油(以AC-400C型为例)	X
				010	更换水泥泵柱塞拉杆密封圈(以AC-400C型为例)	Y
				011	更换压裂泵阀胶皮与阀座(以ACF-700B型为例)	Y
				012	使用阀座液力拔取器	Z
				013	进行水泥压裂泵的一级保养(以AC-400C型为例)	Y
				014	检修水泥泵泵阀(以AC-400C型为例)	X
				015	巡回检查及保养水泥泵车台上设备(以AC-400C型为例)	X
				016	更换调整压裂泵柱塞密封圈(以ACF-700B型为例)	Y
	B	操作井下特种装备 (3:1:0)	20%	001	连接酸化施工管线并完成管线试压	X
				002	进行压裂(固井)泵一般操作	Y
				003	进行气井酸化施工	X
				004	施工时检查和放置遥控面板	X

注:X—核心要素;Y——般要素;Z—辅助要素。

附录4　中级工理论知识鉴定要素细目表

行业:石油天然气　　工种:井下特种装备操作工　　等级:中级工　　鉴定方式:理论知识

行为领域	代码	鉴定范围	鉴定比重	代码	鉴定点	重要程度	备注
基础知识 A (40%)	A	四冲程柴油机 基本构造 (7:5:2)	7%	001	活塞组结构及功能	Y	
				002	连杆组曲轴飞轮结构及功用	X	
				003	机体组结构及功用	Y	
				004	配气机构的结构、功用	X	
				005	配气相位图、气门间隙及调整	X	
				006	输油泵、喷油泵结构及功用	Y	
				007	柴油的性能、规格及选用	Z	
				008	内燃机润滑系统结构、功用及维护	Z	
				009	内燃机冷却系统	X	
				010	启动系统的功用及启动方法	X	
				011	增压柴油机概述	Y	
				012	柴油机操作、保养知识	X	
				013	内燃机常见故障及排除	Y	
				014	常见柴油机的技术性能及参数	X	
	B	井下作业、修井及 大修知识 (5:4:1)	5%	001	井下作业一般知识	Y	
				002	油井改造知识	X	
				003	油水井大修知识	Y	
				004	井下事故的处理	X	
				005	套管修理	Z	
				006	化学堵水	X	
				007	水力冲砂和清蜡	Y	
				008	酸化	X	
				009	压裂	Y	
				010	防砂	X	
	C	常用量具及 设备辅助工具 (8:4:1)	6%	001	测量误差	X	
				002	测量术语	Y	
				003	游标卡尺	X	
				004	千分尺	Y	
				005	塞尺	X	
				006	其他测量工具、仪器	X	

续表

行为领域	代码	鉴定范围	鉴定比重	代码	鉴定点	重要程度	备注
基础知识 A (40%)	C	常用量具及设备辅助工具 (8∶4∶1)	6%	007	测量工具的结构及原理	X	
				008	油压千斤顶	X	
				009	机械千斤顶	X	
				010	倒链	X	
				011	手电钻	Y	
				012	电动扳手	Y	
				013	简单工具的一般设计步骤	Z	
	D	HSE 管理 (17∶12∶5)	17%	001	HSE 的概念	X	
				002	领导和承诺	X	
				003	方针和战略目标	X	
				004	组织机构、资源和文件	Y	
				005	评价和风险管理	Y	
				006	规划	Z	
				007	实施和监测	Z	
				008	审核和评审	Y	
				009	HSE 管理体系	Y	
				010	HSE 管理体系建立步骤	X	
				011	HSE 管理体系的认证	X	
				012	班组安全管理模式	X	
				013	“HSE 体系+传统做法”模式(1+1)	Y	
				014	“两书一表”模式	X	
				015	“两书一表、一案一本”模式	X	
				016	“一书两卡一程序,HSE 方案及警示录”模式	X	
				017	危害(隐患)分析辨别方法	Y	
				018	岗位安全须知卡制卡目的和作用	Y	
				019	岗位安全须知卡的内容	X	
				020	岗位安全须知卡的编制步骤	Z	
				021	岗位安全须知卡实例	Z	
				022	岗位作业指导书的目的和作用	X	
				023	岗位作业指导书具体内容	X	
				024	岗位作业指导书编制和应用步骤	X	
				025	班组培训教育	Y	
				026	入厂教育	Y	

续表

行为领域	代码	鉴定范围	鉴定比重	代码	鉴定点	重要程度	备注
基础知识 A（40%）	D	HSE 管理（17：12：5）	17%	027	日常教育	X	
				028	特殊教育	X	
				029	管理制度	Y	
				030	文件控制	Y	
				031	法律法规识别	X	
				032	法律法规工作程序	X	
				033	应急预案的制订	Y	
				034	应急预案的演练	Z	
	E	柴油机增压知识（5：4：2）	5%	001	涡轮增压器的工作原理	Y	
				002	涡轮增压器的作用	X	
				003	涡轮增压器的使用	X	
				004	涡轮增压器的外部检查	X	
				005	涡轮增压器的装配	Y	
				006	涡轮增压器两端漏油故障	Z	
				007	涡轮增压器的浮动轴承磨损	Z	
				008	涡轮增压器的涡轮或压气机叶轮损坏	X	
				009	延长涡轮增压器使用寿命	X	
				010	增压中冷技术	Y	
				011	几种增压技术的原理	Y	
专业知识 B（60%）	A	电学基本常识（5：3：1）	4%	001	基本概念	Y	
				002	电路基本定律	Z	
				003	电阻串联与并联	X	
				004	基本电路应用实例	X	
				005	电磁基本知识及应用	X	
				006	蓄电池的工作原理及使用注意事项	X	
				007	三相交流电基本知识	Y	
				008	电机的基本结构及原理	Y	
				009	安全用电知识	X	
	B	机械传动机构（4：3：2）	4%	001	传动装置的基本知识	X	
				002	齿轮的结构与参数	X	
				003	齿轮传动的特点及应用	X	
				004	蜗杆传动的特点及应用	Y	
				005	传动带的结构与分类	Y	

续表

行为领域	代码	鉴定范围	鉴定比重	代码	鉴定点	重要程度	备注
专业知识 B (60%)	B	机械传动机构 (4∶3∶2)	4%	006	带传动特点及应用	Z	
				007	摩擦轮传动的特点及应用	Z	
				008	链传动的特点及应用	X	
				009	运动形式转换机构	Y	
	C	液力传动常识 (6∶4∶2)	6%	001	液压传动的基本知识	Y	
				002	液压传动的基本构造和工作原理	Z	
				003	液压传动中所用油液的主要性能及其作用	Y	
				004	液力传动的基本知识	X	
				005	液力偶合器的类型、性能和特点	X	
				006	液力变矩器的分类、结构	X	
				007	液压轴件	Y	
				008	液压泵和液压马达的结构特点	X	
				009	液压缸的结构、类型、密封	X	
				010	艾里逊 DP8962 传动箱的特点及维护	Z	
				011	液力传动阀的结构及性能特点	Y	
				012	液力传动的一般故障原因、排除方法	X	
	D	井下特种装备结构与400 型泵的技术性能 (15∶5∶3)	12%	001	动力端曲轴	Y	
				002	动力端连杆	X	
				003	动力端十字头	X	
				004	动力端机座及其他	Z	
				005	液力端泵头	X	
				006	液力端填料函(密封函)及填料	X	
				007	液力端柱塞和导向套	X	
				008	液力端泵阀	X	
				009	液力端附属配套装置	X	
				010	活塞泵的液力端结构	Y	
				011	柱塞泵的总成(400 型泵)	Y	
				012	工作特性(发动机转速 1800r/min)	X	
				013	水泵总成	X	
				014	整车主要结构和特点	Z	
				015	CV5-340-1 变速箱	X	
				016	动力端	Y	

续表

行为领域	代码	鉴定范围	鉴定比重	代码	鉴定点	重要程度	备注
专业知识 B (60%)	D	井下特种装备结构与400型泵的技术性能 (15∶5∶3)	12%	017	液力端	Y	
				018	安全阀	X	
				019	柱塞泵润滑系统	X	
				020	离合器总成及控制系统	X	
				021	气路系统	X	
				022	电路系统	X	
				023	仪表控制台	Z	
	E	井下特种装备的一般故障判断 (4∶4∶2)	5%	001	故障的外表特征	Y	
				002	排出压力低的故障判断及排除方法	X	
				003	吸入压力低的故障判断及排除方法	Y	
				004	液体敲击排出管线震动的故障判断及排除方法	Y	
				005	泵头刺漏的故障判断及排除方法	X	
				006	阀件寿命短的故障判断及排除方法	X	
				007	液力端有周期性敲击声的故障判断及排除方法	X	
				008	动力端异常响声的故障判断及排除方法	Z	
				009	离合器一般故障的故障判断及排除方法	Y	
				010	综合故障分析及排除方法	Z	
	F	钳工作业及零件的修复 (6∶3∶1)	5%	001	钳工的划线作业	X	
				002	钳工的锉削作业	X	
				003	金属的校正与弯曲	X	
				004	其他钳工作业	X	
				005	一般零件修复方法	X	
				006	电镀修复方法	Y	
				007	刷镀和喷镀	Y	
				008	研磨	Y	
				009	机加工常识	Z	
				010	零件的互换和代替	X	
	G	液力变速箱及液压系统和自动系统管理 (25∶10∶7)	20%	001	液力变速箱	Z	
				002	液力变矩器的组成	X	
				003	齿轮变速机构	X	
				004	制动器的组成及工作原理	X	
				005	控制系统	Y	
				006	液力自动变速器的维护	X	

续表

行为领域	代码	鉴定范围	鉴定比重	代码	鉴定点	重要程度	备注
专业知识 B (60%)	G	液力变速箱及液压系统和自动系统管理 (25∶10∶7)	20%	007	变速器的主要功能	Z	
				008	液力变矩器内支撑导轮的单向离合器打滑故障	X	
				009	自动变速器不能强制降挡故障	X	
				010	换挡杆变速器冲击故障	X	
				011	变速器跳挡故障	X	
				012	液力变速箱温度高的故障原因	X	
				013	液力变速箱传动油液变质的原因	X	
				014	液压系统结构	X	
				015	压力损失	Y	
				016	流量损失	X	
				017	液压冲击	Y	
				018	空穴现象	X	
				019	气蚀现象	X	
				020	液压系统压力异常的原因及解决方法	Y	
				021	故障诊断的一般原则	X	
				022	故障诊断方法及排除	Z	
				023	油液污染	X	
				024	污染物的种类	X	
				025	污染物的来源	X	
				026	系统维护	Y	
				027	气动系统结构	Y	
				028	日常工作的主要任务	X	
				029	安装管路的注意事项	X	
				030	电磁阀使用注意事项	X	
				031	气缸的使用注意事项	X	
				032	接头及软管安装注意事项	X	
				033	气动系统维护的要点	X	
				034	气动系统的点检与定检	X	
				035	气源故障	Z	
				036	气动执行元件(气缸)故障	Z	
				037	换向阀故障	Z	
				038	气动辅助元件故障	Z	
				039	自动控制系统结构	Y	

续表

行为领域	代码	鉴定范围	鉴定比重	代码	鉴定点	重要程度	备注
专业知识 B （60%）	G	液力变速箱及液压系统和自动系统管理 （25：10：7）	20%	040	自动控制系统启动运行	Y	
				041	自动控制系统维护	Y	
				042	自动控制系统故障排除	Y	
	H	水力压裂技术 （5：2：1）	4%	001	水力压裂造缝及增产机理	X	
				002	水力压裂入井材料	X	
				003	水力压裂裂缝扩展模型及几何参数计算	Y	
				004	水力压裂井效果预测及方案优化设计	Y	
				005	水力压裂裂缝监测及参数识别	X	
				006	重复压裂技术	X	
				007	水平井开发技术	X	
				008	水力压裂存在的问题及新技术	Z	

注：X—核心要素；Y—一般要素；Z—辅助要素。

附录 5　中级工操作技能鉴定要素细目表

行业:石油天然气　　工种:井下特种装备操作工　　等级:中级工　　鉴定方式:操作技能

行为领域	鉴定范围			鉴定点		
	代码	名称	鉴定比重	代码	名称	重要程度
技能操作 A (100%)	A	维护保养井下特种装备 (9∶2∶0)	55%	001	把四只 12V 电瓶连接成 24V	X
				002	AC-400C 型泵修复后的试泵	X
				003	能保养传动轴	X
				004	更换 12V-150 柴油机启动机	Y
				005	柴油机机油滤清器的清洗	X
				006	清洗 ACF-700B 型泵曲轴箱	X
				007	检查启动前井下特种装备发动机	X
				008	清洗注水泥浆施工后的水泥车	X
				009	检修 FMC-2in 高压活动弯头	Y
				010	压裂(固井)泵及传动系一级保养周期及作业内容	X
				011	闸阀的检修及注意事项	X
	B	操作与维修井下特种设备 (3∶4∶2)	45%	001	合理使用外径千分尺和内径百分表	Y
				002	测绘支承板零件草图	Y
				003	水泥车注灰的实际操作	X
				004	水力喷射地面施工的步骤及要求	X
				005	水泥泵十字头销子的更换	X
				006	调整固井水泥车发动机风扇皮带张紧度	Y
				007	更换柱塞泵泵阀阀座	Z
				008	往复泵的拆卸顺序	Z
				009	更换柱塞泵压力表	Y

注:X—核心要素;Y——一般要素;Z—辅助要素。

附录6　高级工理论知识鉴定要素细目表

行业:石油天然气　　工种:井下特种装备操作工　　等级:高级工　　鉴定方式:理论知识

行为领域	代码	鉴定范围	鉴定比重	代码	鉴定点	重要程度	备注
基础知识 A (58%)	A	金属材料的知识 (13:5:2)	12%	001	金属材料的一般用途	X	
				002	钢	X	
				003	碳钢	Y	
				004	合金钢	X	
				005	铸铁	Z	
				006	灰口铸铁	X	
				007	铸钢	Y	
				008	铜合金	X	
				009	铝合金	X	
				010	柴油机常用材料性能	X	
				011	离心泵的主要零部件常用材料	Y	
				012	往复泵的主要零部件常用材料	Y	
				013	巴氏合金的作用	X	
				014	金属材料鉴别方法	X	
				015	热处理	Z	
				016	退火	X	
				017	正火	X	
				018	淬火	X	
				019	回火	X	
				020	表面热处理	Y	
	B	大泵和柴油机的拆卸与安装技术 (3:2:1)	4%	001	运用各种方法拆卸紧固件	X	
				002	螺纹连接,锈死螺母的拆卸	X	
				003	断头螺栓的拆卸	Y	
				004	螺钉组的拆卸	Y	
				005	静配合件,铆接件的拆卸	Z	
				006	拆卸零部件时的注意事项	X	
	C	柴油机的故障原因分析及处理 (4:4:3)	7%	001	柴油机不能发动的原因	X	
				002	柴油机有杂音的原因	X	
				003	冷却系统不正常的原因	X	
				004	直流发电机故障的原因	X	

续表

行为领域	代码	鉴定范围	鉴定比重	代码	鉴定点	重要程度	备注
基础知识 A (58%)	C	柴油机的故障原因分析及处理 (4∶4∶3)	7%	005	喷油器故障的原因	Y	
				006	喷油泵故障的原因	Y	
				007	抱瓦的原因	Z	
				008	拉缸的原因	Z	
				009	活塞故障的原因	Y	
				010	加剧震动的原因	Y	
				011	曲轴故障的原因	Z	
	D	井下特种装备大修理技术及管理 (6∶5∶2)	8%	001	井下特种装备大修的确定	X	
				002	井下特种装备大修前的交接与准备	Y	
				003	井下特种装备大修工艺技术要求	Z	
				004	发动机修理	Y	
				005	液力传动箱修理	X	
				006	传动轴总成修理	X	
				007	差速器总成和转向系统修理	X	
				008	支撑悬挂系统总成修理	Y	
				009	行车制动系统修理	X	
				010	气路系统修理与试验	Y	
				011	液压系统修理及试验	Z	
				012	其他附件的修理和调整	Y	
				013	整机试验与出厂交接	X	
	E	井下作业井控技术 (24∶13∶7)	27%	001	井控的概念	X	
				002	井下各种压力及相互关系	X	
				003	压力的表示法	X	
				004	激动压力和抽汲压力	Y	
				005	井侵的特点	Y	
				006	溢流产生的原因	Z	
				007	溢流的显示	X	
				008	井喷失控的原因	X	
				009	井喷失控的危害	X	
				010	地质设计	Y	
				011	工程设计	Y	
				012	施工设计井控内容	Z	
				013	压井工艺	X	

续表

行为领域	代码	鉴定范围	鉴定比重	代码	鉴定点	重要程度	备注
基础知识 A (58%)	E	井下作业井控技术 (24：13：7)	27%	014	主要压井液泥浆简介	X	
				015	注水井放喷降压	X	
				016	喷水降压的技术措施	Y	
				017	不压井作业工艺技术	Y	
				018	不压井起下作业装置	Z	
				019	施工设计的安全要求	X	
				020	施工前的准备和检查验收	X	
				021	压井作业的防喷措施	Y	
				022	起管柱作业的防喷措施	Z	
				023	下管柱作业的防喷措施	Z	
				024	冲砂作业的防喷措施	Y	
				025	起下电泵作业的防喷措施	X	
				026	射孔作业的防喷措施	Y	
				027	钻塞作业的防喷措施	Y	
				028	套、磨铣作业的防喷措施	X	
				029	更换采油、气树、四通作业的防喷措施	X	
				030	起下作业过程中修井动力突然出现故障时的防喷措施	X	
				031	井下作业井喷处理	X	
				032	抢险队伍、人员要求	X	
				033	井口装置	Y	
				034	防喷器概述	X	
				035	防喷器的主要结构	X	
				036	防喷器控制装置	X	
				037	自封封井器	X	
				038	半封封井器	X	
				039	全封封井器	X	
				040	两用轻便封井器	Y	
				041	内放喷装置	Z	
				042	井口加压控制装置	Z	
				043	节流压井管汇	X	
				044	井控失控应急预案	Y	

续表

行为领域	代码	鉴定范围	鉴定比重	代码	鉴定点	重要程度	备注
专业知识 B (42%)	A	井下特种装备零件的修理工艺及技术要求 (4:3:1)	5%	001	井下特种装备修理方式的分类	X	
				002	井下特种装备零件修复中的机械加工类型	X	
				003	柱塞的修复方法	X	
				004	主轴及曲轴的修复方法	Y	
				005	泵头体的修复方法	Y	
				006	连杆总成的修复方法	Z	
				007	润滑油泵修复的技术要求	X	
				008	润滑油泵的修复方法	Y	
	B	井下特种装备易损件的互换性 (2:2:2)	4%	001	互换性的种类	X	
				002	柱塞的互换性	X	
				003	缸套的互换性	Y	
				004	阀及密封件的互换性	Z	
				005	滚动轴承的互换性	Y	
				006	滑动轴承的互换性	Z	
	C	井下特种装备用高压弯头及管件 (7:4:2)	8%	001	高压管件的组成	X	
				002	高压活动弯头的主要用途	X	
				003	高压活动弯头的使用须知	X	
				004	高压弯头的型号规格	Y	
				005	高压活动弯头的基本构造	X	
				006	高压活动弯头的常见故障	Y	
				007	高压活动弯头的报废条件	Z	
				008	高压活动弯头的检查及维护方法	Z	
				009	高压活动管接的基本构造	Y	
				010	高压活动管接的拆装方法	X	
				011	高压活动管接的选配要求	X	
				012	高压(排除)管线	X	
				013	抗震压力表	Y	
	D	井下特种装备配件磨损与预防 (6:4:1)	7%	001	摩擦的概念	Y	
				002	摩擦的种类	X	
				003	磨损的概念	Y	
				004	磨损的过程	X	
				005	井下特种装备零件损坏的原因	X	
				006	井下特种装备零件损坏的消除方法	Z	

续表

行为领域	代码	鉴定范围	鉴定比重	代码	鉴定点	重要程度	备注
专业知识 B (42%)	D	井下特种装备配件磨损与预防 (6∶4∶1)	7%	007	拉杆的磨损及预防	X	
				008	主轴及连杆轴承的磨损及预防	Y	
				009	阀与阀座的磨损及预防	X	
				010	泵体上、下堵头的磨损及预防	X	
				011	泵阀弹簧的磨损及预防	Y	
	E	井下特种装备的润滑系统 (5∶4∶2)	7%	001	润滑的类型	Y	
				002	润滑的作用、原理	X	
				003	齿轮传动及润滑	X	
				004	润滑油的化学组成及对性能的影响	Z	
				005	润滑油的要求	X	
				006	润滑的方式及选择	Y	
				007	润滑脂概述及理化指标	Z	
				008	常见润滑脂的作用、性能及选用	X	
				009	润滑系统的基本组成	X	
				010	动力端的润滑	Y	
				011	液力端的润滑	Y	
	F	计算机简单操作 (9∶6∶3)	11%	001	Word2010 的操作界面	X	
				002	Word2010 的基本操作	X	
				003	输入与编辑 Word2010	X	
				004	设置 Word2010 字符格式	Y	
				005	设置 Word2010 段落格式	Y	
				006	处理 Word2010 中的图形	Z	
				007	使用 Word2010 中的表格	X	
				008	设置 Word2010 中的表格格式	X	
				009	Word2010 的页面布局	X	
				010	Excel2010 的操作界面	Y	
				011	Excel2010 的基本操作	Y	
				012	Excel2010 单元格的基本操作	Z	
				013	输入与编辑 Excel2010	X	
				014	设置 Excel2010 单元格格式	X	

续表

行为领域	代码	鉴定范围	鉴定比重	代码	鉴定点	重要程度	备注
专业知识 B (42%)	F	计算机简单操作 (9:6:3)	11%	015	使用 Excel2010 中的公式	X	
				016	Excel2010 中的数据管理	Y	
				017	Excel2010 中的图表管理	Y	
				018	Excel2010 的页面布局	Z	

注:X—核心要素;Y——一般要素;Z—辅助要素。

附录7　高级工操作技能鉴定要素细目表

行业:石油天然气　　工种:井下特种装备操作工　　等级:高级工　　鉴定方式:操作技能

行为领域	代码	鉴定范围	鉴定比重	代码	鉴定点	重要程度
技能操作 A (100%)	A	维护保养井下特种装备 (3:3:1)	35%	001	更换调整 ACF-700B 型压裂泵柱塞密封填料	X
				002	检查 ACF-700B 型压裂泵动力端润滑情况并调整机油压力	Y
				003	多片式摩擦离合器行程间隙的调整	X
				004	清洗多片式摩擦离合器片	X
				005	压裂(固井)泵及传动系二级保养周期及作业内容	Y
				006	压裂(固井)泵及传动系三级保养周期及作业内容	Z
				007	闸阀的组装及检验方法	Y
	B	操作与修理井下特种装备 (6:4:3)	65%	001	使用游标卡尺测量工件	X
				002	用千分尺测量曲轴连杆轴颈	Y
				003	使用手电钻,用丝锥攻内螺纹	X
				004	固井的施工工序	Z
				005	压裂施工前的准备及注意事项	Y
				006	压裂时注替置液和排空的步骤及注意事项	X
				007	调整 12V-150 柴油机气门间隙	X
				008	蜗轮传动齿面啮合的调整方法	Z
				009	可调手用铰刀的结构和使用方法	Z
				010	十字头导向板间隙调整方法	Y
				011	更换 AC-400C 型柱塞泵拉杆盘根,使用钢锯锯割圆钢	X
				012	拆装 3PCF-300 型泵高压旋塞阀	X
				013	柱塞及密封常见故障发生原因的判断	Y

注:X—核心要素;Y—一般要素;Z—辅助要素。

附录8　技师理论知识鉴定要素细目表

行业:石油天然气　　工种:井下特种装备操作工　　等级:技师　　鉴定方式:理论知识

行为领域	代码	鉴定范围	鉴定比重	代码	鉴定点	重要程度
基础知识 A 39%	A	职工教育培训 (8 : 3 : 3)	10%	001	课程分类	X
				002	培训方法	X
				003	案例研讨法	X
				004	角色扮演法	X
				005	个别指导法	X
				006	培训作用	Z
				007	有效培训	X
				008	改进措施	X
				009	技师技术培训的对象和内容	X
				010	生产总结报告	Y
				011	总结撰写前的准备	Y
				012	工作总结的结构形式及其内容	Z
				013	工作总结文字表述的要求	Y
				014	技术报告	Z
	B	计算机基础 (7 : 1 : 0)	6%	001	计算机网络的概念	X
				002	计算机网络的分类	X
				003	计算机网络的发展	Y
				004	计算机网络的应用	X
				005	计算机病毒的概念	X
				006	计算机病毒的特征	X
				007	计算机病毒的分类	X
				008	计算机病毒的防治	X
	C	电工基础 (14 : 2 : 1)	12%	001	电路的组成	X
				002	电路的基本物理量	X
				003	电源的基本常识	X
				004	电阻的概念	X
				005	电流的概念	X
				006	电容的概念	X

续表

行为领域	代码	鉴定范围	鉴定比重	代码	鉴定点	重要程度
基础知识 A 39%	C	电工基础 （14∶2∶1）	12%	007	磁场的概念	Y
				008	电磁感应的概念	X
				009	直流电路的常识	X
				010	正弦交流电路的常识	Z
				011	电阻的连接常识	X
				012	简单电路的欧姆定律	Y
				013	半导体器件的基础知识	X
				014	安全用电常识	X
				015	熔断器的常识	X
				016	电动机的常识	X
				017	启动器的常识	X
	D	技术管理与技术革新 （5∶2∶2）	6%	001	目标管理	X
				002	全面经济核算	X
				003	网络技术、正交试验	X
				004	价值工程、ABC 管理法	Y
				005	全员设备管理	X
				006	质量成本管理	X
				007	研究工作总结报告的编写	Y
				008	技术论文的编写	Z
				009	申请科技成果及技术论文的鉴定	Z
	E	设备管理及事故管理知识 （4∶2∶1）	5%	001	设备管理条例和机构	X
				002	设备的使用和维护	X
				003	设备管理的基础工作	Y
				004	设备事故的定义	X
				005	设备事故的分类	X
				006	设备事故性质的确定	Y
				007	设备事故的管理：分析、处理与上报	Z
专业知识 B 61%	A	井下特种装备及柴油机常见故障分析与排除 （19∶6∶2）	20%	001	井下特种装备故障处理	Y
				002	井下特种装备常用柴油机	Y
				003	柴油机的常见故障	X
				004	柴油机功率不足的原因	Y
				005	柴油机工作熄火的原因	X

续表

行为领域	代码	鉴定范围	鉴定比重	代码	鉴定点	重要程度
专业知识 B 61%	A	井下特种装备及柴油机常见故障分析与排除 （19：6：2）	20%	006	柴油机排气原因烟色不正常的原因	X
				007	柴油机内有敲击声的原因	X
				008	柴油机飞车故障的原因及排除方法	X
				009	柴油机突然停车原因	X
				010	柴油机过热原因	X
				011	柴油机机油压力过低的原因	X
				012	柴油机功率不足的故障排除	X
				013	柴油机润滑系统压力异常的原因	X
				014	柴油机机油温度异常的原因	X
				015	柴油机电启动系统的故障排除	X
				016	柴油机调速器的故障排除	X
				017	柴油机曲轴瓦的故障排除	X
				018	柴油机气门组的故障	X
				019	柴油机喷油器的维修方法	Y
				020	柴油机转速不平稳的故障排除	X
				021	柴油机机油压力低的故障排除	X
				022	柱塞泵动力端冒油烟的原因	X
				023	柱塞泵动力端润滑油变质	X
				024	柱塞泵常见故障处理	Z
				025	柱塞泵液力端异响故障排除	Y
				026	柱塞泵动力端异响故障排除	Y
				027	柱塞泵动力端润滑油压力低故障排除	Z
	B	压裂工艺 （6：2：1）	6%	001	乳化压裂技术	X
				002	微聚压裂技术	X
				003	小分子无伤害压裂技术	X
				004	清洁压裂技术	Y
				005	醇基压裂技术	Z
				006	酸冻胶压裂技术	Y
				007	多级投球分层压裂技术	X
				008	压裂返排技术	X
				009	海水基微聚混配多级定向压裂技术	X

续表

行为领域	代码	鉴定范围	鉴定比重	代码	鉴定点	重要程度
专业知识 B 61%	C	SYL2500Q-140 型 压裂泵车知识 （29：10：5）	34%	001	工作原理	X
				002	编号及型号说明	X
				003	总体尺寸及重量	X
				004	整车工作性能参数	Z
				005	装载底盘	X
				006	动力系统	Y
				007	发动机前取力装置	X
				008	传动轴及刹车装置	X
				009	冷却系统	X
				010	压裂泵	X
				011	泵的润滑	Y
				012	排除管汇	X
				013	吸入管汇	X
				014	加热装置	Y
				015	气压系统	X
				016	控制和仪表系统	Y
				017	安全保护装置	X
				018	载车底盘操作前检查	X
				019	动力链操作前检查	Z
				020	5ZB-2800 压裂泵操作前检查	X
				021	液力系统操作前检查	Y
				022	超压系统操作前检查	Z
				023	压裂车的工作压力和工作挡位	Y
				024	底盘发动机启动	X
				025	液力系统启动	Y
				026	电气系统操作程序	X
				027	本地自动控制箱	X
				028	台上仪表箱	Y
				029	便携式远程控制器	Y
				030	传感器	X
				031	泵车自动控制系统	Z
				032	自动控制系统软件界面说明及操作	X

续表

行为领域	代码	鉴定范围	鉴定比重	代码	鉴定点	重要程度
专业知识 B 61%	C	SYL2500-140 压裂泵车知识 (29∶10∶5)	34%	033	电控系统操作	X
				034	电气系统维护和保养	X
				035	停泵程序	X
				036	操作后设备的检查和清洗	X
				037	日常或作业前的维护保养	X
				038	周维护保养	X
				039	月维护保养	X
				040	底盘维护保养	X
				041	系统动力链和冷却系统	Z
				042	2800 型泵系统	X
				043	液压系统的使用	Y
				044	液压系统对液压油的要求	X

注:X—核心要素;Y——般要素;Z—辅助要素。

附录9　技师操作技能鉴定要素细目表

行业:石油天然气　　工种:井下特种装备操作工　　等级:技师　　鉴定方式:操作技能

行为领域	代码	鉴定范围	鉴定比重	代码	鉴定点	重要程度
操作技能 A (100%)	A	使用井下特种装备 (5:2:1)	80%	001	检查柱塞泵泵阀	X
				002	检查调整 AC-400C 型泵连杆瓦间隙	X
				003	AC-400C 型压裂车台上变速器中间轴的装配	X
				004	YLC—1000D 型压裂泵阀总成拆卸方法	Y
				005	检查井下特种装备发动机运行	Y
				006	检查 AC-400C 型泵十字头滑板与导板的间隙	X
				007	检查柱塞泵柱塞密封组件	X
				008	处理柱塞泵密封组件冒烟的故障	
				009	检查液力变速器的运行	X
				010	检查液压系统的运行	X
				011	调整 12V-150 柴油机供油提前角	Y
				012	保养柱塞泵动力端	X
				013	刮合大泵连杆瓦	X
				014	处理柱塞泵上水不良的故障	Y
				015	分析发动机冷却液温度高的原因	X
				016	分析液压系统工作不平稳的原因	Z
	B	管理井下特种装备 (2:1:1)	20%	001	编写新使用井下特种装备操作规程	X
				002	识别施工现场的风险	X
				003	制订培训计划	Z
				004	测绘零件图	Y

注:X—核心要素;Y——般要素;Z—辅助要素。

附录 10　操作技能考核内容层次结构表

级别	技能操作						合计
	启动井下特种装备前的检查	操作井下特种装备	维护保养井下特种装备	操作与维修井下特种装备	使用井下特种装备	管理井下特种装备	
初 级	80 分 60~90min	20 分 60~90min					100 分 120~180min
中 级			55 分 60~180min	45 分 60~180min			100 分 120~360min
高 级			35 分 70~120min	65 分 70~120min			100 分 140~240min
技师				40 分 40~50min	80 分 60~180min	20 分 40~50min	100 分 100~230min
考核项目组合及方式	选一项	选一项	选一项	选一项	选一项	选一项	

参 考 文 献

[1] 马守明.柴油机.北京:煤炭工业出版社,1981.
[2] 华东石油学院矿机教研室.石油钻采机械.北京:石油工业出版社,1980.
[3] 李俊荣,左柯庆,刘祥康,等.含硫油气田硫化氢防护系列标准宣贯教材.北京:石油工业出版社,2005.
[4] 王新纯.油田机械修理.北京:石油工业出版社,2005.
[5] 刘孝民,黄卫萍.机械设计基础.广州:华南理工大学出版社,2006.
[6] 王林.井下作业井控技术.北京:石油工业出版社,2007.
[7] 袁晓东.机电设备安装与维护.北京:北京理工大学出版社,2008.
[8] 中国石油天然气集团公司人事服务中心.特车泵工.北京:石油工业出版社,2004.